Elektrische Messtechnik

Thomas Mühl

Elektrische Messtechnik

Grundlagen, Messverfahren, Anwendungen

6., überarbeitete Auflage

Thomas Mühl
FB Elektrotechnik Informationstech
Fachhochschule Aachen
Aachen, Nordrhein-Westfalen, Deutschland

ISBN 978-3-658-29115-0 ISBN 978-3-658-29116-7 (eBook)
https://doi.org/10.1007/978-3-658-29116-7

Die Deutsche Nationalbibliothek verzeichnet diese Publikation in der Deutschen Nationalbibliografie; detaillierte bibliografische Daten sind im Internet über http://dnb.d-nb.de abrufbar.

Die Auflage 1. bis 4./Vorauflagen sind unter dem Titel „Einführung in die elektrische Messtechnik" erschienen.

Planung/Lektorat: Reinhard Dapper
Springer Vieweg ist ein Imprint der eingetragenen Gesellschaft Springer Fachmedien Wiesbaden GmbH und ist ein Teil von Springer Nature.
Die Anschrift der Gesellschaft ist: Abraham-Lincoln-Str. 46, 65189 Wiesbaden, Germany

Vorwort zur 6. Auflage

In der 6. Auflage wurde die Kapitelstruktur optimiert, so dass durch kleinere Themenbereiche eines Kapitels eine bessere Lesbarkeit erreicht wird. Zudem wurden im Kap. 1 die Neudefinition der SI-Basiseinheiten aufgenommen und die Kap. 8 Widerstandsmessung und Kap. 9 Impedanzmessung in einigen Teilen überarbeitet. Das Literaturverzeichnis enthält die aktuellen Quellen.

Ich danke dem Verlag für die Anregung zur 6. Auflage und allen, die bei der Erstellung mitgewirkt haben.

Aachen
im Mai 2020

Thomas Mühl

Vorwort zur 5. Auflage

Neben Aktualisierungen, Korrekturen und Ergänzungen in mehreren Kapiteln wurde die fünfte Auflage im Kap. 7 erweitert um die Messtechnik in Systemen mit nichtsinusförmigen Strömen. Diese gewinnen durch Schaltregler und Leistungselektronik zunehmend an Bedeutung.

Ich danke allen, die zur fünften Auflage beigetragen und bei der Erstellung mitgewirkt haben.

Aachen
im September 2016

Thomas Mühl

Vorwort zur 4. Auflage

In der vierten Auflage sind einige Kapitel und das Literaturverzeichnis ergänzt und aktualisiert worden. Die Aufgabenteile zum Abschluss der Kapitel wurden deutlich erweitert und die Musterlösungen am Ende des Buches entsprechend vervollständigt.

Ich danke allen, die mit Anregungen zur vierten Auflage beigetragen und bei der Erstellung mitgewirkt haben.

Aachen
im April 2014

Thomas Mühl

Vorwort zur 3. Auflage

Für die dritte Auflage wurde der Buchinhalt der aktuellen Entwicklung der elektrischen Messtechnik angepasst und in einigen Kapiteln deutlich erweitert, um dem Trend in Richtung digitale Messverfahren Rechnung zu tragen. Dies betrifft vor allem die digitalen Leistungsanalysatoren, Impedanzmessgeräte und die Fast-Fourier-Transformation zur Spektrumanalyse.

Zusätzlich wurden zum Abschluss der Kap. 2, 3, 5, 6, 7, 9 und 10 typische Aufgaben angefügt, zu denen am Ende des Buches nach dem Literaturverzeichnis Musterlösungen angegeben sind. Dies soll zum einen die praxisnahe Anwendung wiedergeben und zum anderen eine Lernkontrolle des Dargestellten ermöglichen.

Danken möchte ich allen, die mich bei der Überarbeitung unterstützt haben, den interessierten Lesern für ihre mitgeteilten Anregungen und Herrn Martin Feuchte vom Teubner Verlag für die sehr gute Kooperation.

Aachen
im September 2007

Thomas Mühl

Vorwort zur 1. Auflage

Das vorliegende Buch „Einführung in die elektrische Messtechnik“ behandelt die Grundlagen, Verfahrensweisen und Anwendungen der elektrischen Messtechnik. Nach einer Einführung in grundlegende Begriffe und einer allgemeinen Beschreibung der Eigenschaften elektrischer Messgeräte werden die analogen und digitalen Messprinzipien und Verfahren zur Messung der wichtigsten elektrischen Größen erläutert. Im Vordergrund steht dabei die praxisnahe Anwendung, die aber voraussetzt, dass die wichtigsten Messverfahren verstanden werden und so eine geeignete Auswahl und der richtige Einsatz erfolgen kann. Erst die Kenntnis der Zusammenhänge der Einstellparameter und die Abschätzung möglicher Rückwirkung auf die Messgröße ermöglicht sinnvolle Messungen, und vermeidet so manche, aufwendige Messreihe, die kein verwertbares Ergebnis liefert.

Die in diesem Buch behandelten Themen und Problemstellungen decken die wesentlichen Inhalte einer Vorlesung über die Grundlagen der elektrischen Messtechnik ab, wie sie beispielsweise Studenten im Grundstudium der Elektrotechnik als Einzelfach oder im Rahmen der Grundgebiete der Elektrotechnik hören. Darüber hinaus werden Studenten anderer Fachrichtungen und praktisch tätige Naturwissenschaftler oder Ingenieure angesprochen, die sich in die Aufgaben und Lösungsmöglichkeiten der elektrischen Messtechnik einarbeiten und praktische Anregungen erhalten wollen.

Das Buch ist in zehn Kapitel unterteilt. Die ersten vier grundlegenden behandeln Begriffe, Einheiten und Normale, die Darlegung der Messabweichung und Messunsicherheit sowie die allgemeinen Eigenschaften elektrischer Messgeräte, wie das statische und dynamische Verhalten, die Genauigkeitsangaben und den Aufbau elektromechanischer und digitaler Messgeräte. In den nachfolgenden sechs Kapiteln werden die Messprinzipien und Verfahren zur Messung von Strom und Spannung, Widerstand und Impedanz, Leistung und Arbeit, Zeit, Frequenz und Spektrum sowie die Oszilloskope erläutert. Durch die schnelle Entwicklung und den zunehmenden Einsatz der Digitaltechnik werden neben den analogen vor allem die digitalen Verfahren und die spezifischen Besonderheiten, Möglichkeiten und Einsatzbereiche der aktuellen Messgeräte vorgestellt.

Ich möchte hiermit allen danken, die einen Beitrag zur Entstehung dieses Buches geleistet haben. In besonderer Linie bin ich Herrn Dipl.-Ing. Wilfried Bock für sein Korrekturlesen des Manuskriptes und Anregungen zur Verbesserung zu Dank verpflichtet. Der Dank gilt auch Herrn Dipl.-Ing. Bela Kazay und meiner Frau Ruth für die Mitarbeit bei der Korrektur.

Herzlich bedanken möchte ich mich bei allen an diesem Werk beteiligten Mitarbeitern des Teubner Verlags, insbesondere Herrn Dr. Jens Schlembach, der die Anregung zum Schreiben dieses Werkes gab, sowie Herrn Andreas Meißner für die Unterstützung bei der Erstellung der druckreifen Vorlage.

Aachen
im August 2001

Thomas Mühl

Inhaltsverzeichnis

Allgemeine Grundlagen 1

1.1 Aufgaben der Messtechnik

Die Anwendung der Messtechnik spielt in beinahe allen natur- und ingenieurwissenschaftlichen Bereichen eine Rolle, ob in der Elektrotechnik, dem Maschinenbau oder in der Medizin, Umwelttechnik oder Chemie. Man misst dabei nicht um des Messens willen, sondern um mit den Ergebnissen der Messungen neue Erkenntnisse zu erzielen, Zusammenhänge zu erkennen oder Theorien experimentell zu überprüfen und damit die Grundlage für Weiterentwicklungen zu schaffen. Häufig können nur mit einer objektiven Messung einer bestimmten Größe Experimente gezielt ausgewertet werden. Beispielsweise lassen sich erst mit der Erfassung kleinster Stoffkonzentrationen manche Verbesserungen im Umweltschutz durchführen oder mit speziellen Messverfahren Schwachstellen oder Fehler in Nachrichtenübertragungssystemen orten und damit beseitigen. Der elektrischen Messtechnik kommt dabei eine immer größere Bedeutung zu, da durch die vielfältigen und einfachen Verarbeitungs- und Übertragungsmöglichkeiten elektrischer Signale sie nicht nur zur Messung elektrischer sondern mit Hilfe unterschiedlicher Sensoren auch zur Erfassung nichtelektrischer Größen eingesetzt wird [1, 2]. Sie findet damit Einzug in fast allen naturwissenschaftlichen Disziplinen.

Die Aufgabe der Messtechnik ist die objektive, reproduzierbare und quantitative Erfassung einer physikalischen Größe. Dabei bedeutet:

- objektiv von den Sinnesorganen des Menschen unabhängig,
- reproduzierbar wiederholbar und kontrollierbar,
- quantitativ mit einer Zahl versehen.

Messen wird als Unterschied zum Schätzen gesehen: die subjektive Erfassung mit den Sinnesorganen des Menschen und der Vergleich mit Erfahrungswerten führt zu einem

T. Mühl, *Elektrische Messtechnik*, https://doi.org/10.1007/978-3-658-29116-7_1

subjektiven Maßstab, der nicht vom Menschen unabhängig, wenig empfindlich und schlecht reproduzierbar ist. Außerdem hat der Mensch für viele physikalische Größen kein Sinnesorgan. Eine elektrische Spannung oder eine Energie sind für uns nicht oder nur mit Lebensgefahr wahrnehmbar. Quantitativ erfassen heißt, dass man beispielsweise nicht nur wissen möchte, ob an den Anschlussklemmen einer Steckdose eine Spannung anliegt, sondern welche Spannung es ist, ob 230V, 220V, oder für manche Anwendungen mit noch höherer Auflösung und Genauigkeit beispielsweise 229,5V. Dies führt dazu, dass Messen immer etwas mit der Frage der Genauigkeit zu tun hat. Die Auswahl eines geeigneten Messverfahrens und eines einsetzbaren Messgerätes hängt fundamental davon ab, wie genau die Messgröße erfasst werden soll.

Die wichtigsten Trends, die innerhalb der Messtechnik zu verzeichnen sind, sind der stark zunehmende Einsatz elektrischer Messverfahren auch zur Erfassung nichtelektrischer Größen und computerbasierte, digitale Messsysteme.

In der Vergangenheit wurden elektrische Größen in nichtelektrische umgewandelt, um sie mit Hilfe von Zeigerinstrumenten sichtbar zu machen. Heute werden immer mehr nichtelektrische Größen elektrisch gemessen. Mit Sensoren wird die Messgröße wie beispielsweise eine Temperatur, ein Druck oder Durchfluss in eine elektrische Größe umgeformt und diese Temperaturspannung, Widerstandsänderung oder Frequenzänderung elektrisch gemessen und weiterverarbeitet. Die Vorteile der elektrischen Messtechnik sind dabei die leistungsarme Erfassung der Messwerte, das hohe Auflösungsvermögen, die leichte Weiterverarbeitung der Messdaten und die einfache Übertragungsmöglichkeit, auch über weite Entfernungen.

Durch die rasanten Fortschritte bei Mikrocomputer und Digitalschaltungen hat sich die elektrische Messtechnik deutlich geändert. Die klassischen, analogen Messprinzipien werden zunehmend mehr durch auf Computertechnik basierende ersetzt. Immer stärker rückt die Digitalisierung vor, und die Verarbeitung, Umwandlung und Ausgabe der Messdaten erfolgt numerisch. Solche digitalen Messsysteme bieten einerseits einen hohen Bedienkomfort mit vielen Möglichkeiten der Nachverarbeitung, eine hohe Präzision und andererseits zusätzlich einen niedrigen Preis. Diese Kombination ist die Ursache für die schnelle Verbreitung der digitalen Systeme.

1.2 Normen und Begriffe

1.2.1 Normen und Vorschriften

Das Thema Normen ist meist unbeliebt, obwohl Normen und Standards in vielen Fällen hilfreich sind. Man denke nur an den Vorteil von verlässlichen Standards bei der Vergleichbarkeit und Kompatibilität von Systemen und Zubehörteilen. Normen sollen laut DIN 820 durch „gemeinschaftlich durchgeführte Vereinheitlichungen von materiellen und immateriellen Gegenständen zum Nutzen der Allgemeinheit“ beitragen. Sie sind normalerweise Empfehlungen, eine Anwendungspflicht kann sich aber aus

Rechts-, Verwaltungsvorschriften oder Verträgen wie beispielsweise bei der Störaussendung elektrischer Geräte und Anlagen (CE) ergeben.

Im Bereich der Elektrotechnik gelten die **DIN-Normen,** herausgegeben vom Deutsches Institut für Normung e. V. (VDE), in Deutschland, **EN-Normen** des Comité Européen de Coordination des Normes Electriques (CENELEC) in Europa und **IEC-Normen** der International Electrotechnical Commission (IEC) weltweit. Aufgrund der Globalisierung und Internationalisierung verlieren DIN-Normen an Bedeutung oder stellen die deutsche Fassung einer gleichlautenden, internationalen Norm dar. Darüber hinaus finden allgemeine Normen der International Standards Organisation (ISO), des American National Standards Institute (ANSI) oder im Bereich der Telekommunikation die Standards des European Telecommunication Standards Institute (ETSI) oder der International Telecommunication Union (ITU) Anwendung.

Wichtige normbildende Institutionen und Standardisierungsgremien sind

DIN	Deutsches Institut für Normung e. V.	Deutschland
VDE	Verband der Elektrotechnik Elektronik Informationst. e. V.	Deutschland
CENELEC	Comité Européen de Coordination des Normes Electriques	Europa
IEC	International Electrotechnical Commission	International
IEEE	Institute of Electrical and Electronics Engineers	USA
ANSI	American National Standards Institute	USA
ISO	International Standards Organisation	International
ETSI	European Telecommunication Standards Institute	Europa
CCITT	Comité Consultatif International Télégraphique et Téléphonique	International
ITU	International Telecommunication Union	International

Von den vielen, für den Bereich der Messtechnik relevanten Normen sind hier nur einige der grundlegenden erwähnt, auf die sich auch nachfolgende Abschnitte beziehen:

DIN 1301	Einheiten
DIN 1304	Formelzeichen
DIN 1313	Physikalische Größen und Gleichungen
DIN 1319	Grundbegriffe der Messtechnik
VDI/VDE 2600	Metrologie
IEC 51	Direkt wirkende anzeigende elektrische Messgeräte
IEC 359	Angaben zum Betriebsverhalten elektrischer Messeinrichtungen
IEC 1010	Sicherheitsbestimmungen für elektrische Mess-, Steuer-, Regel- und Laborgeräte
ISO 1000	SI-Einheiten
ISO 10012	Qualitätssicherung für Messmittel

1.2.2 Begriffsdefinitionen

Angelehnt an die deutschen Normen [3, 4] sollen einige der grundlegenden Begriffe der Metrologie (Wissenschaft vom Messen) erläutert werden, die in den nachfolgenden Kapiteln häufig verwendet werden. In Klammern sind jeweils die englischen Begriffe angegeben.

Die **Messgröße** (Measurand) ist die physikalische Größe, die durch die Messung bestimmt werden soll. Dies kann in allgemeiner Form, beispielsweise die Energie oder der Widerstandswert oder auch eine bestimmte Größe sein wie die Spannung einer speziellen Batterie oder der Gleichstromwiderstandswert eines konkreten Leiters.

Ein **Messgerät** (Measuring Instrument) ist das Gerät, das für die Messung einer Größe vorgesehen ist. Das Messgerät kann eine Anzeige enthalten oder die Messgröße umformen oder bearbeiten wie beispielsweise ein Strom-Spannungswandler oder Messverstärker. Eine **Messeinrichtung** (Measuring System) ist ein System, bestehend aus einem oder mehreren Messgeräten zusammen mit für die Messung notwendigen, zusätzlichen Einrichtungen wie z. B. Energieversorgung. Beispiele sind ein Digitalvoltmeter (DVM), ein Widerstandsmessplatz oder eine Kalibriereinrichtung.

Ein **Messgrößenaufnehmer** (Sensor) auch als Messfühler, Detektor oder Sensor bezeichnet, ist der Teil des Messgerätes oder der Messeinrichtung, der auf die physikalische Größe direkt anspricht. Er stellt das erste Element in einer Messkette dar, und das Ausgangssignal des Sensors wird weiterverarbeitet und ausgegeben. Als Beispiele für die steigende Zahl von Sensoren seien die in nachfolgenden Kapiteln besprochenen Stromfühlwiderstände zur Messung großer Ströme (Abschn. 5.1) oder Hallsensoren zur Leistungsmessung (Abschn. 11.2.2) angegeben.

Der **Messwert** (Measured Value) x_i ist ein spezieller, gemessener Wert einer Messgröße. Er wird als Zahlenwert multipliziert mit einer Einheit angegeben, beispielsweise 229,3 V als ein gemessener Wert einer Spannung.

Der **wahre Wert** (True Value) x_w ist der eindeutig existierende Wert der Messgröße, also das Ziel der Messung. Er ist in der Regel nicht erfassbar, da der Messwert durch äußere Einflüsse oder Rückwirkungen durch das Messgerät selbst verfälscht wird. Der **richtige Wert** (Conventional True Value) ist ein bekannter Wert, dessen Abweichungen vom wahren Wert als vernachlässigbar angesehen werden. Er wird auch als Bezugswert verwendet. Im Folgenden wird nicht weiter zwischen dem wahren und richtigen Wert unterschieden.

Die **Messabweichung** (Error of Measurement) e ist die Differenz des Messwertes vom wahren Wert (Abb. 1.1). Für einen gemessenen Spannungswert $U = 1{,}253\,\text{V}$ und einen wahren bzw. richtigen Wert der Messgröße von $U_w = 1{,}270\,\text{V}$ erhält man die Messabweichung $e = U - U_w = 1{,}253\,\text{V} - 1{,}270\,\text{V} = -0{,}017\,\text{V}$.

Das **Messergebnis** (Result of Measurement) kann ein einzelner, gegebenenfalls berichtigter Messwert sein oder aus mehreren Messwerten nach einer bestimmten Rechenvorschrift ermittelt worden sein. Beispiele sind die Leistungsbestimmung nach $P = U_i \cdot I_i$ aus einem gemessenen Stromwert I_i und einem Spannungswert U_i oder der Mittelwert einer Messreihe.

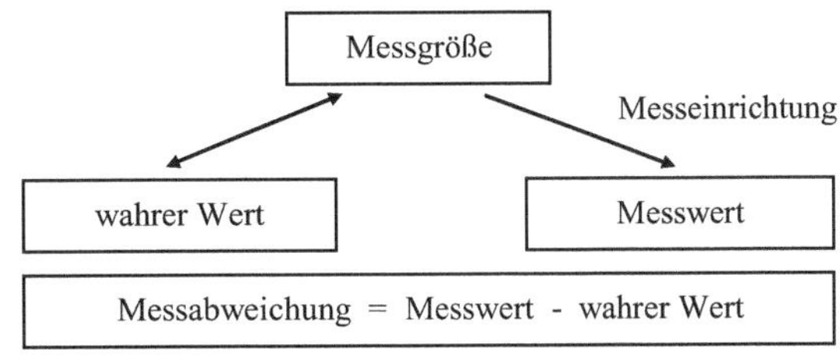

Abb. 1.1 Zusammenhang: wahrer Wert, Messwert und Messabweichung

Wird ein Messwert gemessen, kennt man in der Regel nicht den wahren Wert der Messgröße. Die **Messunsicherheit** (Uncertainty of Measurement) u bildet ein Intervall um den Messwert, in dem der wahre Wert mit einer bestimmten Wahrscheinlichkeit liegt. Für einen Messwert x mit einer Messunsicherheit u liegt der wahre Wert x_w im Intervall $x \pm u$. Das Messergebnis zusammen mit der Messunsicherheit, beispielsweise für einen Strom $I = 2{,}52\,\mathrm{A} \pm 0{,}1\,\mathrm{A}$, nennt man vollständiges Messergebnis.

Weitergehendes zu Messabweichungen und Messunsicherheiten wird im Kap. 2 ausführlich beschrieben.

1.2.3 Messtechnische Tätigkeiten

Neben dem eigentlichen **Messen,** also der quantitativen Bestimmung einer Messgröße als Zahlenwert multipliziert mit einer Einheit, gibt es weitere messtechnische Tätigkeiten.

Prüfen heißt feststellen, ob der Prüfgegenstand, bzw. das Messobjekt eine oder mehrere vorgegebene Bedingungen erfüllt. Mit dem Prüfen ist immer eine Entscheidung verbunden. Das Ergebnis der Prüfung ist die ja/nein-Entscheidung, ob die Anforderungen erfüllt oder nicht erfüllt sind. Beispiele sind die Prüfung, ob die Widerstandswerte von Widerständen innerhalb einer bestimmten Toleranzgrenze liegen oder eine Sichtkontrolle von Oberflächen nach bestimmten Kriterien.

Unter **Kalibrieren** (Calibration) versteht man die Bestimmung der Messabweichung, also des Zusammenhanges zwischen dem ausgegebenen und dem wahrem Wert einer Messgröße. Bei einer Kalibrierung erfolgt kein Eingriff in die Messeinrichtung; die Messeinrichtung ist nach der Kalibrierung im selben Zustand wie vorher. Durch die Kalibrierung kann geprüft werden, ob die Messeinrichtung die zugesagte Genauigkeit einhält, und es kann eine Korrektionstabelle zur Berichtigung einer systematischen Abweichung aufgestellt werden. Ein Beispiel für die Durchführung einer Kalibrierung ist das Anlegen einer genau bekannten Spannung an einen Spannungsmesser und die Berechnung der Differenz des Anzeigewertes des Spannungsmessgerätes vom wahren, bzw. richtigen Wert. Der Bezugswert kann dazu mit einem Referenzmessgerät (Normal) bestimmt worden sein (siehe Normalienkette, Abschn. 1.3.4).

Justieren (Adjustment) ist der Abgleich einer Messeinrichtung. Durch einen Eingriff in die Messeinrichtung und Vergleich der Messwerte mit den richtigen Werten werden die Messabweichungen reduziert. Beim Abgleich eines Spannungsmessgerätes wird eine genau bekannte Spannung angelegt und häufig gleichzeitig mit einem Referenzgerät gemessen. In der Messeinrichtung werden Abgleichelemente soweit verändert, bis der Anzeigewert des Prüflings mit dem Referenzwert möglichst genau übereinstimmt. Bei elektronischen oder digitalen Messgeräten werden zur Reduzierung des manuellen Aufwandes die Abgleichwerte häufig in nichtflüchtigen Speichern, z. B. EEPROMs, im Gerät abgelegt und numerisch verarbeitet.

Eichen im amtlichen Sinne ist die Prüfung von Messgeräten nach gesetzlichen Vorschriften und Anforderungen. Dadurch wird festgestellt, ob das Messgerät die Forderungen, insbesondere die Eichfehlergrenzen einhält. Eichen ist ein amtlicher Vorgang und wird von der zuständigen Eichbehörde oder besonderen, beglaubigten Prüfstellen durchgeführt. In Gesetzen ist geregelt, welche, vor allem im geschäftlichen Verkehr verwendeten Geräte der Eichpflicht unterliegen. Typische Beispiele sind Waagen für den Verkauf, Gasmengenmesser und Elektrizitätszähler (siehe Abschn. 11.3). Im allgemeinen Sprachgebrauch wird häufig Eichen im gleichen Sinne wie Kalibrieren und Abgleichen verwendet.

1.2.4 Messmethoden

Messprinzipien sind die physikalischen Grundlagen der Messung, beispielsweise der Dopplereffekt als Grundlage einer Geschwindigkeitsmessung oder der Halleffekt als Basis eines Leistungssensors. Messmethoden sind von den speziellen Messprinzipien unabhängige Vorgehensweisen bei der Durchführung von Messungen. Die praktischen Anwendungen eines Messprinzips und einer Methode werden als Messverfahren bezeichnet.

Bei **analogen Messmethoden** wird jedem Wert der Messgröße innerhalb des Messbereiches kontinuierlich ein Wert der Ausgangsgröße zugeordnet. Die Anzeige- bzw. Ausgangsgröße ist stetig. Beispiele: Ein Spannungsmessgerät mit einer Skalenanzeige oder ein Temperatursensor, der einer Temperatur im Messbereich von −40 °C bis +100 °C einen Ausgangsstrom im Bereich von 4 mA bis 20 mA zuordnet.

Wird der Messwert in Ziffernform oder codiert ausgegeben, muss einem Wertebereich der Messgröße ein Ziffern- bzw. Codewort zugeordnet werden. Die Ausgangsgröße ist mit einer endlichen Auflösung quantisiert, man spricht von **digitalen Messmethoden** bzw. Verfahren. Durch den Fortschritt bei den Umsetzern der analogen in digitale Signale und der gestiegenen Leistungsfähigkeit der Prozessoren können digitale Systeme mit so hoher Auflösung eingesetzt werden, dass die Quantisierung nahezu vernachlässigt werden kann.

Wird, wie in Abb. 1.2a dargestellt, in einer Messkette vom Aufnehmer (Sensor) an der Messwert direkt oder mit Zwischenschritten in einen Ausschlag bzw. Ausgabewert umgewandelt, spricht man von einer **Ausschlagmethode.** Beispielsweise führt bei einem Zeigerinstrument der zu messende Strom zu einer Kraftwirkung auf einen Zeiger, und der Zeigerausschlag kann auf einer Skala direkt als Strommesswert in Ampere abgelesen

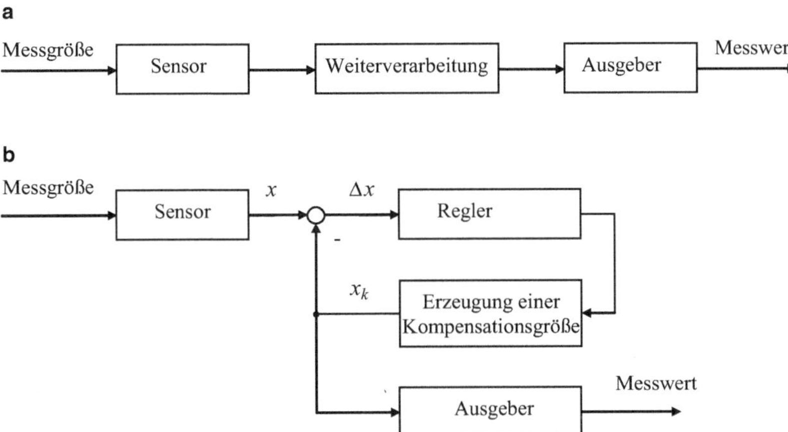

Abb. 1.2 Struktur einer Messeinrichtung **a** bei der Ausschlagmethode, **b** bei der Kompensationsmethode

werden. Der Ausgabewert muss nicht als Anzeigewert sondern kann auch als ein elektrisches Ausgangssignal vorliegen.

Bei der **Kompensationsmethode** liefert der Sensor ein Signal x, das in eindeutigem Zusammenhang mit der Messgröße steht. Dieses Signal wird von einem Kompensationssignal x_k subtrahiert, und das Differenzsignal Δx auf einen Regler gegeben. Das Kompensationssignal wird so eingestellt, dass das Differenzsignal Δx gerade Null ergibt. Dadurch wird erreicht, dass aus der Erfassung und Auswertung des Kompensationssignals die Messgröße ermittelt und ausgegeben werden kann (Abb. 1.2b). Kompensationsmethoden werden eingesetzt, wenn die Messgröße selbst nur schwer, die Kompensationsgröße jedoch einfach gemessen werden kann. Ein Beispiel ist das im Abschn. 6.3 angegebene Effektivwertmessverfahren mit thermischen Umformern.

1.3 Einheiten und Normale

Die Messung einer physikalischen Größe erfolgt durch den Vergleich mit einer Maßeinheit. Der Zahlenwert gibt an, wie oft die Einheit in der zu messenden Größe enthalten ist.

$$\text{Größenwert} = \text{Zahlenwert} \cdot \text{Einheit}$$

Der Wert hängt demzufolge von der gewählten Einheit ab. Das Ergebnis der Messung wird als Zahlenwertgleichungen angegeben, beispielsweise $s = 11{,}118\,\text{km}$, $l = 11.118\,\text{m}$ oder $s = 6$ Seemeilen; eine Angabe ohne Einheit ist nicht sinnvoll. Anders ist es bei Größengleichungen. Dieses sind Gleichungen, in denen die Formelzeichen physikalische Größen bedeuten. Sie gelten unabhängig von der Wahl der Einheiten. Beispielsweise ist der physikalische Zusammenhang zwischen dem zurückgelegten Weg s, der Geschwindigkeit v und der Zeit t durch die Gleichung $s = v \cdot t$ beschrieben.

1.3.1 Maßsysteme

Anfänglich wurden Einheiten gewählt, die aus dem Erfahrungshorizont des Menschen herrührten, beispielsweise die Elle oder der Fuß als Längenmaß oder die Zeitspanne von Sonnenauf- bis Sonnenuntergang als Zeitmaß. Zielsetzung der Metrologie ist es, ein Einheitensystem zu schaffen, das weitgehend frei von Einflüssen wie Zeit, Ort und Menschen ist und das durch Experimente überall und jederzeit nachvollzogen werden kann. Idealerweise beruhen diese Einheiten auf Naturkonstanten oder Experimenten atomarer Natur.

„Wenn wir also absolut unveränderliche Einheiten der Länge, der Zeit und der Masse schaffen wollen, so müssen wir diese nicht in den Abmessungen, in der Bewegung und in der Masse unseres Planeten suchen, sondern in der Wellenlänge, der Frequenz und der Masse der unvergänglichen, unveränderlichen und vollkommen gleichartigen Atome." (Maxwell, 1831–1879, [5])

Historischer Überblick

Nach der verwirrenden Vielfalt der Handelsmaße bis in das Mittelalter bemühte man sich im 18. Jahrhundert allgemein gültige Einheiten zu schaffen. Die Definitionen wurden immer wieder durch die technisch-wissenschaftliche Entwicklung überholt, und man versuchte, die mindest erforderliche Zahl der notwendigen Grundeinheiten, aus denen die anderen ableitbar sind, zu finden. Nachfolgend ist eine grobe Übersicht der historischen Entwicklung zusammengestellt [6].

1799 Schaffung des Urkilogramm und des Urmeter aus Platin, Aufbewahrung der Urnormale im „Archive de la République" in Paris.

1830 Gauß und Weber definieren „absolute elektrische Einheiten" über die Grundgrößen des CGS-Systems (Zentimeter, Gramm, Sekunde).

1889 Die erste Generalkonferenz für Maß und Gewicht schafft Ausführungen der Prototypen für Meter und Kilogramm, die an die Mitgliedsstaaten verteilt werden.

1893 Die Einheiten V, A und Ohm werden durch empirische Normale dargestellt (Silbervoltmeter, Quecksilbernormal). Sie werden als „praktische" Einheiten bezeichnet.

1948 Internationale Einführung des MKSA-Systems mit den Grundeinheiten Meter, Kilogramm, Sekunde, Ampere. Die elektrischen Einheiten werden kohärent an die mechanischen Einheiten angeschlossen.

1960 Festlegung des „Internationalen Einheitensystems" SI (Système International d'Unites) durch die elfte Generalkonferenz für Maß und Gewicht.

1969 Das SI-System wird in Deutschland als verbindlich für den geschäftlichen und amtlichen Verkehr erklärt.

2019 Inkrafttreten der Neudefinition der SI-Basiseinheiten durch sieben Naturkonstanten

Tab. 1.1 SI-Basiseinheiten

Basisgröße	Zeichen	Basiseinheit	Zeichen der Basiseinheit
Länge	l	Meter	m
Masse	m	Kilogramm	kg
Zeit	t	Sekunde	s
Elektrische Stromstärke	I	Ampere	A
Temperatur	T	Kelvin	K
Stoffmenge	n	Mol	mol
Lichtstärke	I_v	Candela	Cd

1.3.2 Das Einheitensystem SI

Auf der 11. Generalkonferenz für Maß und Gewicht ist 1960 das Internationale Einheitensystem (Système International d'Unités), abgekürzt SI, beschlossen und eingeführt worden. Es definiert sieben Basiseinheiten. Daraus werden die weiteren, sogenannten abgeleiteten SI-Einheiten durch Multiplikation und Division gebildet und häufig mit einem besonderen Namen und Einheitenzeichen belegt. Die SI-Einheiten sind kohärent, sie bilden ein System von Einheiten, die ausschließlich mit dem numerischen Faktor 1 durch Multiplikation und Division verbunden sind. Nach dem internationalen Beschluss ist das SI-System in vielen Ländern gesetzlich vorgeschrieben und in der ISO 1000 und für Deutschland in der DIN 1301 dargelegt. Seit der gesetzlichen Einführung 1969 in Deutschland wird beispielsweise nicht mehr ein Pfund sondern ein halbes Kilogramm gewogen oder der Luftdruck in hPa (Hektopascal) und nicht in mbar angegeben.

SI-Basiseinheiten

Die sieben Basiseinheiten sind in Tab. 1.1 aufgeführt. Die Definitionen wurden zum Teil in späteren Generalkonferenzen ergänzt oder in leicht modifizierter Form neu beschlossen. So wurde 1971 das Mol als Basiseinheit für die Stoffmenge und 1979 die Candela als Lichtstärkeeinheit zusätzlich aufgenommen.

Ein Nachteil der bis 2019 geltenden Definitionen war, dass sie sich nicht auf unveränderliche Eigenschaften der physikalischen Welt beziehen, sondern wie zum Beispiel das Kilogramm auf den bei Paris aufbewahrten Kilogrammprototypen. Auf der Generalkonferenz 2018 wurde eine Neudefinition der Basiseinheiten beschlossen, die auf sieben Naturkonstanten beruht und 2019 in Kraft trat [7]. Voraussetzung dafür war, dass diese Konstanten in Experimenten genau genug bestimmt werden konnten.

Tab. 1.2 Genormte Vorsätze

Frequenz der Hyperfeinstrukturübergänge des Grundzustands im ^{133}Cs-Atom	$\Delta\nu = 9\,192\,631\,770$ 1/s
Lichtgeschwindigkeit im Vakuum	c = 299 792 458 m/s
Planck-Konstante	$h = 6{,}62607015 * 10^{-34}$ kg m²/s⁻¹
Elementarladung	$e = 1{,}602176634 * 10^{-19}$ As
Boltzmann-Konstante	$k = 1{,}380649 * 10^{-23}$ kg $m^2/(s^{-2}$ K)
Avogadro-Konstante	$N_A = 6{,}02214076 * 10^{23}$ 1/mol
Photometrisches Strahlungsäquivalent $K_{cd} = 683$ Lumen/Watt Kcd einer monochromatischen Strahlung der Frequenz $540 * 10^{12}$ Hz	$K_{cd} = 683$ Lumen/Watt

Mit Hilfe dieser Konstanten sind die sieben Basiseinheiten des SI-Systems definiert

Sekunde s	Definition über $\Delta\nu$	$1\ s = 9\,192\,631\,770/\Delta\nu$
Meter m	Definition über c und $\Delta\nu$	$1\ m = (c/299\,792\,458)\ s$ $= 30{,}663\,318\,99 * c/\Delta\nu$
Kilogramm kg	Definition über h, c und $\Delta\nu$	$1\ kg = (h/6{,}626\,070\,15 * 10^{-34})\ m^{-2}\ s$ $= 1{,}475\,521\,400 * 10^{40} * h\ \Delta\nu/c^2$
Ampere A	Definition über e und $\Delta\nu$	$1\ A = e/(1{,}602\,176\,634 * 10^{-19})\ s^{-1}$ $= 6{,}789\,686\,817 * 10^{8} * \Delta\nu\ e$
Kelvin K	Definition über k, h und $\Delta\nu$	$1\ K\ (1{,}380\,649 * 10^{-23} k)\ kg\ m^2\ s^{-2}$ $= 2{,}266\,665 * \Delta\nu\ h/k$
Mol mol	Definition über N_A	$1\ mol = 6{,}022\,140\,76 * 10^{23}/N_A$
Candela cd	Definition über K_{cd}, h und $\Delta\nu$	$1\ cd = (K_{cd}/683)\ kg\ m^2\ s^{-3}\ sr^{-1}$ $= 2{,}614830 * 10^{10}\ K_{cd}\ h\ \Delta\nu^2$

Abgeleitete SI-Einheiten

Die abgeleiteten SI-Einheiten sind so definiert, dass der Umrechnungsfaktor immer gleich 1 ist. In Tab. 1.4 sind einige der vor allem für die Elektrotechnik wichtigen abgeleiteten Einheiten zusammen mit ihrer Beziehung zu den Basiseinheiten aufgeführt. In Klammern sind weitere, zum Teil abgelöste Einheiten angegeben.

Genormte Vorsätze

Um bei Berechnungen unhandliche Zahlenwerte zu vermeiden, werden durch dezimale Vorsätze vergrößerte und verkleinerte Einheiten gebildet. Tab. 1.2 gibt die genormten Vorsätze mit ihren Zeichen und Zahlenwerten an.

Naturkonstanten

Durch die Festlegung der Einheiten werden auch die Zahlenwerte und Einheiten von Naturkonstanten bestimmt. In Tab. 1.3 sind einige der für die Elektrotechnik wichtigsten aufgeführt.

Tab. 1.3 Naturkonstanten

Naturkonstante	Zeichen	Zahlenwert	Einheit
Lichtgeschwindigkeit im Vakuum	c_0	299.792.458	m/s
Elektrische Feldkonstante	ε_0	$8{,}8542 \cdot 10^{-12}$	As/Vm
Magnetische Feldkonstante	μ_0	$1{,}2566 \cdot 10^{-6}$	Vs/Am
Masse des Elektrons	m_0	$9{,}1095 \cdot 10^{-31}$	kg

Tab. 1.4 Abgeleitete SI-Einheiten

Größe	Zeichen	Einheit	Einheitenzeichen und Beziehung
Leistung	P	Watt	$1\,W = 1\,VA = 1\,m^2kg/s^3$ $(1\,PS \approx 735{,}5\,W)$
elektrische Spannung	U	Volt	$1\,V = 1\,W/A = 1\,kg\,m^2/(A\,s^3)$
elektrischer Widerstand	R	Ohm	$1\,\Omega = 1\,V/A = 1\,kg\,m^2/(A^2\,s^3)$
elektrischer Leitwert	G	Siemens	$1\,S = 1/\Omega = 1\,A/V = 1\,A^2\,s^3/(kg\,m^2)$
Energie, Arbeit	E	Joule	$1\,J = 1\,N\,m = 1\,VAs = 1\,kg\,m^2/s^2$ $(1\,kcal \approx 4190\,J)$
Kraft	F	Newton	$1\,N = 1\,kg\,m/s^2$ $(1\,kp \approx 9{,}81\,N)$
Druck	P	Pascal	$1\,Pa = 1\,N/m^2 = 1\,kg/(s^2\,m)$ $(1\,bar = 10^5\,Pa,\ 1\,Torr \approx 133\,Pa)$
Frequenz	f	Hertz	$1\,Hz = 1/s$
elektrische Kapazität	C	Farad	$1\,F = 1\,As/V = 1\,A^2\,s^4/(kg\,m^2)$
Induktivität	L	Henry	$1\,H = 1\,Vs/A = 1\,kg\,m^2/(A^2\,s^2)$
Ladung	Q	Coulomb	$1\,C = 1\,As$
Elektrische Flußdichte	D	C/m^2	$1\,C/m^2 = 1\,A\,s/m^2$
Magnetischer Fluss	Φ	Weber	$1\,Wb = 1\,Vs = 1\,kg\,m^2/(A\,s^2)$ $(1\,Maxwell = 10^{-8}\,Wb)$
Magnetische Flussdichte	B	Tesla	$1\,T = 1\,Vs/m^2 = 1\,kg/(A\,s^2)$ $(1\,Gauß = 10^{-4}\,T)$
Elektrische Feldstärke	E	V/m	$1\,V/m = 1\,kg\,m/(A\,s^3)$
Magnetische Feldstärke	H	A/m	$1\,A/m$ $(1\,Oersted \approx 79{,}6\,A/m)$
Ebener Winkel	α	Radiant	$1\,rad = 1\,m/m$
Raumwinkel	Ω	Seradiant	$1\,sr = 1\,m^2/m^2$
Lichtstrom	Φ	Lumen	$1\,lm = 1\,cd/sr$
Beleuchtungsstärke	E_v	Lux	$1\,lx = 1\,lm/m^2$
Energiedosis	D	Gray	$1\,Gy = 1\,J/kg\ (1\,Rad = 10^{-2}\,Gy)$
Aktivität einer radioaktiven Substanz	A	Becquerel	$1\,Bq = 1/s\ (1\,Curie = 3{,}7 \cdot 10^{10}\,Bq)$

1.3.3 Darstellung der Einheiten

Grundsätzlich muss bei den Einheiten zwischen der Definition und der sogenannten experimentellen Darstellung unterschieden werden. Die Darstellung bedeutet, dass Experimente aufgebaut werden, bei denen mit Hilfe physikalischer Gesetze die physikalischen Größen aus den Definitionen abgeleitet und berechnet werden können. So wird beispielsweise bei der PTB in Braunschweig mit einer Quantenstromquelle ein Fluss einzelner Elementarladungen erzeugt, so dass durch Zählen der Elektronen das Ampere auf die Sekunde zurückgeführt werden kann. Zusätzlich werden experimentelle Darstellungen für die abgeleiteten Einheiten wie beispielsweise das Ohm oder Volt benötigt, die in Kalibrier- und Standardlabors nachvollziehbar sind.

Darstellung des Volts

Neben der Spannungswaage, bei der elektrostatische Kräfte mit Gewichtskräften verglichen werden, wird der 1962 veröffentlichte und nach seinem Erfinder benannte Josephson-Effekt [9] zur Darstellung des Volt verwendet. Durch Bestrahlung von schwach gekoppelten, stromdurchflossenen Supraleitern mit Mikrowellen im Bereich von 10 GHz bis 70 GHz, erhält man eine stufenförmige Kennlinie für den Spannungsabfall U an den Supraleitern. Die Stufenhöhen betragen

$$U = \frac{n \cdot h}{2e} \cdot f, \tag{1.1}$$

mit $n = 1, 2, 3, \ldots$, dem Planckschen Wirkungsquantum h, Elementarladung e und der Mikrowellenfrequenz f. Darauf aufbauend können durch Reihenschaltung Josephson-Elemente mit Gleichspannungen im Bereich von einigen Volt entwickelt und als Spannungsnormale mit einer relativen Unsicherheit von ca. 10^{-9} eingesetzt werden. Um die Unsicherheit in der Bestimmung der Elementarladung zu umgehen, wurde 1990 die Josephson-Konstante $K_J = 2e/h$ international zu $K_J = 483597{,}9\,\mathrm{GHz/V}$ vereinbart. Der Aufwand der Realisation ist jedoch sehr hoch, so dass Josephson-Spannungsnormale hauptsächlich in nationalen Instituten (siehe Abschn. 1.3.3) eingesetzt werden.

Darstellung des Ohm

Im Jahre 1980 fand v. Klitzing einen Effekt, der sich zur Realisation von hochgenauen Widerstandswerten eignet und für den er 1985 den Nobelpreis erhielt (Quanten-Hall-Effekt). Ein Hallelement aus extrem dünnen Leiterschichten wird bei sehr tiefen Temperaturen einem sehr starken Magnetfeld von etwa 10 Tesla ausgesetzt und von einem Strom I durchflossen. Der Hall-Widerstand R_H, der der Quotient aus der Hallspannung und dem Strom I ist, zeigt Stufen bei den diskreten Werten

$$R_H = \frac{1}{n} \cdot \frac{h}{e^2}. \tag{1.2}$$

Dabei ist $n = 1, 2, 3, \ldots$, h das Plancksche Wirkungsquantum und e die Elementarladung. Vor allem die Stufen für $n = 2$ bei ca. 13 kΩ und $n = 4$ bei ca. 6,5 kΩ werden zur Widerstandsdarstellung verwendet. Die relative Unsicherheit beträgt etwa 10^{-9}.

Atomuhren zur Darstellung von Sekunde und Hertz

Hochpräzise Zeit- bzw. Frequenznormale spielen in vielen Bereichen der Technik und unseres alltäglichen Lebens eine große Rolle. Sie werden nicht nur zur Kalibrierung von Zeit- und Frequenzmessgeräten sondern beispielsweise auch zur Synchronisation von Rechnernetzen oder für das globale Ortungs- und Navigationssystem GPS eingesetzt. Dabei wird durch Laufzeitmessungen von Funksignalen zwischen umlaufenden Satelliten und Empfängern auf der Erde eine hochpräzise Positionsbestimmung durchgeführt. Zusätzlich muss die amtliche Zeit, die wie in Abschn. 16.3 beschrieben für Mitteleuropa mit dem Zeitsignalsender DCF 77 verbreitet wird, festgelegt werden.

Für diese Aufgaben verfügen die metrologischen Institute über Atomuhren, die gemäß der SI-Definition die Sekunde realisieren [10]. In einer Vakuumkammer werden Cäsium Atome verdampft. Die Atome im (+)-Zustand werden durch Magnetfelder in einen Hohlraumresonator gelenkt und durch Mikrowellenbestrahlung in den (−)-Zustand überführt. Die Anzahl der Zustandsänderungen wird gemessen. Sie ist bei einer charakteristischen Frequenz maximal, und durch eine elektronische Regelung wird der Mikrowellenoszillator auf dieser Frequenz gehalten. Die Frequenz der Mikrowellenstrahlung beträgt dann exakt 9.192.631.770 Hz. Durch Abzählen von 9.192.631.770 Periodendauern gewinnt man das Zeitintervall von 1 Sekunde. Zusätzlich werden Effekte, wie etwa der Einfluss der Höhe über dem Meeresspiegel, korrigiert. Die PTB unterhält verschiedene dieser primären Atomuhren, die gegeneinander verglichen werden. Die Uhren CS1 und CS2 weichen beispielsweise nur um etwa 0,5 µs pro Jahr ab, was einer relativen Unsicherheit von etwa 10^{-14} entspricht.

Genauigkeiten

Es gibt eine Vielzahl weiterer Experimente und Darstellungen der Basiseinheiten und abgeleiteten Einheiten. In Tab. 1.5 sind einige erwähnt und die Größenordnung der Genauigkeit angegeben. Die relativen Unsicherheiten beziehen sich auf PTB-Angaben [7].

1.3.4 Normale und Kalibrierkette

Nationale Institute

Durch die eindeutige Definition der Einheiten ist noch nicht die allgemeine Vergleichbarkeit der Messergebnisse und deren Genauigkeit sichergestellt. Dazu bedarf es eines internationalen Systems, das die Einheitlichkeit im Messwesen garantiert. Zu diesem Zweck unterhalten viele Länder nationale Institute, die für die Darstellung der SI-Einheiten zuständig sind. Sie entwickeln Messeinrichtungen, -verfahren und sogenannte Normale

Tab. 1.5 Experimente zur Darstellung von Einheiten mit Genauigkeitsangaben

Einheit		Experiment/Aufbau	relative Unsicherheit
Meter	m	Interferometer	10^{-10}
Kilogramm	kg	Planck-Waage	10^{-9}
Sekunde	s	Cäsium-Atomuhr (CS1 und CS2)	10^{-13}
Ampere	A	Quantenstromquelle	10^{-7}
Volt	V	Spannungswaage	10^{-7}
		Josephson-Element	10^{-9}
Ohm	Ω	Quanten-Hall-Effekt, v. Klitzing	10^{-9}
Farad	F	Thompson/Lampard	10^{-7}

und halten sie zur Weitergabe der Einheiten an Wirtschaft und Wissenschaft bereit. Durch sie wird der Transfer bis in die Produktionsstätten der Industrieunternehmen durchgeführt. In Deutschland hat diese Aufgabe die Physikalisch-Technische Bundesanstalt (PTB) in Braunschweig und Berlin übernommen [11]. Sie ist die älteste Einrichtung dieser Art weltweit und wurde 1887 als Physikalisch-Technische Reichsanstalt in Berlin gegründet.

Die renommiertesten nationalen Institute sind:

PTB Physikalisch-Technische Bundesanstalt, Deutschland,
NPL National Physical Laboratory, Großbritannien,
NIST National Institute for Standards and Technology, USA,
NRLM National Research Laboratory of Metrology, Japan.

Durch Quervergleiche, sogenannte Round-Robin-Tests wird ein Austausch und eine Überprüfung der Primärnormale der nationalen Institute durchgeführt. Dadurch wird die „Gleichheit der Einheiten“ sichergestellt.

Normale

Normale sind Messgeräte oder Referenzapparaturen, die den Zweck haben, eine Einheit oder einen genau bekannten Wert einer Größe darzustellen und diesen an andere Messgeräte durch Vergleich weiterzugeben. Zur Kalibrierung der Messgeräte in den Produktionseinrichtungen der Industrie wird nicht direkt auf die nationalen Normale zurückgegriffen, sondern es werden Zwischenstufen eingeschaltet, die eine Kalibrier-Hierarchie bilden. Für Deutschland werden diese Zwischenstufen vom Deutschen Kalibrierdienst DKD wahrgenommen. Dazu gehören von der PTB akkreditierte Laboratorien in Industrieunternehmen, Hochschulinstituten, Forschungs- oder Prüfeinrichtungen, die die Transfer-Normale bewahren und Kalibrierungen durchführen.

Internationale Normale ↓	Dies sind Normale, die als Basis zur Festlegung des Wertes aller anderen Normale international anerkannt sind. Ein Beispiel für ein solches Urnormal ist der Kilogramm-Prototyp bei Paris zur Definition des Kilogramm.
Primärnormale ↓	Sie werden in den nationalen Instituten aufbewahrt und regelmäßig untereinander und sofern möglich gegen ein internationales Normal verglichen. Beispiele sind die primären Cäsium-Atomuhren der PTB.
Sekundärnormale ↓	Sie stellen die Bezugsnormale in den Kalibrierstellen, z. B. DKD-Laboren oder Kalibrierstellen großer Industrieunternehmen dar. Sie werden außer zu Vergleichsmessungen mit anderen Normalen nicht unmittelbar für Messungen benutzt.
Gebrauchsnormale	Diese Normale sind in den Produktionslinien der Betriebe und sind die Referenzgeräte zur Sicherung der Kenndaten der Produkte.

Für jedes Normal ist die Genauigkeit auf der Basis einer Berechnung der Unsicherheiten (siehe Abschn. 2.4) festgelegt. Durch jeden Transfer erhöht sich die Unsicherheit, sodass die Gebrauchsnormale eine deutlich niedrigere Genauigkeit als die Primärnormale besitzen. Beispielsweise hat ein Josephson-Element der PTB (Abschn. 1.3.3) als Primärnormal eine relative Unsicherheit von etwa 10^{-9}, ein Spannungs-Sekundärnormal einer DKD-Stelle kann eine relative Unsicherheit von 10^{-7} und ein Gebrauchsnormal 10^{-5} besitzen.

Rückführbarkeit, Kalibrierkette

Die Verlässlichkeit eines Messergebnisses und Sicherung der Genauigkeit hängt wesentlich von den verwendeten Referenzgeräten bzw. Kalibriereinrichtungen ab. Als Rückverfolgbarkeit (Traceability) wird dabei die Eigenschaft eines Messergebnisses bezeichnet, durch eine ununterbrochene Kette von Vergleichen auf entsprechende nationale Normale bezogen zu sein.

Als Beispiel wird nachfolgend die Kalibrierkette für eine Spannungsquelle angegeben. Vom Hersteller der Spannungsquelle wird unter anderem die Ausgangsspannung angegeben und spezifiziert, beispielsweise $12{,}0\,\mathrm{V} \pm 0{,}1\,\mathrm{V}$. Zur Sicherung der garantierten Eigenschaft wird die Ausgangsspannung jedes Gerätes in der Fertigung mit einem Gebrauchsnormal gemessen, und der Wert muss innerhalb eines bestimmten Prüfbereiches liegen. Das Gebrauchsnormal wird nach einer festgelegten Prozedur regelmäßig gegen ein Sekundärnormal einer Kalibrierstelle überprüft. Dieses Sekundärnormal wird wieder nach einem bestimmten Ablauf gegen das Primärnormal der PTB in Braunschweig kalibriert, das über Quervergleiche mit den Primärnormalen anderer nationaler Institute verbunden ist. Durch diese Rückführbarkeit wird die weltweite Vergleichbarkeit der Messergebnisse im Rahmen ihrer spezifizierten Genauigkeiten sichergestellt.

Die oben beschriebene Vorgehensweise ist aufwendig, drückt sich aber in der Genauigkeit und Zuverlässigkeit der Produkte aus. Die Qualitätssicherung bzw. das Qualitätsmanagement hat dabei die Aufgabe, die Qualität der Produkte sicherzustellen. Zur Vereinheitlichung beschreiben die Normen ISO 9000 bis ISO 9004 Elemente der Qualitätssicherung für alle Bereiche einer Firma, von der Entwicklung angefangen über die Fertigung, Marketing, Vertrieb bis zum Management. In Audits, die von unabhängigen, akkreditierten Firmen durchgeführt werden, wird die Einhaltung der Qualitätssicherungselemente überprüft und bei Einhaltung zertifiziert. Die Zertifizierung nach ISO 9000 wird für produzierende Firmen immer wichtiger und für den Verkauf der Produkte notwendig.

Für den Bereich Prüfungen und Prüfmittel schreibt die Norm eine Rückführbarkeit der verwendeten Messmittel inklusive der Dokumentation und Berechnung der Unsicherheiten vor. Nach ISO 10012, zitiert in ISO 9000, sind alle Messmittel mit Normalen zu kalibrieren, die auf internationale Normale oder nationale Normale rückführbar sind. Eine ISO-9000-Zertifizierung des Herstellers garantiert damit die Anwendung einer vollständigen Kalibrierkette zur Sicherung der garantierten Produktkenndaten.

Messabweichung und Messunsicherheit 2

2.1 Arten von Messabweichungen

Das Ziel einer Messung ist die Bestimmung des wahren Wertes einer physikalischen Größe. Jeder Messwert wird durch die Unvollkommenheit der Messeinrichtung, des Messverfahrens oder durch Umweltbedingungen beeinflusst, sodass der wahre Wert der zu bestimmenden Größe nicht beliebig genau durch die Messung erfasst wird. Die Genauigkeit bzw. mögliche Abweichung des Messwertes vom wahren Wert ist zur Beurteilung des Messergebnisses wichtig.

Messabweichung

Die Messabweichung e beschreibt die Abweichung des Messwertes x vom wahren Wert x_w der Messgröße:

$$e = x - x_w. \tag{2.1}$$

Die Angabe kann, wie in Gl. 2.1 definiert, als Absolutwert oder auch relativ, bezogen auf den wahren Wert bzw. den Bezugswert, erfolgen. Die relative Messabweichung e_{rel} ist somit

$$e_{\mathrm{rel}} = \frac{e}{x_w} = \frac{x - x_w}{x_w} = \frac{x}{x_w} - 1. \tag{2.2}$$

Die Messabweichung hat immer die Dimension der Messgröße, die relative Messabweichung ist dagegen einheitslos und wird häufig in % angegeben. Für den wahren Wert x_w kann auch der sogenannte richtige Wert x_r verwendet werden (siehe Abschn. 1.2.2). Die Bestimmung der Messabweichung setzt voraus, dass der wahre bzw. der richtige Wert bekannt ist.

T. Mühl, *Elektrische Messtechnik*, https://doi.org/10.1007/978-3-658-29116-7_2

Beispiel 2.1

Die Spannung an den Klemmen einer Batterie wird gemessen. Der Messwert beträgt 1,27 V. Der wahre Wert der Spannung, der bekannt bzw. mit einem rückwirkungsfreien Referenzgerät gemessen sei, ist 1,283 V.

Damit kann die Messabweichung bestimmt werden zu:

Messabweichung $e = x - x_w = 1{,}27\,\text{V} - 1{,}283\,\text{V} = -0{,}013\,\text{V}$,

relative Messabweichung $e_{\text{rel}} = \frac{e}{x_w} = \frac{-0{,}013\,\text{V}}{1{,}283\,\text{V}} = -0{,}0101 = -1{,}01\,\%$.

Messfehler

Früher wurde die Messabweichung, also die Differenz des Messwerts vom wahren Wert, als Fehler bezeichnet. Nach dem heutigen Stand wird im Sinne der Qualitätssicherung als Fehler grundsätzlich das Nichteinhalten von vereinbarten Anforderungen verstanden. Eine Abweichung des Messwertes vom wahren Wert muss aber nicht unbedingt aufgrund eines Messgerätedefektes vorliegen, sondern kann im Rahmen der spezifizierten Genauigkeit des Messgerätes liegen. In den heute gültigen Normen wie DIN 1319 [3] oder IEC359 [18] wird dementsprechend zwischen einer zulässigen Messabweichung und dem Fehlerfall, der bei Überschreitung der Fehlergrenze vorliegt, unterschieden. Liegen die Messabweichungen innerhalb des spezifizierten, zulässigen Bereichs, liegt kein Fehler vor, anderenfalls ist das Messgerät defekt.

Der Begriff Fehler, der im Zusammenhang mit Messungen auf Gauß zurückgeht, ist weit verbreitet, und im Englischen wird die Messabweichung als „Error" bezeichnet. Deshalb kann der im Folgenden verwendete Begriff der Messabweichung auch mit Messfehler gleichgesetzt werden.

Ursachen für Messabweichungen

Nehmen wir an, eine Spannung wird mit einem Digitalvoltmeter gemessen. Der Messwert beträgt 5,43 mV. Es stellt sich die Frage, wie genau die Messung ist, bzw. welche Effekte zu einer Messabweichung führen können. Dazu wird das in Abb. 2.1 angegebene Schema betrachtet.

Die wesentlichen Ursachen von Messabweichungen sind:

- Rückwirkungen der Messeinrichtung auf das Messobjekt,
- Umwelteinflüsse auf die Messeinrichtung oder Störungen, die dem Messsignal überlagert sind,
- Unvollkommenheit des Messgerätes oder der Messwertverarbeitung.

Die Rückwirkung auf das Messobjekt, also die direkte Beeinflussung der Messgröße selbst, ist beispielsweise bei einer Spannungsmessung die Belastung der zu messenden Quelle mit dem Innenwiderstand des Spannungsmessers. Je nach Quell- und Messgeräteinnenwiderstand ändert sich die zu messende Spannung durch das Anschließen

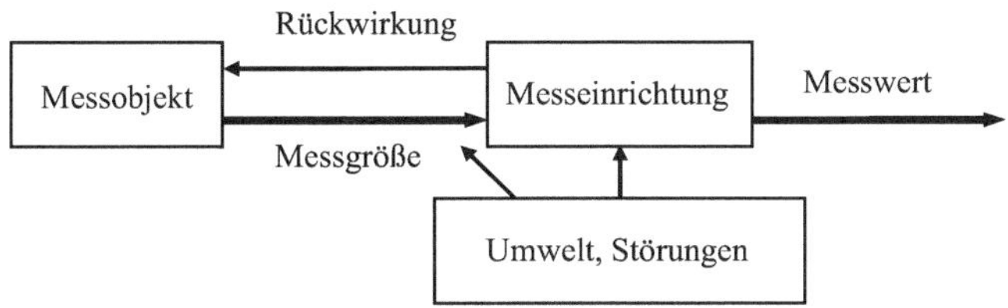

Abb. 2.1 Schema einer Messeinrichtung mit Störeinflüssen

des Spannungsmessers. Die Rückwirkungen lassen sich nur selten völlig verhindern und müssen durch geeignete Maßnahmen auf einen akzeptablen Anteil reduziert werden. Umwelteinflüsse sind beispielsweise bedingt durch die Umgebungstemperatur, Feuchte, Luftdruck oder die Gebrauchslage. Unvollkommenheiten der Messeinrichtung können unter anderem durch Nichtlinearitäten, die Quantisierung bei digitalen Systemen oder das Rauschen, das in den Messeinrichtungen dem Messsignal überlagert ist, entstehen.

Betrachtet man die Ursachen einer Messabweichung, so können zwei grundsätzlich verschiedene Arten unterschieden werden: Es gibt Abweichungen, die systematischer Natur sind. Sie haben eine determinierte Ursache, die bei gleichen Randbedingungen immer gleiche Ergebnisse liefert. Wird die Messung wiederholt, ergeben sich stets dieselben systematischen Abweichungen. Anders sind zufällige Messabweichungen, die sich bei wiederholten Messungen ändern. Sie führen zu einer statistischen Verteilung der Messwerte.

2.2 Systematische Messabweichungen

Systematische Messabweichungen haben während der Messung einen konstanten Betrag mit einem bestimmten Vorzeichen oder unterliegen nur einer sehr langsamen Veränderung aufgrund einer Ursache, die die Messgröße determiniert verändert. Sie führen zu einer immer gleichen, zeitlich konstanten Differenz des Messwerts vom wahren Wert, d. h. zu einem „unrichtigen" Messergebnis. Systematische Messabweichungen sind durch Wiederholungen der Messungen unter gleichen Bedingungen nicht erkennbar!

Beispiel 2.2

Ein unvollkommener Abgleich der Messeinrichtung: Bei jedem Messvorgang ist der Messwert für eine bestimmte Messgröße aufgrund eines unvollkommenen Abgleichs der Messeinrichtung um den gleichen Betrag verfälscht. Ein Spannungsmessgerät zeigt beispielsweise immer einen 3 % zu hohen Wert an.

Temperaturgang der Messeinrichtung: Es besteht ein eindeutiger Einfluss der Umgebungstemperatur auf die Messeinrichtung. Der Messwert ist von der Temperatur abhängig, der Zusammenhang ist vorhersehbar und zeitlich konstant.

Rückwirkung durch den Eingangswiderstand eines Spannungsmessgerätes: Die zu messende Spannung wird bei der Messung mit dem Eingangswiderstand des Spannungsmessers belastet, was zu einer determinierten Reduzierung der Messspannung und damit zu einer systematischen Messabweichung führt.

2.2.1 Bekannte und unbekannte systematische Abweichungen

Bekannte systematische Messabweichungen
Sind die systematischen Abweichungen $e_{\text{sys},b}$ nach Betrag und Vorzeichen bekannt, so können sie korrigiert werden. Der negative Wert der bekannten, systematischen Abweichung wird als **Korrektion** K bezeichnet:

$$K = -e_{\text{sys},b}. \tag{2.3}$$

Damit ist der berichtigte oder korrigierte Messwert

$$x_{\text{korr}} = x + K. \tag{2.4}$$

Beispiel 2.3

Ein Spannungsmesser zeigt aufgrund der Abgleichunvollkommenheit zu hohe Spannungswerte an. Die Messabweichungen können durch eine Kalibrierung genau festgestellt werden. Mit Hilfe einer damit erstellten Korrekturtabelle ist es möglich, weitere Messwerte zu korrigieren.

Der Einfluss des Innenwiderstandes eines Spannungsmessers auf eine zu messende Spannung kann bei bekanntem Quellwiderstand berechnet und im Messergebnis korrigiert werden (siehe Abschn. 5.1).

Unbekannte systematische Messabweichungen
Es gibt systematische Abweichungen, die vermutet oder deutlich werden, deren Betrag und/oder Vorzeichen aber nicht eindeutig angegeben werden kann. In manchen Fällen ist ein Teil dieser Abweichungen abschätzbar und damit zu einem gewissen Grad korrigierbar. Vollständig unbekannte Abweichungen oder der nicht abschätzbare Anteil müssen wie zufällige Abweichungen (siehe Abschn. 2.3) behandelt werden.

Beispiel 2.4

Die Wärmeableitung und die dadurch verbundene Temperaturabsenkung durch einen das Messobjekt berührenden Temperaturfühler ist systematischer Natur, kann aber nur sehr aufwendig oder näherungsweise abgeschätzt werden.

Die Alterung und die damit verbundene Veränderung der Eigenschaften elektrischer Bauteile sind für jedes Bauteil determiniert, aber in der Regel wertemäßig nicht bekannt.

2.2.2 Fortpflanzung systematischer Messabweichungen

Wird ein Messergebnis y durch eine mathematische Verknüpfung aus einzelnen Messwerten x_i ermittelt, gehen die Abweichungen der Messwerte in die Abweichung des Ergebnisses ein. Die Bestimmungsgleichung des Messergebnisses y sei

$$y = f(x_1, x_2, \ldots, x_n). \tag{2.5}$$

Die Messabweichung des Ergebnisses e_y ergibt sich aus den Abweichungen der Messwerte e_{x_i} und dem wahren, fehlerfreien Funktionswert y_w

$$e_y = y - y_w = f(x_1 + e_{x_1}, \ldots, x_n + e_{x_n}) - f(x_1, \ldots, x_n).$$

Die Funktion lässt sich mit Hilfe einer Taylorreihe entwickeln, die für kleine Abweichungen e_{xi} nach dem ersten Glied abgebrochen werden kann. Damit lässt sich die Abweichung des Messergebnisses aus den Einzelabweichungen und den partiellen Ableitungen der Funktion f bestimmen:

$$e_y = \sum_{i=1}^{n} \frac{\delta f}{\delta x_i} \cdot e_{x_i}. \tag{2.6}$$

Häufig wird Gl. 2.6 auch in der Form des totalen Differentials angegeben und die Abweichungen e durch Δy und Δx_i ersetzt.

$$\Delta y = \sum_{i=1}^{n} \frac{\delta f}{\delta x_i} \cdot \Delta x_i. \tag{2.7}$$

Mit Hilfe von Gl. 2.6 können folgende Regeln der Fortpflanzung systematischer Messabweichungen abgeleitet werden:

Addition von Messwerten → Addition der Abweichungen

$$y = x_1 + x_2 \qquad e_y = e_{x_1} + e_{x_2}.$$

Subtraktion von Messwerten → Subtraktion der Abweichungen

$$y = x_1 - x_2 \qquad e_y = e_{x_1} - e_{x_2}.$$

Multiplikation von Messwerten → Addition der relativen Abweichungen

$$y = x_1 \cdot x_2 \qquad e_y = x_2 \cdot e_{x_1} + x_1 \cdot e_{x_2}$$

$$e_{\mathrm{rel}\,y} = \frac{e_y}{y} = \frac{x_2 \cdot e_{x_1} + x_1 \cdot e_{x_2}}{x_1 \cdot x_2} = \frac{e_{x_1}}{x_1} + \frac{e_{x_2}}{x_2} = e_{\mathrm{rel}\,x_1} + e_{\mathrm{rel}\,x_2}$$

Division von Messwerten → Subtraktion der relativen Abweichungen

$$y = \frac{x_1}{x_2} \qquad e_y = \frac{1}{x_2} \cdot e_{x_1} - \frac{x_1}{x_2^2} \cdot e_{x_2}$$

$$e_{\mathrm{rel}\,y} = \frac{e_y}{y} = \frac{e_{x_1}}{x_1} - \frac{e_{x_2}}{x_2} = e_{\mathrm{rel}\,x_1} - e_{\mathrm{rel}\,x_2}.$$

Wichtig ist, dass die Vorzeichen der Abweichungen berücksichtigt werden. Unter Umständen kann die Kombination der Abweichungen zu einer Kompensation führen, so dass das Ergebnis eine kleinere relative Messabweichung besitzt als die Einzelmesswerte.

2.3 Zufällige Messabweichungen

Zufällige Messabweichungen entstehen aufgrund nicht beherrschbarer, nicht determinierter Einflüsse während der Messungen. Sie sind nicht vorausbestimmbar. Wird die Messung am selben Messobjekt unter gleichen Bedingungen wiederholt, führen sie zu einer Streuung der Messwerte, d. h. zu einem sogenannten unsicheren Messergebnis.

- Thermisches Rauschen, das einer zu messenden Spannung überlagert ist.
- Übergangswiderstände bei der Kontaktierung elektrischer Bauteile führen zu wenig reproduzierbaren Abweichungen bei der Widerstandsmessung.
- Elektromagnetische Felder, die sich schnell ändern, können Messeinrichtungen unvorhersehbar beeinflussen (EMV).

Häufig ist eine Trennung von zum Teil unbekannten systematischen und zufälligen Abweichungen sehr schwer. Führen mehrere Ursachen zu voneinander unabhängigen, systematischen Messabweichungen mit unterschiedlichen Vorzeichen, können die Abweichungen als quasizufällig aufgefasst und wie zufällige Abweichungen behandelt werden. Beispielsweise ändert sich der Widerstandswert elektrischer Widerstände aufgrund der Alterung unterschiedlich stark. Wirken viele Widerstandswerte mit unterschiedlichem Vorzeichen auf eine Messgröße, kann die Alterung als quasizufällig für die Messgröße angesehen werden, auch wenn sie für den einzelnen Widerstand systematischer Natur ist.

Zur Beschreibung der zufälligen Messabweichungen wird die Messgröße X als statistische Größe (Zufallsgröße) aufgefasst, die zufallsabhängig verschiedene Werte annehmen kann. In den nachfolgenden Betrachtungen wird vorausgesetzt, dass die bekannten systematischen Abweichungen korrigiert sind.

2.3.1 Beschreibung statistischer Größen

Nachfolgend werden die statistischen Grundlagen, die ausführlich in [12–16] dargestellt sind, beschrieben und auf messtechnische Anwendungen bezogen.

Verteilungsfunktion und Verteilungsdichtefunktion
Zur Beschreibung der Verteilung der Werte der Zufallsgröße wird die Verteilungsfunktion $F(x)$ bzw. die Verteilungsdichtefunktion $f(x)$ verwendet.

Die Verteilungsfunktion $F(x)$ ist definiert als die Wahrscheinlichkeit (Prob), dass die Zufallsgröße X einen Wert annimmt, der kleiner oder gleich x ist:

$$F(x) = \text{Prob}\,(X \leq x). \tag{2.8}$$

Für stetige Verteilungsfunktionen, die kontinuierlich sind und keine Sprünge aufweisen, wird die Verteilungsdichtefunktion $f(x)$ definiert als

$$f(x) = \frac{\mathrm{d}F(x)}{\mathrm{d}x}. \tag{2.9}$$

Der Wert $f(x)$ entspricht der Wahrscheinlichkeit, dass X im Intervall x bis $x+\mathrm{d}x$ liegt.

Aus Gl. 2.9 folgt

$$F(x) = \int_{-\infty}^{x} f(t)\mathrm{d}t \quad \text{und} \tag{2.10}$$

$$F(x \to \infty) = \int_{-\infty}^{\infty} f(t)\mathrm{d}t = 1. \tag{2.11}$$

Die Wahrscheinlichkeit, dass X im Intervall $[a, b]$ liegt, ist

$$\text{Prob}\,(a < x \leq b) = F(b) - F(a) = \int_{a}^{b} f(x)\mathrm{d}x. \tag{2.12}$$

Beispiel 2.6

Betrachtet wird ein Zufallszahlengenerator, der Zufallszahlen x zwischen -5 und 10 generiert. Damit wird $F(x)=0$ für $x<-5$ und $F(x)=1$ für $x>10$. Der Verlauf von $F(x)$ zwischen -5 und 10 ist vom Zufallszahlengenerator abhängig und beispielhaft in Abb. 2.2a dargestellt. Abb. 2.2b enthält die Verteilungsdichtefunktion des Zufallszahlengenerators und verdeutlicht den Zusammenhang der Gl. 2.10 und 2.12.

Erwartungswert, Varianz und Standardabweichung

Verteilungs- und Verteilungsdichtefunktion beschreiben eine Zufallsgröße vollständig. Für viele Anwendungen ist die Charakterisierung der Zufallsgröße mit dem Erwartungswert und der Varianz ausreichend.

Der Erwartungswert μ ist ein Maß für das Zentrum der Verteilung der Zufallsgröße und definiert als

$$\mu = \frac{1}{N} \sum_{i=1}^{N} x_i, \tag{2.13}$$

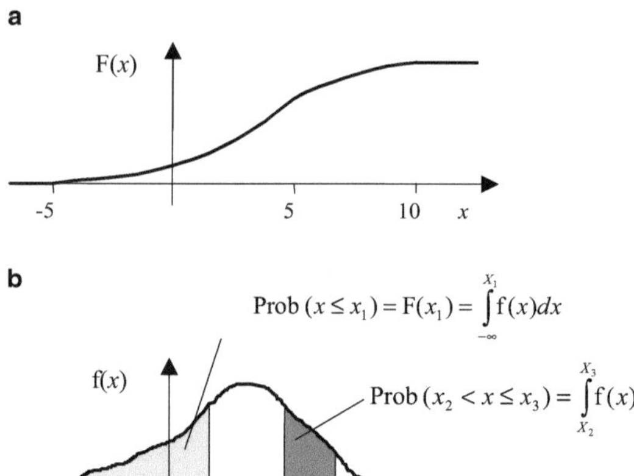

Abb. 2.2 Beispiel eines Zufallszahlengenerators, der Zahlen zwischen -5 und 10 generiert. **a** Verteilungsfunktion, **b** Verteilungsdichtefunktion

wobei N die Anzahl der Elemente x_i der Grundgesamtheit (Menge aller möglichen, der Betrachtungen zugrunde liegenden Elemente) ist.

Für stetige Zufallsgrößen kann der Erwartungswert auch aus der Verteilungsdichtefunktion bestimmt werden:

$$\mu = \int_{-\infty}^{\infty} x \cdot f(x)\mathrm{d}x. \tag{2.14}$$

Bei korrigierter systematischer Abweichung entspricht der Erwartungswert dem wahren Wert der Messgröße X:

$$\mu = x_w. \tag{2.15}$$

Die Varianz σ^2 ist ein Maß für die Streuung der Messwerte um den Erwartungswert. Sie ist definiert als

$$\sigma^2 = \frac{1}{N}\sum_{i=1}^{N}(x_i - \mu)^2, \tag{2.16}$$

bzw. für stetige Zufallsgrößen

$$\sigma^2 = \int_{-\infty}^{\infty} (x - \mu)^2 \cdot f(x)\mathrm{d}x. \tag{2.17}$$

Die Wurzel aus der Varianz wird als Standardabweichung oder Streuung σ bezeichnet. Sie entspricht der mittleren quadratischen Abweichung der Elemente vom Erwartungswert. Standardabweichung σ und Varianz σ^2 einer Messgröße sind ein Maß für die Streubreite der Messwerte.

Normalverteilung

Die Normalverteilung oder Gaußverteilung besitzt eine um den Erwartungswert symmetrische Verteilungsdichtefunktion. Sie ist deswegen wichtig, weil die Überlagerung vieler statistisch unabhängiger Zufallsgrößen gut durch eine Normalverteilung angenähert werden kann. Der zentrale Grenzwertsatz besagt, dass sich die Verteilung einer Zufallsgröße, die durch mehrere, voneinander unabhängige Zufallszahlen bestimmt ist, mit zunehmender Zahl der Variablen einer Normalverteilung annähert [16]. In den meisten praktischen Fällen der Messtechnik kann als gute Näherung mit der Normalverteilung gearbeitet werden. Voraussetzung ist, dass nicht eine einzelne Einflussgröße dominant ist, sondern mehrere Größen einen Beitrag zum Ergebnis liefern. Ebenso muss mit einer anderen Verteilungsdichtefunktion gerechnet werden, wenn entsprechende Kenntnisse über die besondere Verteilung einer Messgröße vorliegen.

Die Verteilungsdichtefunktion der Normalverteilung ist

$$f(x) = \frac{1}{\sqrt{2\pi} \cdot \sigma} \cdot e^{-0{,}5 \cdot \left(\frac{x-\mu}{\sigma}\right)^2}. \tag{2.18}$$

In der Darstellung nach Gl. 2.18 sind die Konstanten auf den Erwartungswert μ und die Standardabweichung σ normiert. Abb. 2.3 zeigt den Verlauf der Verteilungsdichtefunktion. Schraffiert ist der Bereich $[\mu - 1{,}96\sigma, \mu + 1{,}96\sigma]$, in dem die Zufallsvariable mit 95%iger Wahrscheinlichkeit liegt.

Sind Messwerte normalverteilt, so bedeutet dies:

68,3 % aller Werte liegen im Bereich	$\mu \pm \sigma$
95 % aller Werte liegen im Bereich	$\mu \pm 1{,}96\,\sigma$
99 % aller Werte liegen im Bereich	$\mu \pm 2{,}58\,\sigma$
99,7 % aller Werte liegen im Bereich	$\mu \pm 3\,\sigma$

Gleichverteilung

Die Gleichverteilung oder Rechteckverteilung besitzt eine rechteckförmige Verteilungsdichtefunktion, bei der alle vorkommenden Werte die gleiche Wahrscheinlichkeit besitzen. Sie ist beispielhaft in Abb. 2.4 dargestellt und wird analytisch gegeben durch:

$$f(x) = \begin{cases} \frac{1}{2d} & \mu - d < x < \mu + d \\ 0 & \text{sonst.} \end{cases} \tag{2.19}$$

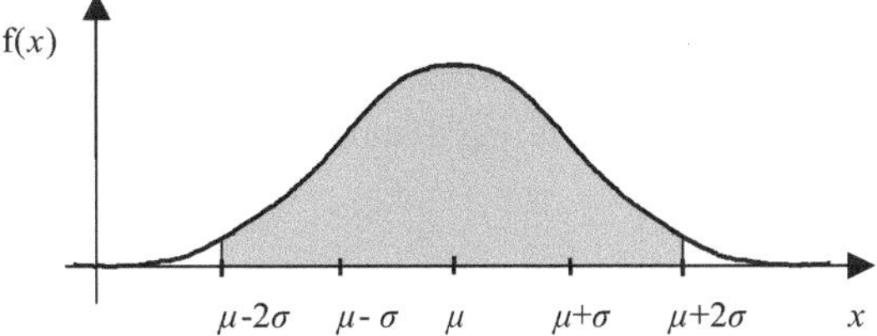

Abb. 2.3 Verteilungsdichtefunktion der Normalverteilung. Der Bereich, in dem die Zufallsvariable mit 95%iger Wahrscheinlichkeit liegt, ist schraffiert

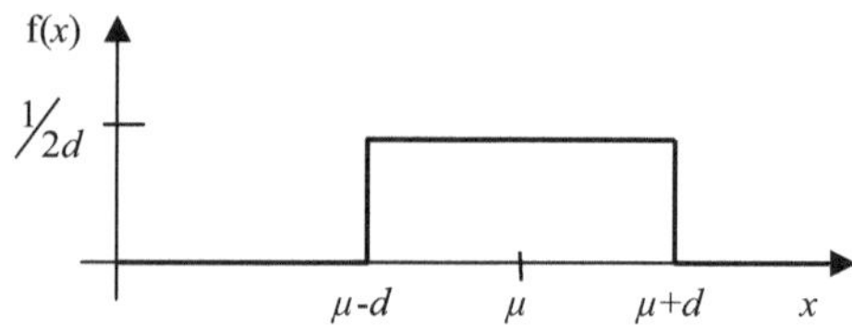

Abb. 2.4 Verteilungsdichtefunktion der Gleichverteilung

Die Varianz σ_{Gl}^2 kann nach Gl. 2.17 berechnet werden:

$$\sigma_{\mathrm{Gl}}^2 = \int_{-\infty}^{\infty} (x-\mu)^2 \cdot f(x)\mathrm{d}x = \int_{-d}^{d} x^2 \cdot \frac{1}{2d}\,\mathrm{d}x = \frac{1}{6d}\left[x^3\right]_{-d}^{d} = \frac{1}{3}d^2. \tag{2.20}$$

Die Streuung der Gleichverteilung σ_{Gl} ist

$$\sigma_{\mathrm{Gl}} = \frac{1}{\sqrt{3}} \cdot d. \tag{2.21}$$

Wahl der Verteilungsfunktion

Abschließend soll die Frage geklärt werden, welche Verteilung für eine Messgröße angenommen werden kann. Ist die Verteilung bekannt, wird diese verwendet. Bei einer unbekannten Verteilung, kann in den meisten Fällen von einer Normalverteilung ausgegangen werden. Sprechen bestimmte Informationen gegen die Normalverteilung, werden andere Verteilungen angenommen. Beispielsweise wird bei Standardwiderständen eine Normalverteilung der Widerstandswerte um den Nominalwert ($\hat{=}$ Erwartungswert) angenommen, während bei selektierten Widerständen meist von einer Gleichverteilung der Widerstandswerte ausgegangen wird.

2.3.2 Stichprobe einer Messgröße

Die Grundgesamtheit ist die Gesamtmenge aller möglichen Messwerte x_i, und der Erwartungswert und die Varianz sind Eigenschaften dieser Grundgesamtheit. In der Praxis können nicht beliebig viele Einzelmessungen unter allen Bedingungen durchgeführt werden. Man spricht von einer Stichprobe mit dem Umfang n aus der Grundgesamtheit. Aus den Messwerten der Stichprobe können Schätzwerte für den Erwartungswert und die Varianz der Grundgesamtheit ermittelt werden.

Schätzung des Erwartungswertes und der Varianz

Der arithmetische Mittelwert oder auch nur Mittelwert $\bar{x}$ ist ein Schätzwert für den Erwartungswert μ und damit auch für den wahren Wert der Messgröße:

$$\bar{x} = \frac{1}{n}\sum_{i=1}^{n} x_i. \tag{2.22}$$

Die empirische Varianz s^2 ist ein Schätzwert für σ^2:

$$s^2 = \frac{1}{n-1} \sum_{i=1}^{n} (x_i - \bar{x})^2. \tag{2.23}$$

In Gl. 2.23 steht im Nenner $n-1$ im Gegensatz zu N in Gl. 2.16 zur Varianzbestimmung. Dies ist notwendig, damit die Schätzung erwartungstreu ist. Diese Eigenschaft bedeutet, dass der Erwartungswert der Schätzung gleich dem zu schätzenden Parameter ist.

Vertrauensbereich für den Erwartungswert

Der Mittelwert der Messreihe ist ein Schätzwert für den wahren Wert (Erwartungswert) der Messgröße. Bei einer endlichen Stichprobe gibt es damit eine zufällige Differenz zwischen dem Schätzwert $\bar{x}$ und dem wahren Wert $\mu = x_w$.

Nehmen wir an, es werden m Messreihen durchgeführt, jede mit einem Mittelwert $\bar{x}_i$ und der Standardabweichung s_i, wobei die Standardabweichungen der Messreihen gleich groß sind. Für den Mittelwert und die Standardabweichung der gesamten Messreihen folgt dann

$$\bar{x}_g = \frac{1}{m} \sum_{i=1}^{m} \bar{x}_i, \tag{2.24}$$

$$s_g = \frac{1}{\sqrt{m}} \cdot s_i. \tag{2.25}$$

Gl. 2.25 besagt, dass die Standardabweichung von m Messreihen um den Faktor $\sqrt{m}$ kleiner als die Standardabweichung der einzelnen Messreihe ist. Je größer der Stichprobenumfang ist, desto sicherer liegt der Mittelwert nahe bei dem zu schätzenden Erwartungswert.

Der Abstand, d.h. die Differenz zwischen Erwartungswert und Mittelwert, ist wiederum eine statistische Größe, die mit einer bestimmten Überschreitungswahrscheinlichkeit angegeben werden kann. Man definiert den Vertrauensbereich für den Erwartungswert als den Bereich um den Mittelwert, in dem der Erwartungswert mit einer bestimmten Wahrscheinlichkeit, auch als Vertrauensniveau bezeichnet, liegt.

Für einen Mittelwert $\bar{x}$ aus n Einzelmessungen mit einer empirischen Standardabweichung s ist der Vertrauensbereich für den Erwartungswert

$$\bar{x} \pm \frac{t}{\sqrt{n}} \cdot s. \tag{2.26}$$

Die Konstante t ist vom Stichprobenumfang n und der Überschreitungswahrscheinlichkeit α abhängig und kann aus Tabellen abgelesen werden. Die Definition des Vertrauensbereichs berücksichtigt, dass die empirische Standardabweichung s nur eine Schätzung für σ ist und damit die Schätzung für kleine n zunehmend unsicherer wird. Der Wert für $n \to \infty$ entspricht dem Wert für eine bekannte Standardabweichung.

Für Normalverteilungen, die man im Allgemeinen annehmen kann, ist in Tab. 2.1 die Konstante t für verschiedene Überschreitungswahrscheinlichkeiten α bzw. Vertrauensniveaus $(1-\alpha)$ angegeben. Bei industriellen Anwendungen, wie auch in der Messtechnik, ist ein Vertrauensniveau von 95 % üblich, demgegenüber wird in der Vermessungstechnik meist ein Vertrauensniveau von 68,3 % oder in der Biologie 99 % angewendet.

Beispiel 2.7

Der Vertrauensbereich für $\alpha = 5\,\%$ einer Messreihe aus 4 Messungen soll bestimmt werden.

Die Messwerte betragen: 20,9; 24,4; 18,7; 22,4.

Aus den Messwerten werden nach Gl. 2.22 Mittelwert und nach Gl. 2.23 die Standardabweichung berechnet: $\bar{x} = 21{,}60$ und $s = 2{,}41$.

Für eine Überschreitungswahrscheinlichkeit von $\alpha = 5\,\%$ ergibt sich nach Tab. 2.1: $t = 3{,}18$.

Damit wird: $\frac{t}{\sqrt{n}} \cdot s = \frac{3{,}18}{\sqrt{4}} \cdot 2{,}41 = 3{,}83$.

Der Vertrauensbereich für $\alpha = 5\,\%$ ist damit nach Gl. 2.26:

$$21{,}60 \pm 3{,}83 \quad \text{bzw.} \quad [17{,}77 < \mu < 25{,}43].$$

2.3.3 Fortpflanzung zufälliger Abweichungen

Nehmen wir zwei Widerstände, die in Reihe geschaltet werden. Die Widerstände haben jeweils einen Nominalwert und eine Toleranz, die vom Hersteller angegeben ist. Die Widerstandswerte liegen in einem Intervall um den Nominalwert, beispielsweise

$$R_1 = 100\,\text{k}\Omega \pm 1\,\text{k}\Omega \quad \text{und} \quad R_2 = 150\,\text{k}\Omega \pm 3\,\text{k}\Omega.$$

Tab. 2.1 Werte der t-Verteilung

$1-\alpha=$	68,3 %	95 %	99 %	99,73 %
$n=2$	1,84	12,7	63,7	235,8
$n=3$	1,32	4,30	9,93	19,21
$n=4$	1,20	3,18	5,84	9,22
$n=5$	1,15	2,78	4,6	6,62
$n=6$	1,11	2,57	4,03	5,51
$n=10$	1,06	2,26	3,25	4,09
$n=20$	1,03	2,09	2,86	3,45
$n=50$	1,01	2,01	2,68	3,16
$n\to\infty$	1,00	1,96	2,58	3,00

Aufgrund der Toleranzen der einzelnen Widerstände ist auch der Widerstand der Reihenschaltung toleranzbehaftet. Zur Bestimmung der Toleranz der Reihenschaltung können zwei verschiedene Ansätze gemacht werden.

Zum einen können wir die **ungünstigste Kombination** annehmen, also im obigen Beispiel die Reihenschaltung des größtmöglichen Widerstandes R_1 mit dem größtmöglichen Widerstand R_2 bzw. jeweils die Kombination der kleinsten Widerstände. Dies führt zu den ungünstigsten Kombinationen mit einer Abweichung von $\pm 4\,\mathrm{k\Omega}$ vom erwarteten Wert von $250\,\mathrm{k\Omega}$. Da die Widerstände aber mit einer bestimmten Verteilung um ihre Erwartungswerte liegen, ist es sehr unwahrscheinlich, dass sowohl R_1 als auch R_2 jeweils den größtmöglichen Wert annehmen. Für viele Anwendungen ist es daher sinnvoll, eine statistische Kombination durchzuführen, die nicht ein ungünstigstes, sondern ein **wahrscheinliches Ergebnis** liefert, das, wie auch die Toleranzen der einzelnen Widerstände mit einer bestimmten, vorgegebenen Wahrscheinlichkeit eingehalten wird. Im Folgenden werden wir sowohl das Worst-Case- als auch das wahrscheinliche Ergebnis bestimmen.

Betrachten wir den verallgemeinerten Fall. Ein Messergebnis y setzt sich aus verschiedenen Messgrößen $x_1 \ldots x_n$ zusammen. Die Funktion $y=f(x_1, x_2, \ldots, x_n)$ definiere die Rechenvorschrift zur Berechnung von y. Die einzelnen Messgrößen haben die Erwartungswerte μ_n und die Varianzen $\sigma_n{}^2$:

$$\mu_n = \frac{1}{N}\sum_{i=1}^{N} x_{ni} \quad \sigma_n^2 = \frac{1}{N}\sum_{i=1}^{N}(x_{ni} - \mu_n)^2.$$

Der Erwartungswert des Messergebnisses y kann aus den Erwartungswerten der einzelnen Messgrößen berechnet werden:

$$\mu_y = f(\mu_1, \mu_2, \ldots \mu_n). \tag{2.27}$$

Beispiel 2.8

Reihenschaltung von $R_1 = 100\,\mathrm{k\Omega} \pm 1\,\mathrm{k\Omega}$ und $R_2 = 150\,\mathrm{k\Omega} \pm 3\,\mathrm{k\Omega}$:

Die Rechenvorschrift der Reihenschaltung ist $R = R_1 + R_2$.

Der Erwartungswert der Reihenschaltung ist $\mu_R = \mu_{R1} + \mu_{R2} = 100\,\mathrm{k\Omega} + 150\,\mathrm{k\Omega} = 250\,\mathrm{k\Omega}$.

Worst-Case-Kombination

Um die Worst-Case-Abweichung zu bestimmen, werden die maximalen Einzelabweichungen betragsmäßig addiert. Das Ergebnis liefert dann die ungünstigste Kombination der Abweichungen. Die Worst-Case-Kombination liefert Grenzwerte der Abweichungen, die nie bzw. mit einer sehr kleinen Wahrscheinlichkeit überschritten werden. Im Gegensatz dazu ergibt die Abweichungsberechnung nach dem Fehlerfortpflanzungsgesetz die wahrscheinliche Abweichung mit einer wählbaren Überschreitungswahrscheinlichkeit, beispielsweise 5 % bei einem Grenzwert von $\pm 1{,}96\sigma$.

Für die Funktion $y = f(x_1, x_2, \ldots, x_n)$ und die maximalen Abweichungen der Messgrößen Δx_i erhält man aus dem totalen Differential nach Gl. 2.7 die Worst-Case-Abweichung des Messergebnisses

$$|\Delta y| = \sum_{i=1}^{n} \left| \frac{\delta f}{\delta x_i} \cdot \Delta x_i \right|. \tag{2.28}$$

Beispiel 2.9

Reihenschaltung von $R_1 = 100\,\mathrm{k\Omega} \pm 1\,\mathrm{k\Omega}$ und $R_2 = 150\,\mathrm{k\Omega} \pm 3\,\mathrm{k\Omega}$:
$R = R_1 + R_2$, $\frac{\delta R}{\delta R_1} = 1$ und $\frac{\delta R}{\delta R_2} = 1$ und nach Gl. 2.28 $|\Delta R| = 1 \cdot 1\,\mathrm{k\Omega} + 1 \cdot 3\,\mathrm{k\Omega} = 4\,\mathrm{k\Omega}$.
Damit wird $R = 250\,\mathrm{k\Omega} \pm 4\,\mathrm{k\Omega}$ (Worst-Case).

Gaußsches Fehlerfortpflanzungsgesetz

Zur statistischen Kombination wird die Varianz des Messergebnisses nach dem Gaußschen Fehlerfortpflanzungsgesetz berechnet:

$$\sigma_y^2 = \sum_{k=1}^{n} \left(\left(\frac{\delta f}{\delta x_k} \Big|_{(\mu_1, \ldots \mu_n)} \right)^2 \cdot \sigma_k^2 \right) \tag{2.29}$$

oder in anderer Schreibweise

$$\sigma_y^2 = \left(\frac{\delta f}{\delta x_1} \cdot \sigma_1 \right)^2 + \left(\frac{\delta f}{\delta x_2} \cdot \sigma_2 \right)^2 + \left(\frac{\delta f}{\delta x_3} \cdot \sigma_3 \right)^2 + \ldots$$

Die Varianz des Ergebnisses erhält man aus der Addition der Varianzen der Einzelwerte, die mit dem Quadrat der partiellen Ableitungen der Rechenvorschrift an der Stelle $\mu_1, \mu_2, \ldots \mu_n$ gewichtet werden. Dies gilt streng für normalverteilte Zufallsgrößen, es ist aber auch für andere Verteilungen (zentraler Grenzwertsatz) eine gute Näherung.

Die Gl. 2.27 und 2.29 können auf die Schätzwerte Mittelwert und empirische Varianz übertragen werden:

$$\bar{y} = f(\bar{x}_1, \bar{x}_2, \ldots \bar{x}_n), \tag{2.30}$$

$$s_y^2 = \sum_{k=1}^{n} \left(\left(\frac{\delta f}{\delta x_k} \right)^2 \cdot s_k^2 \right). \tag{2.31}$$

Beispiel 2.10

Reihenschaltung von $R_1 = 100\,\mathrm{k\Omega} \pm 1\,\mathrm{k\Omega}$ und $R_2 = 150\,\mathrm{k\Omega} \pm 3\,\mathrm{k\Omega}$:

Wir nehmen normalverteilte Widerstandswerte mit der Toleranzangabe des 95 %-Bereiches an. Damit ist $\sigma_{R1} = 1\,\mathrm{k\Omega}/1{,}96 = 510\,\Omega$ und $\sigma_{R2} = 3\,\mathrm{k\Omega}/1{,}96 = 1531\,\Omega$.

Aus der Rechenvorschrift $R = R_1 + R_2$ folgen die partiellen Ableitungen
$\frac{\delta R}{\delta R_1} = 1$ und $\frac{\delta R}{\delta R_2} = 1$ und damit nach Gl. 2.29

$$\sigma_R^2 = 1 \cdot \sigma_{R1}^2 + 1 \cdot \sigma_{R2}^2 = (510\,\Omega)^2 + (1531\,\Omega)^2 \rightarrow \sigma_R = 1614\,\Omega \text{ und } 1{,}96\sigma_R = 3162\,\Omega.$$

Das Ergebnis ist $R = 250\,\mathrm{k\Omega} \pm 3162\,\Omega$ (mit einer Überschreitungswahrscheinlichkeit von 5 %).

Beispiel 2.11

Parallelschaltung von $R_1 = 100\,\mathrm{k\Omega}\ \pm 1\,\mathrm{k\Omega}$ und $R_2 = 150\,\mathrm{k\Omega} \pm 3\,\mathrm{k\Omega}$:

Wie im vorigen Beispiel ist $\sigma_{R1} = 1\,\mathrm{k\Omega}/1{,}96 = 510\,\Omega$ und $\sigma_{R2} = 3\,\mathrm{k\Omega}/1{,}96 = 1531\,\Omega$.

Rechenvorschrift: $R = \frac{R_1 \cdot R_2}{R_1 + R_2}$, Erwartungswert $\mu_R = \frac{100\,\mathrm{k\Omega} \cdot 150\,\mathrm{k\Omega}}{100\,\mathrm{k\Omega} + 150\,\mathrm{k\Omega}} = 60\,\mathrm{k\Omega}$

$$\frac{\delta R}{\delta R_1} = \frac{R_2 \cdot (R_1 + R_2) - R_1 \cdot R_2}{(R_1 + R_2)^2} = \frac{{R_2}^2}{(R_1 + R_2)^2} = 0{,}36$$

$$\frac{\delta R}{\delta R_2} = \frac{{R_1}^2}{(R_1 + R_2)^2} = 0{,}16$$

$$\sigma_R^2 = 0{,}36^2 \cdot \sigma_{R1}^2 + 0{,}16^2 \cdot \sigma_{R2}^2 \rightarrow \sigma_R = 306\,\Omega \quad \text{und} \quad 1{,}96\sigma_R = 600\,\Omega.$$

Damit ist $R = 60\,\mathrm{k\Omega} \pm 600\,\Omega$ (mit einer Überschreitungswahrscheinlichkeit von 5 %).

Einen einfachen, aber häufig vorkommenden Fall erhält man, wenn das Messergebnis y nur durch Multiplikationen und Divisionen aus den Größen x_i erhalten wird:

$$y = k \cdot \prod_{i=1}^{n} x_i^{\alpha_i}. \tag{2.32}$$

Die Exponenten α_i müssen ganze Zahlen sein. Es lässt sich aus Gl. 2.29 einfach abgeleitet, dass unter dieser Voraussetzung die relative Varianz des Messergebnisses einfach aus den relativen Varianzen der Größen x_i bestimmt werden kann:

$$\left(\frac{\sigma_y}{y}\right)^2 - \sum_{i=1}^{n} \left(\alpha_i \cdot \frac{\sigma_i}{x_i}\right)^2. \tag{2.33}$$

Beispiel 2.12

Leistungsbestimmung an einem Widerstand: $P = \frac{U^2}{R}$.

Die Spannung ist $U = 1\,\mathrm{V}$ mit einer relativen Genauigkeit von $\pm 1\,\%$, der Widerstand $R = 100\,\Omega$ mit einer Toleranz von $\pm 0{,}5\,\%$.

Die relativen Standardabweichungen sind $\frac{\sigma_U}{U} = \frac{1\,\%}{1{,}96} = 0{,}51\,\%$, $\frac{\sigma_R}{R} = \frac{0{,}5\,\%}{1{,}96} = 0{,}26\,\%$ und nach Gl. 2.33 ist: $\left(\frac{\sigma_P}{P}\right)^2 = \left(2 \cdot \frac{\sigma_U}{U}\right)^2 + \left(1 \cdot \frac{\sigma_R}{R}\right)^2 = (2 \cdot 0{,}51\,\%)^2 + (1 \cdot 0{,}26\,\%)^2 = 1{,}11 \cdot 10^{-4}$.

Damit ist $\frac{\sigma_P}{P} = 1{,}05\,\%$ und die mögliche, relative Abweichung der Leistung P: $1{,}96 \cdot \sigma_P/P = 2{,}06\,\%$.

Bei messtechnischen Anwendungen wird in der Regel die statistische Fehlerfortpflanzung verwendet. Die Worst-Case-Kombination wird meist nur als Abschätzung eingesetzt.

2.4 Messunsicherheit und vollständiges Messergebnis

Aufgrund der systematischen und zufälligen Messabweichungen ist jedes Messergebnis nur ein Schätzwert für den wahren Wert der Messgröße. Korrigiert man die bekannten systematischen Abweichungen, verbleibt eine Unsicherheit, in welchem Bereich um den Messwert der wahre Wert liegen kann.

Messunsicherheit

Die Messunsicherheit u wird aus der Messung gewonnen und kennzeichnet zusammen mit dem Messwert den Wertebereich für den wahren Wert [3, 17]. Die Messunsicherheit bildet ein Intervall um den Messwert, in dem der wahre Wert mit einer bestimmten Wahrscheinlichkeit liegt. Für ein Messergebnis y mit einer Messunsicherheit u liegt der wahre Wert der Messgröße im Intervall $y \pm u$. Die Messunsicherheit ist immer positiv und ein quantitatives Maß für den nur qualitativen Begriff der Genauigkeit des Messergebnisses.

Die Messunsicherheit bezogen auf den Betrag des Messergebnisses $|y|$ wird als relative Messunsicherheit u_{rel} bezeichnet.

$$u_{\text{rel}} = \frac{u}{|y|}. \tag{2.34}$$

Die Messunsicherheit kann nach den gültigen Normen und Empfehlungen in Form der sogenannten Standardunsicherheit $u(y)$ als Standardabweichung oder als sogenannte erweiterte Messunsicherheit $U(y) = k \cdot u(y)$ angegeben werden. Der Erweiterungsfaktor k ist von der gewählten Überschreitungswahrscheinlichkeit α abhängig. Vorzugsweise sollte $k = 2$ für annähernd $\alpha = 5\,\%$ verwendet werden. Im Weiteren wird als Messunsicherheit u generell die erweiterte Unsicherheit mit $\alpha = 5\,\%$ verwendet.

Vollständiges Messergebnis

Das Messergebnis zusammen mit der Messunsicherheit bildet das sogenannte vollständige Messergebnis. Abb. 2.5 verdeutlicht den Zusammenhang des korrigierten Messergebnisses, der Messunsicherheit und der Messabweichungen.

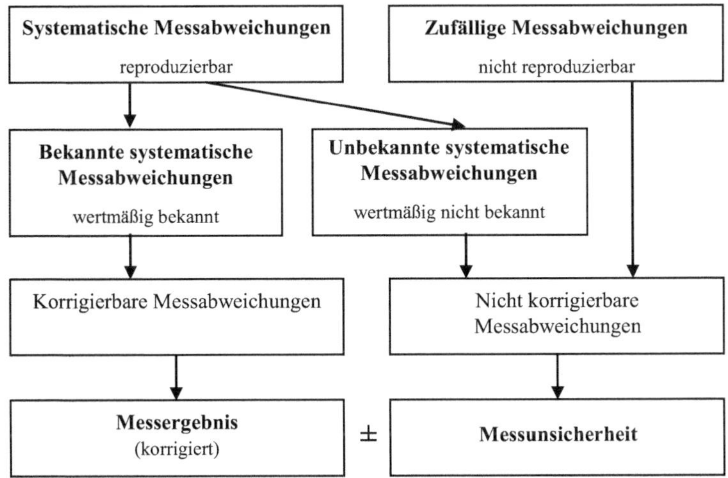

Abb. 2.5 Vollständiges Messergebnis mit den Ableitungen aus den Messabweichungen

Angabe des vollständigen Messergebnisses

Das vollständige Messergebnis einer Messgröße x kann auf verschiedene Arten angegeben werden. Dabei ist y das korrigierte Messergebnis, u die Messunsicherheit und u_{rel} die relative Messunsicherheit:

$x = y \pm u$	Beispiel: $I = 2{,}5\,\text{A} \pm 0{,}1\,\text{A}$
$x = y \cdot (1 \pm u_{\text{rel}})$	Beispiel: $I = 2{,}5\,\text{A} \cdot (1 \pm 0{,}04)$
Messergebnis: y; u	Beispiel: Messergebnis: 2,5 A; 0,1 A
Messergebnis: y; u_{rel}	Beispiel: Messergebnis: 2,5 A; 0,04 oder 2,5 A; 4 %
Häufig wird in der Praxis auch eine gemischte Form verwendet: $x = y \pm u_{\text{rel}}$	Beispiel: $I = 2{,}5\,\text{A} \pm 4\,\%$.

Fortpflanzung von Messunsicherheiten

Die Fortpflanzung von Messunsicherheiten wird wie die Fortpflanzung zufälliger Abweichungen behandelt (vergleiche Abschn. 2.3.3).

Eine Größe z wird aus mehreren, gemessenen Größen x_1, x_2, … x_n nach der Rechenvorschrift $y = f(x_1, x_2, \ldots x_n)$ berechnet. Die Messunsicherheit u_y, die sich aus den Messunsicherheiten der einzelnen Messgrößen u_{xi} ergibt, wird üblicherweise nach dem Fehlerfortpflanzungsgesetz, selten nach der Worst-Case-Kombination berechnet:

Fortpflanzung der Messunsicherheiten nach dem Fehlerfortpflanzungsgesetz

$$u_y^2 = \sum_{i=1}^{n} \left(\frac{\delta f}{\delta x_i}\right)^2 \cdot u_{x_i}^2, \tag{2.35}$$

Worst-Case-Kombination der Messunsicherheiten

$$u_y = \sum_{i=1}^{n} \left| \frac{\delta f}{\delta x_i} \right| \cdot u_{x_i}. \tag{2.36}$$

Beispiel 2.13

Die elektrische Leistung soll aus der gemessenen Spannung U und dem gemessenen Strom I bestimmt werden.

Messwerte	$U = 1{,}20\,\mathrm{V};\ 2\,\%\ I = 0{,}250\,\mathrm{A};\ 3\,\%$
Leistung	$P = U \cdot I = 1{,}2\,\mathrm{V} \cdot 0{,}25\,\mathrm{A} = 0{,}3\,\mathrm{W}$
Messunsicherheiten	$u_U = 1{,}2\,\mathrm{V} \cdot 2\,\% = 0{,}024\,\mathrm{V}, \quad u_I = 0{,}25\,\mathrm{A} \cdot 3\,\% = 0{,}0075\,\mathrm{A}$
Fehlerfortpflanzung	$\frac{\delta P}{\delta U} = I = 0{,}25\,\mathrm{A}, \quad \frac{\delta P}{\delta I} = U = 1{,}2\,\mathrm{V}$
Nach Gl. 2.35	$u_P^2 = \left(\frac{\delta P}{\delta U}\right)^2 \cdot u_U^2 + \left(\frac{\delta P}{\delta I}\right)^2 \cdot u_I^2$.
	$u_P^2 = (0{,}25\,\mathrm{A})^2 \cdot (0{,}024\,\mathrm{V})^2 + (1{,}2\,\mathrm{V})^2 \cdot (0{,}0075\,\mathrm{A})^2$
	$= 0{,}000117\,(\mathrm{VA})^2$
	$u_P = 0{,}0108\,\mathrm{VA} \approx 0{,}011\,\mathrm{W}$

Damit wird das vollständige Messergebnis: $P = 0{,}300\,\mathrm{W} \pm 0{,}011\,\mathrm{W}$.

Für den auch in Abschn. 2.3.3 angegebenen Fall, dass das Messergebnis y nur durch Multiplikationen und Divisionen aus den Größen x_i erhalten wird (α_i ganze Zahlen), also

$$y = k \cdot \prod_{i=1}^{n} x_i^{\alpha_i},$$

gilt analog zu Gl. 2.33 für die relative Messunsicherheit des Messergebnisses

$$u_{y\,\mathrm{rel}}^2 = \sum_{i=1}^{n} \left(\alpha_i \cdot u_{x_i\,\mathrm{rel}}\right)^2. \tag{2.37}$$

2.5 Aufgaben zur Toleranz, Messunsicherheit und Fehlerfortpflanzung

Aufgabe 2.1

Die Eigenschaften einer Fertigungscharge von Kondensatoren (Annahme einer Normalverteilung für die Kapazitätswerte) sollen mit Hilfe einer Stichprobe bestimmt werden.

Es wird die Kapazität von 10 Kondensatoren gemessen und ausgewertet:

Mittelwert der Stichprobe	56,8 nF
empirische Standardabweichung	4,75 nF

a) Bestimmen Sie den Vertrauensbereich des Erwartungswertes der Kapazität für ein Vertrauensniveau von 95 %.

b) In welchem Bereich liegen 95 % der Kapazitätswerte der Kondensatoren der Charge?

c) Zur Verringerung der Toleranz werden die Kondensatoren jetzt einzeln gemessen und nur noch solche verwendet, die im Bereich 56,8 nF ± 1,0 nF liegen.
Wie viel Prozent der Kondensatoren der Fertigungscharge liegen in dem Bereich?

Aufgabe 2.2

Der Widerstandswert eines ohmschen Widerstandes soll aus der gemessenen Spannung U und dem gemessenem Strom I bestimmt werden.

Messwerte: $U_1 = 565\,\text{mV}$; 2 % $\quad I = 1{,}35\,\text{mA}$; 3 %

a) Bestimmen Sie aus diesen Messwerten den Widerstandwert mit seiner Messunsicherheit.

b) Die Spannung am Widerstand wird mit einem zweiten Messgerät gemessen: $U_2 = 559\,\text{mV} \pm 10\,\text{mV}$.
Durch Mittelwertbildung der beiden Messwerte U_1 und U_2 soll die Spannung genauer bestimmt werden. Bestimmen Sie die Messunsicherheit des Mittelwertes von U_1 und U_2.

Weitere Aufgaben zur Fehlerfortpflanzung: siehe Aufgabe 3.1 c) und Aufgabe 6.1 b).

3 Eigenschaften elektrischer Messgeräte

Für jedes Messsystem werden vom Hersteller **Kenngrößen,** die das Messsystem charakterisieren, definiert. Diese wichtigsten Kennwerte der Messeinrichtung sollen ihr Betriebsverhalten beschreiben und die Auswahl eines geeigneten Messinstruments zur Lösung eines bestimmten Problems erlauben. Für ein Spannungsmessgerät können dies beispielsweise die Spannungsanzeige im Gleichspannungsbereich, die Spannungsanzeige im Wechselspannungsbereich und die Linearität der Spannungsanzeige für bestimmte Messbereiche sein. Daneben gibt es **Einflussgrößen,** die nicht Gegenstand der Messung sind, aber eine oder mehrere Kenngrößen des Messsystems beeinflussen. Beispiele sind die Umgebungstemperatur, Feuchte, externe elektromagnetische Felder (EMI: Electromagnetic Interference) oder mechanische Belastungen [3, 18, 19].

Die Genauigkeit einer Messeinrichtung hängt von den Einflussgrößen ab, die der Hersteller zulässt. Unter den **Bemessungsbedingungen** versteht man die festgelegten Messbereiche der Kenngrößen zusammen mit den Bereichen der Einflussgrößen wie beispielsweise die zugelassenen Umgebungsbedingungen. Meist sind die Bereiche an Normen oder Standards angelehnt und werden vom Hersteller mit den Kenndaten angegeben. Dabei unterscheidet man grundsätzlich zwischen

Referenzbedingungen	spezieller Satz von definierten Einflussgrößen mit bestimmten Werten. Sie stellen einen stark eingeschränkten Betriebsbereich dar und sind vor allem zu Kalibrierzwecken wichtig.
Nenngebrauchsbereich	Bereich, in dem das Gerät normalerweise betrieben wird. Er ist der wichtigste Bereich für den Anwender, in ihm gelten die relevanten Genauigkeitsangaben.
Lager- und Transport	Bereich, der nur für Lagerung und Transport angegeben ist. Er enthält keine Spezifikation von Kenndaten, es wird aber garantiert, dass innerhalb dieses Bereiches keine Zerstörung oder dauerhafte Beeinträchtigung der Messeinrichtung eintritt.

T. Mühl, *Elektrische Messtechnik*, https://doi.org/10.1007/978-3-658-29116-7_3

Beispiel 3.1

Bemessungsbedingungen eines Digitalvoltmeters (auszugsweise):

Referenzbedingungen	23 °C ± 3 °C, 40 %–75 % rel. Feuchte, Eingangsspannungsbereich 1,00 V ± 0,1 V, keine mechanische Belastung, keine elektromagnetischen Felder,
Nenngebrauchsbereich	−10 °C bis +55 °C, 5 %–95 % rel. Feuchte, Eingangsspannungsbereich 1 mV bis 1000 V, EMI nach Norm (CE-Kennzeichnung),
Lager-/Transport	−40 °C bis +70 °C, 5 %–95 % rel. Feuchte, mechanische Belastungen nach Norm IEC 721.

Es ist darauf zu achten, dass die vom Hersteller garantierten Kenndaten nur für die jeweils spezifizierten Bereiche gelten und dass die Grenzbedingungen eingehalten werden, da es sonst zu einer Zerstörung oder Schädigung der Messgeräte kommen kann.

3.1 Statisches Verhalten

Das statische Verhalten beschreibt das Verhalten der Messeinrichtung im Beharrungszustand. Dieser Zustand ist erreicht, wenn sich die Eingangsgröße nicht ändert und die Ausgangsgröße eingeschwungen ist.

Kennlinie

Sinnvollerweise muss die Ausgangsgröße eindeutig mit der Eingangsgröße zusammenhängen, so dass immer aus der Ausgangsgröße auf die Eingangsgröße zurückgeschlossen werden kann. Dieser Zusammenhang kann durch eine Kennlinie dargestellt werden. Meist sind lineare Zusammenhänge ideal, häufig weichen reale Kennlinien aber von der Geraden ab (siehe Abb. 3.1 und 3.2).

Empfindlichkeit

Eine wichtige Größe, die das statische Verhalten charakterisiert, ist die Empfindlichkeit E (Sensitivity). Sie ist definiert als Änderung der Ausgangsgröße bezogen auf die sie verursachende Änderung der Eingangsgröße. Ist die Ausgangsgröße $x_a = f(x_e)$, kann die Empfindlichkeit aus der partiellen Ableitung

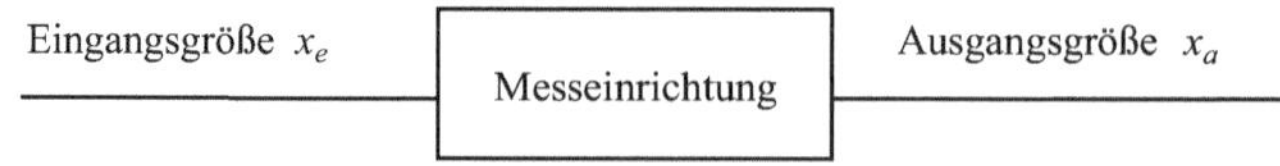

Abb. 3.1 Messeinrichtung mit Ein- und Ausgangsgröße

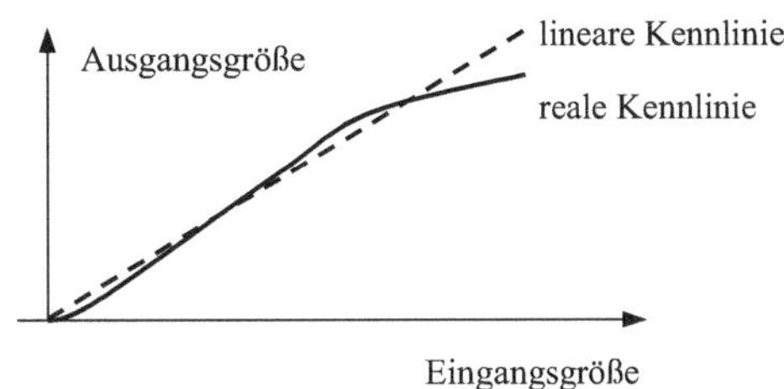

Abb. 3.2 Lineare Kennlinie und ein Beispiel einer realen Kennlinie einer Messeinrichtung

$$E = \frac{\delta x_a}{\delta x_e} \tag{3.1}$$

bestimmt werden. Bei linearen Systemen ist die Empfindlichkeit von der Eingangsgröße unabhängig und konstant. Sie kann aus dem Verhältnis der Ausgangsgröße zur Eingangsgröße bestimmt werden

$$E = \frac{x_a}{x_e}. \tag{3.2}$$

Die Einheit der Empfindlichkeit ergibt sich aus den Einheiten der Eingangs- und Ausgangsgröße.

Die in Abb. 3.3 dargestellte Messeinrichtung stellt ein typisches Beispiel dar. Sie soll die im Verbraucher umgesetzte Leistung P erfassen und in eine proportionale Spannung U_{mess} umwandeln. Das Verhalten kann durch eine Kennlinie $U_{\text{mess}}=f(P)$ oder durch die Empfindlichkeit $E=\delta U_{\text{mess}}/\delta P$ beschrieben werden. Die Empfindlichkeit wird hierbei in V/W angegeben. Beispielsweise eine Empfindlichkeitsangabe von 5 mV/W besagt, dass sich bei einer Leistungsänderung von 10 W die Spannung U_{mess} um 50 mV ändert.

Anzeigebereich und Messbereich

Jedes Messgerät kann die Messgröße nur in einem bestimmten Bereich erfassen. Zu unterscheiden ist hierbei zwischen Anzeige- und Messbereich. Der **Anzeigebereich** (Display Range) ist der Bereich der Messgröße, innerhalb dessen Werte angezeigt werden. Der darin enthaltene **Messbereich** (Specified Measuring Range) ist der Bereich

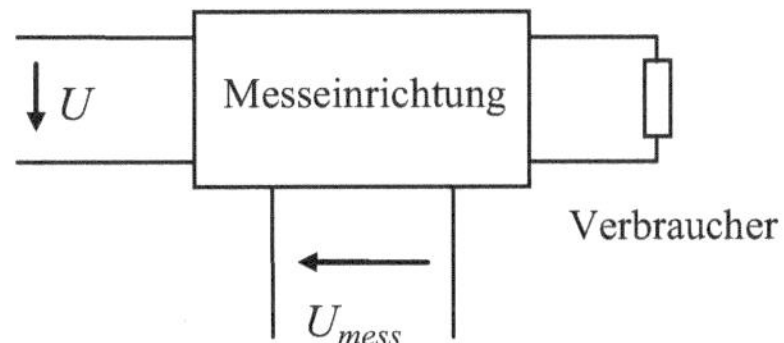

Abb. 3.3 Prinzip einer Messeinrichtung zur Leistungsmessung des Verbrauchers

der Messgröße, der vom Messgerät erfasst wird und in dem vom Hersteller festgelegte Genauigkeitsangaben gelten. So kann zum Beispiel ein Temperaturmesser einen Anzeigebereich von −100 °C bis 500 °C und einem Messbereich von −40 °C bis 400 °C mit der Angabe der Genauigkeit in diesem Bereich besitzen. Außerhalb des Messbereiches werden zwar Messwerte angezeigt, aber keine Genauigkeitsangaben dazu angegeben. Bei Geräten mit mehreren Messbereichen können für die einzelnen Messbereiche unterschiedliche Genauigkeitsangaben gelten.

Auflösung und Genauigkeit
Die **Auflösung** (Resolution) einer Messeinrichtung ist die kleinste darstellbare, bzw. ausgebbare Änderung der Ausgangsgröße. Sie ist deutlich von der **Genauigkeit** (Accuracy), die in Abschn. 3.3 ausführlich erläutert wird, zu unterscheiden. So kann ein Digitalvoltmeter im Anzeigebereich bis 1 V eine Auflösung von 0,1 mV und eine Genauigkeit von 5 mV besitzen. In der Regel ist es sinnvoll, die Auflösung etwa eine Zehnerpotenz kleiner als die zu erwartende Genauigkeit zu wählen, damit durch die Auflösung keine nennenswerten zusätzlichen Abweichungen entstehen.

3.2 Dynamisches Verhalten

Die Ausgangsgröße einer Messeinrichtung kann nicht beliebig schnell der Eingangsgröße folgen. Reibungswiderstände, Masseträgheiten, Umladungsvorgänge und andere Effekte bewirken eine Verzögerung und dynamische Veränderung der Signale. Abb. 3.4a ein Beispiel für eine Veränderung der Eingangsgröße x_e und in Abb. 3.4b die Ausgangsgröße x_a mit ihrem idealen (gestrichelten) und einem realen Verlauf. Der ideale Verlauf entspricht der unverzögerten und gleichförmigen Änderung der Ausgangsgröße. Man erkennt, dass sich durch das reale dynamische Verhalten eine zeitabhängige Differenz zwischen idealem und realem Verlauf der Ausgangsgröße ergibt, die erst nach dem Einschwingvorgang verschwindet.

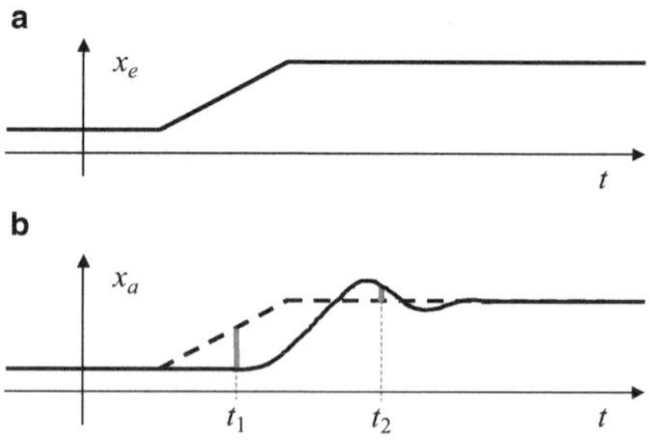

Abb. 3.4 **a** Veränderung der Eingangsgröße, **b** Idealer *(gestrichelt)* und realer Verlauf der Ausgangsgröße

Dynamische Messabweichung

Durch das nichtideale dynamische Verhalten einer Messeinrichtung entsteht eine zeitabhängige, dynamische Messabweichung, die erst im Beharrungszustand verschwindet. Die momentane dynamische Messabweichung ist analog zur Definition der Messabweichung Gl. 2.1 die Differenz zwischen dem zeitabhängigen Messwert $x(t)$ und dem wahren, idealen Wert $x_w(t)$

$$e_{\text{dyn}}(t) = x(t) - x_w(t). \tag{3.3}$$

Der Messwert $x(t)$ entspricht dabei dem tatsächlichen und der wahre Wert dem Wert der Ausgangsgröße bei idealem dynamischem Verhalten. In Abb. 3.4 ist die dynamische Abweichung für die Zeitpunkte t_1 und t_2 gekennzeichnet.

Einschwingzeit

Die Einschwingzeit (Settling Time) ist die Zeit, die nach einem Sprung der Eingangsgröße gewartet werden muss, bis die Ausgangsgröße bzw. der Anzeigewert mit einer vorgegebenen Genauigkeit eingeschwungen ist. Die dynamische Messabweichung liegt dann innerhalb der vorgegebenen Grenzen.

3.2.1 Beschreibung dynamischer Systeme

Kennt man das dynamische Verhalten einer Messeinrichtung, kann man die Ausgangsgröße für beliebige Eingangsgrößen berechnen, wobei für messtechnische Anwendungen vor allem die Systemreaktionen auf einen Sprung der Eingangsgröße und bei einer sich sinusförmig verändernden Eingangsgröße wichtig sind.

Dynamische Systeme können mit Hilfe von Differentialgleichungen beschrieben werden. Die Lösung der Differentialgleichungen kann, wie in Abb. 3.5 dargestellt, über eine Laplace-Transformation im Bildbereich durchgeführt werden [20–23].

Im Folgenden werden lineare, kausale Zeitsignale mit $x_e(t) = 0$ für $t < 0$ angenommen. Die Eingangs- und Ausgangsgröße werden im Zeitbereich als Eingangszeitfunktion $x_e(t)$ und Ausgangszeitfunktion $x_a(t)$ dargestellt. Ihr Zusammenhang ist durch eine Differentialgleichung gegeben. Im Frequenzbereich oder Bildbereich erfolgt die Darstellung über die

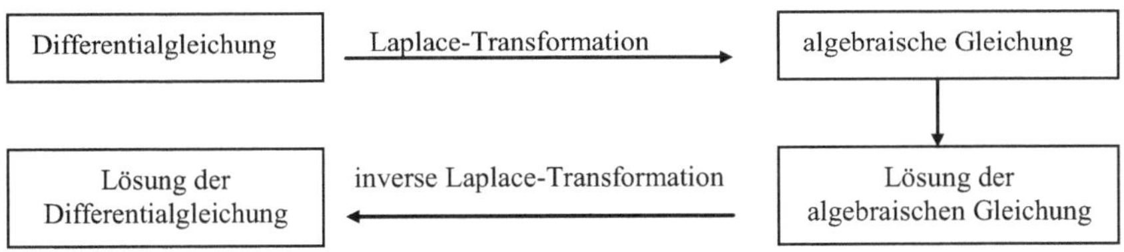

Abb. 3.5 Schematischer Zusammenhang der Zeit- und Bildfunktionen

Laplace-Transformierten $X_e(s)$ und $X_a(s)$ mit der Bildvariablen $s = \delta + \mathrm{j}\omega$ und der Transformation und Rücktransformation

$$X(s) = \mathrm{L}\{x(t)\} = \int_0^\infty x(t) \cdot e^{-st}\,\mathrm{d}t, \tag{3.4}$$

$$x(t) = \mathrm{L}^{-1}\{X(s)\} = \frac{1}{2\pi\,\mathrm{j}} \int_{\delta-\mathrm{j}\infty}^{\delta+\mathrm{j}\infty} X(s) \cdot e^{st}\,\mathrm{d}s. \tag{3.5}$$

Durch Anwendung der Laplace-Transformation mit deren Hilfssätzen [21] wird aus der Differentialgleichung eine algebraische Gleichung, die den Zusammenhang von $X_a(s)$ und $X_e(s)$ beschreibt. Daraus sind die Übertragungsfunktion $G(s)$ und für den Grenzübergang $s \to \mathrm{j}\omega$ der Frequenzgang $G(\mathrm{j}\omega)$, Amplitudengang $|G(\mathrm{j}\omega)|$ und durch Rücktransformation und Integration die Sprungantwort $h(t)$ bestimmbar.

Die **Übertragungsfunktion** $G(s)$ wird aus den Laplace-Transformierten $X_a(s)$ und $X_e(s)$ bestimmt und charakterisiert ein System vollständig:

$$G(s) = \frac{X_a(s)}{X_e(s)}. \tag{3.6}$$

Übertragungsfunktionen können in folgender Polynomdarstellung angegeben werden

$$G(s) = \frac{b_0 + b_1 \cdot s + b_2 \cdot s^2 + \ldots + b_n \cdot s^n}{a_0 + a_1 \cdot s + a_2 \cdot s^2 + \ldots + a_m \cdot s^m} \qquad \text{mit } n \leq m. \tag{3.7}$$

Den **Frequenzgang** $G(\mathrm{j}\omega)$ erhält man aus dem Grenzübergang $s \to \mathrm{j}\omega$ oder direkt aus den Fourier-Transformierten $X_a(\mathrm{j}\omega)$ und $X_e(\mathrm{j}\omega)$ durch Fourier-Transformation der Differentialgleichung:

$$G(\mathrm{j}\omega) = \frac{X_a(\mathrm{j}\omega)}{X_e(\mathrm{j}\omega)}. \tag{3.8}$$

Bei vielen elektrotechnischen Anwendungen ist es mit Hilfe der komplexen Netzwerkberechnung direkt möglich, den Frequenzgang durch Netzwerkanalyse aus den komplexen Effektivwertzeigern $X_a(\mathrm{j}\omega)$ und $X_e(\mathrm{j}\omega)$ zu bestimmen (siehe Beispiel 3.3 in Abschn. 3.2.2).

Der **Amplitudengang** $|G(\mathrm{j}\omega)|$ wird durch Betragsbildung aus dem Frequenzgang bestimmt und beschreibt das Verhältnis der Amplituden der Ausgangs- und Eingangsgröße $\hat{x}_a(\omega)$ und $\hat{x}_e(\omega)$ bei der Kreisfrequenz ω:

$$|G(\mathrm{j}\omega)| = \sqrt{\mathrm{Re}\left[G(\mathrm{j}\omega)\right]^2 + \mathrm{Im}\left[G(\mathrm{j}\omega)\right]^2} = \frac{\hat{x}_a(\omega)}{\hat{x}_e(\omega)}. \tag{3.9}$$

Der **Phasengang** $\varphi(\omega)$ ist das Argument des Frequenzgangs und kann aus dem Real- und Imaginärteil des Frequenzgangs ermittelt werden. Er gibt die Phasenverschiebung der Ausgangsgröße zur Eingangsgröße bei der Frequenz ω an:

$$\varphi(\omega) = \arg\left[G(\mathrm{j}\omega)\right]. \tag{3.10}$$

Die **Stoßantwort** $g(t)$ ist die inverse Laplace-Transformierte der Übertragungsfunktion und beschreibt die Ausgangsfunktion bei einer stoßförmigen Anregung (Dirac-Stoß):

$$g(t) = \mathrm{L}^{-1}\{G(s)\}. \tag{3.11}$$

Die **Sprungantwort** $h(t)$, die die Ausgangsgröße bei einem Einheitssprung der Eingangsgröße beschreibt, erhält man durch Integration der Stoßantwort

$$h(t) = \int_0^t g(\tau)\mathrm{d}\tau. \tag{3.12}$$

Dynamisches Verhalten

Mit Hilfe dieser allgemeinen Zusammenhänge soll das dynamische Verhalten eines linearen Systems bei einem Sprung und bei sinusförmigen Eingangsgrößen bestimmt werden. Springt die Eingangsgröße zum Zeitpunkt t_0 von 0 auf x_0, ist die Ausgangsgröße für $t > t_0$ proportional zur Sprungantwort

$$x_a(t) = x_0 \cdot h(t - t_0). \tag{3.13}$$

Im eingeschwungenen Zustand ist $x_a(t)$ konstant und entspricht dem durch die Empfindlichkeit bestimmbaren Wert:

$$x_a(t \to \infty) = E \cdot x_0.$$

Für eine sinusförmige Eingangsgröße

$$x_e(t) = \hat{x}_e \cdot \sin\left(\omega_e \cdot t + \varphi_e\right)$$

wird die Amplitude der Ausgangsgröße aus dem Amplitudengang bei der Eingangsfrequenz und die Phasenverschiebung aus dem Phasengang berechnet:

$$x_a(t) = \hat{x}_a \cdot \sin\left(\omega_e \cdot t + \varphi_a\right) = |G(\mathrm{j}\omega_e)| \cdot \hat{x}_e \cdot \sin\left[\omega_e \cdot t + \varphi_e + \varphi(\omega_e)\right]. \tag{3.14}$$

Abb. 3.6 zeigt beispielhaft die Ausgangsfunktionen für den stationären Zustand, eine sprunghafte Änderung der Eingangsgröße und eine rein sinusförmige Eingangsgröße.

Weitere Zusammenhänge können durch Überlagerung dieser drei Grundtypen bestimmt werden. So kann der Sprung der Eingangsgröße von x_1 auf x_2 durch die Addition einer konstanten Eingangsgröße x_1 mit einem Sprung von 0 auf $(x_2 - x_1)$ dargestellt werden. Die Ausgangsgröße ist dann

$$x_a(t) = E \cdot x_1 + (x_2 - x_1) \cdot h(t - t_0)$$

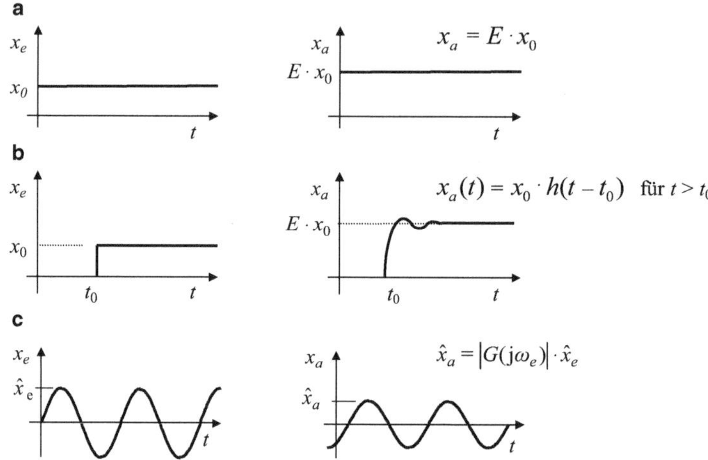

Abb. 3.6 Beispiele des Zusammenhanges der Eingangs- und Ausgangsgröße eines linearen Systems. **a** Empfindlichkeit für den Beharrungszustand (stationärer Zustand), **b** Sprungantwort für den Sprung der Eingangsgröße zum Zeitpunkt t_0, **c** Amplitudengang bei einer sinusförmigen Eingangsgröße

mit einem Endwert im eingeschwungenen Zustand

$$x_a(t \to \infty) = E \cdot x_1 + (x_2 - x_1) \cdot E = E \cdot x_2.$$

3.2.2 Messsystem 1. Ordnung

Die einfachste Näherung einer Messeinrichtung ist ein System 1. Ordnung. Diese Systeme, die außer Systemwiderständen einen Energiespeicher haben, werden auch als Verzögerungsglieder 1. Ordnung oder als PT1-Glieder bezeichnet.

Differentialgleichung

Mit der Eingangsgröße x_e und der Ausgangsgröße x_a und der Abkürzung $\dot{x}_a = \mathrm{d}x_a/\mathrm{d}t$ lautet die allgemeine Differentialgleichung eines Systems 1. Ordnung

$$x_a + T \cdot \dot{x}_a = E \cdot x_e. \tag{3.15}$$

Für den darin enthaltenen stationären Fall $\dot{x}_a = 0$ folgt $x_a = E \cdot x_e$, so dass E die Empfindlichkeit gemäß Gl. 3.1 darstellt. Die Konstante T wird als Zeitkonstante bezeichnet, da sie die Dimension einer Zeit hat. Sie ist für das Zeitverhalten dieses Systems charakteristisch.

Übertragungsfunktion
Die Laplace-Transformation von Gl. 3.15 liefert mit der Randbedingung $x_a(t=0)=0$

$$X_a(s) + T \cdot s \cdot X_a(s) = E \cdot X_e(s),$$
$$X_a(s) \cdot (1 + T \cdot s) = E \cdot X_e(s),$$

und damit die Übertragungsfunktion des PT1-Gliedes

$$G_{\mathrm{PT1}}(s) = \frac{X_a(s)}{X_e(s)} = \frac{E}{1 + s \cdot T}. \tag{3.16}$$

Sprungantwort
Die Stoßantwort erhält man aus der inversen Laplace-Transformation von Gl. 3.16

$$g_{\mathrm{PT1}}(t) = \frac{E}{T} \cdot e^{-\frac{t}{T}}, \tag{3.17}$$

und die Sprungantwort aus der Integration der Stoßantwort

$$h_{\mathrm{PT1}}(t) = \int_0^t \frac{E}{T} \cdot e^{-\frac{\tau}{T}}\, \mathrm{d}\tau = -E\left[e^{-\frac{\tau}{T}}\right]_0^t,$$

$$h_{\mathrm{PT1}}(t) = E \cdot \left(1 - e^{-\frac{t}{T}}\right). \tag{3.18}$$

Abb. 3.7 zeigt die Sprungantwort gemäß Gl. 3.18. Man erkennt, dass der Endwert E exponentiell angenähert wird.

Dynamische Messabweichung
Aus der Sprungantwort können die dynamische Abweichung und die relative dynamische Abweichung nach einem Sprung des Eingangssignals von 0 auf den Wert x_0 berechnet werden:

$$e_{\mathrm{dyn}} = x_a(t) - x_{aw}(t) = x_0 \cdot h(t) - x_0 \cdot E = x_0 \cdot E \cdot \left(1 - e^{-\frac{t}{T}}\right) - x_0 \cdot E,$$

$$e_{\mathrm{dyn}} = -E \cdot x_0 \cdot e^{-\frac{t}{T}}, \tag{3.19}$$

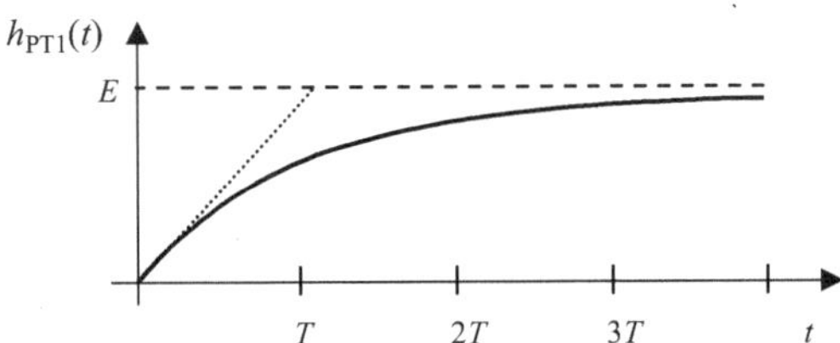

Abb. 3.7 Sprungantwort eines PT1-Gliedes

Tab. 3.1 Relative dynamische Abweichung eines PT1-Gliedes

Zeitpunkt	Erreichen des Endwertes auf	Relative dynamische Abweichung
$t=T$	63 %	$e_{\text{dyn rel}}=37\,\%$
$t=3T$	95 %	$e_{\text{dyn rel}}=5{,}0\,\%$
$t=5T$	99,3 %	$e_{\text{dyn rel}}=0{,}67\,\%$
$t=7T$	99,91 %	$e_{\text{dyn rel}}=0{,}091\,\%$

$$e_{\text{dyn rel}} = \frac{e_{\text{dyn}}}{x_{aw}} = -e^{-\frac{t}{T}}. \tag{3.20}$$

Die relative dynamische Abweichung ist unabhängig von der Sprunghöhe. Aus Tab. 3.1 ist ersichtlich, dass etwa $5T$ bis zu einem 99%-igen Einschwingen abgewartet werden müssen.

Frequenzgang, Amplitudengang und Phasengang

Aus Gl. 3.16 ergibt sich aus dem Grenzübergang $s \to \mathrm{j}\omega$ der Frequenzgang

$$G_{\text{PT1}}(\mathrm{j}\omega) = \frac{E}{1+\mathrm{j}\omega T} \tag{3.21}$$

und daraus der Amplitudengang und Phasengang (Annahme $E>0$)

$$|G(\mathrm{j}\omega)| = \frac{E}{\sqrt{1+\omega^2 T^2}}, \tag{3.22}$$

$$\varphi(\omega) = \arctan\frac{\operatorname{Im}\left[G(\mathrm{j}\omega)\right]}{\operatorname{Re}\left[G(\mathrm{j}\omega)\right]} = -\arctan(\omega T). \tag{3.23}$$

In Abb. 3.8a erkennt man, dass die Ausgangsamplitude für Frequenzen deutlich kleiner als die Grenzfrequenz ($f/f_g=\omega T \ll 1$) näherungsweise $\hat{x}_a = E \cdot \hat{x}_e$ ist und die Dämpfung für Frequenzen größer als die Grenzfrequenz ($\omega T>1$) stark zunimmt. Die Ordinatenachse ωT entspricht der normierten Frequenz f/f_g.

Grenzfrequenz

Charakteristisch ist die sogenannte Grenzfrequenz f_g, bei der der Amplitudengang auf $E/\sqrt{2}$ abgefallen ist. Aus Gl. 3.22 folgt mit $\omega_g=2\pi f_g$

$$\left|G\left(\mathrm{j}\omega_g\right)\right| = \frac{E}{\sqrt{1+\omega_g^2 T^2}} = \frac{E}{\sqrt{2}},$$

$$1+\left(\omega_g \cdot T\right)^2 = 2 \quad \to \quad \omega_g \cdot T = 1$$

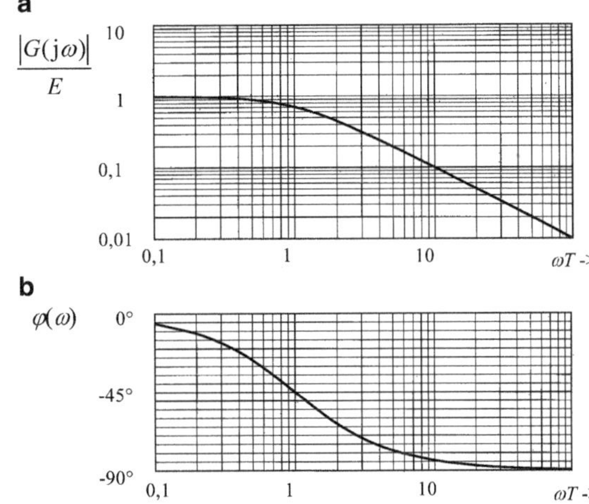

Abb. 3.8 PT1-Glied. **a** Normierter Amplitudengang $|G(j\omega)|/E$, **b** Phasengang $\varphi(\omega)$

und schließlich

$$f_g = \frac{1}{2\pi \cdot T}. \tag{3.24}$$

Beispiel 3.3

Für einen RC-Tiefpass nach Abb. 3.9 soll das dynamische Verhalten untersucht werden.

Setzt man in die Maschengleichung $u_e = u_R + u_a$ die Beziehungen $u_R = R \cdot i_R$ und $i_R = i_C = C \cdot \mathrm{d}u_a/\mathrm{d}t$ $(u_a(t{=}0){=}0)$ ein, erhält man die Differentialgleichung

$$u_a + RC \cdot \dot{u}_a = u_e.$$

Durch Vergleich mit Gl. 3.15 erkennt man, dass es sich um ein PT1-System handelt. Der Koeffizientenvergleich mit dieser Gleichung liefert $T = RC$ und $E{=}1$ und damit nach Gl. 3.16 die Übertragungsfunktion

$$G_{RC}(s) = \frac{E}{1 + s \cdot T} = \frac{1}{1 + s \cdot RC}.$$

Alternativ kann aus dem komplexen Spannungsteiler direkt der Frequenzgang bestimmt werden:

$$\frac{\underline{U}_a}{\underline{U}_e} = \frac{\frac{1}{\mathrm{j}\omega C}}{R + \frac{1}{\mathrm{j}\omega C}} = \frac{1}{1 + \mathrm{j}\omega RC} = G_{RC}(\mathrm{j}\omega).$$

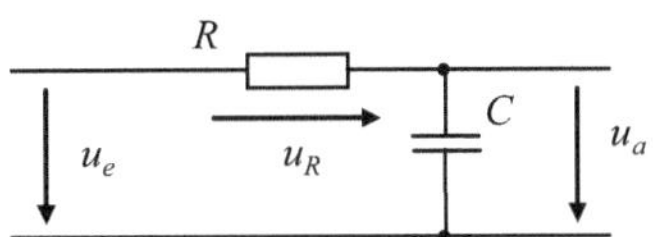

Abb. 3.9 RC-Tiefpass

Der Vergleich mit Gl. 3.21 liefert dann ebenso $T = RC$ und $E = 1$.

Aus beiden Ansätzen können durch direkte Anwendung der Ergebnisse aus Gl. 3.18 und 3.22 die Sprungantwort und der Amplitudengang berechnet werden:

$$h_{RC}(t) = E \cdot \left(1 - e^{-\frac{t}{T}}\right) = 1 - e^{-\frac{t}{RC}} \quad \text{und}$$
$$|G_{RC}(\mathrm{j}\omega)| = \frac{E}{\sqrt{1 + \omega^2 T^2}} = \frac{1}{\sqrt{1 + \omega^2 (RC)^2}}.$$

Springt die Eingangsspannung U_e von 0 auf 2V, nähert sich die Ausgangsspannung exponentiell dem Endwert

$$U_a = E \cdot 2\,\mathrm{V} = 2\,\mathrm{V}.$$

Zur Berechnung der Einschwingzeit t_e auf 99 % des Endwertes, der einer relativen dynamischen Abweichung von $-1\,\%$ entspricht, löst man Gl. 3.20 nach t_e auf und erhält

$$e_{\text{dyn rel}} = -0{,}01 = -e^{-\frac{t_e}{T}} \quad \rightarrow \quad t_e = -T \cdot \ln 0{,}01 = 4{,}6 \cdot T.$$

3.2.3 Messsystem 2. Ordnung

Systeme, die zwei unabhängige Energiespeicher haben, die rückwirkungsbehaftet mit Systemwiderständen verbunden sind, sind Verzögerungsglieder 2. Ordnung, auch PT2-Glieder genannt. Beispiele hierfür sind die elektromechanischen Anzeigeinstrumente, die Masse-Feder-Systeme bzw. Drehmassenschwinger darstellen (siehe Abschn. 4.1).

Differentialgleichung

Aufbauend auf Gl. 3.15 erhält man mit $\ddot{x}_a = \mathrm{d}^2 x_a/(\mathrm{d}t)^2$ die allgemeine Differentialgleichung 2. Ordnung

$$x_a + a_1 \cdot \dot{x}_a + a_2 \cdot \ddot{x}_a = b \cdot x_e.$$

Aus dem stationären Fall $\dot{x}_a = \ddot{x}_a = 0$ erkennt man, dass die Konstante b der Empfindlichkeit E entspricht. Die Konstante a_2 hat die Dimension: Zeit^2 und wird analog zu Gl. 3.15 durch $a_2 = T^2$ ersetzt. Führt man noch einen sogenannten Dämpfungsgrad D ein und ersetzt $a_1 = 2DT$, erhält man

$$x_a + 2DT \cdot \dot{x}_a + T^2 \cdot \ddot{x}_a = E \cdot x_e. \tag{3.25}$$

Die Konstanten in Gl. 3.25 sind die Empfindlichkeit E, Zeitkonstante T und der Dämpfungsgrad D.

Übertragungsfunktion

Die Laplace-Transformation von Gl. 3.25 liefert mit der Randbedingung $x_a(t=0)=0$ und $\dot{x}_a(t=0)=0$

$$X_a(s) + 2DT \cdot s \cdot X_a(s) + T^2 \cdot s^2 \cdot X_a(s) = E \cdot X_e(s),$$
$$X_a(s) \cdot \left(1 + 2DT \cdot s + T^2 \cdot s^2\right) = E \cdot X_e(s)$$

und damit die Übertragungsfunktion des PT2-Gliedes

$$G_{\mathrm{PT2}}(s) = \frac{X_a(s)}{X_e(s)} = \frac{E}{1 + 2DT \cdot s + T^2 \cdot s^2}. \tag{3.26}$$

Sprungantwort

Bei der Rücktransformation zur Ermittlung der Stoßantwort ist eine Fallunterscheidung für $D<1$, $D=1$ und $D>1$ notwendig. Durch Integration erhält man das Ergebnis für die Sprungantwort:

$$D<1 \quad h_{\mathrm{PT2}}(t) = E \cdot \left(1 - e^{-\frac{D \cdot t}{T}} \cdot \left(\cos(\omega_d \cdot t) + \frac{D}{\sqrt{1-D^2}} \cdot \sin(\omega_d \cdot t)\right)\right), \tag{3.27}$$

$$D=1 \quad h_{\mathrm{PT2}}(t) = E \cdot \left(1 - \frac{T+t}{T} \cdot e^{-\frac{t}{T}}\right), \tag{3.28}$$

$$D>1 \quad h_{\mathrm{PT2}}(t) = E \cdot \left(1 - \frac{T_1}{T_1 - T_2} \cdot e^{-\frac{t}{T_1}} + \frac{T_2}{T_1 - T_2} \cdot e^{-\frac{t}{T_2}}\right), \tag{3.29}$$

mit den Abkürzungen

$$T_1 = \frac{T}{D - \sqrt{D^2 - 1}} \quad \text{und} \quad T_2 = \frac{T}{D + \sqrt{D^2 - 1}}, \tag{3.30}$$

$$\text{aus: } 1 + 2DTs + T^2 s^2 = (1 + sT_1)(1 + sT_2),$$

$$\omega_d = \omega_0 \sqrt{1 - D^2} \quad \text{Eigenfrequenz des gedämpften Systems,} \tag{3.31}$$

$$\omega_0 = \frac{1}{T} \quad \text{Eigenfrequenz des ungedämpften Systems.} \tag{3.32}$$

Abb. 3.10 zeigt die Sprungantworten nach Gl. 3.27–3.29 für verschiedene Dämpfungsgrade. Für $D<1$ ist ein oszillatorischer Anteil erkennbar.

Man unterscheidet zwischen:

$D<1$ Unterkritische Dämpfung

Die Sprungantwort enthält Überschwinger und Unterschwinger, die abhängig von D, langsam oder schnell abklingen.

Eine Analyse von Gl. 3.27 liefert den ersten Überschwinger zum Zeitpunkt t_1 mit der Höhe $h(t_1)$:

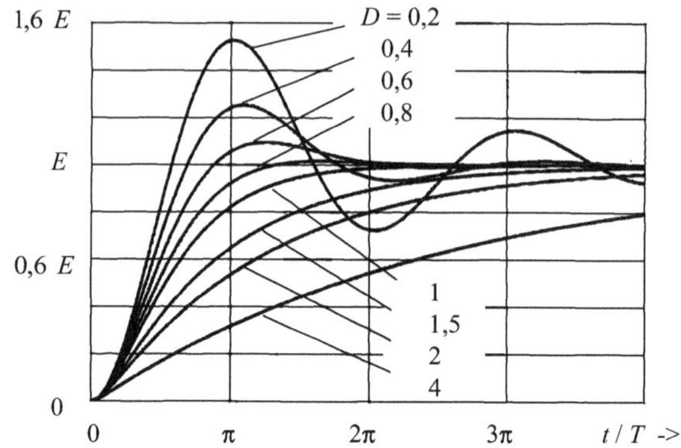

Abb. 3.10 Sprungantwort $h(t)$ eines PT2-Gliedes für unterschiedliche Dämpfungsgrade D

$$t_1 = \frac{\pi}{\omega_0\sqrt{1-D^2}}, \tag{3.33}$$

$$h(t_1) = E \cdot \left(1 + e^{-\frac{\pi D}{\sqrt{1-D^2}}}\right). \tag{3.34}$$

Für den Grenzfall $D=0$ erhält man eine ungedämpfte Schwingung mit $h_{PT2}(t) = E \cdot (1 - \cos(\omega_0 \cdot t))$.

$D=1$ Aperiodischer Grenzfall
Für $D=1$ erhält man das schnellste Einschwingen ohne Überschwingen.

$D>1$ Überkritische Dämpfung
Der Endwert wird langsam und ohne Überschwinger erreicht.

Messgeräte mit PT2-Verhalten werden durch konstruktive Maßnahmen häufig auf $D=1$ oder $D=0{,}7..0{,}8$ eingestellt. Für $D=1$ erhält man das schnellste Einschwingen ohne Überschwinger. Für $D=0{,}7..0{,}8$ schwingt das Messgerät schneller als für $D=1$ in einen Bereich um den Endwert ein, es treten aber leichte Über- und Unterschwinger (< 10 % des Endwertes) auf.

Frequenzgang, Amplitudengang und Phasengang

Aus der Übertragungsfunktion nach Gl. 3.26 folgt für $E>0$:

$$G_{PT2}(j\omega) = \frac{E}{1 + 2DT \cdot j\omega + T^2(j\omega)^2}, \tag{3.35}$$

$$|G_{PT2}(j\omega)| = \frac{E}{\sqrt{\left(1-\omega^2T^2\right)^2 + (2DT\omega)^2}}, \tag{3.36}$$

$$\varphi(\omega) = \begin{cases} -\arctan\left(\frac{2DT\omega}{1-T^2\omega^2}\right) & \text{für } 0 \le \omega T < 1, \\ -\pi - \arctan\left(\frac{2DT\omega}{1-T^2\omega^2}\right) & \text{für } 1 < \omega T \le \infty. \end{cases} \tag{3.37}$$

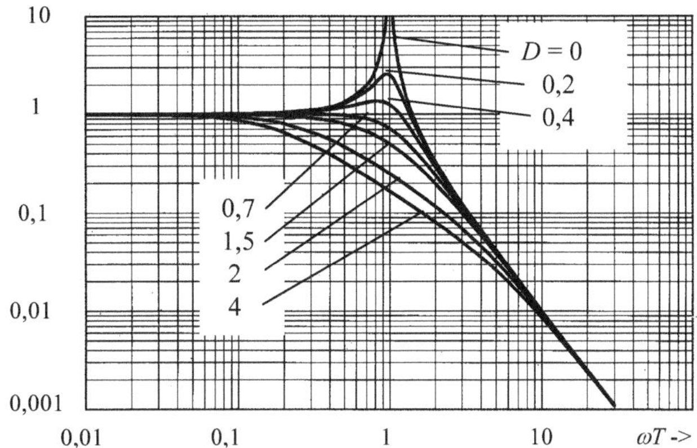

Abb. 3.11 Normierter Amplitudengang $|G(j\omega)|/E$ eines PT2-Gliedes für unterschiedliche Dämpfungsgrade D

Abb. 3.11 zeigt den Amplitudengang für verschiedene Dämpfungsgrade. Wie beim PT1-Glied nähert sich der Amplitudengang für sehr kleine Frequenzen der Empfindlichkeit E an. In der Nähe der Eigenfrequenz des ungedämpften Systems ω_0 ($\omega T = 1$) kann es abhängig von D zu einer Amplitudenüberhöhung kommen. Bei Frequenzen, die größer als die Eigenfrequenz sind, dämpft das PT2-Glied. Die Dämpfungswerte sind hierbei deutlich größer als die eines PT1-Gliedes der gleichen Grenzfrequenz.

Beispiel 3.4

Die Sprungantwort eines RLC-Tiefpasses nach Abb. 3.12 soll bestimmt werden.

Der Frequenzgang wird direkt aus dem komplexen Spannungsteiler bestimmt:

$$\frac{\underline{U}_a}{\underline{U}_e} = \frac{\frac{1}{j\omega C}}{R + j\omega L + \frac{1}{j\omega C}} = \frac{1}{1 + j\omega RC + (j\omega)^2 LC} = G_{RLC}(j\omega).$$

Aus dieser Gleichung erkennt man ein PT2-Verhalten, und der Koeffizientenvergleich mit Gl. 3.35 liefert $E = 1, T = \sqrt{LC}$ und $RC = 2DT \rightarrow D = \frac{RC}{2T} = \frac{RC}{2\sqrt{LC}} = \frac{R}{2} \cdot \sqrt{\frac{C}{L}}$.

Aus den Größen von R, L und C werden die Zeit- und Dämpfungskonstante bestimmt. Mit Hilfe der Gl. 3.27–3.37 kann dann das dynamische Verhalten des RLC-Gliedes berechnet werden.

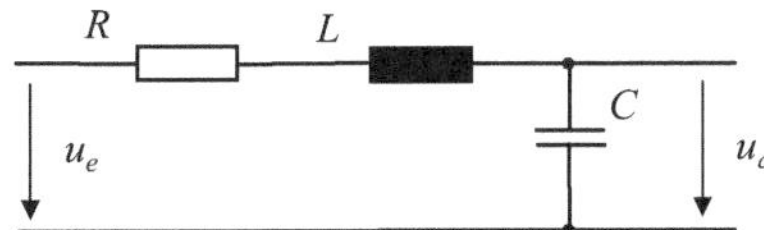

Abb. 3.12 RLC-Tiefpass

3.2.4 Mehrgliedrige, lineare Systeme

Strukturen von Messeinrichtungen
Betrachten wir die Kombinationsmöglichkeit zweier linearer Systeme, die durch ihre Übertragungsfunktionen $G_1(s)$ bzw. $G_2(s)$ beschrieben werden.

Werden zwei Systeme wie in Abb. 3.13 dargestellt, hintereinander geschaltet, also der Ausgang des ersten Systems mit dem Eingang des zweiten Systems verbunden, spricht man von einer Kettenschaltung, bzw. **Kettenstruktur.** Ein Beispiel hierfür ist die Hintereinanderschaltung von Sensor, Verstärker und Filter.

Die Übertragungsfunktion des Gesamtsystems entspricht dem Produkt der Übertragungsfunktionen der einzelnen Systeme:

$$G(s) = G_1(s) \cdot G_2(s). \tag{3.38}$$

Bei der **Parallelstruktur** (Abb. 3.14) werden die Eingänge der Einzelsysteme mit demselben Signal gespeist und die Ausgänge additiv oder subtraktiv verbunden. Ein Anwendungsbeispiel ist eine Kompensationsschaltung für Störgrößen.

Die Gesamtübertragungsfunktion ist die Summe bzw. Differenz der Übertragungsfunktionen:

$$G(s) = G_1(s) \pm G_2(s). \tag{3.39}$$

Die **Kreisstruktur** nach Abb. 3.15 stellt ein rückgekoppeltes System dar, bei dem der Ausgang des ersten Gliedes mit dem Eingang des zweiten Systems verbunden und dessen Ausgang auf den Eingang von G_1 rückgekoppelt ist. Rückkopplungen werden vor allem bei Regelsystemen oder zur Korrektur von Systemkomponenten eingesetzt.

Die Übertragungsfunktion ist hierbei:

$$G(s) = \frac{G_1(s)}{1 \pm G_1(s) \cdot G_2(s)}. \tag{3.40}$$

Abb. 3.13 Kettenstruktur

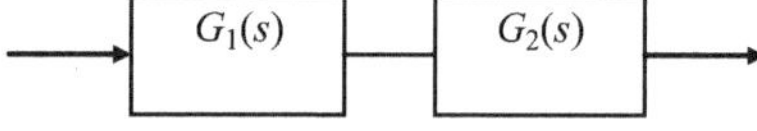

Abb. 3.14 Parallelstruktur

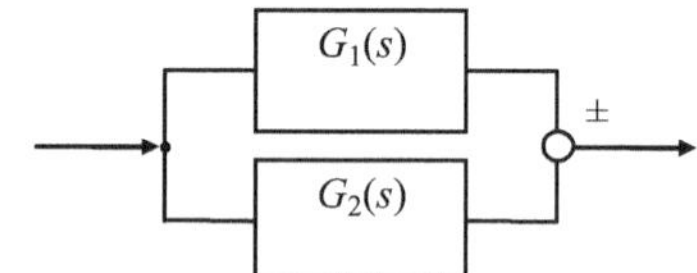

Abb. 3.15 Kreisstruktur

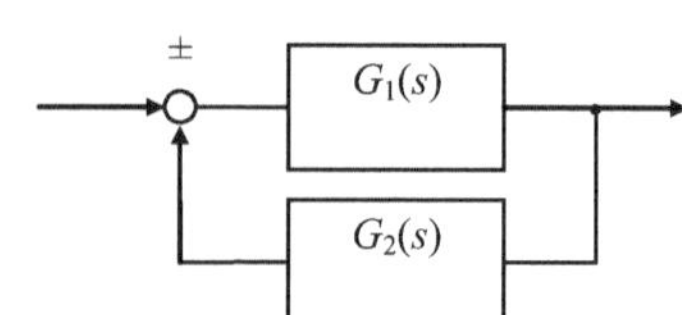

Beispiel 3.5

Es werden zwei PT1-Glieder mit den Übertragungsfunktionen

$$G_1(s) = \frac{E_1}{1 + s \cdot T_1} \quad \text{und} \quad G_2(s) = \frac{E_2}{1 + s \cdot T_2}$$

hintereinandergeschaltet. Nach Gl. 3.38 ergibt sich für die Kettenstruktur

$$G(s) = \frac{E_1}{1 + s \cdot T_1} \cdot \frac{E_2}{1 + s \cdot T_2} = \frac{E_1 \cdot E_2}{1 + s \cdot (T_1 + T_2) + s^2 \cdot T_1 T_2}.$$

Das Gesamtsystem stellt damit ein PT2-Glied dar, mit

$$E = E_1 \cdot E_2, \quad T = \sqrt{T_1 \cdot T_2} \quad \text{und} \quad D = \frac{T_1 + T_2}{2 \cdot \sqrt{T_1 \cdot T_2}} \geq 1.$$

Korrekturnetzwerke zur Reduzierung dynamischer Messabweichungen

Eine Reduzierung dynamischer Messabweichungen kann in bestimmten Grenzen durch ein Korrekturnetzwerk durchgeführt werden, das das Einschwingverhalten des Messsystems verbessert (Abb. 3.16).

Nehmen wir ein Messsystem mit PT1-Verhalten mit einer Übertragungsfunktion $G_m(s)$

$$G_m(s) = \frac{E}{1 + s \cdot T}. \tag{3.41}$$

Um die Übertragungsfunktion eines idealen Messsystems $G_{\text{ideal}}(s) = E$ möglichst gut anzunähern, soll durch Vorschalten eines Korrekturgliedes die Zeitkonstante des resultierenden Systems möglichst klein werden.

Die resultierende Übertragungsfunktion des Systems ist

$$G(s) = G_k(s) \cdot G_m(s) = G_k(s) \cdot \frac{E}{1 + s \cdot T}.$$

Ein ideales Kompensationsglied hat somit die Übertragungsfunktion $G_{k\ \text{ideal}}(s) = 1 + sT$. Ein solches System ist aber nicht realisierbar, da für $s \to \infty$ auch $G_{k\,\text{ideal}}(s) \to \infty$ geht.

Ein Beispiel einer realisierbaren Möglichkeit ist ein passives RC-Netzwerk.

Der Frequenzgang des Korrekturnetzwerks nach Abb. 3.17 wird aus dem komplexen Spannungsteiler abgeleitet:

$$G_k(\text{j}\omega) = \frac{\underline{U}_a}{\underline{U}_e} = \frac{R_2}{R_2 + \frac{R_1/\text{j}\omega C}{R_1 + 1/\text{j}\omega C}} = \frac{R_2}{R_2 + \frac{R_1}{1 + \text{j}\omega R_1 C}} = \frac{R_2(1 + \text{j}\omega R_1 C)}{R_1 + R_2 + \text{j}\omega R_1 R_2 C},$$

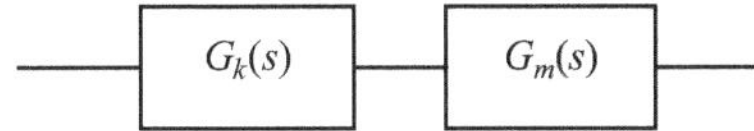

Abb. 3.16 Korrekturglied $G_k(s)$ zur Verbesserung des Einschwingverhaltens

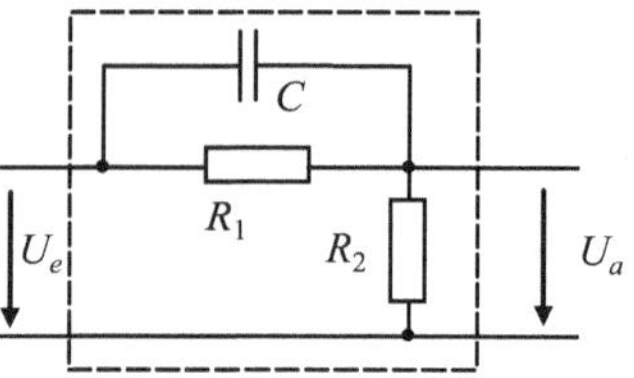

Abb. 3.17 Passives Korrekturnetzwerk

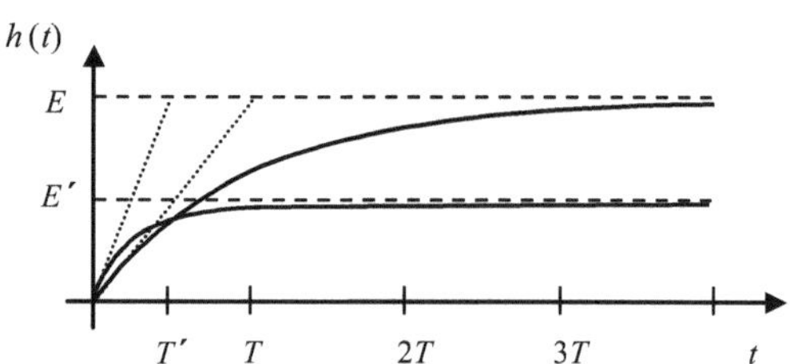

Abb. 3.18 Sprungantwort des Messsystems ohne (E, T) und mit Korrekturglied (E', T') für $R_1 = R_2$

$$G_k(\mathrm{j}\omega) = \frac{R_2}{R_1 + R_2} \cdot \frac{1 + \mathrm{j}\omega R_1 C}{1 + \mathrm{j}\omega \frac{R_1 R_2}{R_1 + R_2} C}. \tag{3.42}$$

Das gesamte System hat die Übertragungsfunktion

$$G(\mathrm{j}\omega) = \frac{R_2}{R_1 + R_2} \cdot \frac{1 + \mathrm{j}\omega R_1 C}{1 + \mathrm{j}\omega \frac{R_1 R_2}{R_1 + R_2} C} \cdot \frac{E}{1 + \mathrm{j}\omega \cdot T}.$$

Die gewünschte Verbesserung des Einschwingverhaltens wird augenscheinlich, wenn $R_1 C = T$ gewählt wird. Damit wird die Gesamtübertragungsfunktion

$$G(\mathrm{j}\omega) = \frac{R_2}{R_1 + R_2} \cdot \frac{E}{1 + \mathrm{j}\omega \frac{R_1 R_2}{R_1 + R_2} C}. \tag{3.43}$$

Das resultierende System nach Gl. 3.43 stellt wieder ein PT1-System dar mit

$$E' = \frac{R_2}{R_1 + R_2} \cdot E \quad \text{und} \quad T' = \frac{R_2}{R_1 + R_2} \cdot T. \tag{3.44}$$

Durch das Korrekturnetzwerk wird eine Verringerung der dynamischen Abweichungen erreicht, da wegen $T' < T$ das resultierende System schneller einschwingt. Auf der anderen Seite wird aber auch die Empfindlichkeit des Systems um den gleichen Faktor geringer. Zur Dimensionierung muss also zwischen schnellem Einschwingen und Verringerung der Empfindlichkeit abgewogen werden. Abb. 3.18 zeigt die Sprungantworten für $R_1 = R_2$. Nach Gl. 3.44 ist hierbei $E' = E/2$ und $T' = T/2$. Das Gesamtsystem schwingt doppelt so schnell auf einen halb so hohen Wert ein.

3.3 Angaben zur Genauigkeit elektrischer Messgeräte

Neben den Unterschieden der Messgeräte in Bezug auf die zu messende Größe und den vielfältigen Möglichkeiten wie interne Mittelungen, Umrechnungen und Betriebsarten ist die Genauigkeit eine entscheidende Eigenschaft für die Auswahl des richtigen bzw. angemessenen Messsystems. Der rein qualitative Begriff Genauigkeit muss eindeutig und vergleichbar vom Hersteller für eine Messeinrichtung oder ein Zubehörteil spezifiziert werden. Für viele Produktgruppen gibt es spezielle Normen, in denen die Art der Genauigkeitsspezifikation, deren Nachweis und Gültigkeitsbereiche festgeschrieben sind. Beispielsweise enthält die IEC 185 bzw. DIN VDE 0414 für Stromwandler (siehe Abschn. 6.4) Kennwerte, Prüfungen und zusätzliche Anforderungen wie Kennzeichnung und Sonderprüfungen. Allgemeiner ist die IEC 51-1 [24] bzw. DIN 43780 für direkt wirkende, elektromechanische Messinstrumente und vor allem die IEC 359 [18], die allgemein gültig Angaben zum Betriebsverhalten elektrischer und elektronischer Messeinrichtungen enthält.

3.3.1 Fehlergrenze und Grenzwerte der Messabweichungen

In den vom Hersteller angegebenen technischen Daten wird die Genauigkeit einer Messeinrichtung als garantierte Grenzwerte der Messabweichungen der Kenngrößen spezifiziert. Damit garantiert der Hersteller, dass unter den angegebenen Bedingungen die Messabweichungen innerhalb des spezifizierten Bereichs liegen.

Fehlergrenze

Die maximal zulässige Messabweichung wird auch als **Fehlergrenze** G (Maximum Permissible Error) bezeichnet:

$$G = |e|_{\max} = |x - x_w|_{\max}. \tag{3.45}$$

Meistens liegen die Fehlergrenzen symmetrisch um den wahren Wert und es wird der Abweichungsgrenzbetrag G angegeben. Bei unsymmetrischen Fehlergrenzen wird der untere und obere Fehlergrenzwert G_u und G_o angegeben.

Die Angabe kann auf zwei Arten interpretiert werden. Für einen wahren Wert der Messgröße x_w liegen alle Messwerte innerhalb des Intervalls $[x_w - G; x_w + G]$. Wird ein Messwert x_m gemessen, so bedeutet die Angabe, dass der wahre Wert im Intervall $[x_m - G; x_m + G]$ liegt, also

$$x_m - G < x_w < x_m + G. \tag{3.46}$$

Wie in Abschn. 2.1 erwähnt, wurde früher für Messabweichung auch der Begriff „Fehler“ verwendet. Heute spricht man von einem Fehler, wenn die Messabweichung größer als der maximal zulässige, garantierte Wert ist. Die Fehlergrenze ist demnach die Grenze zwischen der zulässigen Messabweichung und dem Fehlerfall, also dem Nichteinhalten der garantierten Grenzwerte.

Grenzwerte der Eigenabweichung und der Betriebsmessabweichung
Zu Beginn des Kap. 3 wurden die Referenzbedingungen und der Nenngebrauchsbereich erläutert. Dementsprechend gibt es Grenzwerte für die Eigenabweichung eines Messgerätes, das unter Referenzbedingungen betrieben wird (früher: Grundfehler) und für die Betriebsmessabweichung an einem beliebigen Punkt des Nenngebrauchsbereichs. Bei der Abnahmeprüfung oder einer Kalibrierung des Messgerätes wird die Eigenabweichung durch Vergleich mit einem Normal erfasst. Das Einhalten der Grenzwerte der Betriebsmessabweichung ist aufgrund der Vielzahl der möglichen Betriebsbedingungen in der Regel nicht vollständig nachweisbar. Eine Prüfung hierzu besteht aus der Ermittlung der Eigenabweichung und von Einflusseffekten wie Temperatureinfluss oder Feuchteeinfluss und der Herstellerbestätigung, dass ein Messgerät mit diesen Messabweichungen die festgelegten Grenzwerte einhält.

Bedeutung der Abweichungsgrenzwerte
Normalerweise setzen sich die Messabweichungen aus vielen Teilabweichungen zusammen, die von verschiedenen Effekten im Messgerät herrühren. Zur Bestimmung der Gesamtmessabweichung werden diese gemäß den Regeln der Fehlerfortpflanzung addiert. Dabei kann die Worst-Case-Abweichung berechnet werden, meistens wird aber die statistische Addition der Varianzen nach dem Fehlerfortpflanzungsgesetz (Abschn. 2.3.3) verwendet. Damit ist auch die zulässige Abweichung eine statistische Größe, und die Fehlergrenze wird mit einer bestimmten Überschreitungswahrscheinlichkeit überschritten.

Nach IEC 359 ergibt das empfohlene Verfahren der Messung und Berechnung der Abweichungen, dass die Betriebsmessabweichungen mit einer Wahrscheinlichkeit von 95 % innerhalb der angegebenen Grenzen bleibt. Diese vorgegebene Wahrscheinlichkeit von 95 % ist allgemein vereinbart. Werden andere Wahrscheinlichkeiten verwendet, müssen sie explizit angegeben werden. Unter der in den meisten Fällen zutreffenden Annahme einer Normalverteilung bedeutet die 95 %-Überschreitungswahrscheinlichkeit, dass die angegebenen Grenzwerte dem 2,0-fachen der Standardabweichung der zu erwartenden Messabweichungen entsprechen. Die Grenzwerte für andere Überschreitungswahrscheinlichkeiten können für Normalverteilungen daraus bestimmt werden (siehe Abschn. 2.3.1).

Diese Vereinbarung ergibt, dass für alle beliebigen, gleichverteilten Kombinationen von Einflussgrößen und allen Kombinationen von Messgeräteunvollkommenheiten mit 5%iger Wahrscheinlichkeit Messwerte außerhalb des spezifizierten Bereichs liegen können. Die tatsächliche Wahrscheinlichkeit des Überschreitens der Grenzwerte kann nicht eindeutig geklärt werden. Werden Extremwerte der Messbedingungen, beispielsweise hohe Temperaturen und gleichzeitig hohe Feuchtigkeit, ausgeschlossen, ist die zu erwartende Wahrscheinlichkeit für die Überschreitung der Grenzwerte der Betriebsmessabweichung wesentlich kleiner als 5 %. Werden jedoch Messung vorzugsweise unter Extrembedingungen durchgeführt, kann der Wert von 5 % erreicht oder überschritten werden. Für einen „normalen Gebrauch“ der Messgeräte liegen sie aber deutlich innerhalb der Grenzen.

Beispiel 3.6

Ein Spannungsmessgerät hat einen Anzeigewert von 230,0V und eine Fehlergrenze von 2,0V. Wir nehmen eine Normalverteilung und die Fehlergrenze mit 5%iger Überschreitungswahrscheinlichkeit an. Dies bedeutet:

mit 95 % Wahrscheinlichkeit liegt der wahre Wert innerhalb von $230{,}0\,\text{V} \pm 2{,}0\,\text{V}$,
mit 99 % Wahrscheinlichkeit liegt der wahre Wert innerhalb von $230{,}0\,\text{V} \pm 2{,}6\,\text{V}$,
da $2{,}0\,\text{V} = 1{,}96 \cdot \sigma$ (95 %) und damit $2{,}58 \cdot \sigma = \frac{2{,}58}{1{,}96} \cdot 2\,\text{V} = 2{,}6\,\text{V}$ (99 %).

3.3.2 Angabe der Fehlergrenzen

Absolute oder relative Angabe der Grenzwerte
Die Fehlergrenzen können entweder absolut oder relativ, auf einen eindeutigen Bezugswert bezogen, erfolgen. In manchen Fällen wird auch eine Kombination von relativer und absoluter Messabweichung angegeben.

Beispiel 3.7

Angabe der Abweichungsgrenzwerte eines Spannungsmessers:

absolut $\pm 1\,\text{V}$ oder
relativ $\pm 0{,}5\,\%$ bezogen auf den Anzeigewert oder
Kombination $\pm(0{,}5\% \cdot \text{Messwert} + 20\,\text{mV})$.

Bei digital anzeigenden Messgeräten wie Digitalvoltmetern wird in der Regel eine Kombination eines Anteils proportional zum Messwert und einer messbereichsabhängigen Konstanten angegeben. Dabei wird auch die diskrete Auflösung berücksichtigt. Die Konstante kann in der Einheit der Messgröße oder Vielfache eines Digits angegeben werden. Ein Digit entspricht hierbei der Anzeigeauflösung des Messbereiches. Für einen Messwert kann daraus die zulässige Messabweichung berechnet werden, wenn die Auflösung und ggf. der Messbereichsendwert bekannt sind.

Beispiel 3.8

Verschiedene Angaben von Fehlergrenzen bei Digitalvoltmetern:

$\pm$ (0,2 % · Messwert + 5 mV + 1 Digit) oder
$\pm$ (0,2 % · Messwert + 0,3 % · Messbereichsendwert + 1 Digit) oder
$\pm$ (0,2 % · Messwert + 4 Digits).

Für einen Messwert von 1,274 V, einen Messbereichsendwert von 9,999 V und einer 4-stelligen Ziffernanzeige (1 Digit = 1 mV) folgt für die obigen Angaben:

$\pm \quad (0{,}2\,\% \cdot 1{,}274\,\mathrm{V} + 5\,\mathrm{mV} + 1\,\mathrm{mV}) = \pm\, 8{,}55\,\mathrm{mV},$
$\pm \quad (0{,}2\,\% \cdot 1{,}274\,\mathrm{V} + 0{,}3\,\% \cdot 9{,}999\,\mathrm{V} + 1\,\mathrm{mV}) = \pm\, 33{,}5\,\mathrm{mV},$
$\pm \quad (0{,}2\,\% \cdot 1{,}274\,\mathrm{V} + 4\,\mathrm{mV}) = \pm\, 6{,}55\,\mathrm{mV}.$

Angabe der Genauigkeitsklasse

Vor allem für elektromechanische Messgeräte sind sogenannte Genauigkeitsklassen definiert, die neben Genauigkeitsanforderungen auch allgemeine Forderungen an den Betrieb enthalten. In der IEC 51 (bzw. EN 60051, DIN 43780) werden Genauigkeitsklassen (Accuracy Class) für direkt wirkende analoge Messgeräte und deren Zubehör angegeben (Tab. 3.2).

Der **Klassenindex** kennzeichnet die Genauigkeitsklasse und entspricht der maximal zulässigen, relativen Messabweichung, bezogen auf den Skalenendwert. Er wird meist zusammen mit anderen genormten Symbolen auf der Anzeigeskala angegeben (siehe Abschn. 4.1.5).

Beispiel 3.9

Ein Spannungsmesser der Genauigkeitsklasse 0,5 und einem Skalenendwert von 10 V hat damit im gesamten Messbereich eine maximal zulässige relative Messabweichung von 0,5 % bezogen auf den Skalenendwert von 10 V, oder als absolute Angabe: eine zulässige Messabweichung von $\pm 0{,}5\% \cdot 10\,\mathrm{V} = \pm 0{,}05\,\mathrm{V}$ für alle Messwerte innerhalb des Messbereichs.

Vorsicht ist bei der Spezifikation in % bezogen auf den Skalenendwert geboten. Dies hat zur Konsequenz, dass bei Nicht-Vollaussteuerung deutlich größere, relative Abweichungen zulässig sind. Für das obige Beispiel beträgt die zulässige relative Messabweichung bezogen auf einen Anzeigewert von 5 V schon $0{,}05\,\mathrm{V}/5\,\mathrm{V} = 1\%$ und einen Anzeigewert von 1 V sogar $0{,}05\,\mathrm{V}/1\,\mathrm{V} = 5\%$. Deshalb sollen die Messinstrumente durch geeignete Bereichswahl immer möglichst weit ausgesteuert werden.

Tab. 3.2 Genauigkeitsklassen elektrischer Strom- und Spannungsmessgeräte nach IEC 51

	Feinmessgeräte					Betriebsmessgeräte				
Klassenindex	0,05	0,1	0,2	0,3	0,5	1	1,5	2	3	5
rel. Fehlergrenze	0,05 %	0,1 %	0,2 %	0,3 %	0,5 %	1 %	1,5 %	2 %	3 %	5 %

3.4 Aufgaben zu statischen und dynamischen Eigenschaften von Messgeräten

Aufgabe 3.1

An einem Widerstand werden Gleichstrom- und Spannungsmessungen durchgeführt.

Strommessgerät	Skalenendwert	100 mA			
	Genauigkeitsklasse	1			
Digitalvoltmeter	Messbereiche	99,9 V	9,99 V	999 mV	99,9 mV
	Auflösung	100 mV	10 mV	1 mV	0,1 mV
	Genauigkeit	± (0,5 % vom Anzeigewert + 4 Digits)			

Die Messwerte betragen $I = 71{,}5\,\text{mA}$, $U = 543\,\text{mV}$ (Messbereich 999 mV)

a) Bestimmen Sie die relative Messunsicherheit der Strommessung.
b) Bestimmen Sie die relative Messunsicherheit der Spannungsmessung.
c) Bestimmen Sie die Leistung mit ihrer Messunsicherheit.

Aufgabe 3.2

Ein Strom-Spannungswandler hat PT1-Verhalten. Zur Charakterisierung werden folgende Messungen durchgeführt:

1. Ein Gleichstrom von $I_e = 2{,}00\,\text{A}$ ergibt eine Ausgangsspannung $U_a = 200\,\text{mV}$.
2. Ein Wechselstrom $i_e(t) = 1{,}00\,\text{A} \cdot \cos(2 \cdot \pi \cdot 10\,\text{kHz} \cdot t)$ liefert ein Ausgangssignal mit einem Effektivwert von 10 mV.
   a) Bestimmen Sie die Empfindlichkeit und Zeitkonstante des Strom-Spannungswandlers.
   b) Wie groß ist die Grenzfrequenz?
   c) Der Eingangsstrom springt von 0 auf 1 A. Wie lange muss nach dem Sprung gewartet werden, bis die Ausgangsspannung den Endwert auf ± 5 % erreicht hat?

Aufgabe 3.3

Ein Spannungswandler mit PT1-Verhalten und ein Spannungsverstärker sollen hintereinandergeschaltet und untersucht werden.

a) Zur Charakterisierung des Spannungswandlers wird auf den Eingang ein Sprung von 0 auf 500 mV gegeben.
   Am Ausgang wird das dargestellte Signal gemessen:

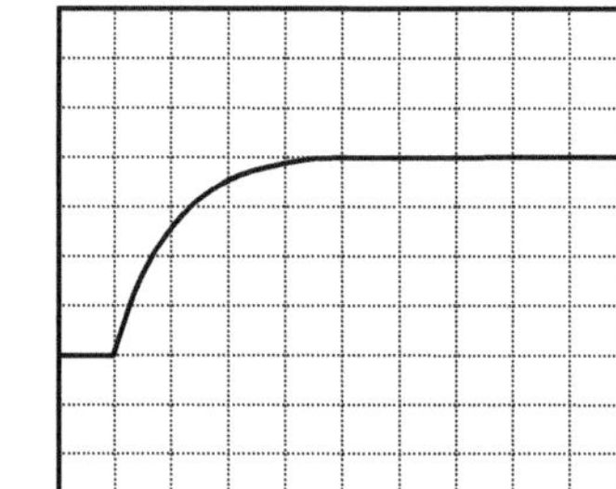

   Bestimmen Sie die Empfindlichkeit und Zeitkonstante des Spannungswandlers.
b) Der Spannungsverstärker hat PT1-Verhalten mit einer Empfindlichkeit von $E = 10$ und einer Grenzfrequenz von $f_g = 800\,\text{Hz}$.
   Bestimmen Sie die Übertragungsfunktion des Spannungsverstärkers.
c) Der Spannungsverstärker wird hinter den Spannungswandler geschaltet.
   Wie groß ist die Empfindlichkeit, Zeitkonstante und Dämpfungsgrad des Gesamtsystems.
d) Ein Signal $u_e(t) = 100\,\text{mV} \cdot \cos(2 \cdot \pi \cdot 10\,\text{kHz} \cdot t)$ wird auf den Eingang des Gesamtsystems gegeben. Bestimmen Sie die Amplitude des Ausgangssignals.

4 Elektromechanische und digitale Messgeräte

Aufgabe eines Messgerätes ist die Erfassung einer Messgröße und Ausgabe des Messwertes. Bei anzeigenden Messinstrumenten erfolgt die Ausgabe über eine analoge oder digitale Anzeige. Zu Beginn der elektrischen Messtechnik wurden hauptsächlich direkt wirkende, elektromechanische Messwerke eingesetzt, bei denen mit Hilfe eines physikalischen Effektes durch die zu messende Größe eine mechanische Kraft erzeugt wird, diese auf einen Zeiger wirkt und der Messwert als Zeigerausschlag auf einer Skala abgelesen werden kann. Durch den schnellen Fortschritt in der Digitaltechnik werden heute vielfach auf digitaler Basis arbeitende Messgeräte eingesetzt. Dabei wird die zu messende Größe elektronisch vorverarbeitet, digitalisiert und als Ziffernwert auf der digitalen Anzeige ausgegeben. Die Zeigerinstrumente verlieren zunehmend an Bedeutung, trotzdem werden sie auch in aktuellen Messsystemen verwendet, beispielsweise bei Überwachungseinrichtungen oder zur Trendanzeige.

Da Zeigerinstrumente nur den Augenblickswert einer Messgröße liefern, werden zur kontinuierlichen Aufzeichnung Schreiber oder Registriergeräte verwendet. Bei elektromechanischen Schreibern ist der Ausschlag meist spannungsproportional und wird auf einem kontinuierlich fortlaufenden Papier aufgezeichnet. Der Papiervorschub ist einstellbar, und es können beispielsweise Einschwingvorgänge oder Langzeituntersuchungen erfasst und dokumentiert werden. In zunehmendem Maß werden für derartige Anwendungen digitale Datenerfassungssysteme verwendet, die die Messdaten aufnehmen, auf einem Computer oder Notebook speichern und mit speziellen Programmen nachverarbeiten und auf Druckern ausgeben.

T. Mühl, *Elektrische Messtechnik*, https://doi.org/10.1007/978-3-658-29116-7_4

4.1 Elektromechanische Messgeräte

Die nachfolgenden Messgeräte nutzen die Kraftwirkung zwischen magnetischen oder elektrischen Feldern zur Messung von Strömen oder Spannungen aus. Durch ihren unterschiedlichen Aufbau besitzen sie verschiedene Eigenschaften und spezifische Vorteile, die im Nachfolgenden erläutert werden. Grundlage der Beschreibung sind die Lorentzkraft, das Induktions- und Durchflutungsgesetz, sowie Drehmoment- und Kräftegleichgewichtsbeziehungen [25, 5, 6].

4.1.1 Drehspulmesswerk

Ein Drehspulmesswerk enthält eine beweglich aufgehängte Spule in einem radialhomogenen Feld eines Dauermagneten. Abb. 4.1 zeigt die prinzipielle Anordnung. Die Spule ist starr mit einem Zeiger und einer Drehfeder verbunden. Der zu messende Strom I fließt durch die Spule und erzeugt zusammen mit dem Magnetfeld des Dauermagneten eine Kraft (Lorentzkraft) auf die Spule, die zu einer Drehung führt. Die Spule dreht sich, bis die Rückstellkraft durch die Drehfeder entgegengesetzt gleich groß wie die Lorentzkraft ist.

Ausschlagwinkel α

Die drehbare Spule hat einen Durchmesser d, die Länge l, N Windungen und wird vom Strom I durchflossen. Das Magnetfeld des Dauermagneten hat die Induktion B, die durch die Form des Dauermagneten und des Spulenkerns senkrecht zu den Spulenleitern der Länge l ist. Das radialhomogene Feld bewirkt die Kraft F auf einen vom Strom I durchflossenen Leiter der Länge l:

$$\vec{F} = I \cdot \left(\vec{l} \times \vec{B}\right).$$

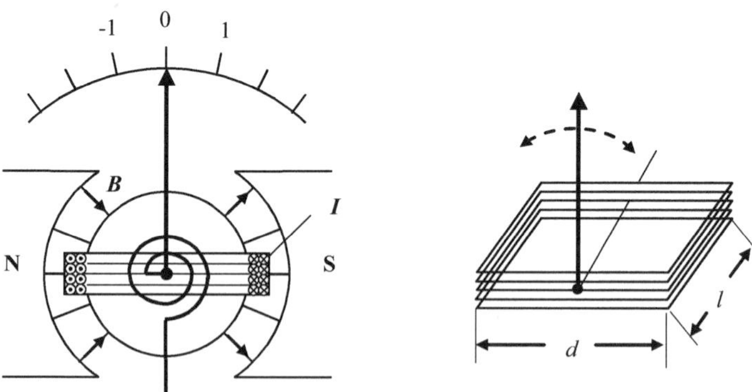

Abb. 4.1 Prinzipbild eines Drehspulmesswerks und schematische Darstellung der Drehspulengeometrie

Wegen der Orthogonalität von $\vec{l}$ und $\vec{B}$ ist

$$F = I \cdot l \cdot B. \tag{4.1}$$

Damit ergibt sich ein Drehmoment M auf die Spule mit N Wicklungen von

$$M = N \cdot F \cdot d = N \cdot I \cdot l \cdot B \cdot d.$$

Ersetzt man $l \cdot d$ durch die Spulenfläche A, erhält man

$$M = A \cdot N \cdot B \cdot I. \tag{4.2}$$

Das antreibende Moment durch den zu messenden Strom führt zu einer Drehung der Spule und des starr verbundenen Zeigers und zu einem mechanischen Gegenmoment durch die Drehfeder. Das mechanische Moment M_m der Drehfeder nimmt mit dem Ausschlagwinkel α der Drehfeder zu. Für eine Federkonstante c ist

$$M_m = c \cdot \alpha. \tag{4.3}$$

Im eingeschwungenen Gleichgewichtszustand sind die Momente gleich groß, und aus

$$M = A \cdot N \cdot B \cdot I = M_m = c \cdot \alpha$$

folgt der Ausschlagwinkel α

$$\alpha = \frac{A \cdot N \cdot B}{c} \cdot I. \tag{4.4}$$

Gl. 4.4 besagt, dass der Zeigerausschlag proportional zum Strom I ist, und die Richtung des Ausschlags von der Stromflussrichtung abhängt. Der Proportionalitätsfaktor ist durch die Bauform des Messwerkes, also die Spulengeometrie, Federkonstante und die Induktion des Dauermagneten gegeben und wird als Stromempfindlichkeit bezeichnet.

Dynamisches Verhalten

Ändert sich der zu messende Strom, ändert sich auch der Ausschlagwinkel und die Spule bewegt sich im Magnetfeld. Dadurch wird in ihr eine Spannung induziert, die zu einem Stromfluss in der Spule führt und ein zweites Moment erzeugt, das dem antreibenden Moment des Stroms I entgegenwirkt.

Die durch die Drehbewegung induzierte Spannung u_i in den N Windungen ist

$$u_i = -N \cdot \frac{\mathrm{d}}{\mathrm{d}t} \int \vec{B} \cdot \mathrm{d}\vec{A} = -NBA \cdot \frac{\mathrm{d}\alpha}{\mathrm{d}t} = -NBA \cdot \dot{\alpha}.$$

Sie bewirkt im Stromkreis mit dem Gesamtwiderstand R (Spulenwiderstand und externe Widerstände) einen Strom i:

$$i = \frac{u_i}{R} = -\frac{NBA \cdot \dot{\alpha}}{R}.$$

Analog zu Gl. 4.2 hat der Strom i hat das Moment M_i zur Folge:

$$M_i = A \cdot N \cdot B \cdot i = -\frac{(ANB)^2}{R} \cdot \dot{\alpha}. \tag{4.5}$$

Zusätzlich wirken bei der Drehbewegung noch das Reibmoment und das Trägheitsmoment der Bewegung entgegen. Das Reibmoment $M_r = w \cdot \dot{\alpha}$ ist proportional zur Winkelgeschwindigkeit $\dot{\alpha}$ und dem Reibungskoeffizienten w. Das Drehmoment $M_t = J \cdot \ddot{\alpha}$ ist proportional zur Winkelbeschleunigung $\ddot{\alpha}$ und dem Trägheitsmoment J. Aus dem Momentengleichgewicht kann mit den Gl. 4.2, 4.3 und 4.5 die Differentialgleichung der Bewegung ermittelt werden:

$$M + M_i = M_m + M_r + M_t,$$

$$ANB \cdot I - \frac{(ANB)^2}{R} \cdot \dot{\alpha} = c \cdot \alpha + w \cdot \dot{\alpha} + J \cdot \ddot{\alpha}$$

und schließlich

$$\alpha + \left(\frac{w}{c} + \frac{(ANB)^2}{c \cdot R} \right) \cdot \dot{\alpha} + \frac{J}{c} \cdot \ddot{\alpha} = \frac{ANB}{c} \cdot I. \tag{4.6}$$

Diese Differentialgleichung 2. Ordnung entspricht der Gl. 3.25 des in Abschn. 3.2.3 besprochenen PT2-Gliedes: $x_a + 2DT \cdot \dot{x}_a + T^2 \cdot \ddot{x}_a = E \cdot x_e$.

Durch Koeffizientenvergleich erhält man:

$$\text{Empfindlichkeit} \quad E = \frac{A \cdot N \cdot B}{c}, \tag{4.7}$$

$$\text{Zeitkonstante} \quad T = \sqrt{\frac{J}{c}}, \tag{4.8}$$

$$\text{Dämpfungsgrad} \quad D = \frac{\frac{w}{c} + \frac{(ANB)^2}{c \cdot R}}{2 \cdot \sqrt{J/c}}. \tag{4.9}$$

Wie in Abschn. 3.2.3 dargelegt hängt das Einschwingverhalten bei Stromänderungen vom Dämpfungsgrad und der Zeitkonstante des Messwerks ab. Um ein schnelles Einschwingen zu erreichen wird meist $D = 1$ für ein Einschwingen ohne Überschwinger bis $D = 0{,}7$ mit einem schnelleren Einschwingen bei geringen Überschwingern durch die Messwerkdaten vom Hersteller vorgegeben.

Bei Wechselströmen werden die angezeigten Amplituden gedämpft, wenn die Signalfrequenzen größer als die Eigenfrequenz des Messwerkes sind. Liegt beispielsweise die Eigenfrequenz bei etwa 1 Hz und wird ein sinusförmiger Strom mit einer Frequenz von 50 Hz gemessen, wird durch die starke Dämpfung des 50 Hz-Signals der Zeiger kaum merkbar um Null pendeln. Drehspulmesswerke zeigen demnach den Mittelwert, bzw.

den Gleichanteil des Stromes an. Sie eignen sich zur Gleichstrommessung oder Gleichanteilmessung. Wechselströme sind nur mit zusätzlichen, in manchen Instrumenten eingebauten Gleichrichtern auswertbar (siehe Abschn. 6.3).

4.1.2 Dreheisenmesswerk

Das Dreheisenmesswerk enthält, wie in Abb. 4.2 dargestellt, eine feststehende Spule, in deren annähernd homogenen Feld sich zwei Eisenplättchen, ein feststehendes (FE) und ein bewegliches (BE), befinden. Der Zeiger ist mit dem beweglichen Eisenplättchen starr verbunden. Durch das Magnetfeld der stromdurchflossenen Spule werden beide Eisenplättchen gleichartig magnetisiert und stoßen sich ab. Die Abstoßung führt zu einer Drehung des Zeigers, das Gegenmoment wird durch eine Drehfeder realisiert. Im Gleichgewichtszustand sind die Momente gleich groß.

Ausschlagwinkel α
Vernachlässigt man die Messwerksverluste, ist bei einer Drehung die Zunahme der gespeicherten mechanischen Energie der Drehspule gleich der Abnahme der magnetischen Feldenergie: $\mathrm{d}E_{\mathrm{mech}} = -\mathrm{d}E_{\mathrm{mag}}$.

Die mechanische Energieänderung durch eine Drehung um den Winkel $\mathrm{d}\alpha$ gegen ein mechanisches Moment M_{mech} einer Drehfeder mit der Federkonstante c ist

$$\mathrm{d}E_{\mathrm{mech}} = -M_{\mathrm{mech}} \cdot \mathrm{d}\alpha = -c \cdot \alpha \cdot \mathrm{d}\alpha.$$

Die aufgrund des Stroms I in der Spule (Selbstinduktivität L) gespeicherte Energie ist $E_{\mathrm{mag}} = 1/2 \cdot L \cdot I^2$ und die Energieänderung durch die Drehung $\mathrm{d}\alpha$

$$\mathrm{d}E_{\mathrm{mag}} = \frac{1}{2} I^2 \cdot \frac{\mathrm{d}L}{\mathrm{d}\alpha} \cdot \mathrm{d}\alpha.$$

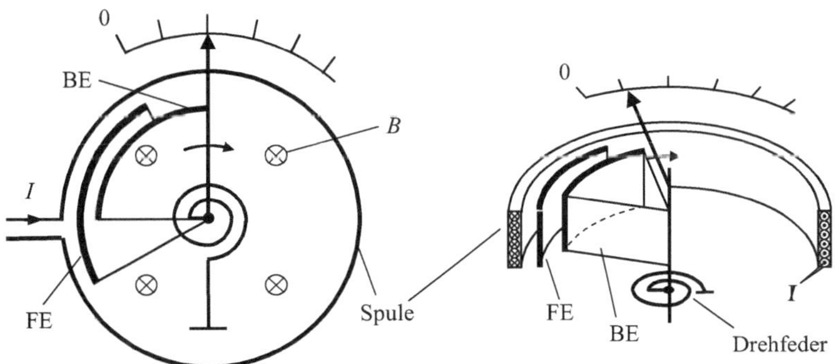

Abb. 4.2 Aufbau des Dreheisenmesswerks: Aufsicht und Schnitt, I Spulenstrom, B Induktion der Spule, FE feststehendes Eisenplättchen, BE bewegliches Eisenplättchen

Der Term $dL/d\alpha$ in obiger Gleichung ist die Änderung der Spuleninduktivität bei einer Drehung des Eisenplättchens um $d\alpha$. Setzt man die mechanische und elektrische Energieänderung gleich, erhält man

$$c \cdot \alpha \cdot d\alpha = \frac{1}{2} I^2 \cdot \frac{dL}{d\alpha} \cdot d\alpha$$

und somit den Ausschlagwinkel α

$$\alpha = \frac{1}{2c} \cdot \frac{dL}{d\alpha} \cdot I^2. \qquad (4.10)$$

Bei rechteckigen, gebogenen Eisenplättchen, wie in Abb. 4.2 und 4.3a dargestellt, ist $dL/d\alpha$ näherungsweise konstant und der Zeigerausschlag proportional zu I^2. Man erhält eine nichtlineare Skala.

Linearisierung der Anzeigeskala

Durch geometrische Formgebung der Eisenplättchen kann eine Linearisierung der Anzeigenskala erreicht werden. Ist $dL/d\alpha$ proportional zu $1/\alpha$, ergibt Gl. 4.10

$$\alpha = \frac{1}{2c} \cdot k \cdot \frac{1}{\alpha} \cdot I^2,$$

und aufgelöst nach α erhält man

$$\alpha^2 = \frac{k}{2c} \cdot I^2.$$

α^2 ist proportional zu I^2 und der Zeigerausschlag α somit proportional zum Betrag des Stroms I:

$$\alpha = \text{konst} \cdot \sqrt{I^2} = \text{konst} \cdot |I|. \qquad (4.11)$$

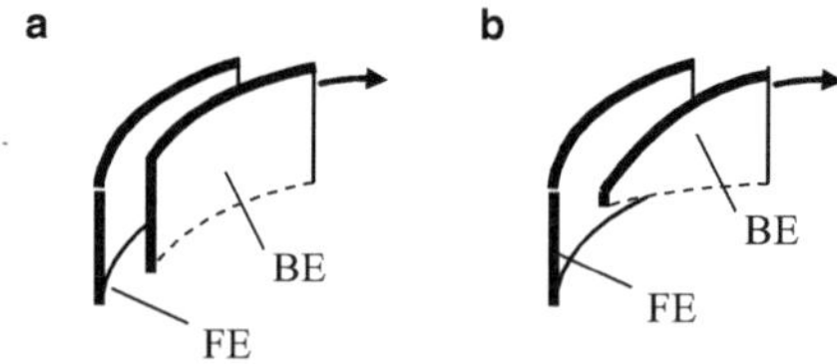

Abb. 4.3 Feststehendes Eisenplättchen *FE* und bewegliches Eisenplättchen *BE*. **a** rechteckförmig, **b** trapezförmig zur Linearisierung der Anzeigeskala

Dynamisches Verhalten
Aufgrund des Aufbaus mit beweglichen, trägheitsbehafteten Teilen und der Drehfeder stellt das Dreheisenmesswerk wie das Drehspulmesswerk einen sogenannten Drehmassenschwinger dar. Deshalb hat auch das Dreheisenmesswerk das im Abschn. 4.1.1 hergeleitete PT2-Verhalten mit einem durch die Bauform vorgegebenen Einschwingverhalten (Zeitkonstante, Dämpfungsgrad, Eigenfrequenz). Bei Wechselströmen mit Frequenzen deutlich größer als die Eigenfrequenz des Messwerks wird aufgrund des quadratischen Zusammenhangs des Zeigerausschlags mit dem Strom I beim Dreheisenmesswerk der Mittelwert des Quadrates von I angezeigt. Der mittlere Zeigerausschlag entspricht somit dem Effektivwert von I. Bei einer linearisierten Anzeigeskala ist

$$\overline{\alpha} = \text{konst} \cdot \sqrt{\overline{i(t)^2}} = \text{konst} \cdot I_{\text{eff}}. \tag{4.12}$$

Damit kann das Dreheisenmesswerk zur Gleichstrommessung und zur Effektivwertmessung verwendet werden (siehe Abschn. 6.3).

4.1.3 Elektrodynamisches Messwerk

Das elektrodynamische Messwerk, auch Dynamometer genannt, ist ähnlich dem Drehspulmesswerk, wobei der Dauermagnet durch einen Elektromagneten mit feststehender Spule ersetzt wird. Das für den Zeigerausschlag maßgebliche Magnetfeld wird durch die Feldspule erzeugt. Abb. 4.4 zeigt das Prinzip des Messwerks mit der feststehenden Feldspule, die vom Strom I_1 durchflossen wird, und der vom Strom I_2 durchflossenen Drehspule. Das elektrodynamische Messwerk hat somit vier Anschlussklemmen für die Ströme I_1 und I_2.

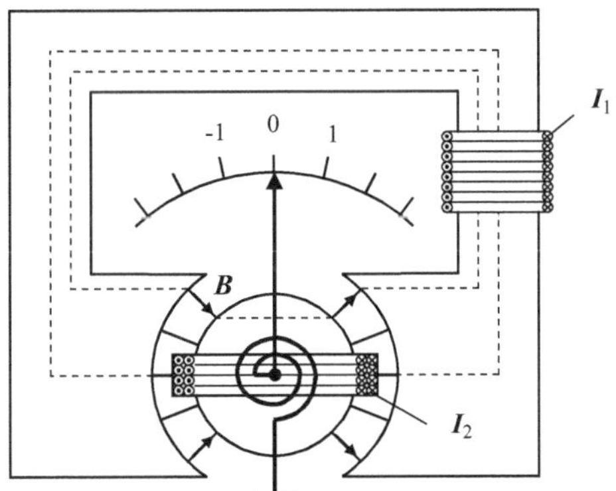

Abb. 4.4 Prinzipbild eines elektrodynamischen Messwerks

Bestimmung des Zeigerausschlags α

Fließt der Strom I_1 durch die feststehende Feldspule mit der Windungszahl N_1, kann mit Hilfe des Durchflutungsgesetzes die magnetische Feldstärke H bestimmt werden.

$$\oint \vec{H} \cdot \mathrm{d}\vec{s} = N_1 \cdot I_1. \tag{4.13}$$

Unter der Annahme einer großen Permeabilität des Eisenkerns ($\mu_{Fe} \gg \mu_0$) kann der Beitrag des Weges im Eisen gegenüber dem im Luftspalt vernachlässigt werden, und man erhält mit der gesamten Luftspaltlänge a die magnetische Feldstärke im Luftspalt H_L

$$H_L \cdot a = N_1 \cdot I_1.$$

Die Induktion B im Luftspalt ist damit

$$B = \mu_o \cdot H_L = \frac{\mu_o \cdot N_1}{a} \cdot I_1. \tag{4.14}$$

Die Induktion durch die Feldspule ersetzt beim elektrodynamischen Messwerk die Induktion des Dauermagneten des Drehspulmesswerks. Deshalb kann zur Berechnung des Zeigerausschlags Gl. 4.14 in Gl. 4.4 des Drehspulmesswerks eingesetzt werden, und man erhält

$$\alpha = \frac{A \cdot N_2}{c} \cdot B \cdot I_2 = \frac{A \cdot N_2}{c} \cdot \frac{\mu_o \cdot N_1}{a} \cdot I_1 \cdot I_2 = k \cdot I_1 \cdot I_2. \tag{4.15}$$

Das elektrodynamische Messwerk ist ein multiplizierendes Messwerk. Der Zeigerausschlag ist proportional zum Produkt der Ströme durch die feststehende Feldspule und die Drehspule.

Die häufigste Anwendung ist die Leistungsmessung. Der Verbraucherstrom fließt durch die feststehende Spule, die mit wenigen, dicken Windungen ausgeführt ist. Im Spannungspfad wird die Verbraucherspannung über einen Vorwiderstand an die Drehspule angeschlossen. Der Strom durch die Drehspule ist somit proportional zur Verbraucherspannung. Der Anzeigewert entspricht dem Produkt aus Verbraucherstrom und Verbraucherspannung, also der Leistung des Verbrauchers (siehe Abschn. 11.1).

Verhalten bei Wechselströmen

Wie für das Drehspulmesswerk im Abschn. 4.1.1 hergeleitet, hat auch das elektrodynamische Messwerk PT2-Verhalten, und der Zeigerausschlag wird bei höheren Signalfrequenzen gedämpft. Für zeitveränderliche Ströme $i_1(t)$ und $i_2(t)$ entspricht der mittlere Zeigerausschlag dem Mittelwert des Produktes aus $i_1(t)$ und $i_2(t)$. Nehmen wir an, die Ströme $i_1(t)$ und $\mathrm{i}_2(t)$ seien cosinusförmig mit derselben Frequenz ω und einer Phasendifferenz φ. Ist die Signalfrequenz ω deutlich größer als die Eigenfrequenz ω_0 des Messwerks, ist der Zeigerausschlag α proportional zum zeitlichen Mittelwert des Stromproduktes

$$\alpha = k \cdot \overline{i_1(t) \cdot i_2(t)} = k \cdot \overline{\hat{I}_1 \cos(\omega t) \cdot \hat{I}_2 \cos(\omega t + \varphi)}.$$

Verwendet man $\hat{I}/\sqrt{2} = I_{\text{eff}}$ und $\cos\alpha \cdot \cos\beta = 0{,}5(\cos(\alpha - \beta) + \cos(\alpha + \beta))$ erhält man

$$\alpha = k \cdot \overline{\hat{I}_1 \hat{I}_2 \cdot 0{,}5 \cdot (\cos(\varphi) + \cos(2\omega t + \varphi))},$$
$$\alpha = k \cdot \overline{I_{1\text{eff}} \cdot I_{2\text{eff}} \cdot (\cos(\varphi) + \cos(2\omega t + \varphi))}.$$

Für $\omega \gg \omega_0$ ist $\overline{\cos(2\omega t + \varphi)} = 0$ und somit

$$\alpha = k \cdot I_{1\text{eff}} \cdot I_{2\text{eff}} \cdot \cos(\varphi). \tag{4.16}$$

Der mittlere Zeigerausschlag hängt von den Stromeffektivwerten und der Phasendifferenz der Ströme ab.

Bei der Wirkleistungsmessung fließt der Verbraucherstrom durch die Feldspule und die Verbraucherspannung wird über einen Widerstand an die Drehspule angelegt. Ersetzt man $i_1(t) = i_V(t)$ und $i_2(t) = u_V(t)/R$, erhält man

$$\alpha = k \cdot \overline{i_V(t) \cdot u_V(t)/R} = k/R \cdot \overline{\hat{I}_V \cos(\omega t) \cdot \hat{U}_V \cos(\omega t + \varphi)}$$
$$= k/R \cdot I_{V\text{eff}} \cdot U_{V\text{eff}} \cdot \cos(\varphi) = k_P \cdot I_{V\text{eff}} \cdot U_{V\text{eff}} \cdot \cos(\varphi),$$

$$\alpha = k_P \cdot P_V. \tag{4.17}$$

Der Zeigerausschlag ist in diesem Fall proportional zur Wirkleistung des Verbrauchers. Spezielle Anwendungen des elektrodynamischen Messwerks zur Leistungsmessung werden ausführlich im Abschn. 11.1 erläutert.

4.1.4 Weitere elektromechanische Messwerke

Es gibt eine Vielzahl von physikalischen Effekten, die für eine Kraftwirkung und damit zur elektromechanischen Anzeige von Strömen oder Spannungen ausgenutzt werden können. Da sie in zunehmendem Maße durch elektronische ersetzt werden, folgt hier nur eine kurze Zusammenstellung weiterer Messwerkarten.

Elektrostatisches Messwerk

Das Prinzip beruht auf der Coulombschen Kraft zwischen elektrischen Ladungen. Durch Anlegen einer Spannung an eine feste und eine bewegliche Platte entsteht eine Anziehungskraft, die zu einer Plattenbewegung und damit einer spannungsabhängigen Zeigerauslenkung gegen eine Feder führt. Die wichtigste Eigenschaft des Messwerks ist der sehr hohe Innenwiderstand, die Hauptanwendung ist bzw. war in der Hochspannungsmesstechnik.

Drehmagnetmesswerk

Eine feststehende Spule, die von dem zu messenden Strom I durchflossen wird, erzeugt ein Magnetfeld, das senkrecht zu dem Feld eines feststehenden Dauermagneten steht. Im resultierenden Feld, dessen Richtung durch die Überlagerung der Felder vom Strom I abhängt, befindet sich ein drehbarer Dauermagnet, der in Richtung des resultierenden Feldes zeigt. Die Richtung ist ein Maß für den Spulenstrom I, bei Wechselströmen wird durch die Trägheit des Messwerkes der zeitliche Mittelwert des Stromes angezeigt.

Kreuzspulmesswerk (Drehspulquotientenmesswerk)

Beim Kreuzspulmesswerk werden zwei gleichgroße Spulen senkrecht zueinander starr verbunden. Dieses Spulenkreuz wird wie bei einem Drehspulmesswerk drehbar im Feld eines Dauermagneten angebracht. Durch die zueinander senkrechten Spulen entstehen bei Stromflüssen durch die Spulen entgegenwirkende Momente, und der Zeigerausschlag ist vom Quotienten der Spulenströme abhängig. Das Messwerk kann deshalb unmittelbar zur Widerstandsmessung eingesetzt werden.

Hitzdrahtmesswerk

Das Messprinzip beruht auf der Längenänderung eines Leiters, der sich aufgrund eines Stromflusses erwärmt. Die Längenänderung wird in einen Zeigerausschlag umgesetzt und ist ein Maß für den Stromeffektivwert.

4.1.5 Symbole für direkt wirkende, elektrische Messgeräte

In der Norm IEC 51 [24] bzw. EN 60051 (alt: DIN 43780) sind Festlegungen für direkt wirkende, elektrische Messinstrumente getroffen. Dazu zählen beispielsweise Begriffe, Anforderung, Definitionen, Genauigkeitsangaben und die Symbole, die meist auf der Anzeigeskala aufgedruckt sind. Sie erlauben, die wichtigsten Eigenschaften und Anwendungen des Messgerätes direkt zu erkennen. Nachfolgend sind einige der Symbole angegeben.

Art des Messwerks			
Drehspulmesswerk		Drehspulmesswerk mit Gleichrichter	
Dreheisenmesswerk		Elektrodynamisches Messwerk (eisenlos)	
Kreuzspulmesswerk		Drehmagnetmesswerk	
Art der Messgröße			
Gleichstrom	—	Wechselstrom	~
Gleich- und Wechselstrom		Drehstrom	

Gebrauchslage			
senkrecht	⊥	Waagerecht	⊓
schräg mit Winkelangabe	∠ 60°		
Sicherheit			
Prüfspannungszeichen (500 V)	☆	Prüfspannungszeichen (2 kV)	☆ 2
Achtung	ϟ		
Genauigkeitsklasse			
Genauigkeitsklasse 1 für Gleichstrommessung		— 1	
Genauigkeitsklasse 1,5 für Wechselstrommessung		∼ 1,5	

4.2 Digitale Messgeräte

Bei der analogen Messtechnik wird die Messgröße durch eine eindeutige und stetige Anzeigengröße kontinuierlich dargestellt. Bei der digitalen Messtechnik wird sie in einen digitalen Wert umgesetzt und ausgegeben.

4.2.1 Abtastung und Quantisierung

Im Unterschied zu analogen sind digitale Werte zeitdiskret und wertediskret [20, 26].

Zeitdiskret Die Messgröße wird zu bestimmten, diskreten Zeitpunkten abgetastet. Es existieren nur Messwerte zu diesen Zeitpunkten (t_1, t_2, ...).

Wertediskret Die Messwerte werden in Form einer in festen Schritten quantisierten Anzeigegröße dargestellt. Die Auflösung ist endlich.

Die Umsetzung in den digitalen Wert besteht aus den Schritten Abtastung, Quantisierung und Codierung.

Abtastung

Die Abtastung legt fest, zu welchen Zeitpunkten das Signal umgesetzt wird. Je schneller sich ein Signal ändern kann, desto häufiger muss es pro Zeitintervall abgetastet werden. Als Abtastrate f_a wird die Frequenz einer Abtastung in äquidistanten Zeitintervallen $T_a = 1/f_a$ bezeichnet. Das abgetastete Signal $s_a(t_i) = s(t_i)$, manchmal mit $s_a(i)$ bezeichnet, ist nur zu den Zeitpunkten $t_i = i \cdot T_a$ definiert.

Zur Herleitung der notwendigen Abtastrate gehen wir von einer analogen Zeitfunktion $s(t)$ aus. Die Abtastung ist darstellbar als Multiplikation der Zeitfunktion mit einer Summe von Diracstößen, die den Abstand von T_a haben:

$$s_a(t) = \sum_{n=-\infty}^{\infty} s(t) \cdot \delta(t - n \cdot T_a). \tag{4.18}$$

Abb. 4.5 zeigt die Zeitfunktion $s(t)$ und rechts die abgetastete Zeitfunktion $s_a(t)$ als Summe der gewichteten Diracstöße (Pfeile). Der Multiplikation mit der Diracstoßfolge im Zeitbereich entspricht die Faltung des Spektrums der Zeitfunktion $S(f)$ mit einer entsprechenden Diracstoßfolge im Frequenzbereich:

$$S_a(f) = S(f) * \frac{1}{T_a} \sum_{n=-\infty}^{\infty} \delta(f - n/T_a) = \frac{1}{T_a} \sum_{n=-\infty}^{\infty} S(f - n/T_a). \tag{4.19}$$

Dies führt, wie in Abb. 4.6 dargestellt, zu Wiederholungen des Spektrums $S(f)$ des analogen Signals im Abstand der Abtastrate.

Bei einer zu niedrigen Abtastrate überlappen sich die wiederholten Spektren, und man spricht von einem Aliasing. Zur Rückgewinnung des ursprünglichen Signals $s(t)$ wird das abgetastete Signal mit einem Tiefpass, der eine Grenzfrequenz $f_g \leq f_a/2$ hat, gefiltert. Eine

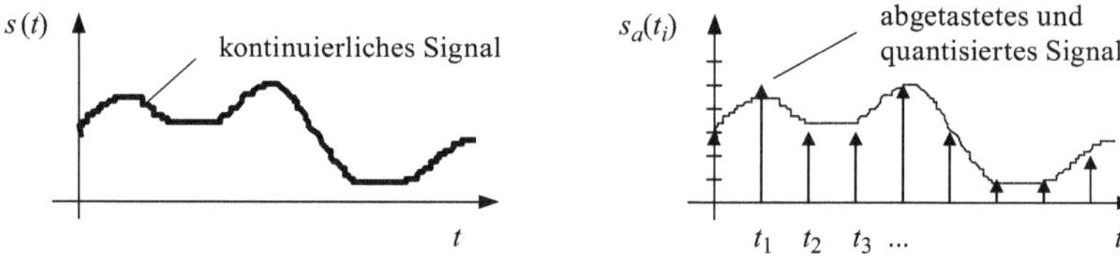

Abb. 4.5 Kontinuierliches, analoges Signal $s(t)$ und abgetastetes und quantisiertes Signal $s_a(t_i)$

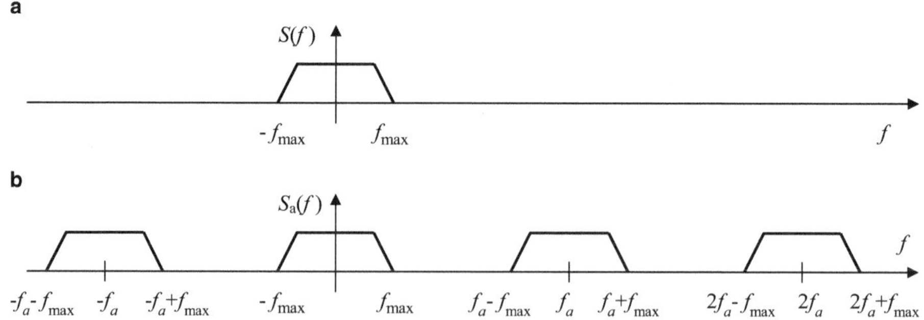

Abb. 4.6 **a** Spektrum $S(f)$ eines analogen Signals mit der maximal vorkommenden Frequenz f_{max}, **b** Spektrum des mit der Abtastrate f_a abgetasteten Signals

verzerrungsfreie Rückgewinnung setzt voraus, dass sich die wiederholten Spektren nicht überlappen. Anhand von Abb. 4.6 erkennt man, dass dies der Fall ist, wenn die maximal vorkommende Frequenz f_{max} kleiner als die halbe Abtastrate f_a ist. Ist ein Signal mit einer maximalen Signalfrequenz f_{max} gegeben, folgt damit die mindest erforderliche Abtastrate

$$f_a > 2 \cdot f_{\max}. \tag{4.20}$$

Das von Shannon hergeleitete Abtasttheorem besagt, dass nur ein Signal, das mit mindestens der doppelten, oberen Grenzfrequenz abgetastet wird, unverzerrt und damit ohne Informationsverlust wieder zurückgewonnen werden kann.

In der Messtechnik, bei der meist durch einfache Interpolation der abgetasteten Stützstellen auf den Signalverlauf mit hoher Genauigkeit geschlossen werden soll, wird in der Regel deutlich schneller als mit der doppelten Grenzfrequenz des Messsignals abgetastet. Dadurch wird sichergestellt, dass auch kurzzeitige Signalveränderungen erfasst und ohne aufwendige Nachverarbeitung genau gemessen werden können. Beispielsweise wird zur Strom-, Spannungs- oder Leistungsmessung in 50 Hz-Systemen mit 10 kHz bis 50 kHz abgetastet.

Quantisierung

Die Quantisierung wandelt den abgetasteten Spannungswert in eine Zahl mit endlicher Auflösung um. Durch diese Zuordnung zu einem Digitalwert wird eine Rundung durchgeführt, und die Auflösung des Umsetzers geht in die Auflösung des Messergebnisses ein. Man spricht von einer linearen Quantisierung mit äquidistanten Werten, wenn die Quantisierungsstufen ΔQ konstant sind. Bei einer linearen N-Bit-Quantisierung sind 2^N Stufen darstellbar, die einen Wertebereich von 0 bis $2^N - 1$ abdecken. Werden diese Werte einem Eingangsspannungsbereich von 0 bis U_{max} zugeordnet, ergeben sich Quantisierungsstufen von

$$\Delta U = U_{\max} / \left(2^N - 1\right). \tag{4.21}$$

Die Quantisierungsabweichungen, die durch die Zuordnungen zu den Digitalwerten entstehen, liegen innerhalb von $\pm\, \Delta U/2$.

Beispiel 4.1

Ein linearer 8-Bit Analog-Digital-Umsetzer habe einen Eingangsspannungsbereich von 0 bis 5 V.

Der Wertebereich des ADU beträgt 0 bis $(2^8 - 1) = 255$, die Quantisierungsstufen sind nach Gl. 4.21: $\Delta U = 5\,\text{V}/255 = 19{,}6\,\text{mV}$.

Eine Eingangsspannung von 1,37V wird in einen Digitalwert von $W = 255 \cdot 1{,}37\,\text{V}/5\,\text{V} = 70$ gewandelt.

Ein ADU-Wert von 110 entspricht für diesen ADU einer Eingangsspannung von $U_e = 110 \cdot \Delta U = 110 \cdot 19{,}6\,\text{mV} = 2{,}156\,\text{V}$.

Die Quantisierungsabweichung beträgt maximal (19,6/2) mV = 9,8 mV.

Die Umwandlung einer analogen Spannung in ein werte- und zeitdiskretes, digitales Signal wird technisch mit einem Analog-Digital-Umsetzer, abgekürzt ADU (Analog Digital Converter, ADC), und einem Abtaster (Sample & Hold), der meist in den ADU-Schaltkreisen integriert ist, realisiert. Die Abtastfrequenz der Umsetzer reicht von einigen Hz bis GHz, die Standardauflösungen sind 8 Bit, 12 Bit und 16 Bit. Für genaue, hochauflösende Messsysteme werden hochauflösende Analog-Digital-Umsetzer mit bis zu 24 Bit eingesetzt. Weitere Kenngrößen sind der Eingangsspannungsbereich, Linearität, Eingangsspannungsoffset und das Temperaturverhalten [26, 27].

4.2.2 Digitalvoltmeter und allgemeines digitales Messgerät

Abgesehen von Messgeräten für digitale Messgrößen wie beispielsweise Bitfehlerratenmesser oder Ereigniszähler zur Zeit- und Frequenzmessung, die in Kap. 9 beschrieben sind, bestehen die meisten digitalen Messsysteme aus einem Sensor mit elektronischer Nachverarbeitung zur Umformung der zu messenden physikalischen Größe in eine Spannung, einem Analog-Digital-Umsetzer und einer nachfolgenden digitalen Verarbeitung und Ausgabe der Messdaten. Das einfachste System ist ein Digitalvoltmeter zur Spannungsmessung.

Digitalvoltmeter (DVM)

Aufbauend auf einem Analog-Digital-Umsetzer kann mit einem einfachen Mikroprozessor- oder Mikrocontrollersystem ein einfaches Digitalvoltmeter aufgebaut werden.

Das in Abb. 4.7 dargestellte Blockschaltbild enthält neben dem ADU und dem Mikrocontrollersystem einen Eingangsverstärker der das Eingangssignal entkoppelt, filtert (Anti-Aliasing-Filter) und dem Eingangsspannungsbereich des Umsetzers anpasst. Der Controller kann gegebenenfalls den Spannungsbereich umschalten. Zum Abgleich können die Eingangsverstärker mit einem Potentiometer abgeglichen oder die Abgleichdaten digital gespeichert und vom Controller verrechnet werden. Der Anzeigewert wird so auf die gewünschte Darstellung und Einheit skaliert. Präzisions-Digitalvoltmeter sind aus jeweils für die Anwendung optimierten Baugruppen aufgebaut. Der empfindliche Eingangsteil enthält drift- und rauscharme Verstärker, und als Analog-Digital-Umsetzer werden hochauflösende 16- bis 24-Bit-Umsetzer mit hoher Linearität eingesetzt. Interne

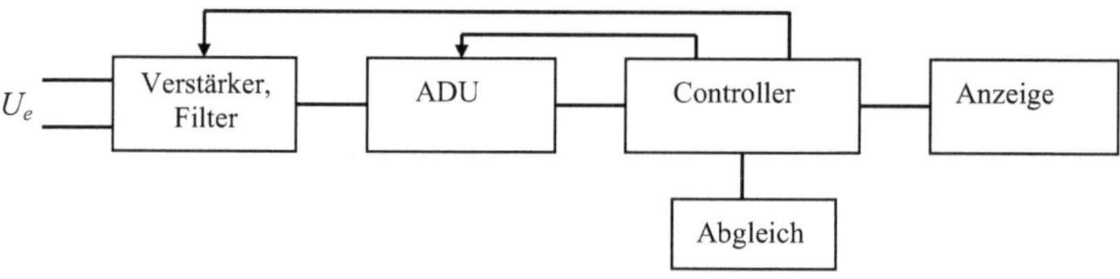

Abb. 4.7 Blockschaltbild eines einfachen Digitalvoltmeters

Abgleichzyklen ermöglichen eine kontinuierliche Korrekturwerterfassung und Verrechnung. Demgegenüber gibt es für einfache Anwendungen sehr preiswerte, integrierte Hybride oder fertige Module, die nur mit einer Versorgungsspannung verbunden werden müssen und ein vollständiges DVM mit Anzeige darstellen.

Allgemeines digitales Messsystem

Soll nicht eine Spannung sondern eine andere, auch nichtelektrische Größe gemessen werden, kann auf dem Digitalvoltmeter aufbauend mit Hilfe von Messumformern und Signalverarbeitungsbaugruppen ein allgemeines Messsystem aufgebaut werden (Abb. 4.8).

Der **Messumformer** wandelt die zu messende Größe X in eine elektrische Größe oder führt zu einer Änderung einer elektrischen Größe. Beispiele für Messumformer sind:

Thermistoren temperaturabhängige Widerstände, die eine Temperaturänderung in eine Widertandsänderung umformen,

Hallelemente Sensoren, die bei entsprechender Beschaltung (Abschn. 11.3.2) eine elektrische Leistung in eine proportionale Spannung umformen,

Photodioden Halbleitersensoren, die eine optische Leistung in einen proportionalen Strom umformen.

Die **analoge Signalverarbeitung** (ASV) hat die Aufgabe, die vom Messumformer gelieferte elektrische Größe oder Änderung der elektrischen Größe in eine Spannung zu wandeln und aufzubereiten. Dies kann beispielsweise Strom-Spannungswandler, Messbrücken, geschaltete oder geregelte Verstärker, Filter zur Signalaufbereitung und Störreduzierung oder Kompensations- und Analogrechenschaltungen beinhalten.

Der **Analog/Digital-Umsetzer** (ADU) wandelt wie bei einem Digitalvoltmeter die analoge Ausgangsspannung der ASV in ein digitales Signal. Die wichtigsten Kenngrößen sind die Auflösung und Wandlungsrate.

Die **digitale Signalverarbeitung** (DSV) verarbeitet die digitalen Daten und kann ähnlich der analogen Signalverarbeitung Filterungen aber auch Rechenoperationen, Abgleichroutinen oder Transformationen beinhalten. Die DSV wird meist von Signalprozessoren (DSP, Digital Signal Processor) oder von Mikroprozessoren durchgeführt. Durch die deutliche Leistungssteigerung der Analog-Digital-Umsetzer und Signalprozessoren werden in modernen Systemen immer mehr Funktionen von der analogen zur digitalen Signalverarbeitung verlagert.

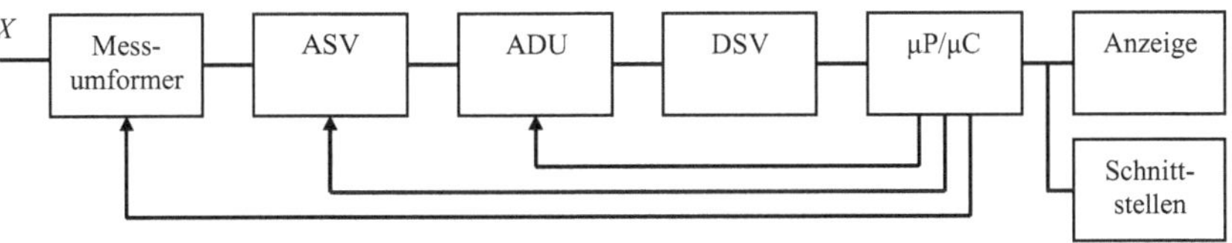

Abb. 4.8 Blockschaltbild eines allgemeinen digitalen Messsystems

Die Steuerung des Systems wird mit einem **Mikroprozessor** oder Mikrocontroller (µP/µC), in manchen Fällen mit einer diskreten Schaltung oder programmierbarer Logik realisiert. Die Ausgabe erfolgt bei anzeigenden Systemen über eine digitale Anzeige oder über Schnittstellen zur Weiterverarbeitung und Speicherung.

Einer der Vorteile digitaler Messsysteme ist die einfachere Vernetzung und Anbindung an Rechner. Über standardisierte Punkt-zu-Punkt-Verbindungen oder über Bussysteme werden die Messgeräte zu Messwerterfassungssystemen zusammengefasst und von einem PC oder Zentralrechner gesteuert. Beispiele für Schnittstellen sind USB, die RS232, der IEEE 488-Bus (IEC-Bus), PROFIBUS oder CAN [28–30].

Zur Unterstützung der Automatisierung und Vernetzung der Messgeräte oder Erfassungssysteme werden spezielle Softwarepakete angeboten, die flexible Möglichkeiten der Datenerfassung, Analyse, Steuerung und Visualisierung vereinen [31]. Mit Hilfe grafischer Programmiersprachen können damit auch komplexe Messgeräte als sogenannte Virtuelle Instrumente (VI) einfach ferngesteuert und in umfangreiche Systeme integriert werden.

Gleichstrom- und Gleichspannungsmessung

5

Dieser Abschnitt beschreibt die Messung von Gleichströmen und Gleichspannungen mit digitalen Messinstrumenten oder direkt wirkenden Zeigerinstrumenten. Für beide Messgerätearten sind der Messbereich, der in der Regel von Null bis zu einem Messbereichsendwert (Full Scale Value) reicht, und der Eingangswiderstand (Input Resistance) des Messsystems die wichtigsten Eigenschaften.

5.1 Grundschaltungen

Strommessung

Im einfachsten Fall soll der Strom I durch den Widerstand R, der von einer Spannungsquelle gespeist wird, gemessen werden. Die Spannungsquelle ist durch ihre Ersatzschaltbildgrößen Leerlaufspannung U_q und Innenwiderstand R_q beschrieben, das Messgerät hat den Innenwiderstand R_m.

Ohne eingefügtes Messgerät fließt der zu messende Strom I_w:

$$I_w = \frac{U_q}{R_q + R}.$$

Zur Messung wird der Stromkreis aufgetrennt, und das Strommessgerät wird, wie in Abb. 5.1 dargestellt, in Serie mit dem Widerstand R angeschlossen. Durch den eingefügten Innenwiderstand des Messgerätes R_m ändert sich die Belastung der Quelle, und der gemessene Strom I entspricht nicht mehr dem wahren Strom I_w.

$$I = \frac{U_q}{R_q + R + R_m}. \tag{5.1}$$

T. Mühl, *Elektrische Messtechnik*, https://doi.org/10.1007/978-3-658-29116-7_5

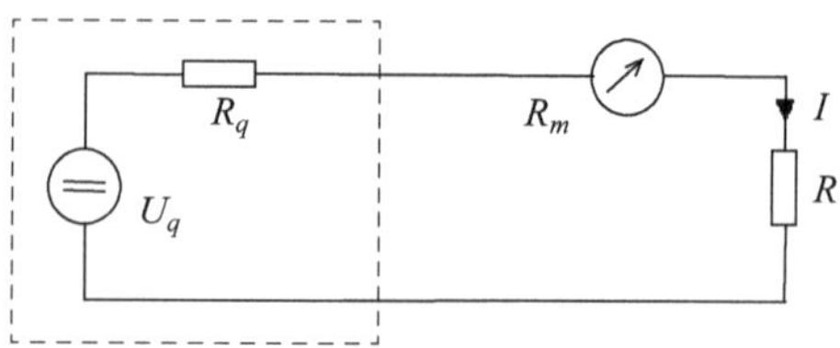

Abb. 5.1 Messung des Stroms I, der durch den Widerstand R fließt

Durch die Rückwirkung auf die Messgröße erhält man eine systematische Messabweichung e:

$$e = I - I_w = U_q \cdot \left(\frac{1}{R_q + R + R_m} - \frac{1}{R_q + R} \right) = U_q \cdot \frac{-R_m}{(R_q + R + R_m)(R_q + R)},$$

$$e = -I_w \cdot \frac{R_m}{R_q + R + R_m} \quad \text{bzw.} \quad e = -I \cdot \frac{R_m}{R_q + R}, \tag{5.2}$$

und eine systematische relative Messabweichung e_{rel}:

$$e_{\mathrm{rel}} = \frac{e}{I_w} = -\frac{R_m}{R_q + R + R_m}. \tag{5.3}$$

Für niederohmige Strommessgeräte, das heißt $R_m \ll R_q + R$, ist die Messabweichung durch die Rückwirkung vernachlässigbar klein, im anderen Fall kann sie bei bekannten Widerstandswerten R, R_m und R_q korrigiert werden. Zur Berechnung des berichtigten Wertes $I_{\mathrm{korr}} = I - e$ verwendet man Gl. 5.2 und erhält

$$I_{\mathrm{korr}} = I - \left(-I \cdot \left(\frac{R_m}{R_q + R} \right) \right) = I \cdot \left(1 + \frac{R_m}{R_q + R} \right). \tag{5.4}$$

Um auch ohne Korrektur genaue Ergebnisse zu erzielen, müssen Ströme niederohmig gemessen werden: je kleiner der Innenwiderstand des Strommessgerätes ist, desto geringer ist die Messabweichung durch die Rückwirkung.

Spannungsmessung

Soll die Spannung U an einem Widerstand R, der von einer Spannungsquelle gespeist wird, gemessen werden, wird das Spannungsmessgerät parallel zum Widerstand R angeschlossen (Abb. 5.2). In diesem allgemeinen Fall ist auch die Messung der Ausgangsspannung einer Quelle enthalten, indem man den Grenzfall $R \to \infty$ betrachtet.

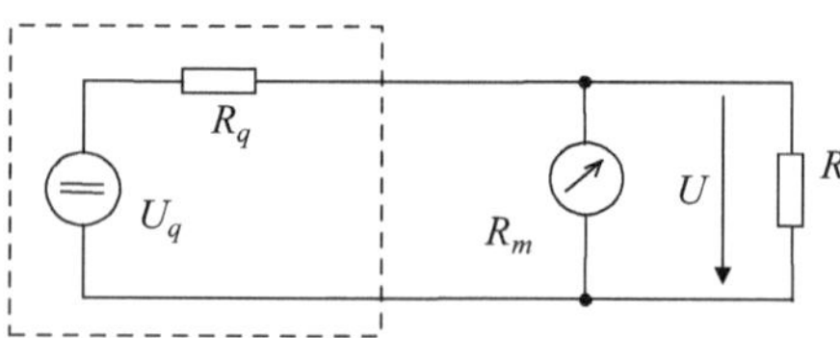

Abb. 5.2 Messung der Spannung U an einem Widerstand R

Wie bei der Strommessung ergibt sich eine Rückwirkung des Messgerätes auf die Messgröße, da sich die Belastung der Quelle durch den Anschluss des Spannungsmessers ändert und damit die Spannung am Widerstand R geringer wird. Ohne Messgerät ist die Spannung am Widerstand U_w und mit angeschlossenem Messgerät U:

$$U_w = \frac{R}{R_q + R} \cdot U_q, \tag{5.5}$$

$$U = \frac{\frac{R \cdot R_m}{R + R_m}}{R_q + \frac{R \cdot R_m}{R + R_m}} \cdot U_q = \frac{R \cdot R_m}{(R + R_m) \cdot R_q + R \cdot R_m} \cdot U_q. \tag{5.6}$$

Die systematische Messabweichung e bzw. relative Messabweichung e_{rel} ist

$$e = U - U_w = U_q \cdot \left(\frac{R \cdot R_m}{R \cdot R_q + R_m \cdot R_q + R \cdot R_m} - \frac{R}{R_q + R} \right), \tag{5.7}$$

$$\begin{aligned} e_{\mathrm{rel}} = \frac{e}{U_w} &= \frac{R \cdot R_m}{R \cdot R_q + R_m \cdot R_q + R \cdot R_m} \cdot \frac{R_q + R}{R} - 1, \\ &= \frac{R_m \cdot (R_q + R) - (R \cdot R_q + R_m \cdot R_q + R \cdot R_m)}{R \cdot R_q + R_m \cdot R_q + R \cdot R_m}, \\ &= \frac{-R \cdot R_q}{R \cdot R_q + R_m \cdot R_q + R \cdot R_m} = -\frac{1}{1 + \frac{R_m \cdot (R + R_q)}{R \cdot R_q}}. \end{aligned}$$

Fügt man $R // R_q$ für die Parallelschaltung von R und R_q ein, erhält man

$$e_{\mathrm{rel}} = -\frac{1}{1 + \frac{R_m}{R // R_q}} = -\frac{R // R_q}{R_m + R // R_q}. \tag{5.8}$$

Auch bei der Spannungsmessung kann der Messwert berichtigt werden. Aus

$$U_{\mathrm{korr}} = U - e = U - e_{\mathrm{rel}} \cdot U_w = U - e_{\mathrm{rel}} \cdot U_{\mathrm{korr}}$$

erhält man durch Einsetzen von Gl. 5.8 und wenigen Umformungen

$$U_{\mathrm{korr}} = \frac{U}{1 + e_{\mathrm{rel}}} = \frac{U}{1 - \frac{R // R_q}{R_m + R // R_q}} = U \cdot \left(1 + \frac{R // R_q}{R_m} \right). \tag{5.9}$$

Ohne Korrektur erhält man eine systematische Abweichung, die für $R_m \gg R // R_q$ vernachlässigbar ist. Die Konsequenz ist, dass Spannungen hochohmig gemessen werden sollen.

Strommessung mit einem Stromfühlwiderstand (Shunt)

Mit Hilfe eines ohmschen Stromfühlwiderstands und einem Spannungsmessgerät kann ein Strom gemessen werden. Wie in Abb. 5.3a dargestellt, fließt der zu messende Strom I durch den Shunt R_S, und der Spannungsabfall U_m über R_S wird gemessen. Der Strom I wird aus der gemessenen Spannung U_m und dem genau bekannten Stromfühlwiderstand R_S bestimmt:

$$I = \frac{U_m}{R_s}.$$

Dieses Verfahren wird vor allem zur Messung großer Ströme angewendet. Zu beachten ist, dass dabei sehr niederohmige Stromfühlwiderstände mit typischen Werten von 0,01 Ω oder 0,001 Ω eingesetzt werden, bei denen Übergangs- und Kontaktwiderstände zu berücksichtigen sind.

Für diesen Einsatz werden spezielle Shunts in Vierleitertechnik (Abb. 5.3b) angeboten, die getrennte Stromspeise- und Spannungsmessklemmen besitzen und eine von den Kontaktwiderständen unabhängige Messung erlauben. Abb. 5.3c zeigt einen in Vierleitertechnik angeschlossenen Shunt, wobei die Widerstände R_{ki} die Kontakt- und Übergangswiderstände repräsentieren. Der zu messende Strom I führt in R_{k1} und R_{k2} zu Spannungsabfällen, die aber durch die separaten Spannungskontakte nicht mit erfasst werden. Im Spannungsmesskreis fließt wegen des hohen Innenwiderstandes des Spannungsmessgerätes R_m nur ein sehr kleiner Strom, so dass für $R_m \gg R_{k3}, R_{k4}$ die Spannung U_m gleich der zu messenden Spannung U_{Rs} ist. Deshalb gehen weder die Kontakt- und Übergangswiderstände der Strom- noch die der Spannungsklemmen in das Ergebnis ein. Weiteres zu dieser sogenannten 4-Drahttechnik ist in Abschn. 8.2 angegeben.

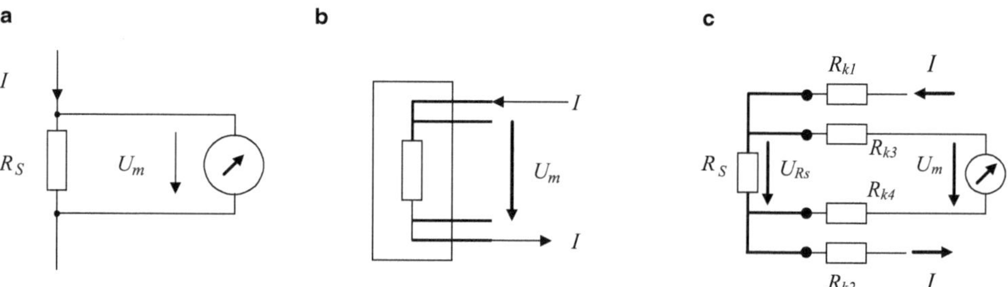

Abb. 5.3 **a** Prinzip der Strommessung mit einem Stromfühlwiderstand (Shunt) R_s, **b** Shunt in Vierleitertechnik mit getrennt nach Außen geführten Stromspeise- und Spannungsmessklemmen, **c** Kontaktierter Shunt in Vierleitertechnik: die Widerstände R_{ki} repräsentieren die Kontakt- und Übergangswiderstände

5.2 Messbereichserweiterung

Erweiterter Strommessbereich

Gegeben ist ein Strommessgerät mit einem Messbereichsendwert I_{max} und dem Innenwiderstand R_m. Sollen Ströme I größer als I_{max} mit diesem Messgerät gemessen werden, kann der Strommessbereich durch einen Parallelwiderstand erweitert werden (Abb. 5.4).

Die Spannungen an R_m und R_p sind gleich groß, so dass

$$R_m \cdot I_m = R_p \cdot I_p = R_p \cdot (I - I_m).$$

Damit ist für einen maximalen Messgerätestrom I_{max} und einen erweiterten Strommessbereich bis zu einem Maximalstrom I der Parallelwiderstand bestimmbar:

$$R_p = R_m \cdot \frac{I_{\max}}{I - I_{\max}}. \tag{5.10}$$

Wie in Abschn. 5.1 gezeigt, ist der Innenwiderstand der Messgeräte zur Beurteilung der Rückwirkung auf die Messgröße wichtig. Betrachten wir deshalb den Eingangswiderstand R_i des Strommessgerätes mit Parallelwiderstand. Setzt man in $R_i = R_p // R_m$ die Bestimmungsgleichung für R_p Gl. 5.10 ein, erhält man

$$R_i = \frac{R_p \cdot R_m}{R_p + R_m} = \frac{R_m \cdot \frac{I_{\max}}{I - I_{\max}} \cdot R_m}{R_m \cdot \frac{I_{\max}}{I - I_{\max}} + R_m} = R_m \cdot \frac{I_{\max}}{I_{\max} + (I - I_{\max})},$$

$$R_i = R_m \cdot \frac{I_{\max}}{I}. \tag{5.11}$$

Eine Erhöhung des Strommessbereichs um den Faktor $I/I_{\max}$ reduziert den Eingangswiderstand des Messsystems um den gleichen Faktor.

Beispiel 5.1

Ein Messwerk hat einen Vollausschlag bei dem Strom $I_{max} = 1\,\text{mA}$ und einen Innenwiderstand von $R_m = 200\,\Omega$. Der Strommessbereich soll auf $10\,\text{mA}$ erweitert werden. Dies geschieht mit Hilfe eines Parallelwiderstandes

$$R_p = R_m \cdot \frac{I_{\max}}{I - I_{\max}} = 200\,\Omega \cdot \frac{1\,\text{mA}}{10\,\text{mA} - 1\,\text{mA}} = 200\,\Omega \cdot \frac{1}{9} = 22{,}2\,\Omega.$$

Der Eingangswiderstand des Messsystems ist dann

$$R_i = \frac{R_p \cdot R_m}{R_p + R_m} = R_m \cdot \frac{I_{\max}}{I} = 200\,\Omega \cdot \frac{1}{10} = 20\,\Omega.$$

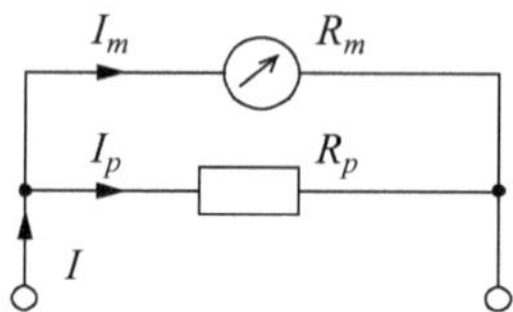

Abb. 5.4 Strommessbereichserweiterung durch einen Parallelwiderstand R_p

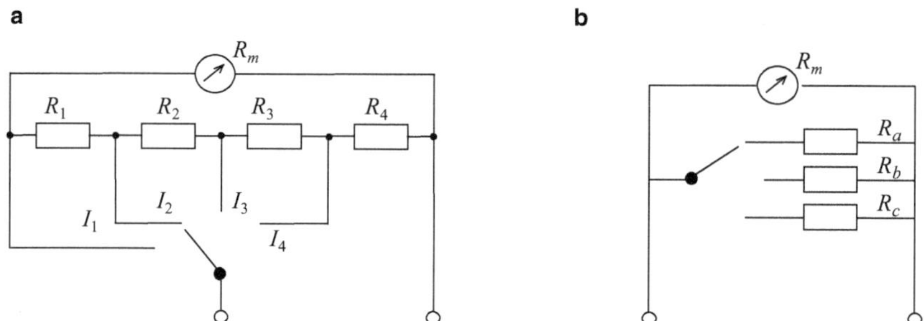

Abb. 5.5 Vielfachumschaltung von Parallelwiderständen zur Strommessbereichswahl. **a** Schaltung ohne Einfluss der Übergangswiderstände des Schalters, **b** Schaltung mit einem Einfluss der Übergangswiderstände des Schalters

Wählbarer Strommessbereich

Weiterführend können durch Umschaltung von Parallelwiderständen Messgeräte mit wählbarem Strommessbereich aufgebaut werden. Die Parallelwiderstände sind bei Strommessbereichen in der Größenordnung von einigen Ampere sehr niederohmig, so dass sich die Schalterübergangswiderstände bemerkbar machen können. Bei der Anordnung nach Abb. 5.5a ist die Stromaufteilung unabhängig von den Übergangswiderständen des Schalters, während sie bei der Anordnung nach Abb. 5.5b in die Stromaufteilung und damit in die Messbereiche eingehen. Da die Übergangswiderstände wenig reproduzierbar sind und sich durch Alterung verändern, würde dies zu zusätzlichen Messabweichungen führen, so dass in jedem Fall die Schaltung a) der Schaltung b) vorzuziehen ist.

Beispiel 5.2

Ein Messwerk mit einem Vollausschlag bei $I_{max} = 0{,}2\,\text{mA}$ und$R_m = 400\,\Omega$ soll auf die Messbereiche 1 mA, 10 mA, 100 mA, 1 A mit der Schaltung nach Abb. 5.5a erweitert werden.

Nach Gl. 5.10 erhält man:

$I_1 = 1\,\text{mA}$ $\quad R_{p1} = R_1 + R_2 + R_3 + R_4 = 0{,}2/0{,}8 \cdot R_m$
$I_2 = 10\,\text{mA}$ $\quad R_{p2} = R_2 + R_3 + R_4 = 0{,}2/9{,}8 \cdot (R_m + R_1)$
$I_3 = 100\,\text{mA}$ $\quad R_{p3} = R_3 + R_4 = 0{,}2/99{,}8 \cdot (R_m + R_1 + R_2)$
$I_4 = 1\,\text{A}$ $\quad R_{p4} = R_4 = 0{,}2/999{,}8 \cdot (R_\text{m} + R_1 + R_2 + R_3)$.

Setzt man $R_m = 400\,\Omega$ in die Gleichungen ein, ergeben sich die Widerstandswerte R_1 bis R_4:

1) und 4) $\rightarrow R_4 = 0{,}1\,\Omega$
1) und 3) $\rightarrow R_3 = 0{,}9\,\Omega$
1) und 2) $\rightarrow R_2 = 9\,\Omega$
1) $\rightarrow R_1 = 90\,\Omega$.

Erweiterter Spannungsmessbereich
Durch Spannungsteilung kann, wie in Abb. 5.6 dargestellt, der Messbereich eines Spannungsmessgerätes erweitert werden.

Das Messgerät hat einen Innenwiderstand R_m und einen Vollausschlag bei $U_{\max}$. Soll der Messbereich auf den Wert U erweitert werden, wird ein Widerstand R_v in Serie mit dem Messgerät geschaltet. Aus dem Spannungsteiler

$$\frac{U_{\max}}{U} = \frac{R_m}{R_v + R_m}$$

folgt die Bestimmungsgleichung für den Vorwiderstand

$$R_v = R_m \cdot \left(\frac{U - U_{\max}}{U_{\max}} \right). \tag{5.12}$$

Durch den Vorwiderstand ändert sich der Eingangswiderstand des Messsystems:

$$R_i = R_v + R_m = R_m \cdot \frac{U}{U_{\max}}. \tag{5.13}$$

Je größer der Spannungsmessbereich ist, desto größer ist der Eingangswiderstand des Systems. Beispielsweise führt eine Verdopplung des Spannungsmessbereichs auch zu einer Verdopplung des Eingangswiderstands. Deshalb wird bei derartigen Mehrbereichsspannungsmessern der Eingangswiderstand für alle Messbereiche auf den Skalenendwert bezogen und als R_i/U in kΩ/V angegeben.

Beispiel 5.3

Der Messbereich eines Messgerätes mit $R_m = 1000\,\Omega$ und $U_{\max} = 0{,}1\,\text{V}$ soll auf einen Endwert von $U = 1\,\text{V}$ erweitert werden:

Nach Gl. 5.12 ist der Vorwiderstand $R_v = 1000\,\Omega \cdot \frac{1\,\text{V} - 0{,}1\,\text{V}}{0{,}1\,\text{V}} = 1000\,\Omega \cdot 9 = 9000\,\Omega$ und der Eingangswiderstand des Messsystems $R_i = R_v + R_m = 1000\,\Omega + 9000\,\Omega = 10.000\,\Omega$.

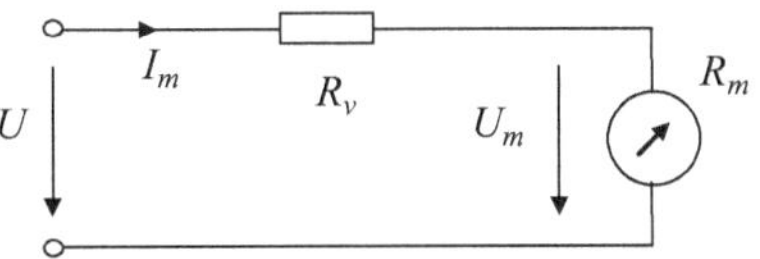

Abb. 5.6 Spannungsmessbereichserweiterung mit einem Vorwiderstand R_v

Beispiel 5.4

Ein Mehrbereichsspannungsmessgerät hat einen bezogenen Eingangswiderstand von 40 kΩ/V.

Demnach ist der Eingangswiderstand für den Messbereich 0,1 V: $R_{i1} = 40\,\text{k}\Omega/\text{V} \cdot 0{,}1\,\text{V} = 4\,\text{k}\Omega$ und für den Messbereich 10 V: $R_{i2} = 40\,\text{k}\Omega/\text{V} \cdot 10\,\text{V} = 400\,\text{k}\Omega$.

Mehrfachumschaltung Strom/Spannung

Durch Kombination von Strom- und Spannungsmessbereichsumschaltung können nach Abb. 5.7 Vielfachmessgeräte mit verschiedenen Strom- und Spannungsmessbereichen aufgebaut werden.

Die Innenwiderstände sind dabei jeweils vom Messbereich abhängig. Die Bestimmung der notwendigen Parallel- und Vorwiderstände erfolgt nach den Gl. 5.10 und 5.12.

Spannungsmessbereichsumschaltung bei Digitalvoltmetern

Bei der Bereichsumschaltung für direkt wirkende Instrumente werden die Parallel- und Vorwiderstände an den Innenwiderstand des Messwerkes angepasst. Digitalvoltmeter haben in der Regel Vorverstärker mit sehr hohen Eingangswiderständen ($\gg 1\,\text{M}\Omega$), so dass die Messbereichserweiterung in der in Abb. 5.8 dargestellten Art realisiert werden kann. Die Spannungsteilung erfolgt durch den Präzisionsteiler, dessen Abgriff gewählt und auf den Eingangsverstärker geschaltet wird. Der Eingangswiderstand eines solchen Messsystems ist unabhängig vom Spannungsmessbereich und liegt, abhängig vom Dekadenteiler, typischerweise zwischen 1 MΩ und 20 MΩ.

Das in Abb. 5.8 dargestellte Beispiel hat einen Eingangswiderstand von 10 MΩ. Das Eingangsspannungsteilerverhältnis ist in der Schalterstellung U_2

$$\frac{U_m}{U_e} = \frac{(900 + 90 + 9 + 1)\,\text{k}\Omega}{(9000 + 900 + 90 + 9 + 1)\,\text{k}\Omega} = \frac{1000}{10.000} = \frac{1}{10}.$$

Bei einem Messbereich des Analog-Digital-Umsetzers (ADU) von $U_{max} = 1\,\text{V}$ ergibt sich demzufolge ein Messbereich des Systems von 10 V in Schalterstellung U_2. Durch die anderen Spannungsabgriffe kann die Eingangsspannung wahlweise durch 1, 10, 100, 1000 und 10.000 geteilt werden.

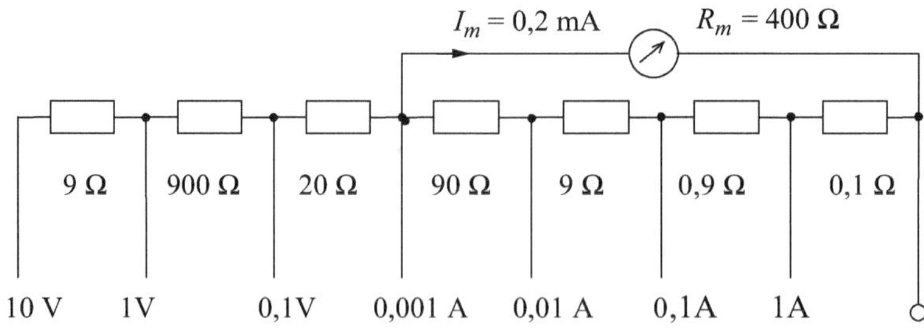

Abb. 5.7 Vielfachmessinstrument zur Strom- und Spannungsmessung

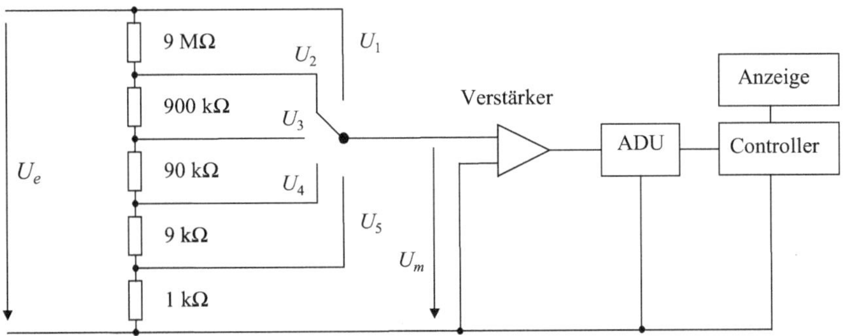

Abb. 5.8 Messbereichsumschaltung bei einem Digitalvoltmeter mit einem Eingangsspannungsteiler mit wählbarem Abgriff

5.3 Überlastschutz

Für jede Messeinrichtung sind neben dem Messbereich, der den Minimal- und Maximalwert der Eingangsgröße für den spezifizierten Bereich der Messeinrichtung festlegt, auch die Grenzbedingungen festgelegt. Sie geben an, in welchem Bereich die Eingangsgröße liegen kann, ohne dass es zu einer Zerstörung bzw. zu nicht reversiblen Veränderungen kommt. Beispielsweise ist für direkt wirkende Zeigerinstrumente nach IEC51 [24] bei kurzen Stromstößen als Grenzbedingung für Betriebsmessinstrumente der zehnfache Skalenendwert vorgeschrieben. Bei anderen Messgeräten wie zum Beispiel Digitalvoltmetern oder auch Zubehörteilen ist ein Maximalwert der Eingangsgrößen vom Hersteller spezifiziert.

Demzufolge muss im Messgerät sichergestellt werden, dass es innerhalb der Maximalgrenzen nicht zu einer Zerstörung von Bauteilen kommt. Alternativ können durch Begrenzerschaltungen das Messwerk oder auch andere Schaltungsteile vor einer Überlastung geschützt werden. Die Schutzeinrichtung soll im normalen Betrieb die Messeinrichtung nicht beeinflussen, aber bei Überlast, das heißt zu großen Eingangsgrößen, das Messgerät schützen. Die dafür eingesetzten Begrenzerschaltungen haben demzufolge eine stark nichtlineare Kennlinie. Da bei vielen elektronischen Messsystemen die Eingangsgröße in eine elektrische Spannung umgeformt wird, wird im Folgenden die Spannungsbegrenzung ausgeführt.

Die ideale Kennlinie einer Begrenzerschaltung, die in Abb. 5.9b dargestellt ist, bedeutet für positive Eingangsspannungen U_e:

$$U_m = U_e \quad \text{für } U_e \leq U_{m\,\max}$$
$$U_m = U_{m\,\max} \quad \text{für } U_e > U_{m\,\max}$$

Kennlinien realer Begrenzerschaltungen enthalten unter Umständen Nichtlinearitäten im nicht-begrenzenden Bereich und ein allmähliches, weicheres Abknicken in den Begrenzungsbereich.

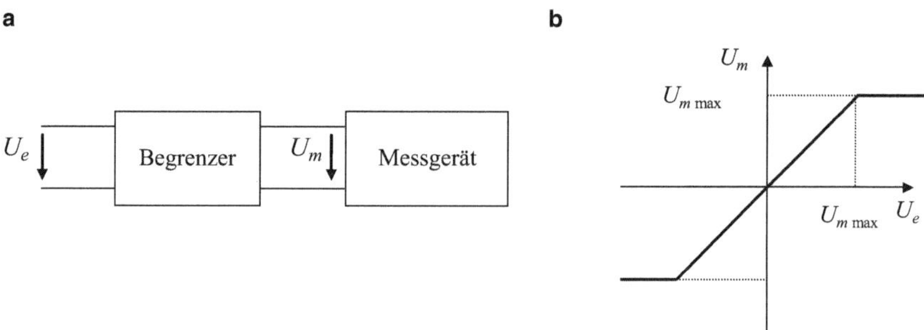

Abb. 5.9 **a** Spannungsmessgerät mit Begrenzerschaltung, **b** Kennlinie einer idealen Begrenzerschaltung

Aufgrund ihrer stark nichtlinearen Kennlinie eignen sich Dioden zum Aufbau einfacher Begrenzerschaltungen. Zur Auswahl stehen Silizium-, Germanium-, Schottky- und Zenerdioden. Für besondere Anforderungen können aufwendigere, elektronische Begrenzerschaltungen verwendet werden [33–35].

Halbleiterdioden

Halbleiterdioden bestehen aus einem p-Gebiet (Anode) und einem n-Gebiet (Kathode) aus dotiertem Halbleitermaterial, meistens Silizium oder Germanium. Der pn-Übergang zwischen den Gebieten bestimmt das Verhalten der Dioden. Bei positiver Anoden-Kathoden-Spannung U_{AK} wird die Diode im Durchlassbereich betrieben, bei negativer Spannung U_{AK} im Sperrbereich. Der Sperrstrom ist im Allgemeinen um Zehnerpotenzen kleiner als der Durchlassstrom. Der allgemeine Zusammenhang des Stroms durch die Diode I_{AK} und der Spannung U_{AK} ist

$$I_{AK} = I_S(T) \cdot \left(e^{\frac{e_0 \cdot U_{AK}}{kT}} - 1\right) \tag{5.14}$$

mit

$I_S(T)$ Sperrstrom der Diode, material- und temperaturabhängig,
e_0 $= 1{,}602 \cdot 10^{-19}$ As Elementarladung,
k $= 1{,}381 \cdot 10^{-23}$ Ws/K Boltzmannkonstante,
T Sperrschichttemperatur.

Bei Raumtemperatur ergibt sich aus Gl. 5.14

$$I_{AK} = I_S(T) \cdot \left(e^{\frac{U_{AK}}{25{,}5\,\mathrm{mV}}} - 1\right). \tag{5.15}$$

Die Kennlinien realer Dioden (Abb. 5.10) weichen aufgrund verschiedener physikalischer Effekte von dem Zusammenhang nach Gl. 5.14 ab. Berücksichtigt werden kann dies durch einen Korrekturfaktor m, der in den Exponenten eingefügt wird und zwischen 1

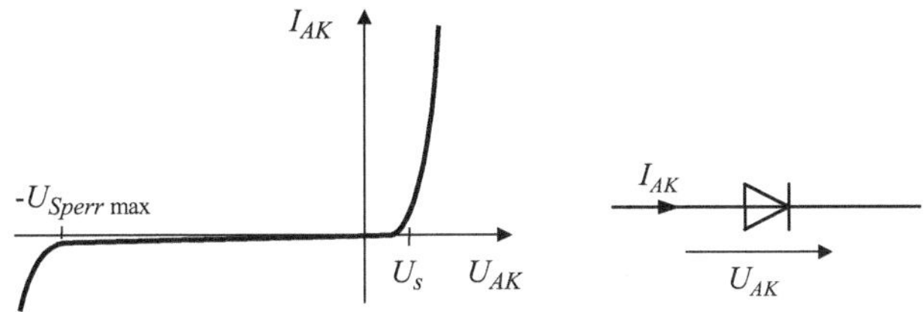

Abb. 5.10 Kennlinie und Schaltbild einer Halbleiterdiode

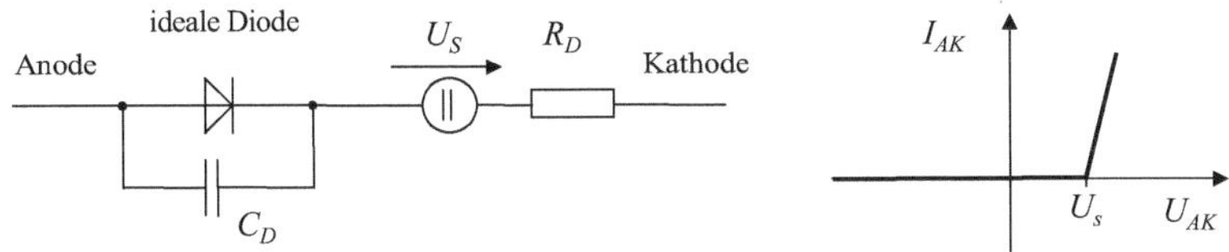

Abb. 5.11 Ersatzschaltbild und Kennlinie einer realen Diode mit linearisierter Kennlinie: Schwellspannung U_s, Kapazität C_D, Bahnwiderstand R_D

und 2 liegt. Im Ersatzschaltbild realer Dioden werden die Effekte durch zusätzliche passive Bauelemente, wie in Abb. 5.11 angegeben, dargestellt.

Im Sperrbetrieb fließt nur ein sehr kleiner Sperrstrom durch die Diode, solange die Spannung nicht kleiner als ein diodenabhängiger Grenzwert ist. Ein Überschreiten des Grenzwertes führt zu einem stark ansteigenden Sperrstrom und bei den meisten Dioden zu einer Zerstörung des Bauteils. Bei Standarddioden fließt im Sperrbetrieb ($U_{\mathrm{AK}}<0$) bei Raumtemperatur ein Sperrstrom von größenordnungsmäßig 10 pA bei Silizium- bzw. 100 nA bei Germaniumdioden. Im Durchlassbereich zeigt die Kennlinie einen ausgeprägten Knick bei der sogenannten Schwellspannung U_s. Sie beträgt bei Silizium ca. 0,7 V und bei Germanium 0,3 V.

Das in Abb. 5.11 dargestellte Diodenersatzschaltbild berücksichtigt einige der Effekte. Es enthält neben der Schwellspannung U_s den Bahnwiderstand R_D, der zu einem reduzierten Stromanstieg bei Spannungen größer der Schwellspannung führt und die Diodenkapazität C_D, die bei dynamischen Vorgängen wirksam wird.

Schottky-Dioden

Schottky-Dioden besitzen anstatt des pn-Übergangs(Halbleiter-Halbleiter) einen Metall-Halbleiter-Übergang, der auch Gleichrichterwirkung besitzt. Als Halbleitermaterial wird meist Silizium verwendet. Die Kennlinie einer Silizium-Schottky-Diode ist ähnlich der einer Standard-Siliziumdiode aber mit einer Schwellspannung von ca. 0,2 V.

Aufgrund der kleineren Schwellspannungen werden sie häufig in Begrenzerschaltungen verwendet. Die meist höheren Leckströme im Vergleich zu pn-Dioden müssen aber bei der Dimensionierung der Schutzschaltungen berücksichtigt werden.

Vergleich der Diodenspannungen (Forward Voltage) und Leckströme (Reverse Current), jeweils typische Werte bei 25 °C und die zwei Schaltbilder von Schottky-Dioden:

	Beispiel	U_F (1 mA)	U_F (10 mA)	I_R (20 V)
Siliziumdiode	1N4148	0,6 V	0,7 V	50 nA
Si-Schottky-Diode	RB411D	0,15 V	0,22 V	8 µA

Zenerdioden

Bei Zenerdioden ist die Durchbruchspannung im Sperrbereich genau spezifiziert. Bei einer Überschreitung dieser sogenannten Zenerspannung U_Z wird die Diode leitend und kann betrieben werden, solange die maximal zulässige Leistung bzw. der maximal zulässige Strom nicht überschritten wird (Abb. 5.12). Dadurch erreicht man ein definiertes, stark nichtlineares Verhalten im Sperrbereich, das zur Spannungsbegrenzung oder Spannungsstabilisierung ausgenutzt werden kann. Es gibt verschiedene Typen von Zenerdioden auf Siliziumbasis mit Zenerspannungen zwischen 3 V und 200 V und unterschiedlicher zulässiger Leistung. Im Durchlassbereich verhalten sie sich wie Standard-Siliziumdioden.

Anwendungen zur Messbereichsbegrenzung

Mit Standarddioden in Durchlass- oder Zenerdioden in Sperrrichtung lassen sich einfache Begrenzerschaltungen aufbauen. Die Vorwiderstände in den Schaltungen von Abb. 5.13 sind zur Strom- bzw. Leistungsbegrenzung der Dioden erforderlich, da im begrenzenden Betrieb der Diodenstrom sonst unzulässig stark ansteigen kann.

Abb. 5.13b zeigt eine Schaltung mit zwei Zenerdioden. Ist die Eingangsspannung U positiv aber kleiner als $U_Z + U_s$, fließt kein Strom durch die Dioden, da die obere Diode in Sperrrichtung unterhalb der Zenerspannung U_Z betrieben wird. Ist $U > U_Z + U_s$ wird die obere Diode im Durchbruch und die untere Diode in Durchlassrichtung betrieben. Der Strom durch die Dioden stellt sich so ein, dass durch den Spannungsabfall über dem Vorwiderstand die Spannung an der Reihenschaltung beider Dioden gerade gleich der

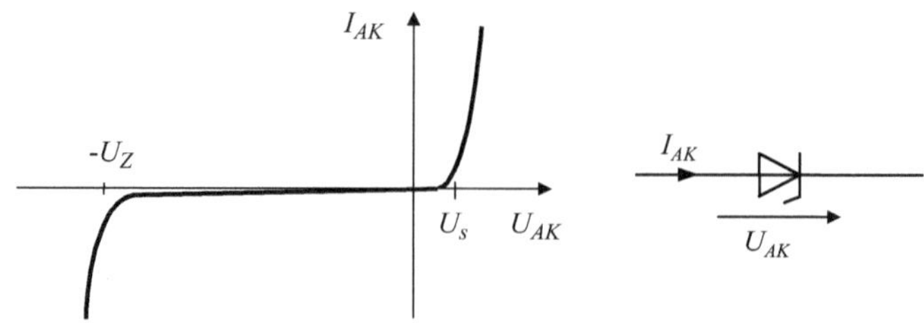

Abb. 5.12 Kennlinie und Schaltbild einer Zenerdiode

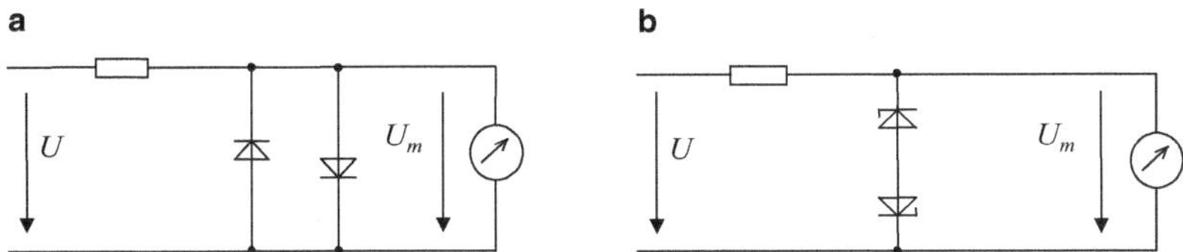

Abb. 5.13 **a** Spannungsbegrenzung mit Standardhalbleiterdioden auf $|U_m| \leq U_s$, **b** Spannungsbegrenzung mit Zenerdioden auf $|U_m| \leq U_Z + U_s$

Summe $U_Z + U_s$ ist. Dadurch steigt die Spannung am Messgerät nicht über diesen Wert. Bei negativer Eingangsspannung U wird im Fall der Begrenzung die obere Diode in Durchlassrichtung und die untere im Durchbruch betrieben.

Messbereichsbegrenzungen gegen die Versorgungsspannung von ICs

Die in Abb. 5.13 angegebenen Schaltungen begrenzen die Spannung auf einen konstanten Wert (U_s bzw. $U_Z + U_s$). Dies ist für viele elektronische Schaltungen nicht ausreichend.

Die Spezifikation vieler integrierter Schaltkreise, ob analoge ICs wie Operationsverstärker und Analog-Digital-Umsetzer oder auch digitale ICs, gibt eine maximal zulässige Spannung an den Eingängen an, die von der Versorgungsspannung der ICs abhängt. In der Regel dürfen die Eingangsspannungen nicht außerhalb der Versorgungsspannungen jeweils um typischerweise 0,3 V erweitert liegen. Anderenfalls kann es zu einer Zerstörung der Schaltkreise kommen (Absolute Maximum Ratings).

Typische Spezifikationen der maximal zulässigen Spannungen an den Eingängen:

- Unipolare Versorgung mit V_{DD} und Ground: $-0{,}3\,\text{V}$ to $\text{V}_{DD}+0{,}3\,\text{V}$,
- Bipolare Versorgung mit V_{DD} und V_{SS}: $\text{V}_{SS}-0{,}3\,\text{V}$ to $\text{V}_{DD}+0{,}3\,\text{V}$.

Wird ein IC beispielsweise unipolar mit $V_{DD}=+5\,\text{V}$ und Ground (GND) versorgt, bedeutet die obige Spezifikation, dass die Eingangsspannungen innerhalb von $-0{,}3\,\text{V}$ und $+5{,}3\,\text{V}$ liegen müssen. Wenn aber die Versorgungsspannung ausgeschaltet ist, d. h. $V_{DD}=0\,\text{V}$, bedeutet die Spezifikation, dass in diesem Fall die Eingangsspannungen innerhalb von $-0{,}3\,\text{V}$ und $+0{,}3\,\text{V}$ liegen müssen. Eine Begrenzerschaltung darf also nicht auf eine konstante Spannung begrenzen, sondern auf einen von der Versorgungsspannung abhängigen Wert.

Abb. 5.14 zeigt derartige Schaltungen, bei denen Schottky-Dioden aufgrund ihrer kleineren Schwellspannungen, die typischerweise bei 0,2 V liegen, eingesetzt werden müssen.

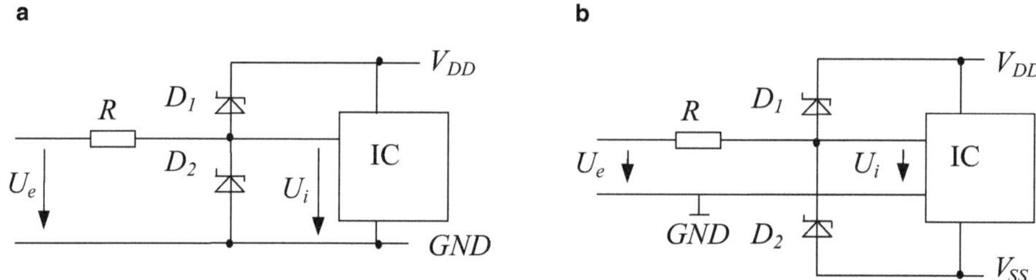

Abb. 5.14 **a** Spannungsbegrenzung bei einer unipolaren Versorgung: $-0{,}3\,\mathrm{V} < U_i < V_{DD} + 0{,}3\,\mathrm{V}$, **b** Spannungsbegrenzung bei einer bipolaren Versorgung: $V_{SS} - 0{,}3\,\mathrm{V} < U_i < V_{DD} + 0{,}3\,\mathrm{V}$

Die Schaltung a) wird bei einer unipolaren Versorgungsspannung des ICs eingesetzt. Ist die Eingangsspannung U_e innerhalb des Bereiches$-U_s$ U_e $V_{DD}+U_s$ sperren beide Dioden und die IC-Eingangsspannung U_i ist gleich U_e (keine Begrenzung). Wird U_e größer als $V_{DD}+U_s$ leitet D_1 und die IC-Eingangsspannung U_i wird auf $V_{DD}+U_s$ begrenzt. Bei Eingangsspannungen U_e kleiner als $-U_s$ leitet D_2 und U_i wird auf $-U_s$ begrenzt. Damit erfüllt die IC-Eingangsspannung bei Schwellspannungen $U_s=0{,}2\,\mathrm{V}$ die Bedingung $-0{,}2\,\mathrm{V}$ U_i $V_{DD}+0{,}2\,\mathrm{V}$ unabhängig von der Versorgungsspannung V_{DD}.

Die Schaltung b) bietet den Schutz bei bipolar versorgten ICs, beispielsweise $V_{DD}=+5\,\mathrm{V}$ und $V_{SS}=-5\,\mathrm{V}$. Ist die Eingangsspannung U_e innerhalb des Bereiches $V_{SS}-U_s$ U_e $V_{DD}+U_s$ sperren beide Dioden und die IC-Eingangsspannung U_i ist gleich U_e (keine Begrenzung). Wird U_e größer als $V_{DD}+U_s$ leitet D_1 und begrenzt die IC-Eingangsspannung U_i auf $V_{DD}+U_s$. Im Unterschied zur Schaltung a) leitet D_2 bei Eingangsspannungen U_e kleiner als $V_{SS}-U_s$ und begrenzt U_i auf $V_{SS}-U_s$. Damit erfüllt die IC-Eingangsspannung bei Schwellspannungen $U_s=0{,}2\,\mathrm{V}$ die Bedingung $V_{SS}-0{,}2\,\mathrm{V}$ U_i $V_{DD}+0{,}2\,\mathrm{V}$ wieder unabhängig von den Versorgungsspannungen V_{DD} und V_{SS}.

Die Widerstände R in beiden Schaltungen dienen der Strombegrenzung im Falle der Begrenzung. Der Widerstandswert muss so groß gewählt werden, dass bei maximaler Eingangsspannung U_e der Strom durch die dann leitenden Schottky-Dioden nicht größer als der maximal zulässige Strom der Schottky-Dioden ist. Zu groß darf der Widerstandswert auch nicht sein, da im nicht-begrenzenden Fall die Leckströme im Sperrbetrieb der Dioden zu einem Strom über R und damit zu einem Spannungsabfall U_R über R führen, so dass die Spannung U_i am IC um diesen Spannungsabfall verfälscht wird.

Beispiel 5.5

Ein IC wird mit $V_{DD}=+5\,\mathrm{V}$ und GND unipolar versorgt. Die Spezifikation (Absolute Maximum Ratings) der Eingangsspannung ist $-0{,}3\,\mathrm{V}$ U_i $V_{DD}+0{,}3\,\mathrm{V}$.

Verwendet werden Schottky-Dioden mit einer Schwellspannung $U_s=0{,}2\,\mathrm{V}$, einem maximalen Strom in Flussrichtung $I_F=100\,\mathrm{mA}$ und einem Sperrstrom $I_R=8\,\mu\mathrm{A}$.

Die Schutzschaltung nach Abb. 5.14a soll einen Schutz des IC-Eingangs bis Spannungen $U_e = 20\,\text{V}$ ermöglichen.

Minimaler Widerstandswert R_{min}:

$$R_{\text{min}} = \frac{U_R}{I_{D\,\text{max}}} = \frac{U_{e\,\text{max}} - V_{DD\,\text{min}} - U_s}{I_{D\,\text{max}}} = \frac{20\,\text{V} - 0\,\text{V} - 0{,}3\,\text{V}}{0{,}1\,\text{A}} = 197\,\Omega.$$

Für V_{DD} wird hier derungünstigste Fall der abgeschalteten Versorgungsspannung $V_{DD} = 0$ eingesetzt.

Maximaler Spannungsabfall über R (nicht-begrenzender Fall):

$$\Delta U = U_R = 197\,\Omega \cdot 8\,\mu\text{A} = 1{,}6\,\text{mV}.$$

Wechselstrom- und Wechselspannungsmessung

6

6.1 Beschreibung periodisch zeitabhängiger Größen

Zeitabhängige Größen können in vielseitiger Form als periodische Größe, einmalige Übergangsgröße oder als Zufallsgröße vorliegen. Oft können Sie als Kombination von einfachen Funktionen dargestellt werden, zum Beispiel als Summe einer Konstanten und einer trigonometrischen Funktion. Zeitabhängige Größen werden in der Regel durch Kleinbuchstaben, häufig mit der Ergänzung (t) dargestellt [32, 36].

Neben der analytischen Beschreibung der Zeitabhängigkeit sind für periodische Größen besondere Werte und Anteile zur einfachen Charakterisierung definiert. Sie enthalten nicht die vollständige Beschreibung der Größe, geben aber wesentliche Informationen und sind deshalb häufig Ziel einer Messung.

Gegeben sei eine periodische Spannung $u(t)$ mit der Periodendauer T.

Der **Gleichanteil** $\overline{u}$, auch als Gleichwert bezeichnet, entspricht dem zeitlichen linearen Mittelwert der Spannung $u(t)$.

$$\overline{u} = \frac{1}{T}\int_0^T u(t)\mathrm{d}t. \tag{6.1}$$

Eine Wechselgröße liegt vor, wenn der Gleichanteil null ist. Ist ein Wechselanteil einem Gleichanteil überlagert, spricht man von einer Mischgröße.

Der **Effektivwert** U_{eff} ist der quadratische Mittelwert von $u(t)$ und entspricht der Gleichspannung, die in einem Widerstand dieselbe Leistung umsetzt, wie die periodische Spannung $u(t)$.

$$U_{\mathrm{eff}} = U = \sqrt{\frac{1}{T}\int_0^T (u(t))^2\mathrm{d}t}. \tag{6.2}$$

T. Mühl, *Elektrische Messtechnik*, https://doi.org/10.1007/978-3-658-29116-7_6

Der **Scheitelwert** $\hat{U}$ einer Wechselgröße oder Spitzenwert einer Mischgröße ist der größte Betrag im Intervall 0 bis T.

$$\hat{U} = |u(t)|_{\max}. \tag{6.3}$$

Der **Gleichrichtwert** $\overline{|u|}$ ist der Mittelwert der Beträge der Spannungswerte.

$$\overline{|u|} = \frac{1}{T}\int_0^T |u(t)|\mathrm{d}t. \tag{6.4}$$

Zusätzlich sind noch der **Scheitelfaktor (Crest-Faktor)** C und der **Formfaktor**F definiert, die den Zusammenhang zwischen Scheitel, Effektiv- und Gleichrichtwert einer Wechselgröße angeben.

$$\text{Formfaktor } F = \frac{\text{Effektivwert}}{\text{Gleichrichtwert}} = \frac{U_{\text{eff}}}{\overline{|u|}} \tag{6.5}$$

$$\text{Scheitelfaktor (Crest-Faktor) } C = \frac{\text{Scheitelwert}}{\text{Effektivwert}} = \frac{\hat{U}}{U_{\text{eff}}} \tag{6.6}$$

Als Hinweis sei hier erwähnt, dass für elektronische, effektivwertbildende Messgeräte der spezifizierte Crest-Faktor den maximal zulässigen Spitzenwert im Verhältnis zum Vollausschlag des Messbereiches angibt. Hat ein Messinstrument beispielsweise einen Crest-Faktor von 2, so dürfen im Messbereich mit dem Endwert $U_{\text{eff}} = 10\,\text{V}$ keine größeren Momentanwerte als $2 \cdot 10\,\text{V} = 20\,\text{V}$ auftreten. Andernfalls treten Begrenzungen oder Signalverzerrungen und dadurch bedingte Messabweichungen auf.

Für den Strom gilt Entsprechendes.

Sinusförmige Spannung

Betrachten wir den einfachen Fall einer rein sinusförmigen Wechselspannung mit der Amplitude $\hat{U}$ und der Kreisfrequenz ω bzw. der Periodendauer $T = 1/f = (2\pi)/\omega$:

$$\text{Zeitsignal} \quad u(t) = \hat{U} \cdot \sin \omega t$$

$$\text{Linearer Mittelwert} \quad \overline{u} = \frac{1}{T}\int_0^T \hat{U} \cdot \sin \omega t \mathrm{d}t = 0$$

$$\text{Gleichrichtwert} \quad \overline{|u|} = \frac{1}{T}\int_0^T \left|\hat{U} \cdot \sin \omega t\right| \mathrm{d}t = \frac{2}{\pi}\hat{U} = 0{,}637\hat{U} \tag{6.7}$$

$$\text{Effektivwert} \quad U_{\text{eff}} = \sqrt{\frac{1}{T}\int_0^T \left(\hat{U} \cdot \sin \omega t\right)^2 \mathrm{d}t} = \frac{1}{\sqrt{2}}\hat{U} = 0{,}707 \cdot \hat{U} \tag{6.8}$$

$$\text{Scheitelfaktor} \quad C = \frac{\hat{U}}{U_{\text{eff}}} = \sqrt{2} = 1{,}414 \tag{6.9}$$

$$\text{Formfaktor} \quad F = \frac{U_{\text{eff}}}{\overline{|u|}} = \frac{1/\sqrt{2}}{2/\pi} = \frac{\pi}{2 \cdot \sqrt{2}} = 1{,}111 \tag{6.10}$$

6.2 Messgleichrichter

Zur Gleichrichtwertbildung und auch zur Spitzenwert- und Spitze-Spitze-Wertmessung werden Gleichrichterschaltungen mit Halbleiterdioden verwendet [34, 35].

Einweggleichrichtung
Bei der Einweggleichrichtung mit der Polung der Diode wie in Abb. 6.1a dargestellt, werden positive Eingangsspannungen zum Messsystem geführt und negative Eingangsspannungen gesperrt. Abb. 6.1b zeigt beispielhaft die Eingangs- und Messgerätespannung, wobei die Diodenschwellspannung vernachlässigt wurde. Bei umgekehrter Polung der Diode werden entsprechend nur negative Signalanteile ausgewertet.

Für sinusförmige Eingangsgrößen bedeutet dies, dass bei der Einweggleichrichtung nur eine der beiden Halbschwingungen zum Messgerät gelangt. Damit ist der Mittelwert der Spannung am Messgerät gleich dem halben Gleichrichtwert der Eingangsspannung:

$$\overline{u_m} = \frac{1}{2}\overline{|u_e|}. \tag{6.11}$$

Beispiel 6.1

Eine Spannung $u(t) = 10\,\text{V} \cdot \sin(\omega t)$ wird gemäß Abb. 6.1a einweg-gleichgerichtet. Da nur die positive Halbschwingung am Messgerät anliegt, beträgt die mittlere Spannung am Messgerät:

$$\begin{aligned}
\overline{u_m} &= \frac{1}{T}\int_0^{T/2} 10\,\text{V} \cdot \sin(2\pi/T \cdot t)\text{d}t \\
&= \frac{10\,\text{V}}{T}\left[-\frac{T}{2\pi}\cos(2\pi/T \cdot t)\right]_0^{T/2} \\
&= \frac{10\,\text{V}}{2\pi} \cdot (-\cos(\pi) + \cos(0)) \\
&= \frac{10\,\text{V}}{2\pi} \cdot 2 = 3{,}18\,\text{V}.
\end{aligned}$$

Vollweggleichrichtung
Bei der Doppel- oder Vollweggleichrichtung werden positive und negative Signalanteile ausgenutzt. Die Spannung am Messgerät entspricht dem Betrag der Eingangsspannung.

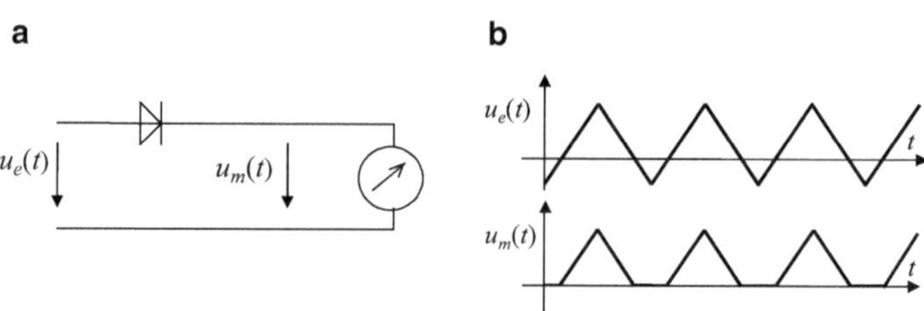

Abb. 6.1 **a** Prinzip der Einweggleichrichtung, **b** Darstellung der Signale $u_e(t)$ und $u_m(t)$

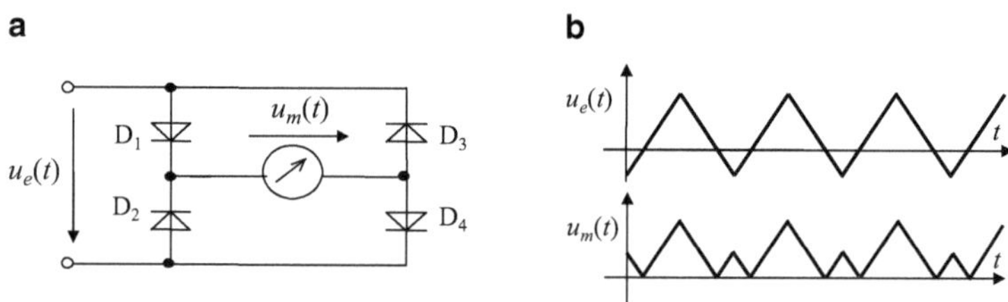

Abb. 6.2 **a** Prinzip der Brückenschaltung zur Vollweggleichrichtung, **b** Darstellung der Signale $u_e(t)$ und $u_m(t)$

Eine mögliche Realisation ist die Brückenschaltung, die in Abb. 6.2a dargestellt ist. Bei positiven Werten der Eingangsspannung u_e leiten die Dioden D_1 und D_4 und bei Vernachlässigung der Diodenschwellspannungen ist $u_m = u_e$. Bei negativen Werten der Eingangsspannung leiten die Dioden D_2 und D_3 und $u_m = -u_e$ 0. Damit hat u_m den in Abb. 6.2b dargestellten Zeitverlauf.

Vernachlässigt man den Einfluss der Dioden entspricht bei der Brückenschaltung der Mittelwert der Spannung am Messgerät dem Gleichrichtwert der Eingangsspannung.

Gleichrichterschaltungen mit einer Kompensation der Diodenspannung

Durch die Dioden werden die Messwerte nichtlinear verzerrt, da an den Dioden ein stromabhängiger Spannungsabfall auftritt und damit die Ausgangsspannung beeinflusst wird. Nur bei großen Eingangsspannungen oder sehr kleinen Diodenströmen ist der Spannungsabfall an der Diode vernachlässigbar klein.

Zur Vermeidung der Messabweichungen kann mit Hilfe von Verstärkerschaltungen der Spannungsabfall über der Diode korrigiert werden, und man erhält genaue, auch für kleine Eingangsspannungen geeignete Messgleichrichter.

Abb. 6.3a zeigt eine Einweggleichrichtung mit einem Verstärker zur Kompensation der Diodenspannung. Bei positiven Eingangsspannungen ist der Verstärker aktiv und bewirkt, dass $u_a = u_e$. Bei negativer Eingangsspannung wird der Verstärkerausgang negativ, die Diode sperrt, und aufgrund des Widerstands R wird die Ausgangsspannung $u_a = 0$. Bei der Schaltung nach Abb. 6.3b wird vom Verstärker ein Strom I_a erzeugt,

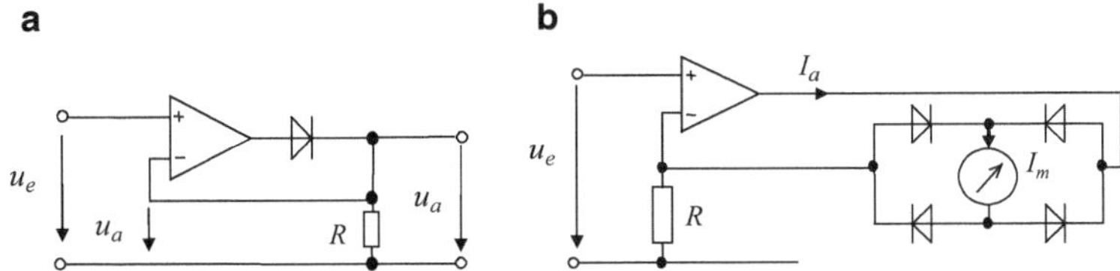

Abb. 6.3 Gleichrichterschaltungen mit einer Kompensation der Diodenspannung. **a** Einweggleichrichtung, **b** Vollweggleichrichtung

der über zwei Dioden, das Messgerät und den Widerstand R fließt. Die Rückkopplung bewirkt, dass die Spannung über dem Widerstand gleich der Eingangsspannung ist. Aus $u_e = R \cdot I_a$ folgt

$$I_a = \frac{u_e}{R}.$$

Durch die vier Dioden in Brückenschaltung wird wie bei der vorher beschriebenen Vollweggleichrichtung erreicht, dass unabhängig vom Vorzeichen von I_a der Strom durch das Messgerät I_m immer das gleiche Vorzeichen hat, also dem Betrag von I_a entspricht. Damit ist der angezeigte Strom unabhängig von Spannungsabfällen an den Dioden:

$$I_m = \frac{|u_e|}{R}. \tag{6.12}$$

Mittelwertbildung

Um nach der Gleichrichtung eine Gleichspannung zu erhalten, muss eine Mittelwertbildung der gleichgerichteten Spannung erfolgen. Wird zur Messung ein elektromechanisches Messwerk verwendet, wird die Mittelwertbildung direkt vom Messwerk durchgeführt. Wie im Abschn. 4.1.1 für das Drehspulmesswerk abgeleitet haben die Messwerke PT2-Verhalten, so dass für Eingangsgrößen mit Frequenzanteilen, die deutlich höher als die Eigenfrequenz des Messwerks sind, der Anzeigewert des Drehspulmesswerks direkt dem Mittelwert der Eingangsgröße entspricht.

Bei Digitalvoltmetern muss das Signal nach der Gleichrichtung tiefpassgefiltert werden. Der Tiefpass kann im einfachsten Fall aus einem RC-Glied bestehen, meist werden aber aktive Filter höherer Ordnung verwendet, deren Grenzfrequenz auf die Signalfrequenzen und Abtastfrequenz abgestimmt sind. Für eine Tiefpassgrenzfrequenz $f_g \ll f_{\text{Signal}}$ entspricht die Ausgangsspannung des Tiefpasses dem Mittelwert der Eingangsspannung.

Spitzenwertgleichrichter

Zur Scheitel- oder Spitzenwertmessung können Spitzenwertgleichrichter verwendet werden, die den auftretenden Maximalwert speichern. Abb. 6.4 gibt eine einfache Schaltung zur Spitzenwertgleichrichtung an.

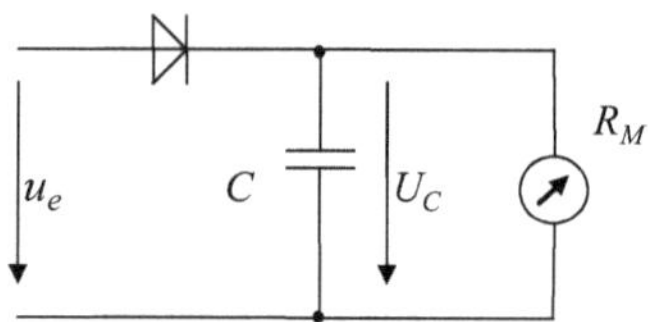

Abb. 6.4 Spitzenwertgleichrichtung

Der Kondensator lädt sich bei der positiven Halbwelle auf den Maximalwert der Eingangsspannung, vermindert um den Spannungsabfall über der Diode, auf. Nach mehreren Perioden ist der Kondensator geladen, und die Diodenspannung wird aufgrund der geringen Ladeströme sehr klein und ist bei hinreichend großen Eingangsspannungen zu vernachlässigen. Bei einem hochohmigen Abgriff der Kondensatorspannung U_C durch das angeschlossene Messgerät entspricht die angezeigte Spannung dem positiven Scheitelwert der Eingangsspannung. Soll der negative Scheitelwert gemessen werden, ist die Diode in umgekehrter Richtung zu betreiben. Ein hoher Messgeräteinnenwiderstand R_M bedeutet hierbei, dass bei einer Kapazität C und einer Kreisfrequenz ω der Eingangsspannung die Bedingung

$$T = R_M \cdot C \gg \frac{1}{\omega} \tag{6.13}$$

erfüllt ist. Bei Änderungen des Scheitelwertes der Eingangsspannung reagiert das System träge. Die Einschwingzeit kann aus der Zeitkonstanten nach Gl. 6.13 abgeschätzt werden.

Spitze-Spitze-Wert-Gleichrichtung

Eine periodische Spannung, die positive und negative Werte annimmt, habe den positiven Spitzenwert (Maximalwert) $\hat{U}_+$ und den negativen Spitzenwert (Minimalwert) $\hat{U}_-$. Der Spitze-Spitze-Wert U_{ss} ist dann definiert als $U_{ss} = \hat{U}_+ - \hat{U}_-$. Zwei mögliche Schaltungsvarianten zur Messung des Spitze-Spitze-Wertes sind die Delon- und die Villard-Schaltung, die in Abb. 6.5 angegeben sind.

Die Delon-Schaltung nach Abb. 6.5b besteht aus zwei Spitzenwertmessschaltungen. Vernachlässigt man die Diodenspannungen, so ist $U_{C1} = \hat{U}_+$ und $U_{C2} = \hat{U}_-$ und die am Messgerät anliegende Spannung $U_m = U_{C1} - U_{C2} = \hat{U}_+ - \hat{U}_- = U_{ss}$.

Die Villard-Schaltung nach Abb. 6.5c ist eine einstufige Kaskadenschaltung. Bei den negativen Halbwellen (U 0) ist die Diode D_1 leitend, und der Kondensator C_1 lädt sich auf den negativen Spitzenwert $U_{C1} = \hat{U}_-$ auf. Während der positiven Halbwelle ($U \geq 0$) sperrt D_1 und die Diode D_2 leitet. Der Maschenumlauf ergibt bei einer Vernachlässigung der Diodenspannungen $U = U_{C1} + U_{C2}$ und damit eine Spannung am Kondensator C_2 von $U_{C2} = U - U_{C1}$. Nach wenigen Perioden der Eingangsspannung ist der Kondensator C_2 auf den Wert $U_{C2} = \hat{U}_+ - U_{C1} = \hat{U}_+ - \hat{U}_- = U_{ss}$ aufgeladen, und der Spitze-Spitze-Wert liegt am Messgerät an.

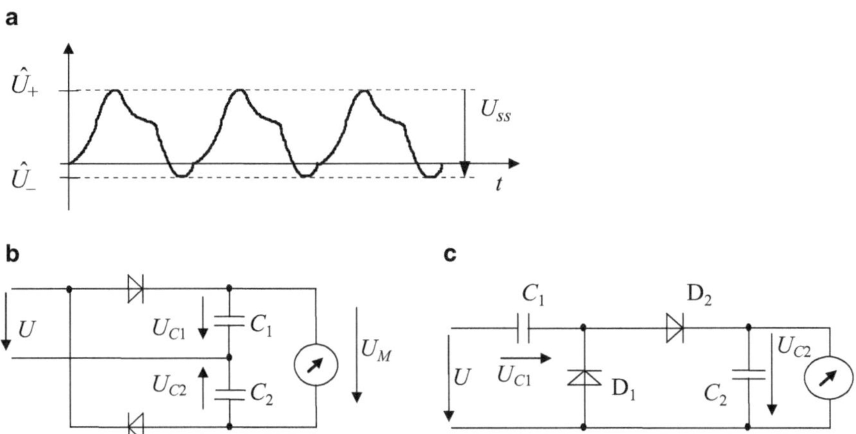

Abb. 6.5 **a** Darstellung des Spitze-Spitze-Wert U_{ss}, **b** Delon-Schaltung, **c** Villard-Schaltung

6.3 Effektivwertmessung

Die wichtigste Größe zur Charakterisierung von Wechselgrößen oder Mischgrößen ist der Effektivwert. Wir sprechen beispielsweise von der 230 V-Wechselspannung und meinen damit eine Spannung mit einem Effektivwert von 230 V. Für eine periodische Spannung $u(t)$ ist er nach Gl. 6.2

$$U_{\text{eff}} = \sqrt{\frac{1}{T}\int_0^T (u(t))^2 \mathrm{d}t}$$

und entspricht der Gleichspannung, die in einem Widerstand dieselbe Leistung wie die Spannung $u(t)$ umsetzt. Im Englischen wird der Effektivwert mit „RMS" abgekürzt, das „Root Mean Square" bedeutet. Dies entspricht der Effektivwertformel: Wurzel aus dem Mittelwert der quadrierten Eingangsgröße. Je nach Art des Messgerätes oder Frequenzbereich der Eingangsgröße werden verschiedene Verfahren zur Effektivwertmessung eingesetzt.

Dabei werden zwei grundsätzlich verschiedene Arten verwendet:

a) die „wahre" Effektivwertmessung, die unabhängig von der Form des Signals bzw. der Wechselgröße den prinzipiell richtigen Effektivwert liefert. Hierzu gehören die digitale Berechnung, die elektronische Messung, die Messung mit Dreheiseninstrumenten und mit thermischen Umformern. Meist wird dabei von den Geräteherstellern „true RMS" im Datenblatt und auf dem Gerät angegeben.

b) die indirekte Effektivwertmessung, die einfacher und preiswerter meist über den Gleichrichtwert des Wechselanteils den Effektivwert bestimmt. Dieses Verfahren liefert nur ein richtiges Ergebnis, wenn die Wechselgröße sinusförmig ist. Bei anderen Signalformen werden z. T. erheblich falsche Messwerte angezeigt.

Im Folgenden werden die Verfahren beschrieben.

Digitale Berechnung
Wird die Eingangsgröße digitalisiert, kann aus den Abtastwerten der Effektivwert numerisch nach der Definitionsgleichung Gl. 6.2 über eine Summation berechnet werden. Dazu ist es erforderlich, den vollständigen Signalverlauf einer oder mehrerer Perioden zu erfassen. Das Eingangssignal muss daher mit einer hohen Frequenz abgetastet werden, obwohl sich der Effektivwert selbst in der Regel nur langsam ändert. Die üblichen Abtastraten liegen in der Größenordnung der hundert- bis tausendfachen Signalfrequenz, und die der Wandlung folgende Signalverarbeitung muss in Echtzeit die notwendigen Operationen durchführen. Dies führt zu einem hohen Aufwand bei der Abtastung und der nachfolgenden digitalen Signalverarbeitung. Dieses Verfahren wird zur Zeit in komplexeren Messsystemen verwendet.

Beispiel 6.2

Die Eingangsspannung U_e habe eine Frequenz von 50 Hz, der Effektivwert ändere sich mit maximal 1 Hz. Um für eine genaue Berechnung 1000 Abtastwerte pro Periode verwenden zu können, muss mit $f_{\text{abt}} = 1000 \cdot 50\,\text{Hz} = 50\,\text{kHz}$ abgetastet werden, obwohl sich der Anzeigewert nur langsam ändert.

Elektronische Effektivwertmessung
Alternativ zur numerischen Effektivwertberechnung können die notwendigen Operationen auch elektronisch durchgeführt werden. Die analogen Rechenschaltungen liefern am Ausgang direkt eine Spannung, die dem Effektivwert der Eingangsspannung entspricht.

Die Schaltung nach Abb. 6.6a bildet direkt die Effektivwertformel nach und kann aus zwei Multiplizierschaltkreisen und Operationsverstärkern aufgebaut werden. Die alternative Realisation nach Abb. 6.6b enthält einen Multiplizierer/Dividierer. Der Vorteil dieser Variante ist, dass die Ausgangsspannung des Multiplizierers/Dividierers in etwa der gleichen Größenordnung wie die Eingangsspannung liegt und somit deutlich weniger Dynamikprobleme in der Schaltung auftreten. Neben diesen diskreten Realisationen gibt es, wie in Abb. 6.6c dargestellt, vollständig integrierte Effektivwertbausteine, die alle Funktionen zur Effektivwertbestimmung in einem Schaltkreis enthalten und in vielen effektivwertmessenden Systemen eingesetzt werden.

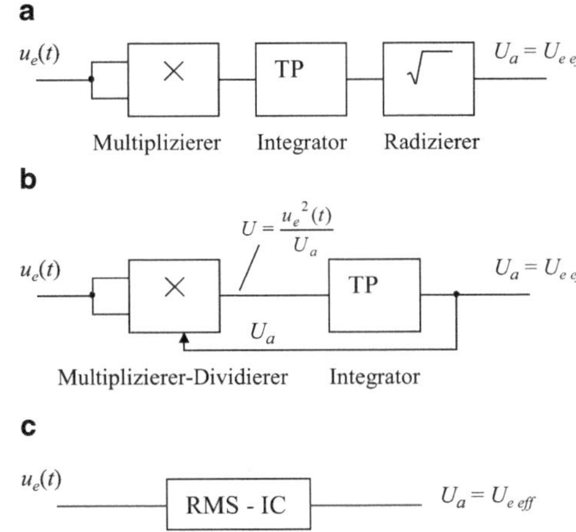

Abb. 6.6 Elektronische Effektivwertmessung **a** Einzel-ICs, **b** optimierte Schaltung, **c** integrierter RMS-Schaltkreis

Messung mit einem Dreheiseninstrument

Beim Dreheiseninstrument ist, wie im Abschn. 4.1.2 besprochen, der Zeigerausschlag α proportional zu I^2 und aufgrund der Trägheit der mittlere Zeigerausschlag $\overline{\alpha}$:

$$\overline{\alpha} = k \cdot \overline{I^2}.$$

Damit zeigt das Messwerk aufgrund seiner Bauart direkt den Effektivwert an, wobei der quadratische Zusammenhang durch spezielle Bauformen linearisiert oder in der Skala berücksichtigt wird. In der Vergangenheit war das Dreheisenmesswerk das Standardinstrument zur wahren Effektivwertmessung und wird auch heute noch dazu verwendet. Aufgrund der großen Induktivitäten sind Dreheiseninstrumente i. d. R. nur für Signalfrequenzen bis 100 Hz, in Sonderformen bis 1000 Hz geeignet.

Effektivwertmessung mit thermischen Umformern (Kompensationsverfahren)

Das Messprinzip stützt sich auf die Bedeutung des Effektivwertes, nämlich dass der Spannungseffektivwert der Gleichspannung entspricht, die in einem Widerstand dieselbe Leistung hervorruft.

Bei dem Kompensationsverfahren, das in Abb. 6.7 schematisch angegeben ist, wird die zu messende Eingangsspannung an einen Widerstand angelegt und die sich einstellende Temperatur mit der Temperatur eines gleich großen, gleichspannungsgespeisten Widerstandes verglichen. Die Kompensations-Gleichspannung U_{komp} wird geregelt, bis die Widerstandstemperaturen ΔT_1 und ΔT_2 gleich groß sind. Die Kompensations-Gleichspannung entspricht dann dem Effektivwert der Eingangsspannung u_e.

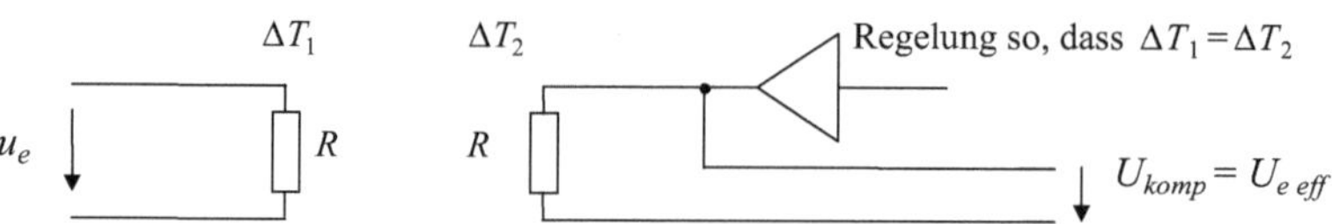

Abb. 6.7 Prinzip der Effektivwertmessung mit einem thermischen Kompensationsverfahren

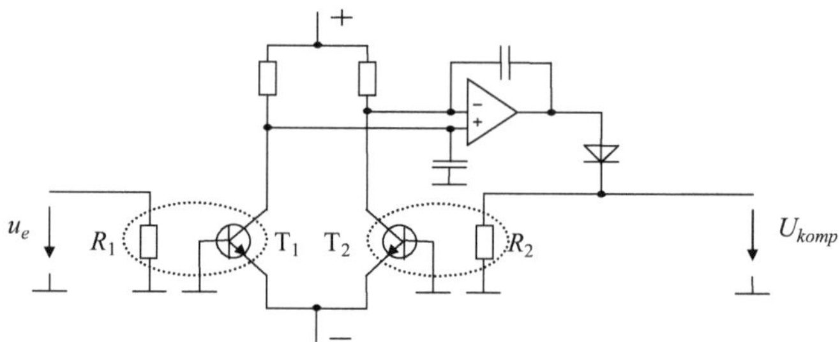

Abb. 6.8 Beispiel eines thermischen Kompensationsverfahrens zur Effektivwertmessung

Abb. 6.8 zeigt prinzipiell eine mögliche Realisation. Die Eingangsspannung u_e erzeugt in R_1 eine Wärme, die durch die thermische Kopplung zu einer Temperaturerhöhung des Transistors T_1 führt. Dadurch verändert sich dessen Basis-Emitter-Spannung und damit der Kollektorstrom. Die Differenzverstärkerstufe ist so ausgelegt, dass der Operationsverstärker eine Gleichspannung in R_2 einprägt, die durch die Temperaturerhöhung des Transistors T_2 einen Kollektorstrom in T_2 hervorruft, der dem von T_1 entspricht. Voraussetzung ist, dass die Wärmekopplungen $R_1 - T_1$ und $R_2 - T_2$ möglichst identisch sind und die Transistoren dieselben Temperatureigenschaften haben. Damit entspricht U_{komp} dem Effektivwert von u_e.

Aufgrund des einfachen und vor allen Dingen auch hochfrequenztauglich auslegbaren Eingangsteils, wird dieses Verfahren zur Effektivwertmessung von Signalen mit hohen und höchsten Frequenzen verwendet. Lediglich der Signaleingang bis zum Widerstand R_1 muss hochfrequenztauglich aufgebaut werden. Ein reflexionsfreier Abschluss kann einfach durch Wahl von R_1 gleich dem Leitungswellenwiderstand erreicht werden.

Indirekte Effektivwertbestimmung

Bei einfacheren Messgeräten wird zur Aufwandsreduzierung ein anderes, deutlich preisgünstigeres Verfahren verwendet. Dabei wird ausgenutzt, dass für sinusförmige Wechselgrößen, die den Haupteinsatz der Effektivwertmessung ausmachen, der Gleichrichtwert und Effektivwert ein festes Verhältnis haben, das nach Gl. 6.10 durch den Formfaktor

$$F = \frac{U_{\text{eff}}}{\overline{|u|}} = 1{,}111$$

gegeben ist. Die obige Formel besagt, dass man für sinusförmige Spannungen den Effektivwert aus dem gemessenen Gleichrichtwert berechnen kann:

$$U_{\text{eff}} = 1{,}111 \cdot \overline{|u|}. \tag{6.14}$$

Da der Gleichrichtwert sehr einfach gemessen und für sinusförmige Größen auf den Effektivwert umgerechnet bzw. umskaliert werden kann, wird dieses Verfahren bei vielen Standard-Messinstrumenten angewendet. Es liefert zuverlässige, richtige Ergebnisse für rein sinusförmige Größen. Werden aber andere, nichtsinusförmige Eingangsgrößen gemessen, führt die implizite Verwendung des festen Formfaktors von $F = 1{,}111$ zu einer systematischen Messabweichung, die je nach der tatsächlichen Signalform zu völlig unbrauchbaren Ergebnissen führt.

Bei digitalen Messgeräten wird die Eingangsgröße mit einem Messgleichrichter gleichgerichtet (vgl. Abschn. 6.2), digitalisiert und der Formfaktor numerisch verarbeitet.

Bei direkt wirkenden Zeigerinstrumenten kann beispielsweise aus einem einfachen Drehspulmesswerk mit einem Gleichrichter ein Wechselspannungs- oder Wechselstrommesser aufgebaut werden, der den Formfaktor in der Anzeigeskalierung enthält (Abb. 6.9).

Für genaue, formunabhängige Messungen ist das indirekte Effektivwertmessverfahren nicht einsetzbar, man benötigt eine „echte" Effektivwertmessung. Zur Unterscheidung der direkten und der indirekten Verfahren wird bei den echt-effektivwertmessenden Geräten meistens die Abkürzung „RMS" oder „true RMS" angegeben oder auf der Frontplatte aufgedruckt.

Crest-Faktor eines „true RMS"-Effektivwertmessers

Da bei der Effektivwertmessung deutliche Unterschiede zwischen dem Ergebniswert und den kurzzeitigen Momentanwerten der Eingangsgrößen auftreten können, muss sichergestellt werden, dass bei elektronischen Effektivwertmessern kein Schaltungsteil übersteuert ist. Vor allem bei pulsförmigen Signalen können große Momentanwerte in den Eingangsstufen bei trotzdem kleinen Effektivwerten auftreten. Eine Übersteuerung und Begrenzung führt zu Signalverfälschungen, die in dem angezeigten Ergebniswert nicht erkennbar sind. Der Crest-Faktor eines effektivwertmessenden Messsystems wird vom Hersteller angegeben und beschreibt das Verhältnis des maximal zulässigen momentanen Spitzenwerts zum Messbereichsendwert:

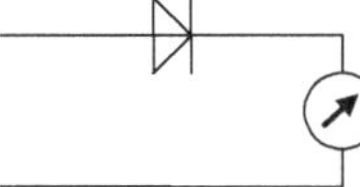

Abb. 6.9 Wechselspannungsmesser aus einem Drehspulmesswerk mit Gleichrichter (Prinzip und Schaltzeichen)

$$C = \frac{U_{e\ \max}}{U_{\text{eff Vollausschlag}}}. \tag{6.15}$$

Bei Überschreitung des zulässigen Maximalwertes wird das Eingangssignal begrenzt, und die Signalverzerrung führt zu einer zusätzlichen, systematischen Messabweichung.

Beispiel 6.3

Ein effektivwertmessendes Digitalvoltmeter hat die Messbereiche 1 V und 100 V und einen spezifizierten Crest-Faktor von $C = 2{,}5$.

Damit ist der maximal zulässige Momentanwert im Messbereich 1 V: $U_{e\ \max} = C \cdot 1\,\text{V} = 2{,}5\,\text{V}$ und entsprechend im 100 V-Bereich: $U_{e\ \max} = C \cdot 100\,\text{V} = 250\,\text{V}$. Überschreitungen dieser Maximalwerte führen zu falschen Ergebnissen, auch wenn beispielsweise im 1 V-Bereich der Anzeigewert deutlich kleiner als 1 V ist.

6.4 Messwandler

Zur Messbereichsanpassung an die geforderten Messbereiche können bei Wechselstrom- und Wechselspannungsmessungen anstelle von Widerstandsnetzwerken (Abschn. 5.2) auch Messwandler eingesetzt werden. Neben deutlich geringeren thermischen Verlusten im Anpassungsnetzwerk haben sie den Vorteil der Potentialtrennung von Messgerät und Messobjekt. Vor allem bei der Messung in Hochspannungsanlagen ist dies ein großer Sicherheitsgewinn. Messwandler sind prinzipiell Übertrager bzw. Transformatoren und können durch die Transformatorersatzschaltung beschrieben werden. Für messtechnische Anwendungen kann sehr häufig das Ersatzschaltbild eines idealen Übertragers verwendet werden [32, 37].

Allgemeiner Übertrager

Ein Übertrager besteht aus zwei Spulen mit den Windungszahlen w_1 und w_2, die meist wie in Abb. 6.10 gezeigt über einen Eisen- oder Ferritkern gekoppelt sind.

Die Primärspule mit der Windungszahl w_1 und die Sekundärspule mit w_2 Windungen sind hierbei auf einen gemeinsamen Kern gewickelt.

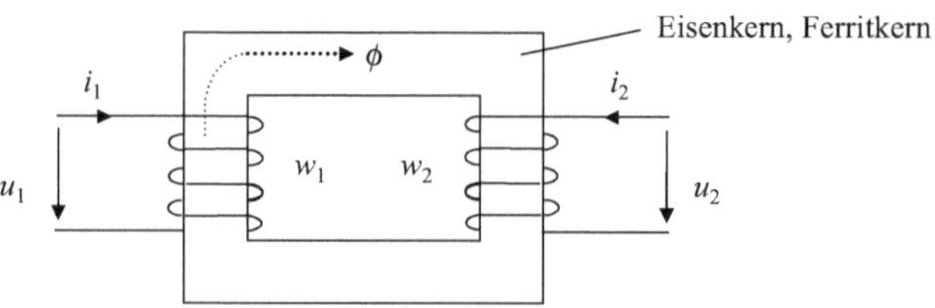

Abb. 6.10 Prinzipieller Aufbau eines Übertragers

Bei technisch ausgeführten Übertragern führen verschiedene physikalische Mechanismen zu Verlusten bzw. einemnichtidealem Verhalten:

- Kupferverluste in den Wicklungen durch den ohmschen Widerstand der Spulen,
- Streufelder außerhalb des Kerns durch nichtideale Kopplung,
- Eisenverluste durch im Kern induzierte Wirbelströme,
- ein Magnetisierungsstrom zur Erzeugung des Magnetfelds.

Die Verlustmechanismen und weiteren Effekte werden im allgemeinen Transformator-Ersatzschaltbild durch ohmsche Widerstände, Streuinduktivitäten und die Hauptinduktivität berücksichtigt.

Idealer Übertrager

Beim idealen Übertrager vernachlässigt man die nichtidealen Eigenschaften des allgemeinen Übertragers:

- verlustlos: die Kupfer- und Wirbelstromverluste werden vernachlässigt,
- streuungsfrei: der magnetische Fluss bleibt vollständig im Kern des Übertragers,
- vernachlässigbarer Magnetisierungsstrom, d. h. $\mu_r \rightarrow \infty$.

Wie in Abb. 6.11 dargestellt enthält das Ersatzschaltbild des idealen Übertragers zwei ideal gekoppelte Spulen mit den Windungszahlen w_1 und w_2. Die Punkte an einer Seite der Spulen kennzeichnen den Orientierungssinn der Wicklung.

Für den idealen Übertrager soll nun das Spannungs- und Stromübersetzungsverhältnis abgeleitet werden. Aus der Streufreiheit folgt, dass beide Spulen vom gleichen magnetischen Fluss φ durchsetzt werden. Berücksichtigt man zusätzlich die Verlustfreiheit, so folgt aus dem Induktionsgesetz

$$\oint \vec{E} \cdot \mathrm{d}\vec{s} = -\frac{\mathrm{d}}{\mathrm{d}t} \int \vec{B} \cdot \mathrm{d}\vec{A} = -\frac{\mathrm{d}\varphi}{\mathrm{d}t} \tag{6.16}$$

für den Primär- und den Sekundärkreis (siehe Abb. 6.11)

$$u_1(t) = -w_1 \cdot \frac{\mathrm{d}\varphi}{\mathrm{d}t} \quad \text{und} \quad u_2(t) = -w_2 \cdot \frac{\mathrm{d}\varphi}{\mathrm{d}t}.$$

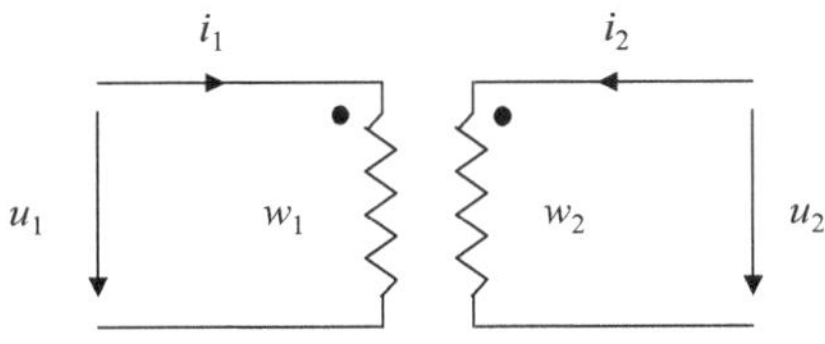

Abb. 6.11 Ersatzschaltbild des idealen Übertragers

Aus den beiden Gleichungen ergibt sich durch Elimination von $\mathrm{d}\varphi/\mathrm{d}t$ das Spannungsübersetzungsverhältnis des idealen Übertragers

$$\frac{w_1}{w_2} = \frac{u_1(t)}{u_2(t)} = \frac{\underline{U}_1}{\underline{U}_2}. \tag{6.17}$$

Für einen vernachlässigbaren Magnetisierungsstrom (gleichbedeutend mit $\mu_\mathrm{r} \to \infty$) folgt aus dem Durchflutungsgesetz für einen Umlauf im Übertragerkern

$$\oint \vec{H} \cdot \mathrm{d}\vec{s} = \int \vec{S} \cdot \mathrm{d}\vec{A} = w_1 \cdot i_1 + w_2 \cdot i_2 = 0. \tag{6.18}$$

Damit wird das Stromübersetzungsverhältnis

$$\frac{w_2}{w_1} = -\frac{i_1}{i_2} = -\frac{\underline{I}_1}{\underline{I}_2}. \tag{6.19}$$

Das negative Vorzeichen folgt aus der Wahl der Zählpfeilorientierung von i_1 und i_2 und der Orientierung der Wicklungen in Abb. 6.11. Die Gl. 6.17 und 6.19 sind die Grundlage zur Auswahl oder Dimensionierung eines Übertragers zur Messbereichsanpassung.

Abschließend soll die Eingangsimpedanz eines mit einem Widerstand R_2 belasteten Übertragers abgeleitet werden.

Aufgrund der in Abb. 6.12 gewählten Orientierung der Strom- und Spannungspfeile ist

$$R_2 = -\frac{\underline{U}_2}{\underline{I}_2}.$$

Die Eingangsimpedanz R_1 auf der Primärseite ist damit unter Berücksichtigung von Gl. 6.17 und 6.19

$$R_1 = \frac{\underline{U}_1}{\underline{I}_1} = \frac{\underline{U}_2 \cdot \frac{w_1}{w_2}}{-\underline{I}_2 \cdot \frac{w_2}{w_1}} = -\frac{\underline{U}_2}{\underline{I}_2} \cdot \left(\frac{w_1}{w_2}\right)^2 = R_2 \cdot \left(\frac{w_1}{w_2}\right)^2. \tag{6.20}$$

Die Eingangsimpedanz ist demnach proportional zum Quadrat des Wicklungszahlverhältnisses, ein Zusammenhang der zur Beurteilung der Belastung der zu messenden Quelle durch das angeschlossene Messinstrument von Bedeutung ist.

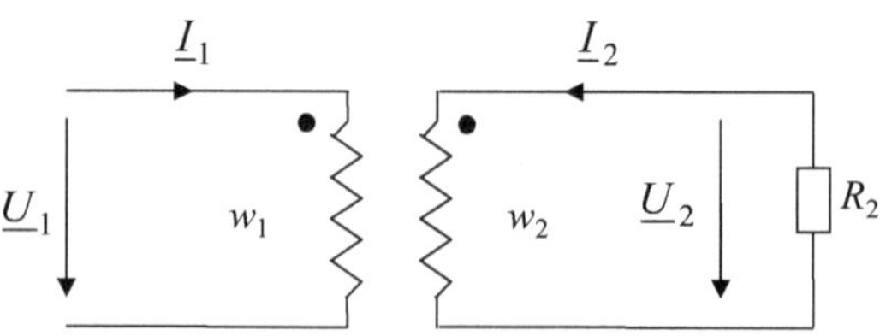

Abb. 6.12 Idealer Übertrager mit Abschlusswiderstand R_2

Übersetzungsverhältnis

Das Verhältnis der Windungszahlen wird als Übersetzungsverhältnis $\ddot{u}$ oder t bezeichnet. Da bei einem Übertrager oder Messwandler Ein- und Ausgangsseite häufig nicht eindeutig gegeben sind und derselbe Wandler sowohl zum Hoch- als auch zum Herunterwandeln eingesetzt werden kann, ist nach DIN das Übersetzungsverhältnis als Wicklungszahlverhältnis der Ober- zur Unterspannungsseite definiert:

$$\ddot{u} = t = \frac{U_{\text{Oberspannungsseite}}}{U_{\text{Unterspannungsseite}}} = \frac{w_{\text{OS}}}{w_{\text{US}}}. \tag{6.21}$$

Somit ist $\ddot{u} \geq 1$ und der Übertrager wird als $1{:}\ddot{u}$ oder $\ddot{u}{:}1$-Wandler eingesetzt.

Spannungswandler

Beim Spannungswandler wird die zu messende Spannung an die Primärwicklung gelegt und die Sekundärspannung möglichst hochohmig gemessen. Zur Kennzeichnung des Spannungswandlers ist die Übersetzung K_U definiert als das Verhältnis der Primär- zur Sekundärspannung

$$K_U = \frac{U_1}{U_2}. \tag{6.22}$$

Stromwandler

Stromwandlerdienen der Stromanpassung. Der zu messende Strom wird in die Primärwicklung eingeprägt und der Sekundärstrom niederohmig, im Idealfall im Kurzschluss gemessen. Die Primärwicklung muss für den Nennstrom ausgelegt sein und besteht bei Stromwandlern für hohe Ströme unter Umständen nur aus wenigen Windungen. Der Sekundärkreis darf in der Regel nicht offen betrieben werden, da sonst die aus dem Übersetzungsverhältnis folgende Spannungswandlung zu gefährlich hohen Sekundärspannungen und der Primärfluss im Kern zu einer thermischen Überlast führen kann.

Für Stromwandler wird die Übersetzung K_I angegeben, die als Verhältnis der primären zur sekundären Stromstärke definiert ist:

$$K_I = \frac{I_1}{I_2}. \tag{6.23}$$

Stromzange

Eine spezielle Form des Stromwandlers ist die Stromzange. Sie besteht im einfachsten Fall aus einer Spule mit w Windungen um einen zu öffnenden Ringkern. Führt man nun den Leiter des zu messenden Stroms I in den Ring ein, entsteht ein Übertrager mit dem Wicklungszahlverhältnis $1{:}w$.

Durch die Stromzange wird der zu messende Strom I mit dem Wicklungszahlverhältnis herabgesetzt und kann mit einem Strommessgerät einfach gemessen werden. Vorteile sind, dass der Stromkreis, in dem I fließt, zur Messung nicht aufgetrennt werden muss und der Ausgangskreis galvanisch getrennt vom Stromkreis ist.

Eine detaillierte Beschreibung von Stromzangen ist in Kap. 7 angegeben.

Eigenschaften von Messwandlern

Die Unvollkommenheit realer Messwandler (Strom-, Spannungswandler und Stromzangen) führt einerseits zu einer Abweichungen von dem zu erwartenden Ausgangseffektivwert und andererseits zu einer Phasenverschiebung der Ausgangs- zur Eingangsgröße. Die Messabweichung ist die Differenz zwischen der tatsächlichen und der mit dem nominellen Übersetzungsverhältnis auszurechnenden Größe. So ist für einen Stromwandler mit der Übersetzung $K_I = 1/ü$ und den tatsächlichen Primär- und Sekundärströmen I_1 und I_2 die relative Strommessabweichung $e_{\mathrm{rel}\,I}$:

$$e_{\mathrm{rel}\,I} = \frac{I_{1\,\mathrm{soll}} - I_{1\,\mathrm{ist}}}{I_{1\,\mathrm{ist}}} = \frac{K_I \cdot I_2 - I_1}{I_1}. \tag{6.24}$$

Analog gilt für Spannungswandler mit der Übersetzung $K_U = ü$:

$$e_{\mathrm{rel}\,U} = \frac{K_U \cdot U_2 - U_1}{U_1}. \tag{6.25}$$

Die Phasenverschiebung wird als zulässiger Fehlwinkel spezifiziert und liegt bei Messwandlern in der Größenordnung von 0,1 Grad bis 3 Grad.

Für die Wandler wird vom Hersteller die zulässige Messabweichung bzw. Fehlergrenze spezifiziert. In verschiedenen Normen wie IEC185, IEC186 oder DIN VDE 0414 [38] sind Genauigkeitsklassen ähnlich zu denen für direkt wirkende Messgeräte (vgl. Abschn. 2.3) definiert. Die Klasse (0,1; 0,2; 0,5; 1, ...) gibt bei Wandlern die maximale relative Messabweichung in % bei der Nennstromstärke (Bemessungsstromstärke) bzw. Nennspannung an. Ist die tatsächliche Eingangsgröße kleiner als die Bemessungsgröße, sind erhöhte Messabweichungen, die in der Norm spezifiziert sind, zulässig.

Alternativ zur Genauigkeitsklasse wird häufig wie bei Digitalmessgeräten die Genauigkeit als eine Kombination einer zum Strom proportionalen Messabweichung und einem konstantem Anteil angegeben.

Beispiel 6.4

Ein Stromwandler mit einem Nennstrom von 100 A hat die Fehlerklasse 0,5 nach IEC 185. Damit ist die maximal zulässige relative Messabweichung bei dem Nennstrom von 100 A

$$e_{\mathrm{rel}\,I} = \frac{K_I \cdot I_2 - I_1}{I_1} \cdot 100\,\% = 0{,}5\,\%,$$

die maximal zulässige relative Messabweichung bei 20 % Nennstrom (nach IEC): $e_{\mathrm{rel}I}$ (20 %) = 0,75 % und die maximal zulässige relative Messabweichung bei 5 % Nennstrom (nach IEC): $e_{\mathrm{rel}I}$ (5 %) = 1,5 %.

Beispiel 6.5

Eine Stromzange mit einem Messbereich von 1 A bis 100 A hat eine spezifizierte Genauigkeit von $\pm(3\ \% \cdot I + 0{,}3\ \mathrm{A})$. Daraus folgt:

- die maximal zulässige Messabweichung bei 100 A: $e_I\ (100\ \mathrm{A}) = (3\ \% \cdot 100\ \mathrm{A} + 0{,}3\ \mathrm{A}) = 3{,}3\ \mathrm{A}$,
- die maximal zulässige Messabweichung bei 1 A: $e_I\ (1\ \mathrm{A}) = (3\ \% \cdot 1\ \mathrm{A} + 0{,}3\ \mathrm{A}) = 0{,}33\ \mathrm{A}$.

Die maximal zulässige relative Messabweichung bei 1 A beträgt $e_{\mathrm{rel}\,I}(1\ \mathrm{A}) = \frac{0{,}33\ \mathrm{A}}{1\ \mathrm{A}} = 33\ \%$.

Stromzangen und Strom-/Spannungsmultimeter

7

Stromzangen dienen der Strommessung und nutzen das Magnetfeld, das von einem stromdurchflossenen Leiter erzeugt wird, aus. Sie haben eine Zange aus ferromagnetischem Material, die geöffnet und um den stromführenden Leiter geschlossen werden kann. Der Stromkreis muss zur Strommessung nicht aufgetrennt und damit nicht unterbrochen werden. Der Strom erzeugt in dem Magnetkreis einen magnetischen Fluss, der ausgewertet wird.

Es gibt verschiedene Ausführungsformen von Stromzangen: einfache Übertragerstromzangen, Übertragerstromzangen mit sekundärseitigem Widerstand zur Strom-Spannungs-Wandlung, Stromzangen mit integriertem Messsystem und digitaler Anzeige des Leiterstroms oder Hallelement-Stromzangen zur Messung von Wechsel- und Gleichströmen.

7.1 Übertragerstromzangen

Eine spezielle Form des Stromwandlers (Abschn. 6.4) ist die Übertragerstromzange (AC Current Clamp). Sie besteht im einfachsten Fall aus einer Spule mit w Windungen um einen zu öffnenden Ringkern. Führt man nun den Leiter des zu messenden Stroms I in den Ring ein, entsteht ein Übertrager mit dem Wicklungszahlverhältnis $1{:}w$.

Nimmt man ideale Übertragereigenschaften an, folgt mit der in Abb. 7.1 gewählten Orientierung der Ströme

$$I_m = I \cdot \frac{1}{w}. \tag{7.1}$$

Der Vorteil der Stromzange ist neben der Herabsetzung der Messströme die einfache Handhabung, da zur Strommessung der Stromkreis nicht aufgetrennt werden muss. Werden mehrere Leiter durch den Ring der Zange geführt, wird die Überlagerung der Ströme gemessen. Der Effektivwert des Messstroms entspricht dann der vektoriellen Addition der Effektivwertzeiger der Leiterströme.

T. Mühl, *Elektrische Messtechnik*, https://doi.org/10.1007/978-3-658-29116-7_7

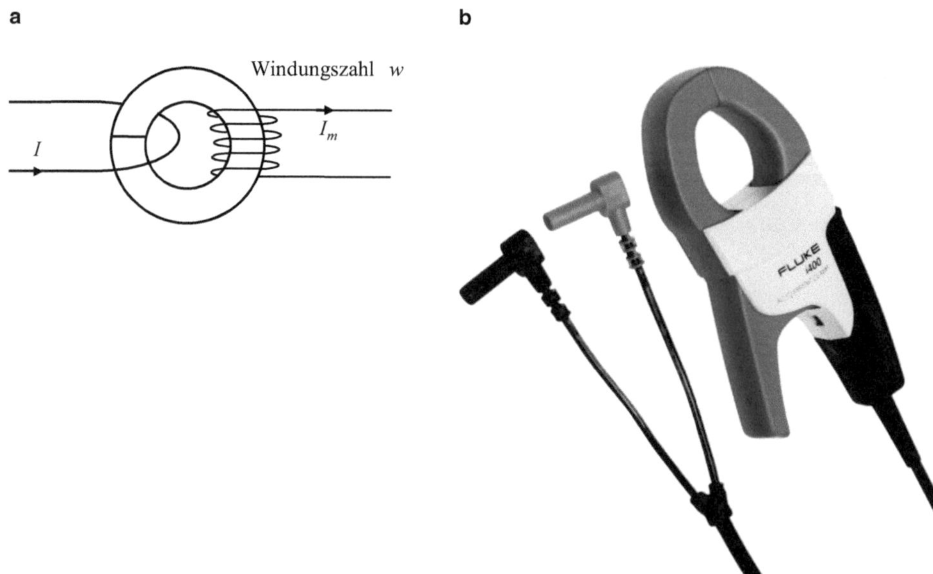

Abb. 7.1 **a** Prinzip einer Stromzange als Übertrager mit einem Übersetzungsverhältnis von w:1, **b** Bild einer Stromzange für Leiterströme bis 400 A (Fluke GmbH)

Beispiel 7.1

Gegeben ist eine Stromzange mit einem Stromübersetzungsverhältnis von 1000:1. Der Primärstrom ist $I = 100$ A. Der Ausgangsstrom der Zange im Kurzschluss ist damit $I_m = I/1000 = 0{,}1$ A.

Die Ausgangsgröße einer einfachen Übertragerstromzange ist der heruntertransformierte Strom, der möglichst niederohmig, im Idealfall im Kurzschluss gemessen werden muss.

Stromzangen mit Stromausgang dürfen nicht offen oder hochohmig betrieben werden. Würde die Stromzange nach Beispiel 7.1 direkt an ein Oszilloskop mit einem Eingangswiderstand von $R_e = 1$ MΩ angeschlossen, so müsste theoretisch für einen Ausgangsstrom von 100 mA am Ausgang der Stromzange eine Spannung von

$$U_a = I_m \cdot R_e = 100\,\text{mA} \cdot 1\,\text{M}\Omega = 100.000\,\text{V}$$

entstehen. Die Ausgangsspannung kann solche hohen Werte nicht annehmen, würde aber groß werden und ohne einen Überspannungsschutz zu einer Gefährdung bzw. Zerstörung der Messgeräte führen.

Für den Einsatz einer Stromzange mit einem Oszilloskop oder Spannungsmessgerät gibt es Versionen mit einem Spannungsausgang. Diese Zangen haben einen integrierten niederohmigen Widerstand zur Strom-Spannungs-Wandlung, sodass auch ohne ein angeschlossenes Gerät oder bei einem Anschluss an ein hochohmiges Oszilloskop der

Sekundärstrom der Zange über den internen Widerstand fließt und am Ausgang eine proportionale Spannung erzeugt.

Zu erkennen ist diese Variante an der Angabe der Ausgangsgröße mit einer Empfindlichkeit von z. B. 10 mV/A. Bei einem Leiterstrom von 80 A erzeugt diese Stromzange eine Ausgangsspannung von 800 mV. Eine nähere Beschreibung erfolgt im Abschnitt zu den Tastköpfen für Oszilloskope (Abschn. 15.2).

Die Spezifikation der Genauigkeit der Stromzangen erfolgt entsprechend der von Stromwandlern wie in Abschn. 6.4 angegeben.

7.2 Hallelement-Stromzangen

Halleffekt

Ein dünner Halbleiter, z. B. aus Indium-Arsenid oder Indium-Antimonid, wird, wie in Abb. 7.2 dargestellt, von einem Strom I durchflossen und einem magnetischen Feld der Induktion B senkrecht zur Stromflussrichtung ausgesetzt. Das Element hat die Breite b und die Dicke d.

Auf die im Magnetfeld mit der Geschwindigkeit v bewegten Ladungen q wirkt eine Kraft F_m senkrecht zur Strom- und Magnetfeldrichtung, die zu einer Ladungsverschiebung im Hallelement führt:

$$\vec{F}_m = q \cdot \vec{v} \times \vec{B} \quad \text{bzw.} \quad F_m = q \cdot v \cdot B. \tag{7.2}$$

Die elektrostatische Kraft F_e ist aufgrund des resultierenden elektrischen Feldes

$$\vec{F}_e = q \cdot \vec{E} \quad \text{bzw.} \quad F_e = q \cdot E = q \cdot \frac{U_H}{b} \tag{7.3}$$

mit der Hallspannung U_H senkrecht zur Strom- und Magnetfeldrichtung. Im stationären Gleichgewichtsfall ist $F_e = F_m$ und somit

$$U_H = q \cdot v \cdot B \cdot \frac{b}{q} = b \cdot v \cdot B. \tag{7.4}$$

Aufgrund des eingeprägten Stroms I ist die Stromdichte im Element

$$S = \frac{I}{b \cdot d} = n \cdot v \cdot q,$$

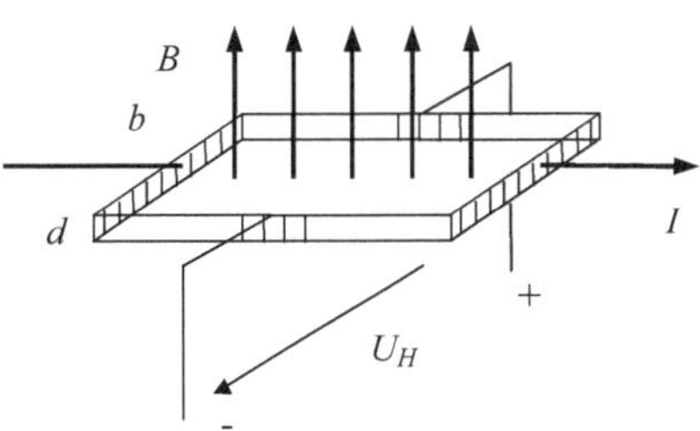

Abb. 7.2 Hallelement aus n-Halbleitermaterial: Breite b, Dicke d, Induktion B, eingeprägter Strom I, Hallspannung U_H

wobei n die Ladungsträgerkonzentration der Ladungen q darstellt. Aufgelöst nach $b \cdot v$ und eingesetzt in Gl. 7.4 erhält man das Ergebnis

$$U_H = \frac{1}{n \cdot q \cdot d} \cdot I \cdot B = k \cdot I \cdot B. \tag{7.5}$$

Die Hallspannung ist proportional zum Produkt des Stromes durch das Hallelement und der magnetischen Induktion. Die Materialkonstante $1/(n \cdot q)$ nennt man Hallkonstante R_H. Sie liegt bei den eingesetzten Halbleitern in der Größenordnung von 10^{-3} m³/As.

Hallelemente können zur Messung von B (Magnetfeldsensoren), zur Messung von I (Hallelementsensoren, Hallelement-Stromzangen) oder zur Messung des Produktes $B \cdot I$ (Leistungsmessung, siehe Abschn. 11.3.2) eingesetzt werden.

Der entscheidende Vorteil gegenüber Übertragern ist die Tatsache, dass der Halleffekt bei Gleich- und Wechselgrößen eine Hallspannung liefert. Typischerweise haben integrierte Hallelementsensoren einen Frequenzbereich von DC bis einigen 100 kHz.

Hallelement-Stromzangen (AC/DC Current Clamp)

Zur Messung von Gleich- und Wechselströmen können Stromzangen mit Hallelementen eingesetzt werden.

Wird ein Hallelement einem Magnetfeld der Induktion B ausgesetzt und fließt ein Steuerstrom I_S durch das Element, so wird aufgrund des Halleffektes eine Hallspannung U_H erzeugt, die nach Gl. 7.5 proportional zu I_S und B ist.

$$U_H = k \cdot I_S \cdot B.$$

Wird die Induktion B durch den zu messenden Strom I erzeugt, so ist B proportional zu I und es kann durch Auswertung der Hallspannung auf den Strom I geschlossen werden.

Dabei werden zwei Verfahren verwendet, zum einen die direkte Verstärkung der Hallspannung (Open Loop) und die Verwendung einer Kompensationselektronik (Closed Loop).

Bei der Open-Loop-Schaltung (Abb. 7.3) erzeugt der zu messende Strom i ein proportionales Magnetfeld der Induktion B. Das Hallelement liegt im Magnetfeld und wird mit einem konstanten Steuerstrom beaufschlagt. Die Ausgangsspannung u_H ist proportional zum Strom i, wird verstärkt und direkt als Ausgangsgröße verwendet.

Auch bei der Closed Loop Schaltung (Abb. 7.4) erzeugt der zu messende Strom i ein proportionales Magnetfeld der Induktion B. Das Hallelement liegt im Magnetfeld und

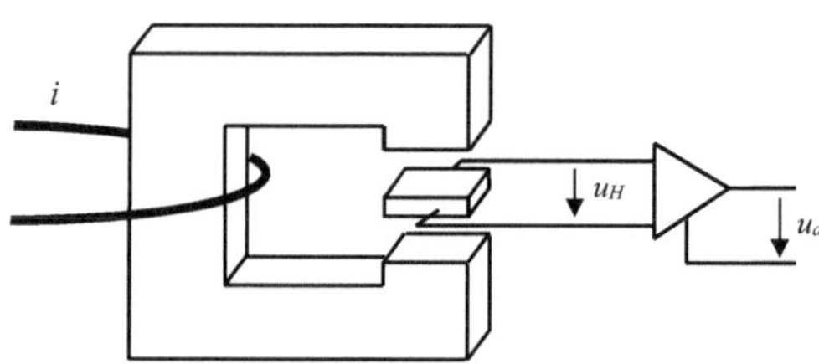

Abb. 7.3 Open-Loop-Stromsensor

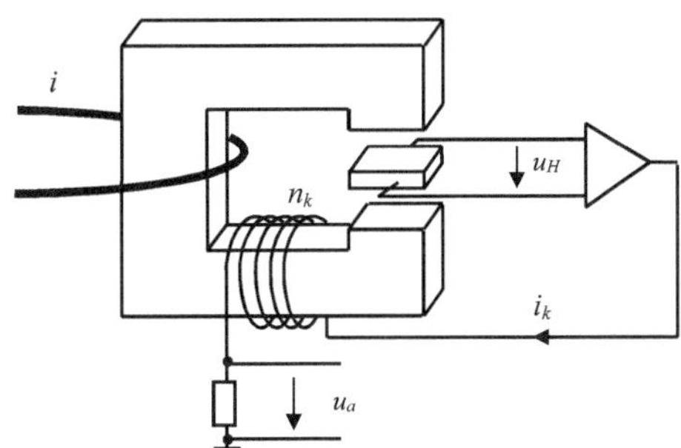

Abb. 7.4 Closed Loop Stromsensor

wird mit einem konstanten Steuerstrom beaufschlagt. Bei dieser Schaltung wird aber die Hallspannung verstärkt und prägt einen Kompensationsstrom i_k in der zusätzlichen Wicklung n_k ein. Der Regelkreis ist so ausgelegt, dass die magnetische Induktion im Kern bzw. im Hallelement zu Null geregelt wird. Die Größe des Kompensationsstroms ist dann proportional zum zu messenden Strom i. Der Kompensationsstrom fließt über einen Messwiderstand und der Spannungsabfall ist die Ausgangsspannung u_a. Wie bei der Open-Loop-Schaltung ist die Ausgangsgröße u_a proportional zum Strom i. Der Vorteil dieser Schaltung ist, dass der Magnetkreis bei $B = 0$ betrieben wird und so keine Sättigungseffekte eintreten können.

Stromzangen, die auf diesem Prinzip beruhen, können für Messungen im Frequenzbereich von DC (Gleichstrommessung) bis einige MHz eingesetzt werden. Die Genauigkeit liegt im Bereich von etwa 1 % bis 5 %. Ein Beispiel für Ströme bis 20 A ist in Abb. 7.5 dargestellt.

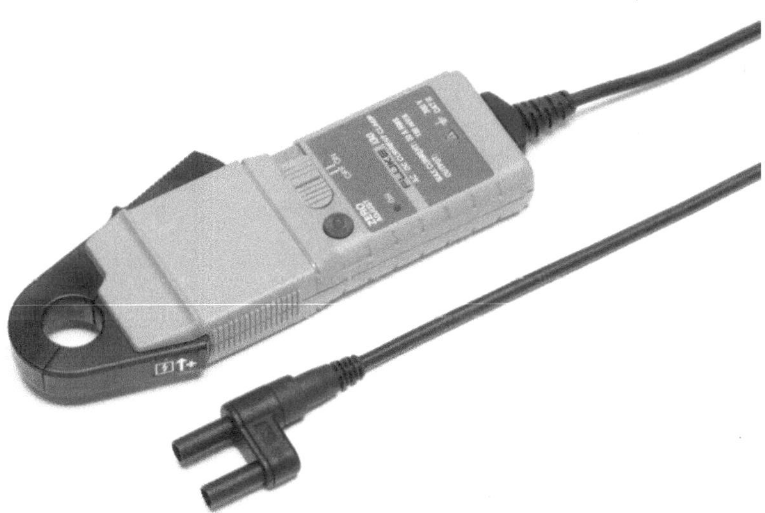

Abb. 7.5 Hallelement-Stromzange für Leiterströme bis 20 A, Empfindlichkeit 100 mV/A, Frequenzbereich DC bis 20 kHz (Fluke GmbH)

Derartige Stromzangen werden auch als Stromtastköpfe (AC/DC Current Probe) bezeichnet und als Zubehörteile für Oszilloskope verwendet (Abschn. 15.2).

7.3 Multimeter

Multimeter bzw. Vielfachinstrumente sind unverzichtbare Messmittel für vielerlei Einsatzgebiete. In ihnen sind verschiedene der in den Kap. 5 und 6 besprochenen Funktionen kombiniert. Je nach Komplexität des Messinstruments sind integriert:

- Gleichspannungs- und Gleichstrommessung mit Bereichswahl,
- Wechselspannungs- und -strommessung mit Gleichrichtung und Bereichswahl über Widerstandsnetzwerke oder Messwandler,
- Effektivwertmessung,
- Begrenzerschaltungen,
- weitere Funktionen wie z. B. Widerstandsmessung (siehe Abschn. 8.2), Durchgangsprüfung mit Summer oder Kapazitätsmessung.

Betriebsarten der Spannungs- und Strommessungen
Über Wahlschalter werden die verschiedenen Betriebsarten, die mit Symbolen oder Abkürzungen gekennzeichnet sind, eingestellt. Im Folgenden sind die Messarten für Spannungsmessungen zusammengestellt, für die Strommessung gilt Entsprechendes.

DC	—	Gleichanteilmessung	Messung des Mittelwertes bzw. Gleichanteils der Eingangsgröße, (DC: Direct Component)
AC	~	Wechselanteilmessung	Anzeige des Effektivwertes des Wechselanteils der Eingangsgröße, meist indirekte Effektivwertbestimmung (nur für sinusförmige Wechselanteile geeignet) (AC: Alternating Component)
AC_{RMS}		Wechselanteilmessung	Direkte Messung des wahren Effektivwertes des Wechselanteils, auch für nichtsinusförmige Wechselanteile geeignet
$(AC + DC)_{RMS}$	≂	Gleich- und Wechselanteilm.	Direkte Messung des wahren Effektivwertes des gesamten Eingangssignals (Gleich- und Wechselanteil).

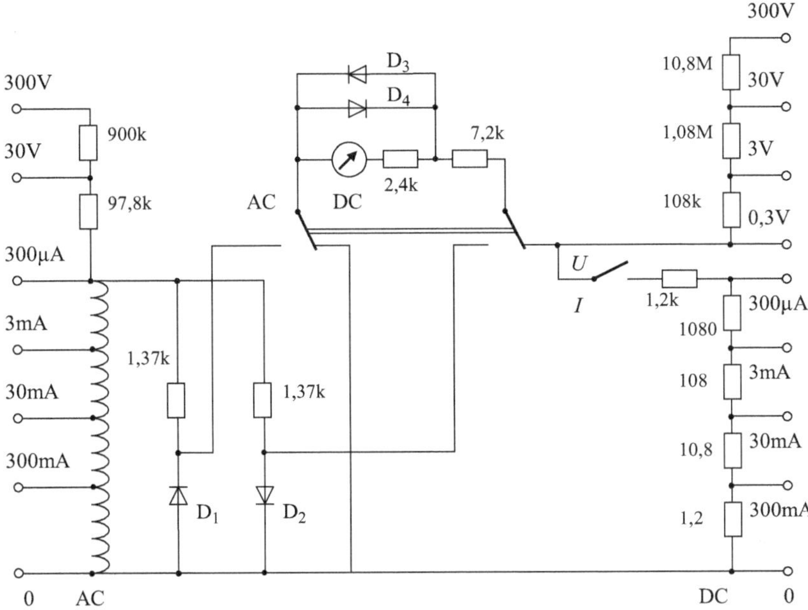

Abb. 7.6 Beispiel eines analogen Vielfachinstrumentes für Gleichstrom-/Gleichspannungsmessung und Wechselstrom-/Wechselspannungsmessung

Analoge Vielfachinstrumente

Bei analogen Zeigerinstrumenten wird meist über einen Eingangswahlschalter die Betriebsart und der Messbereich gewählt. Die Mehrfachskala enthält die Umrechnungen für die einzelnen Messfunktionen wie beispielsweise den Formfaktor bei der indirekten Effektivwertmessung.

Abb. 7.6 zeigt den Schaltplan eines Vielfachinstrumentes auf der Basis eines Drehspulmesswerks ($R_m = 2{,}4\ \mathrm{k\Omega}$) mit einem Vollausschlag bei einem Messgerätestrom von 25 µA. Man erkennt auf der rechten Seite die Messbereiche für die Gleichspannungs- und Gleichstrommessung (DC) mit den Vor- und Parallelwiderständen. Für die Spannungsmessungen ergibt sich ein messbereichsabhängiger bezogener Eingangswiderstand von 40 kΩ/V. Die Bereichsanpassung für Wechselströme (AC) wird mit einem Sparübertrager als Messwandler durchgeführt. Die Dioden D_1 und D_2 bilden für die Wechselstrom- und Wechselspannungsmessung einen Vollweggleichrichter, und der Formfaktor für die indirekte Effektivwertmessung ist bei der Widerstandsdimensionierung bzw. Anzeigeskalierung berücksichtigt. Die Dioden D_3 und D_4 dienen der Spannungsbegrenzung und dem Schutz des Messwerks.

Digitale Vielfachinstrumente

Digitale Multimeter haben bezüglich der Messbereichsanpassungen einen ähnlichen Aufbau wie analoge Instrumente.

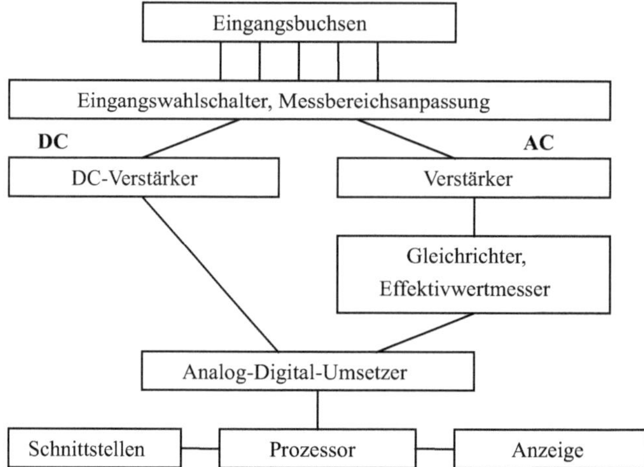

Abb. 7.7 Blockschaltbild eines digitalen Vielfachinstrumentes

Abb. 7.8 Bild eines digitalen Multimeters (Agilent Technologies)

Wie in Abb. 7.7 dargestellt wird nach den Spannungs- oder Stromteilern bzw. Messwandlern das Messsignal verstärkt und bei der Messung von Wechselgrößen (AC) der Effektivwert oder Gleichrichtwert elektronisch gebildet.

Bei komfortableren Geräten kann eine automatische Bereichswahl eingestellt werden, so dass nur noch die Betriebsart gewählt werden muss. Weitere Funktionen wie die Widerstandsmessung sind im Blockschaltbild nicht enthalten. Neben den Handgeräten gibt es genaue Labormessinstrumente (Abb. 7.8) mit zusätzlichen Rechenfunktionen, Datenspeicherung und Schnittstellen zur Rechneranbindung.

7.4 Aufgaben zur Strom- und Spannungsmessung

Aufgabe 7.1

Mit einem Spannungsmessgerät und einem Stromfühlwiderstand R_S (Shunt) soll der Lampenstrom I_L gemessen werden. Die 12 V-Spannungsquelle ist ideal.

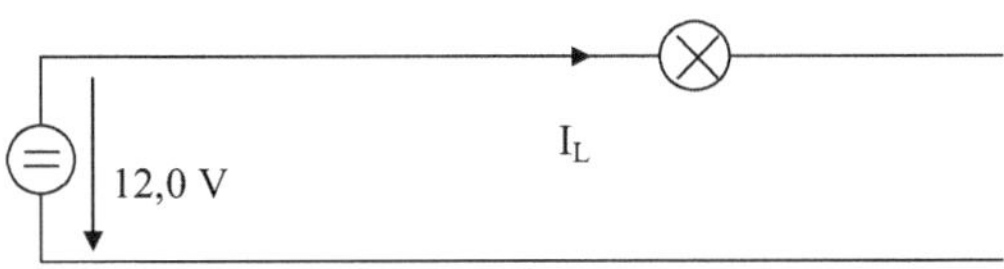

a) Zeichnen Sie in die obige Anordnung die entsprechende Messschaltung (Spannungsmessgerät, Shunt).

b) Dimensionieren Sie den Shunt R_S für einen maximalen Messstrom von 10 A und einem Messbereich des Spannungsmessgerätes von 0 bis 500 mV.

c) Mit dem Messsystem wird der Lampenstrom gemessen. Der Anzeigewert des Messgerätes beträgt $U = 425$ mV.
Bestimmen Sie den gemessenen Lampenstrom und den korrigierten Lampenstrom (Korrektur des Einflusses des Shunts).

Aufgabe 7.2

Der im Bild dargestellte Strom wird mit verschiedenen Strommessgeräten gemessen.

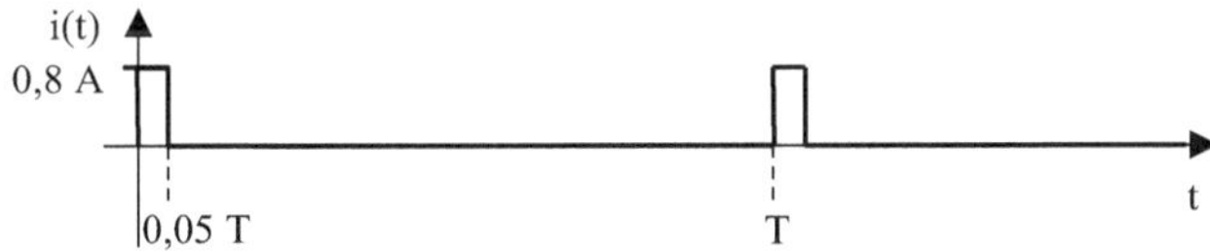

a) Berechnen Sie die Anzeigewerte eines Digitalamperemeters in den Bereichen
DC Mittelwertmessung
AC_{RMS} Messung des wahren Effektivwertes des Wechselanteils des Signals.

b) Wie kann aus den Anzeigewerten aus a) der Stromeffektivwert bestimmt werden?

c) Berechnen Sie die relative Messabweichung der Effektivwertbestimmung eines Strommessgerätes für den Bereich
AC indirekte Effektivwertmessung durch die Messung des Gleichrichtwertes des Wechselanteils (Abgleich für sinusförmige Eingangsgrößen).

d) Wie groß muss der Crest-Faktor des Messgerätes aus a) sein, damit das Signal im 0,2 A-Messbereich fehlerfrei gemessen werden kann?

Aufgabe 7.3

Die abgebildete phasenangeschnittene, sinusförmige Spannung (Einschalten zu den Zeitpunkten $t = 3/8\ T$ und $t = 7/8\ T$) wird gemessen.

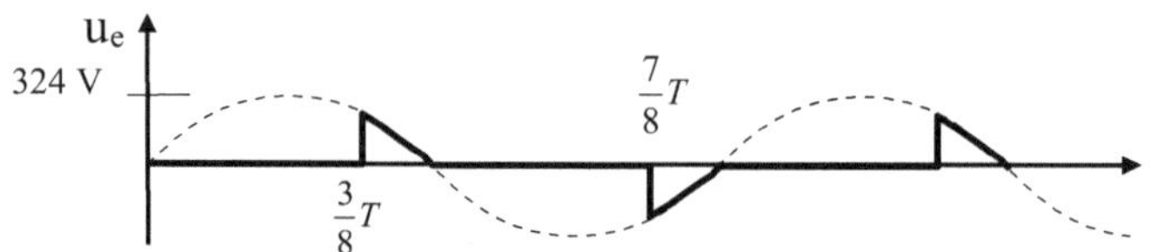

a) Der verwendete Spannungsmesser hat zwei Messbereiche
DC Anzeige des Mittelwertes
AC Indirekte Effektivwertbestimmung über den Gleichrichtwert des Wechselanteils
Berechnen Sie die Anzeigewerte der Bereiche DC und AC.
b) Wie groß ist die relative Messabweichung der Effektivwertmessung (AC) des obigen Spannungsmessgerätes?
c) Mit welchen Messgeräten kann der Effektivwert richtig gemessen werden?
d) Wie groß muss der Crest-Faktor eines echt-effektivwertmessenden Messgerätes (AC_{RMS}) im 100 V-Messbereich sein, damit das obige Signal richtig gemessen werden kann?
e) Welchen Wert zeigt das Messgerät aus a) für die vollständige sinusförmige Spannung (Einschalten zu den Zeitpunkten $t = 0$ und $t = T/2$) an?

Aufgabe 7.4

Mit Hilfe einer Übertrager-Stromzange und einem Digitalstrommessgerät wird der Strom in einer Leitung gemessen.

Stromzange	Strombereich 1 A … 400 A
	Ausgang 1 mA/A (Übersetzungsverhältnis 1000:1)
	Genauigkeit: ±(2 % vom Leiterstrom +0,06 A)
Strommessgerät	Messung des wahren Effektivwertes des Wechselanteils (AC_{RMS})
	Auflösung im 50 mA-Bereich: 1 µA
	Genauigkeit: ±(1,5 % vom angezeigten Wert +40 Digits)

a) Der Anzeigewert beträgt 15,100 mA.
Wie groß ist die relative Messunsicherheit des am Messgerät angezeigten Stromes?
b) Wie groß ist für den Anzeigewert aus a) der Leiterstrom und seine Messunsicherheit?
c) Der Leiterstrom ist $i(t) = 10\,\text{A} + 20\,\text{A} \cdot \sin(2 \cdot \pi \cdot 50\,\text{Hz} \cdot t)$.
Bestimmen Sie den Anzeigewert des Messgerätes.

8 Messung von ohmschen Widerständen

Der Widerstandswert, die Induktivität oder Kapazität passiver Bauelemente wie elektrischer Widerstände, Spulen und Kondensatoren ist häufig das Ziel von Messungen. Außerdem ist die elektrische Leitfähigkeit eine wichtige Eigenschaft der in der Elektrotechnik verwendeten Werkstoffe. Aufgrund der unterschiedlichen Anforderungen an Leiter und Isolatoren werden Bauelemente benötigt, deren Widerstandswerte sich um viele Zehnerpotenzen unterscheiden. Beispielsweise kann der Widerstand von kurzen Starkstromleitern in der Größenordnung von μΩ und der von Isolierwerkstoffen bei GΩ bis TΩ liegen. Widerstände können als rein ohmsche Widerstände mit Strom und Spannung in Phase vorliegen oder als Scheinwiderstände mit einer beliebigen Phasenlage im Bereich $-90°$ bis $+90°$. Scheinwiderstände werden als komplexe Widerstände dargestellt und enthalten auch die Sonderfälle der idealen Kapazität und Induktivität.

Die ohmsche Widerstands- und Impedanzmessung ist wichtig zur Charakterisierung dieser Bauelemente. Ein zweiter Einsatzbereich liegt in der Prozessmesstechnik, da viele Sensoren als Widerstandsaufnehmer arbeiten. Die zu messende, physikalische Größe wirkt auf den Sensor ein und ändert dessen Widerstandswert. Durch die kontinuierliche Widerstandsmessung wird auf die zu messende, nichtelektrische Größe geschlossen. Beispiele hierfür sind Dehnungsmessstreifen [39, 40], Photowiderstände oder Thermistoren [41, 42].

Ohmsche Widerstandsmessung

Der Widerstandswert R ist definiert als das Verhältnis der Spannung an einem Widerstand und dem Strom durch den Widerstand. Bei rein ohmschen Widerständen ist das Verhältnis $u(t)$ zu $i(t)$ unabhängig vom Zeitpunkt t und vom Wert der Spannung $u(t)$:

$$R = \frac{u(t)}{i(t)}. \quad (8.1)$$

T. Mühl, *Elektrische Messtechnik*, https://doi.org/10.1007/978-3-658-29116-7_8

8.1 Strom- und Spannungsmessung

Nach Gl. 8.1 kann der Widerstandswert eines zu bestimmenden Widerstandes R_x durch gleichzeitige Messung des Stromes durch den Widerstand und der Spannung am Widerstand bestimmt werden. Bei der Messung mit realen Messgeräten ergeben sich Rückwirkungen der Messgeräte auf die Messgrößen durch die in vielen Fällen nicht vernachlässigbaren Innenwiderstände der Messinstrumente. Man unterscheidet zwischen stromrichtiger und spannungsrichtiger Schaltung.

Stromrichtige Schaltung

Bei der stromrichtigen Schaltung nach Abb. 8.1 misst das Strommessgerät den Strom I durch den zu bestimmenden Widerstand R_x, die gemessene Spannung U ist aber die Spannung, die über R_x und dem Innenwiderstand R_I des Strommessgeräts abfällt.

Die Bestimmung des Widerstandswertes aus $R = U/I$ enthält eine systematische Messabweichung. Das Ergebnis ist nicht der wahre Wert R_x, sondern der berechnete Wert

$$R = \frac{U}{I} = \frac{I \cdot (R_x + R_I)}{I} = R_x + R_I .$$

Die systematische Messabweichung ist somit

$$e = R - R_x = R_I . \tag{8.2}$$

Ist der Innenwiderstand des Strommessgeräts bekannt, kann die systematische Messabweichung durch eine Korrektur eliminiert werden. Der berichtigte bzw. korrigierte Messwert ist

$$R_{\text{korr}} = \frac{U}{I} - R_I . \tag{8.3}$$

Nach der Korrektur hängt die Genauigkeit der Widerstandsbestimmung nur noch von der Genauigkeit der Strom- und Spannungsmessung ab. Ist die Messunsicherheit der Strommessung u_I und die der Spannungsmessung u_U, ergibt sich nach dem Fehlerfortpflanzungsgesetz (Gl. 2.29 in Abschn. 2.3.3) die Messunsicherheit der Widerstandsbestimmung

$$u_R^2 = \left(\frac{\delta R}{\delta U} \cdot u_U\right)^2 + \left(\frac{\delta R}{\delta I} \cdot u_I\right)^2 . \tag{8.4}$$

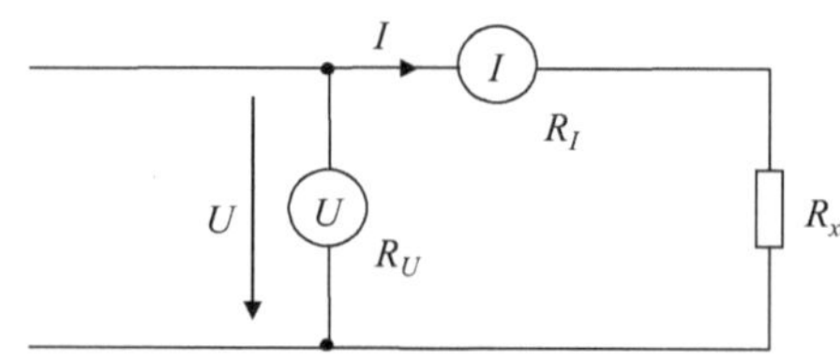

Abb. 8.1 Stromrichtige Widerstandsbestimmung

Aus $R = U/I$ ergeben sich die partiellen Ableitungen

$$\frac{\delta R}{\delta U} = \frac{1}{I} = \frac{R}{U} \quad \text{und} \quad \frac{\delta R}{\delta I} = -\frac{U}{I^2} = -\frac{R}{I}.$$

Eingesetzt in Gl. 8.4 erhält man die Messunsicherheit bzw. relative Messunsicherheit der Widerstandsbestimmung

$$\begin{aligned} u_R &= \sqrt{\left(\frac{R}{U} \cdot u_U\right)^2 + \left(-\frac{R}{I} \cdot u_I\right)^2} = R \cdot \sqrt{\left(\frac{u_U}{U}\right)^2 + \left(\frac{u_I}{I}\right)^2} \quad \text{und} \\ u_{R\mathrm{rel}} &= \frac{u_R}{R} = \sqrt{u_{U\mathrm{rel}}^2 + u_{I\mathrm{rel}}^2}. \end{aligned} \tag{8.5}$$

Bei der Messung hochohmiger Widerstände kann in der Regel auf eine Korrektur verzichtet werden, da für $R_x \gg R_I$ die systematische Abweichung gegenüber der Messunsicherheit der Strom- und Spannungsmessung zu vernachlässigen ist. Deshalb ist zur Messung hochohmiger Widerstände die stromrichtige der spannungsrichtigen Schaltung vorzuziehen.

Spannungsrichtige Schaltung

Bei der spannungsrichtigen Schaltung nach Abb. 8.2 wird die Spannung am Widerstand R_x richtig erfasst, das Strommessgerät misst aber den Strom I durch die Parallelschaltung von R_x und dem Innenwiderstand R_U des Spannungsmessgerätes.

Auch bei dieser Schaltung erhält man bei der Widerstandsberechnung aus $R = U/I$ eine systematische Messabweichung. Der berechnete Wert ist

$$R = \frac{U}{I} = R_x // R_U = \frac{R_x \cdot R_U}{R_x + R_U}$$

und die systematische Messabweichung

$$e = R - R_x = -\frac{R_x}{1 + R_U/R_x}. \tag{8.6}$$

Bei bekanntem Wert R_U kann die systematische Messabweichung korrigiert werden mit

$$R_{\mathrm{korr}} = \frac{U}{I - U/R_U}. \tag{8.7}$$

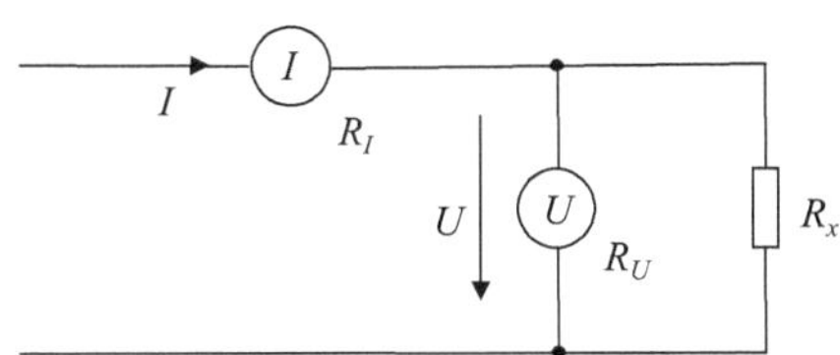

Abb. 8.2 Spannungsrichtige Widerstandsbestimmung

Nach der Berichtigung beträgt die relative Messunsicherheit der Widerstandsbestimmung wie bei der stromrichtigen Schaltung

$$u_{R\text{rel}} = \frac{u_R}{R} = \sqrt{u_{U\text{rel}}^2 + u_{I\text{rel}}^2}. \tag{8.8}$$

Die spannungsrichtige Schaltung ist zur Messung kleiner Widerstände zu empfehlen, da für $R_x \ll R_U$ die systematische Abweichung gegenüber der Messunsicherheit der Strom- und Spannungsmessung vernachlässigt werden kann.

Beispiel 8.1

Ein Widerstand R wird spannungsrichtig durch Strom- und Spannungsmessung bestimmt. Die Messwerte und relativen Messunsicherheiten betragen $I = 10\,\mu\text{A}$; $\pm 0{,}5\,\%$ und $U = 0{,}48\,\text{V}$; $\pm 0{,}2\,\%$, der Innenwiderstand des Spannungsmessgerätes ist $R_U = 1\,\text{M}\Omega$.

Damit ergibt die Widerstandsbestimmung

$$R = \frac{U}{I} = \frac{0{,}48\,\text{V}}{10\,\mu\text{A}} = 48.000\,\Omega \quad \text{und}$$

$$R_{\text{korr}} = R_w = \frac{U}{I - U/R_U} = \frac{0{,}48\,\text{V}}{10\,\mu\text{A} - 0{,}48\,\text{V}/1\,\text{M}\Omega} = 50.420\,\Omega.$$

Ohne Korrektur beträgt die relative systematische Messabweichung

$$e_{\text{rel}} = \frac{e}{R_w} = \frac{R - R_w}{R_w} = \frac{48.000\,\Omega - 50.420\,\Omega}{50.420\,\Omega} = -4{,}8\,\%.$$

Nach der Korrektur verschwindet die systematische Abweichung und es verbleibt die relative Messunsicherheit der Widerstandsbestimmung

$$u_{R\text{rel}} = \sqrt{u_{U\text{rel}}^2 + u_{I\text{rel}}^2} = \sqrt{(0{,}2\,\%)^2 + (0{,}5\,\%)^2} = 0{,}54\,\%.$$

Vergleich mit einem Referenzwiderstand

Der Einfluss der Innenwiderstände der Messgeräte auf die Messgenauigkeit lässt sich vermeiden, wenn der zu bestimmende Widerstand R_x mit einem genau bekannten Referenzwiderstand R_r verglichen wird.

Bei dem Spannungsvergleich nach Abb. 8.3a wird der unbekannte Widerstand R_x in Reihe mit einem Referenzwiderstand R_r geschaltet und die Reihenschaltung mit einer konstanten Spannung U_0 gespeist. Die Spannungen U_r und U_x werden nacheinander gemessen. Wird die Spannung U_r mit einem Messgerät mit dem Innenwiderstand R_M gemessen, ergibt sich

$$U_r = U_0 \cdot \frac{R_r//R_M}{R_x + R_r//R_M} = U_0 \cdot \frac{\frac{R_r \cdot R_M}{R_r + R_M}}{R_x + \frac{R_r \cdot R_M}{R_r + R_M}},$$

$$U_r = U_0 \cdot \frac{R_r \cdot R_M}{R_x \cdot R_r + R_x \cdot R_M + R_r \cdot R_M}.$$

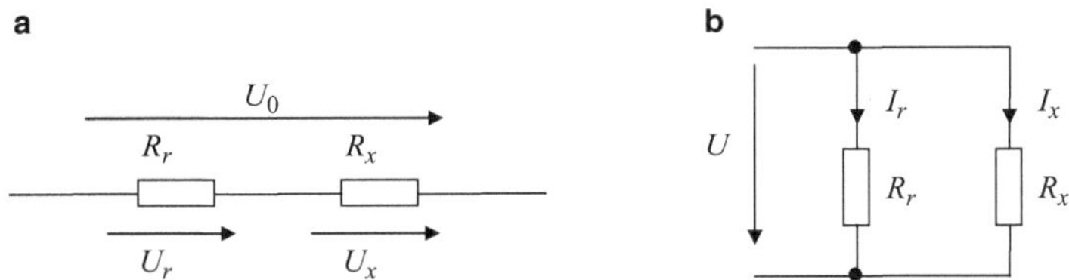

Abb. 8.3 Widerstandsbestimmung durch Vergleich mit einem Referenzwiderstand. **a** Spannungsvergleich: Messung von U_r und U_x, **b** Stromvergleich durch Messung von I_r und I_x

Danach wird U_x gemessen:

$$U_x = U_0 \cdot \frac{R_x//R_M}{R_r + R_x//R_M} = U_0 \cdot \frac{R_x \cdot R_M}{R_r \cdot R_x + R_r \cdot R_M + R_x \cdot R_M}.$$

Dividiert man die obige Gleichung durch die Gleichung für U_r, folgt

$$\frac{U_x}{U_r} = \frac{U_0 \cdot \frac{R_x \cdot R_M}{R_r \cdot R_x + R_r \cdot R_M + R_x \cdot R_M}}{U_0 \cdot \frac{R_r \cdot R_M}{R_r \cdot R_x + R_r \cdot R_M + R_x \cdot R_M}} = \frac{R_x \cdot R_M}{R_r \cdot R_M} = \frac{R_x}{R_r}.$$

Damit erhält man die Bestimmungsgleichung für R_x:

$$R_x = \frac{U_x}{U_r} \cdot R_r. \tag{8.9}$$

Das Ergebnis ist unabhängig von der Speisespannung U_0 und unabhängig vom Innenwiderstand des Spannungsmessgerätes R_M. Voraussetzung ist lediglich, dass für beide Messungen der Innenwiderstand des Spannungsmessers gleich ist, d. h. dass beide Messungen im selben Messbereich durchgeführt werden.

Analog zum Spannungsvergleich kann bei einer Parallelschaltung von R_x und dem Referenzwiderstand R_r nach Abb. 8.3b der Widerstand R_x durch Stromvergleich bestimmt werden. Die Ströme I_r und I_x werden nacheinander gemessen und aufgrund von $U = R_r \cdot I_r = R_x \cdot I_x$ erhält man

$$R_x = \frac{I_r}{I_x} \cdot R_r. \tag{8.10}$$

Man kann zeigen, dass bei Speisung mit einem Konstantstrom die Widerstandsbestimmung unabhängig vom Innenwiderstand des eingeschleiften Strommessgerätes ist.

8.2 Verwendung einer Konstantstromquelle

Um nicht Spannung und Strom oder zwei Spannungen und Ströme messen zu müssen, kann der zu bestimmende Widerstand R_x auch mit einem genau bekannten Konstantstrom I_0 gespeist und nur die Spannung am Widerstand R_x gemessen werden (Abb. 8.4).

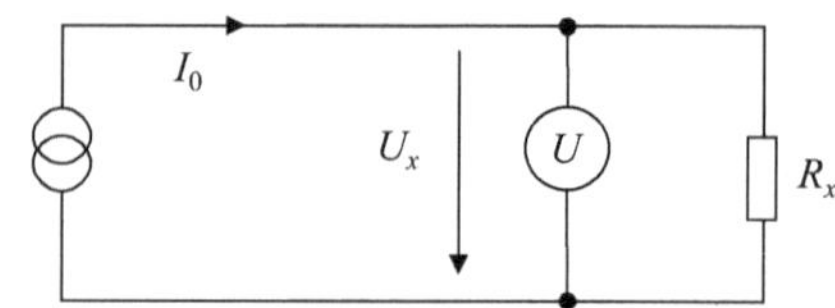

Abb. 8.4 Widerstandsbestimmung mittels Konstantstromspeisung

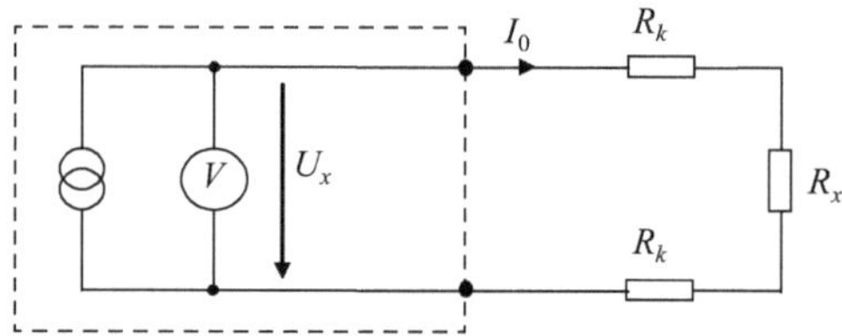

Abb. 8.5 2-Draht-Widerstandsmessung des Widerstands R_x. R_k stellen die Zuleitungs- und Kontaktwiderstände dar

Bei vernachlässigbar hohem Innenwiderstand R_U des Spannungsmessers wird aus der gemessenen Spannung U_x der Widerstand R_x berechnet:

$$R_x = \frac{U_x}{I_0}. \tag{8.11}$$

Bei nicht vernachlässigbarem Innenwiderstand R_U kann das Ergebnis analog zu Gl. 8.7 korrigiert werden:

$$R_x = \frac{U_x}{I_0 - U_x/R_U}. \tag{8.12}$$

Der eingeprägte Strom I_0 muss so gewählt werden, dass

- die Spannung U_x genau genug messbar ist (I_0 groß genug),
- R_x thermisch nicht zu stark belastet wird (I_0 klein genug) und
- der Ausgangsspannungsbereich der Stromquelle nicht überschritten wird.

Da nur ein Messgerät verwendet wird, kann die Anzeige direkt in Ohm skaliert werden. Aufgrund seiner Einfachheit ist die Speisung mit einer Konstantstromquelle das Verfahren, das in den meisten Multimetern zur Widerstandsmessung verwendet wird.

2-Draht-Widerstandsmessung

Wird der zu messende Widerstand R_x über zwei Anschlussklemmen mit dem Messgerät verbunden, spricht man von der 2-Draht-Widerstandsmessung.

Wie in Abb. 8.5 gezeigt, wird R_x über zwei Leitungen mit dem Messgerät verbunden, und der Anschluss des Spannungsmessers erfolgt im Messgerät. Nehmen wir an, R_k ist der Widerstand der Zuleitung, der die Kontakt-, Leitungs- und Übergangswiderstände beinhaltet. Die Widerstandsbestimmung nach Gl. 8.11 ergibt dann

$$R_{\text{mess}} = \frac{U_x}{I_0} = R_x + 2 \cdot R_k$$

mit einer systematischen Messabweichung durch die Kontaktierung von

$$e = R_{\text{mess}} - R_x = 2 \cdot R_k, \tag{8.13}$$

beziehungsweise einer relativen Messabweichung von

$$e_{\text{rel}} = \frac{e}{R_x} = \frac{2 \cdot R_k}{R_x}. \tag{8.14}$$

Man erkennt, dass für $R_x \gg 2 \cdot R_k$ die systematische Abweichung zu vernachlässigen und dieses Verfahren damit sehr einfach für die meisten Widerstandsmessungen einsetzbar ist. Zur Messung kleiner Widerstände kann der Einfluss der Kontaktierung durch eine Referenzmessung ohne den Widerstand R_x zum Teil korrigiert werden. Da aber die Übergangswiderstände nicht konstant und wenig reproduzierbar sind, ist diese Messart zur Messung sehr kleiner Widerstände nicht geeignet.

4-Draht-Widerstandsmessung

Bei der 4-Draht-Messung nach Abb. 8.6 wird der Strom über zwei Leitungen in den zu bestimmenden Widerstand R_x eingespeist und die Spannung über R_x mit zwei getrennten Leitungen abgegriffen. Die Kontaktierung der Spannungsmessklemmen erfolgt hierbei direkt am Widerstand R_x. Durch diese Kontaktierung wird erreicht, dass die unvermeidbaren Spannungsabfälle über den Stromspeiseleitungen $R_{k\,I}$ nicht in die Spannungsmessung eingehen. Des Weiteren sind durch den hohen Innenwiderstand R_U des Spannungsmessers die Spannungsmessleitungen quasi stromlos, so dass an den Spannungsmesskontakten und Leitungen $R_{k\,U}$ keine Spannung abfällt. Die gemessene Spannung stimmt damit sehr genau mit der Spannung am Widerstand R_x überein.

Die Konsequenz ist, dass die Spannungsabfälle über den Kontakt- und Leitungswiderständen der Stromzuleitungen durch die getrennte Kontaktierung nicht erfasst werden und aufgrund von $R_U \gg R_{k\,U}$ die Kontaktwiderstände der Spannungsmessleitungen zu vernachlässigen sind. Somit beeinflussen weder die Stromspeise- noch die Spannungsmessleitungen das Messergebnis. Das 4-Draht-Verfahren wird daher für Präzisionsmessungen und zur Messung sehr kleiner Widerstände verwendet. In vielen Labormessgeräten kann zwischen der einfacheren 2-Draht-Messung (2 Wire Ω) und der 4-Draht-Messung (4 Wire Ω) umgeschaltet werden (Abb. 7.8 im Abschn. 7.3).

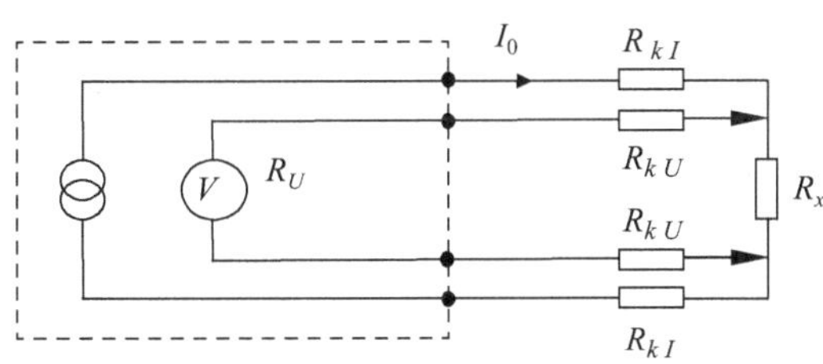

Abb. 8.6 4-Draht-Widerstandsmessung mit getrennten Stromspeise- und Spannungsmessklemmen

Beispiel 8.2

Ein Widerstand $R_x = 0{,}5\,\Omega$ wird mit einem Widerstandsmessgerät mit Konstantstromspeisung gemessen. Die Klemmen-, Kabel- und Übergangswiderstände betragen 0,05 Ω pro Anschluss.

Bei der 2-Draht-Messung erhält man:

Anzeigewert $R_{\text{mess}} = R_x + 2 \cdot R_k = 0{,}5\,\Omega + 2 \cdot 0{,}05\,\Omega = 0{,}6\,\Omega$ und
eine relative Messabweichung durch die Kontaktierung $e_{\text{rel}} = 2 \cdot R_k / R_x = 0{,}1\,\Omega / 0{,}5\,\Omega = 20\,\%$.

Bei der 4-Draht-Messung ist der Anzeigewert $R_{\text{mess}} = 0{,}5\,\Omega$ ohne eine systematische Messabweichung.

8.3 Widerstandsmessbrücken

Alternativ zur Strom- und Spannungsmessung können Widerstandswerte auch mit Hilfe von Messbrücken genau bestimmt werden. Zur ohmschen Widerstandsmessung bestehen sie aus einem Widerstandsnetzwerk, das mit einer konstanten Spannung oder einem konstanten Strom gespeist wird. Man unterscheidet zwischen dem Ausschlagverfahren, bei dem die Brückenspannung gemessen und daraus der Widerstand berechnet wird und dem Abgleichverfahren, bei dem die Brückenspannung durch Veränderung eines Einstellwiderstandes auf Null abgeglichen wird und der gesuchte Widerstand aus dem Wert des Einstellwiderstands bestimmt wird. In der Vergangenheit sind derartige Abgleichmessbrücken zur Widerstandsbestimmung verwendet worden, in der heutigen Zeit spielen Sie keine Rolle mehr. Demgegenüber sind Ausschlagmessbrücken in der Sensormesstechnik weit verbreitet.

Wheatstone-Brücke

Die sehr häufig verwendete Wheatstone-Brücke besteht aus zwei parallel geschalteten Spannungsteilern, die in Abb. 8.7 mit einer Spannung U_0 gespeist werden. Wheatstone veröffentlichte 1843 erstmals eine solche Brückenschaltung zur Widerstandsmessung.

Aus den Spannungsteilern

$$U_1 = U_0 \cdot \frac{R_1}{R_1 + R_2} \quad \text{und} \quad U_3 = U_0 \cdot \frac{R_3}{R_3 + R_4}$$

kann die Brückenspannung U_B berechnet werden:

$$U_B = U_3 - U_1 = U_0 \cdot \left(\frac{R_3}{R_3 + R_4} - \frac{R_1}{R_1 + R_2} \right)$$

$$= U_0 \cdot \frac{R_3 \cdot (R_1 + R_2) - R_1 \cdot (R_3 + R_4)}{(R_1 + R_2) \cdot (R_3 + R_4)},$$

$$U_B = U_0 \cdot \frac{R_2 \cdot R_3 \; - \; R_1 \cdot R_4}{(R_1 \; + \; R_2)(R_3 \; + \; R_4)}. \tag{8.15}$$

Abgeglichene Wheatstone-Brücke

Für ein bestimmtes Widerstandsverhältnis wird die Brückenspannung $U_B = 0$. Aus (8.15) folgt für diesen Abgleichfall

$$U_B = 0 = U_0 \cdot \frac{R_2 \cdot R_3 \; - \; R_1 \cdot R_4}{(R_1 \; + \; R_2)(R_3 \; + \; R_4)}$$

und daraus die Abgleichbedingung

$$R_2 \cdot R_3 \; = R_1 \cdot R_4. \tag{8.16}$$

Soll beispielsweise der Widerstandswert $R_2 = R_x$ bestimmt werden, wird mit einer Brückenschaltung nach Abb. 8.7 durch Veränderung der Widerstände R_1, R_3 oder R_4 die gemessene Brückenspannung auf Null abgeglichen. Für den Abgleichfall wird R_x dann aus den übrigen Widerstandswerten berechnet:

$$R_x = R_2 = R_1 \cdot \frac{R_4}{R_3}. \tag{8.17}$$

Abb. 8.8 zeigt eine typische Messanordnung einer Abgleichbrücke zur Messung des Widerstands R_x. Die Widerstände R_3 und R_4 sind als Dekadenteiler ausgeführt, so dass das Widerstandsverhältnis R_4/R_3 zur Bereichswahl beispielsweise zwischen 1/100, 1/10, 1, 10 und 100 eingestellt werden kann. Der Feinabgleich erfolgt mit dem Widerstand R_1, der durch die Bereichswahl nur innerhalb einer Dekade einstellbar sein muss.

Zum Abgleich der Brücke muss die Brückenspannung gemessen und die Abgleichbedingung $U_B = 0$ verifiziert werden. Dazu werden Digitalvoltmeter oder Drehspulmesswerke eingesetzt, oder man kann mit Hilfe von Differenzverstärkern, Analog-Digital-Umsetzern und

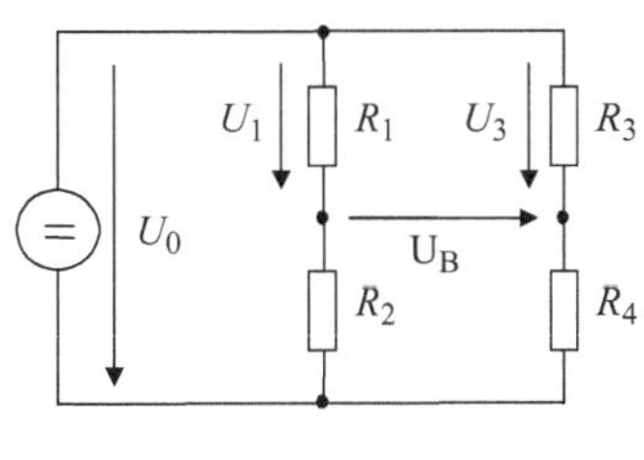

Abb. 8.7 Wheatstone-Brücke zur Widerstandsmessung

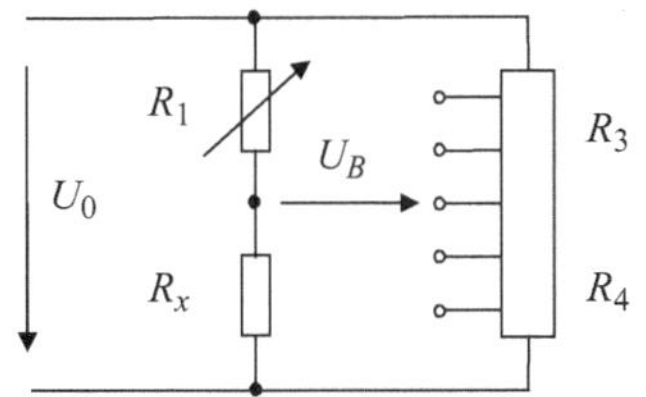

Abb. 8.8 Wheatstone-Brücke zur Bestimmung des Widerstands R_x mit Dekadenteiler R_4/R_3 und Einstellwiderstand R_1

einem Prozessorsystem einen automatischen Abgleich durchführen. Der Vorteil dieser Messbrücke liegt in der Tatsache, dass keine Absolutwerte von Spannungen und Strömen gemessen werden müssen und deshalb die Absolutgenauigkeit der Messinstrumente und die Brückenspeisespannung nur gering in die Genauigkeit der Widerstandsbestimmungen eingehen. Die erreichbaren relativen Messunsicherheiten liegen im Bereich von 10^{-5}.

Ausschlag-Widerstandsmessbrücken

Bei Ausschlag-Messbrücken wird durch die Widerstandsdimensionierung ein geeigneter Arbeitspunkt (Nullpunkteinstellung) gewählt und verbleibende oder sich nach einer Widerstandsänderung ergebende Brückenspannung gemessen. Aus der gemessenen Brückenspannung und den Widerstandswerten des Arbeitspunktes kann dann kontinuierlich der aktuelle Widerstandswert ermittelt werden. Diese Ausschlag-Widerstandsmessbrücken werden für viele Messaufgaben verwendet, bei denen Änderungen von Widerstandswerten erfasst werden sollen. Beispielsweise werden zur Messung nichtelektrischer Größen häufig Widerstandssensoren wie Dehnungsmessstreifen zur Kraft- und Druckmessung [39, 40] oder Thermistoren zur Temperaturmessung [41] eingesetzt. Die Sensoren formen die zu messende Größe (Dehnung bzw. Temperatur) in eine Widerstandsänderung um, die mit Hilfe von Ausschlag-Widerstandsmessbrücken als Spannungsänderung analog oder digital erfasst wird. Daraus kann die nichtelektrische Größe berechnet und ausgegeben werden.

Spannungsgespeiste Ausschlag-Messbrücke

Der Widerstand R_2 (Abb. 8.9) soll im Weiteren der zu messende Widerstand sein. Zur Dimensionierung der anderen Brückenwiderstände und der Speisung sind vor allem die Empfindlichkeit der Messbrücke und der Nullabgleich von Bedeutung.

Der allgemeine Zusammenhang der Brückenspannung und der Widerstandswerte ist nach Gl. 8.15

$$U_B = U_0 \cdot \frac{R_2 \cdot R_3 - R_1 \cdot R_4}{(R_1 + R_2)(R_3 + R_4)}.$$

Die Empfindlichkeit der Messbrücke beschreibt die Änderung der Ausgangsgröße (Brückenspannung) bei einer Änderung der Eingangsgröße, die in diesem Fall die Widerstandsänderung des Messwiderstandes R_2 ist. Die Empfindlichkeit E ist demnach

$$E = \frac{\delta U_B}{\delta R_2}.$$

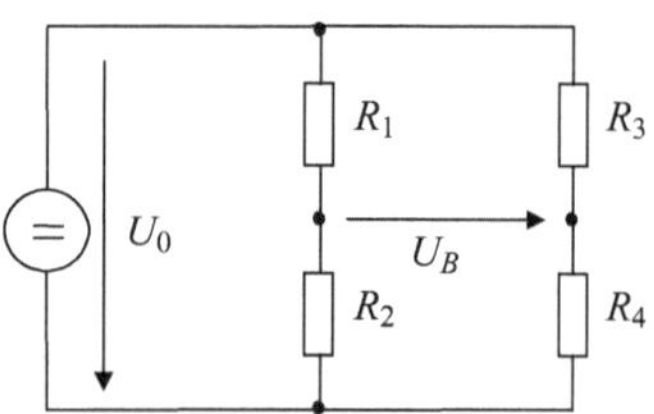

Abb. 8.9 Spannungsgespeiste Wheatstone-Brücke

Durch Differentiation von Gl. 8.15 erhält man

$$\begin{aligned}\frac{\delta U_B}{\delta R_2} &= U_0 \cdot \frac{R_3 \cdot (R_1 + R_2) \cdot (R_3 + R_4) - (R_2 \cdot R_3 - R_1 \cdot R_4) \cdot (R_3 + R_4)}{(R_1 + R_2)^2 \cdot (R_3 + R_4)^2} \\ &= U_0 \cdot \frac{R_3 \cdot R_1 + R_3 \cdot R_2 - R_2 \cdot R_3 + R_1 \cdot R_4}{(R_1 + R_2)^2 \cdot (R_3 + R_4)} \\ &= U_0 \cdot \frac{R_1 \cdot (R_3 + R_4)}{(R_1 + R_2)^2 \cdot (R_3 + R_4)} = U_0 \cdot \frac{R_1}{(R_1 + R_2)^2}\end{aligned}$$

und damit die Empfindlichkeit

$$E = \frac{\delta U_B}{\delta R_2} = U_0 \cdot \frac{R_1}{(R_1 + R_2)^2}. \tag{8.18}$$

Das Ziel einer Brückendimensionierung ist in der Regel, eine möglichst große Empfindlichkeit zu erreichen. Anhand von Gl. 8.18 erkennt man, dass U_0 möglichst groß gewählt werden soll und dass die Empfindlichkeit unabhängig von den Widerständen R_3 und R_4 ist. Die optimale Dimensionierung von R_1 für eine maximale Empfindlichkeit bestimmt man aus der Nullstelle der Ableitung $\delta E/\delta R_1$:

$$\begin{aligned}\frac{\delta E}{\delta R_1} &= U_0 \cdot \frac{(R_1 + R_2)^2 - R_1 \cdot 2 \cdot (R_1 + R_2)}{(R_1 + R_2)^4}, \\ \frac{\delta E}{\delta R_1} &= 0 \quad \text{für} \quad (R_1 + R_2) - 2 \cdot R_1 = R_2 - R_1 = 0.\end{aligned}$$

Die maximale Empfindlichkeit der Messbrücke erhält man damit für

$$R_1 = R_2. \tag{8.19}$$

Der Nullpunkt der Brückenspannung wird aus der Abgleichbedingung in der Gl. 8.16 berechnet und führt zu einer Bedingung für das Widerstandsverhältnis R_3/R_4. U_B wird Null für

$$R_3/R_4 = R_1/R_2. \tag{8.20}$$

Viertel-, Halb- und Vollbrücke

Die bisher vorgestellte Messbrücke enthält einen sich verändernden und drei konstante Widerstände. Man spricht in diesem Fall von einer Viertelbrücke. Bei vielen Widerstandssensorsystemen werden zur Erhöhung der Empfindlichkeit nicht nur ein, sondern mehrere Widerstände der Brücke als Sensorelemente ausgeführt.

Abb. 8.10a zeigt eine Viertelbrücke mit einem Sensorwiderstand $R + \Delta R$ und drei gleichen Festwiderständen R. Die Halbbrücke enthält zwei sich gleich oder gegensinnig verändernde Widerstände, die Vollbrücke besteht aus vier von der zu messenden Größe abhängigen Widerständen. Zur Abschätzung der Empfindlichkeiten gehen wir von der Gl. 8.15 der Brückenspannung

$$U_B = U_0 \cdot \frac{R_2 \cdot R_3 - R_1 \cdot R_4}{(R_1 + R_2)(R_3 + R_4)}$$

aus und wählen gleiche Widerstandswerte R für die nichtveränderlichen Widerstände.

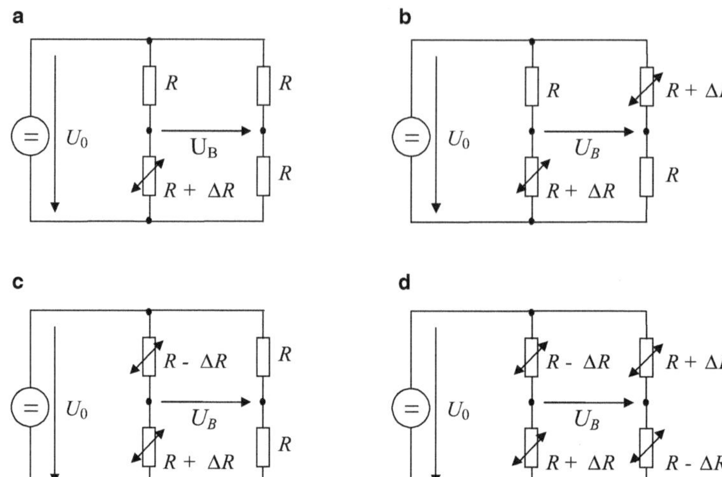

Abb. 8.10 **a** Viertelbrücke, **b** Halbbrücke 1, **c** Halbbrücke 2, **d** Vollbrücke

Viertelbrücke $R_2 = R + \Delta R$, $R_1 = R_3 = R_4 = R$ (Abb. 8.10a)

$$U_B = U_0 \frac{(R + \Delta R) \cdot R - R \cdot R}{(2R + \Delta R) \cdot 2R} = U_0 \frac{\Delta R}{2 \cdot (2R + \Delta R)}, \tag{8.21}$$

$$U_B \approx U_0 \frac{\Delta R}{4R} \quad \text{für kleine Widerstandsänderungen } |\Delta R| \ll R,$$

$$E = \frac{\delta U_B}{\delta \Delta R} \approx \frac{U_0}{4R} \quad \text{für } |\Delta R| \ll R. \tag{8.22}$$

Halbbrücke 1 R_2 und R_3 verändern sich gleichsinnig (Abb. 8.10b)

$R_2 = R + \Delta R$, $R_3 = R + \Delta R$ (R_2 und R_3 gleichsinnig), $R_1 = R_4 = R$,

$$U_B = U_0 \frac{(R + \Delta R) \cdot (R + \Delta R) - R \cdot R}{(2R + \Delta R) \cdot (2R + \Delta R)} = U_0 \frac{2R \cdot \Delta R + \Delta R^2}{(2R + \Delta R)^2}, \tag{8.23}$$

$$U_B \approx U_0 \frac{\Delta R}{2R} \quad \text{für kleine Widerstandsänderungen } |\Delta R| \ll R,$$

$$E = \frac{\delta U_B}{\delta \Delta R} \approx \frac{U_0}{2R} \quad \text{für } |\Delta R| \ll R. \tag{8.24}$$

Man erhält eine Verdopplung der Empfindlichkeit gegenüber der Viertelbrücke.

Halbbrücke 2 Alternativ kann eine Halbbrücke auch aus zwei sich gegensinnig verändernden Widerständen R_1 und R_2 aufgebaut werden (Abb. 8.10c):

$$R_1 = R - \Delta R,\ R_2 = R + \Delta R\ (R_1 \text{ und } R_2 \text{ gegensinnig}),\ R_3 = R_4 = R,$$

$$U_B = U_0 \frac{(R + \Delta R) \cdot R - (R - \Delta R) \cdot R}{(2R) \cdot (2R)} = U_0 \frac{2\Delta R \cdot R}{4R^2},$$

$$U_B = U_0 \frac{\Delta R}{2R}, \tag{8.25}$$

$$E = \frac{\delta U_B}{\delta \Delta R} = \frac{U_0}{2R} \quad \text{hierbei ohne Einschränkungen für } \Delta R. \tag{8.26}$$

Vollbrücke Alle Brückenwiderstände verändern sich (Abb. 8.10d).

$$R_2 = R + \Delta R,\ R_3 = R + \Delta R\ (R_2 \text{ und } R_3 \text{ gleichsinnig}),$$

$$R_1 = R - \Delta R,\ R_4 = R - \Delta R\ (R_1,\ R_4 \text{ gegensinnig zu } R_2,\ R_3),$$

$$U_B = U_0 \frac{(R + \Delta R)^2 - (R - \Delta R)^2}{(2R) \cdot (2R)} = U_0 \frac{2R \cdot \Delta R - (-2R \cdot \Delta R)}{(2R)^2},$$

$$U_B = U_0 \frac{\Delta R}{R}, \tag{8.27}$$

$$E = \frac{\delta U_B}{\delta \Delta R} = \frac{U_0}{R}. \tag{8.28}$$

Diese Vollbrücke hat eine vierfach höhere Empfindlichkeit als die Viertelbrücke.

Für Sensoranwendungen haben die Halbbrücke 2 und die Vollbrücke neben der Empfindlichkeitserhöhung noch den Vorteil der Kompensation aller gleichsinnigen Veränderungen der Sensorwiderstände. Dies kann zur Reduzierung unerwünschter Effekte wie beispielsweise bei Dehnungsmessstreifen die Kompensation der Widerstandsänderungen durch Temperatureinflüsse führen. Deshalb werden diese Brücken im Bereich der Sensorik häufig eingesetzt.

Stromgespeiste Ausschlag-Messbrücke

Messbrücken können, wie in den bisherigen Fällen, mit einer konstanten Spannung oder auch mit einem konstanten Strom I_0 gespeist werden (Abb. 8.11).

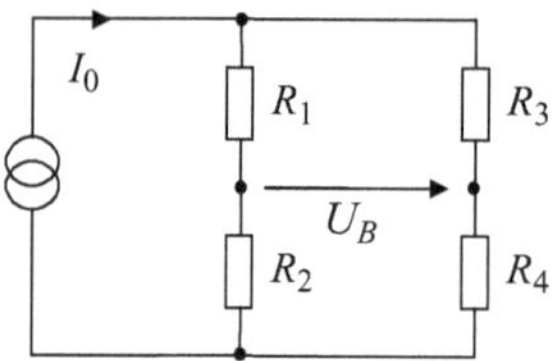

Abb. 8.11 Stromgespeiste Wheatstone-Brücke

Der Strom I_0 fließt in die Parallelschaltung von $(R_1 + R_2)$ und $(R_3 + R_4)$. Setzt man

$$U_0 = I_0 \cdot ((R_1 + R_2)//(R_3 + R_4)) = I_0 \frac{(R_1 + R_2)(R_3 + R_4)}{R_1 + R_2 + R_3 + R_4}$$

in die Gl. 8.15 der Brückenspannung der spannungsgespeisten Brücke ein, erhält man die Brückenspannung der stromgespeisten Brücke:

$$U_B = I_0 \frac{(R_1 + R_2)(R_3 + R_4)}{R_1 + R_2 + R_3 + R_4} \cdot \frac{R_2 \cdot R_3 - R_1 \cdot R_4}{(R_1 + R_2)(R_3 + R_4)},$$

$$U_B = I_0 \cdot \frac{R_2 \cdot R_3 - R_1 \cdot R_4}{R_1 + R_2 + R_3 + R_4}. \tag{8.29}$$

Für manche Anwendungen ist eine Stromspeisung vorteilhaft, da sich beispielsweise für die Halbbrücke 1 nach Abb. 8.10b bei Stromspeisung ein linearer Zusammenhang der Brückenspannung von der Widerstandsänderung ergibt.

Belastete Brückenschaltung

Bei den Ausschlagmessbrücken wird die Brückenspannung gemessen und daraus die Widerstandsänderung berechnet. Bei den bisherigen Betrachtungen ist von einer rückwirkungsfreien Brückenspannungsmessung ausgegangen worden. Da aber der Innenwiderstand des Spannungsmessers die Brückenspannung belastet, soll nun der Einfluss eines Innenwiderstandes R_M des Spannungsmessers auf die Brückenspannung betrachtet werden. Wird die Brückenspannung mit einem Messgerät gemessen, führt der Stromfluss durch das Spannungsmessgerät zu einer Reduzierung der gemessenen Spannung und damit zu einer systematischen Messabweichung.

Zur Analyse wird die Ersatzspannungsquelle der Messbrücke bezüglich der Brückenspannungsmessklemmen bestimmt (Abb. 8.12).

Die Leerlaufspannung der Ersatzspannungsquelle U_q ist gleich der Spannung der unbelasteten Brücke, also gleich der Brückenspannung U_B nach Gl. 8.15:

$$U_q = U_B(R_M \to \infty) = U_0 \frac{R_2 \cdot R_3 - R_1 \cdot R_4}{(R_1 + R_2)(R_3 + R_4)}. \tag{8.30}$$

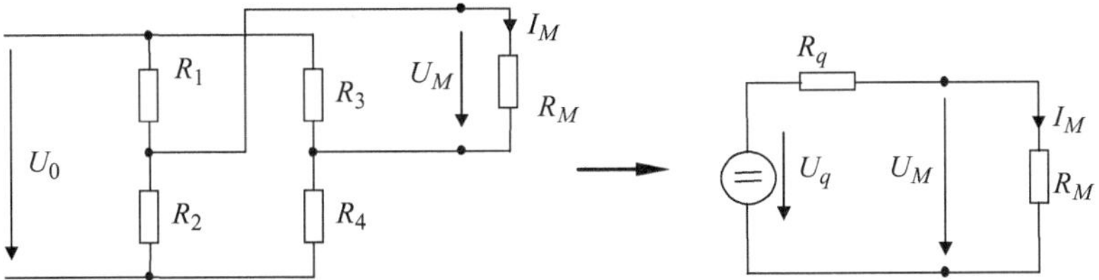

Abb. 8.12 Belastete, spannungsgespeiste Messbrücke mit Ersatzspannungsquelle

Der Quellwiderstand R_q ist der Widerstand, der an den Brückenspannungsmessklemmen bei kurzgeschlossener Spannungsquelle U_0 bestimmt wird:

$$R_q = (R_1//R_2) + (R_3//R_4) = \frac{R_1 \cdot R_2}{R_1 + R_2} + \frac{R_3 \cdot R_4}{R_3 + R_4}. \tag{8.31}$$

Durch die Belastung der Brücke mit R_M und den dadurch fließenden Strom I_M verringert sich die gemessene Brückenspannung U_M auf

$$U_M = U_q \frac{R_M}{(R_q + R_M)}. \tag{8.32}$$

Die systematische Abweichung und relative Abweichung durch die Belastung beträgt

$$e = U_M - U_{B(R\to\infty)} = U_M - U_q, \quad \text{bzw.} \quad e_{\text{rel}} = \frac{U_M - U_q}{U_q} = \frac{U_M}{U_q} - 1,$$

und durch Einsetzen von Gl. 8.32 erhält man das Ergebnis

$$e_{\text{rel}} = \frac{R_M}{(R_q + R_M)} - 1 = -\frac{R_q}{R_q + R_M}. \tag{8.33}$$

Die relative Abweichung ist klein, wenn R_M groß gegenüber R_q ist, d. h. hochohmig gemessen wird bzw. der Quellwiderstand der Brücke klein ist. Dies führt zu einem zusätzlichen Dimensionierungskriterium der Brückenwiderstände R_1 bis R_4.

Als Beispiel sei die Dimensionierung der Brückenwiderstände für eine Messbrücke zur Messung der Änderungen des Messwiderstandes $R_2 = R_{20} + \Delta R$ angegeben:

- R_1 ist festgelegt durch die max. Empfindlichkeit der Brücke. Nach Gl. 8.19 ist die Empfindlichkeit maximal für $R_1 = R_2$.
- R_3/R_4 bestimmt den Nullpunkt der Brückenspannung. Nach Gl. 8.20 ist $U_B = 0$ für $R_3/R_4 = R_1/R_2$. Hierdurch ist nur das Verhältnis R_3/R_4 festgelegt.
- Kriterien zur Wahl von R_3 und R_4:
  - R_3, R_4 nicht zu klein, da sonst die Spannung U_0 zu stark belastet wird,
  - R_3, R_4 nicht zu groß, da sonst der Innenwiderstand der Messbrücke nach Gl. 8.31 zu groß wird und so bei einer Belastung der Brückenspannung Messabweichungen auftreten.

Sinnvoll ist eine Wahl von R_3 und R_4 in der Größenordnung der Widerstandswerte von R_1 und R_2.

Beispiel 8.3

Mit Hilfe eines Dehnungsmessstreifens (DMS) soll die Dehnung in einem Werkstück gemessen werden. Die Dehnung ist die relative Längenänderung $\varepsilon = \Delta l/l$. Sie liegt typischerweise in der Größenordnung 10^{-5} bis 10^{-3}.

Der Dehnungsmessstreifen hat einen dehnungsabhängigen Widerstandswert von $R_{\text{DMS}} = R_0\,(1 + K \cdot \varepsilon)$ mit $R_0 = 350\,\Omega$, $K = 2{,}0$ und der Dehnung ε.

Eine Viertelbrücke nach Abb. 8.9 bzw. 8.10a mit dem Sensorwiderstand $R_2 = R_{\text{DMS}}$ wird folgendermaßen dimensioniert:

R_1 maximale Empfindlichkeit, wenn $R_1 = R_2 \rightarrow R_1 = R_{\text{DMS}}(\varepsilon = 0) = R_0 = 35$ $0\,\Omega$

R_3, R_4 Nullpunkt der Brückenspannung für $\varepsilon = 0 \rightarrow R_3/R_4 = R_1/R_{\text{DMS}}(\varepsilon = 0) = 1$ $\rightarrow R_3 = R_4$
Wahl beispielsweise: $R_3 = R_4 = R = 470\,\Omega$

U_0 möglichst groß. Der Maximalwert ist meist vom Hersteller der Sensoren spezifiziert, beispielsweise $U_0 = 10\,\text{V}$

Damit erhält man für die Brückenspannung

$$U_B = U_0 \cdot \frac{R_2 \cdot R_3 - R_1 \cdot R_4}{(R_1 + R_2)(R_3 + R_4)} = U_0 \cdot \frac{R_0 \cdot (1 + K \cdot \varepsilon) \cdot R - R_0 \cdot R}{(R_0 + R_0 \cdot (1 + K \cdot \varepsilon))(R + R)}$$
$$= U_0 \cdot \frac{R_0 \cdot K \cdot \varepsilon \cdot R}{R_0 \cdot (2 + K \cdot \varepsilon) \cdot 2R} = U_0 \cdot \frac{K \cdot \varepsilon}{2 \cdot (2 + K \cdot \varepsilon)}.$$

Die Empfindlichkeit für Dehnungsänderungen ist

$$E = \frac{\delta U_B}{\delta \varepsilon} = U_0 \cdot \frac{K \cdot 2 \cdot (2 + K \cdot \varepsilon) - K \cdot \varepsilon \cdot 2K}{4 \cdot (2 + K \cdot \varepsilon)^2} = U_0 \cdot \frac{4 \cdot K}{4 \cdot (2 + K \cdot \varepsilon)^2} = U_0 \cdot \frac{K}{(2 + K \cdot \varepsilon)^2}.$$

Für typische Dehnungen ε x $\ll 10^{-2}$ ist $K \cdot \varepsilon \ll 2$ und die Empfindlichkeit kann sehr gut angenähert werden durch $E \approx U_0 \cdot \frac{K}{4}$.

Die Empfindlichkeit ist unabhängig von der Dehnung und für $K = 2$ und $U_0 = 10\,\text{V}$ erhält man $E = 5\,\text{V} = 5\,\text{mV}/10^{-3}$.

Für eine Dehnung $\varepsilon = 10^{-4}$ ist damit die Brückenspannung $U_B = E \cdot \varepsilon = 5\frac{\text{mV}}{10^{-3}} \cdot 10^{-4} = 0{,}5\,\text{mV}$.

Der Ausgangs- bzw. Quellwiderstand der Messbrücke beträgt

$$R_q = (R_0 // R_{\text{DMS}}) + (R // R) \approx \frac{R_0}{2} + \frac{R}{2} = \frac{350\,\Omega}{2} + \frac{470\,\Omega}{2} = 410\,\Omega.$$

Wird die Brückenspannung mit einem Spannungsmessgerät mit einem Eingangswiderstand von $R_M = 100\,\text{k}\Omega$ gemessen, ergibt sich eine relative systematische Messabweichung von

$$e_{\text{rel}} = -\frac{R_q}{R_q + R_M} = -\frac{410\,\Omega}{410\,\Omega + 100\,\text{k}\Omega} = -0{,}41\,\%.$$

8.4 Aufgaben zur Widerstandsmessung

Aufgabe 8.1

Ein ohmscher Widerstand R_x wird in Zweidraht-Messtechnik gemessen. Die Stromquelle und das Spannungsmessgerät sind ideal.

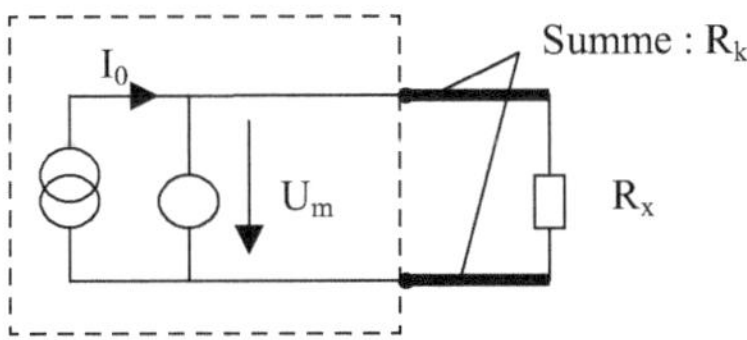

Die Klemmen-, Leitungs- und Übergangswiderstände zur Kontaktierung von R_x betragen insgesamt R_k.

a) Nehmen Sie unkorrigierte Messergebnisse und $R_k = 0{,}2\,\Omega$ an. Bestimmen Sie den Bereich der Widerstandswerte R_x, in dem der Betrag der relativen Messabweichung durch R_k kleiner als 2 % ist.

b) Zur Korrektur des Einflusses wird in Kurzschlussmessungen ohne R_x nur mit den Klemmen und Zuleitungen mehrfach gemessen und daraus der Mittelwert R_k mit seiner Standardabweichung bestimmt.
Berechnen Sie den mit Hilfe der Ergebnisse der Kurzschlussmessungen korrigierten Wert R_{korr} und dessen Messunsicherheit für folgende Werte:

Konstantstrom	$I_0 = 10{,}0$ mA	Standardabweichung	$\sigma(I_0) = 0{,}1$ mA
Gemessene Spannung	$U_m = 18{,}2$ mV	Messunsicherheit (95 %)	$u(U_m) = 0{,}4$ mV
Klemmenwiderstand	$R_k = 0{,}21\,\Omega$	Standardabweichung	$\sigma(R_k) = 0{,}05\,\Omega$

Aufgabe 8.2

Zur Messung einer Dehnung ε werden zwei Dehnungsmessstreifen in folgender Brückenschaltung eingesetzt.

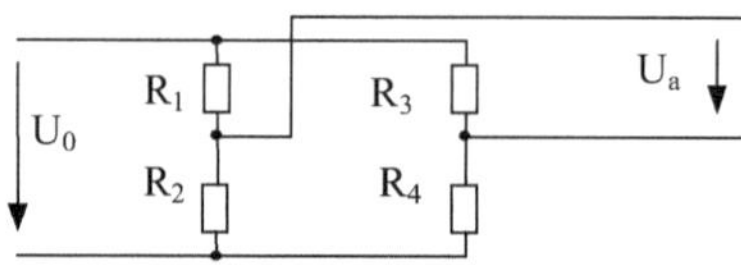

Dehnungsmessstreifen	$R_1 = 350\,\Omega * (1 + 2{,}0 * \varepsilon)$
	$R_2 = 350\,\Omega * (1 - 2{,}0 * \varepsilon)$
Speisespannung	$U_0 = 5\,\text{V}$

a) Dimensionieren Sie R_3 und R_4 so, dass die folgenden Bedingungen erfüllt werden:
   - Ausgangsspannung U_a im ungedehnten Zustand: $U_a\,(\varepsilon = 0) = 0\,\text{V}$.
   - Bei einer Belastung der Ausgangsspannung mit einem Widerstand von 100 kΩ soll der Betrag der relativen Messabweichung kleiner als 0,5 % sein (hierbei Annahme: $R_1 \approx R_2 \approx 350\,\Omega$).

b) Bestimmen Sie die Empfindlichkeit der Brückenschaltung für die Dehnungsmessung.

Impedanzmessung

9

In diesem Abschnitt wird die Messung von beliebigen ohmschen, Blind- und Scheinwiderständen, die auch als Impedanzmessung bezeichnet wird, beschrieben. Dabei stehen Grundlagen und Niederfrequenzanwendungen im Vordergrund. Spezielle Verfahren in der Hochfrequenztechnik wie Reflexionsfaktormessung oder S-Parameter-Messung werden beispielsweise in [43, 44] beschrieben.

9.1 Beschreibung realer passiver Bauelemente

Als Blindwiderstände werden Widerstände bezeichnet, bei denen der Strom um +90° oder −90° phasenverschoben zur Spannung ist. Solche idealen, verlustfreien Spulen und Kondensatoren sind technisch nicht realisierbar. Interne Effekte führen zu Verlusten, die zu Phasenverschiebungen abweichend von ±90° führen und durch einen ohmschen Anteil in den entsprechenden Ersatzschaltbildern dargestellt werden können. Bei Kondensatoren ist dies beispielsweise der Isolationswiderstand des Dielektrikums, bei Spulen der ohmsche Widerstand der Wicklung oder Ersatzwiderstände, die die Wirbelstromverluste repräsentieren. Für manche Anwendung können die Verluste vernachlässigt werden und das Bauteil durch einen reinen Blindwiderstand angenähert werden. Im allgemeinen Fall beschreibt der Scheinwiderstand oder komplexe Widerstand $\underline{Z}$ den ohmschen und den Blindanteil der Impedanz. Im Nachfolgenden wird angenommen, dass die Impedanz Z linear und zeitlich konstant ist.

Scheinwiderstand und Blindwiderstand

Sind $\underline{U}$ und $\underline{I}$ die komplexen Effektivwertzeiger mit Betrag und Phasenwinkel von Strom und Spannung an einer Impedanz, so ist der komplexe Scheinwiderstand

T. Mühl, *Elektrische Messtechnik*, https://doi.org/10.1007/978-3-658-29116-7_9

$$\underline{Z} = \frac{\underline{U}}{\underline{I}}. \tag{9.1}$$

Der komplexe Scheinwiderstand ist darstellbar durch den Real- und Imaginärteil oder Betrag und Phase

$$\underline{Z} = \mathrm{Re}(\underline{Z}) + \mathrm{j}\ \mathrm{Im}(\underline{Z}) = R + \mathrm{j}X, \tag{9.2}$$

$$\underline{Z} = |\underline{Z}| \cdot e^{\mathrm{j}\phi_Z}. \tag{9.3}$$

Aus (9.1) ist ableitbar, dass der Betrag Z des Scheinwiderstands gleich dem Quotienten der Effektivwerte U, I ist

$$Z = |\underline{Z}| = \frac{U}{I}, \tag{9.4}$$

und dass der Phasenwinkel aus den Phasenwinkeln von Spannung φ_U und Strom φ_I berechnet werden kann:

$$\varphi = \varphi_z = \varphi_U - \varphi_I. \tag{9.5}$$

Der Blindwiderstand X entspricht dem Imaginärteil von $\underline{Z}$, der ohmsche Widerstand dem Realteil von $\underline{Z}$

$$X = \mathrm{Im}(\underline{Z}) \quad \text{und} \quad R = \mathrm{Re}(\underline{Z}).$$

Verlustfaktor tan δ und Güte Q

Der Phasenwinkel φ zwischen Strom und Spannung an einer idealen Blindkomponente beträgt +90° oder −90°. Der Verlustwinkel δ beschreibt für eine reale Komponente die Differenz zu ±90°:

$$\delta = 90^0 - |\varphi|. \tag{9.6}$$

Der Tangens des Verlustwinkels wird als Verlustfaktor tan δ bezeichnet:

$$\tan\delta = \tan\left(90^0 - |\phi|\right) = \frac{\mathrm{Re}(\underline{Z})}{|\mathrm{Im}(\underline{Z})|}. \tag{9.7}$$

Die Güte Q ist definiert als Kehrwert des Verlustfaktors

$$Q = \frac{1}{\tan\delta} = \frac{|\mathrm{Im}(\underline{Z})|}{\mathrm{Re}(\underline{Z})}. \tag{9.8}$$

Reale Bauelemente

Reale Bauteile wie Kondensatoren und Spulen können durch Ersatzschaltbilder, die aus idealen ohmschen und Blindwiderständen bestehen, beschrieben werden. Die Wahl der Ersatzschaltung hängt von der Komponente, den vorgegebenen Anforderungen und dem Gültigkeitsbereich wie beispielsweise dem Frequenzbereich, in dem die Ersatzschaltung

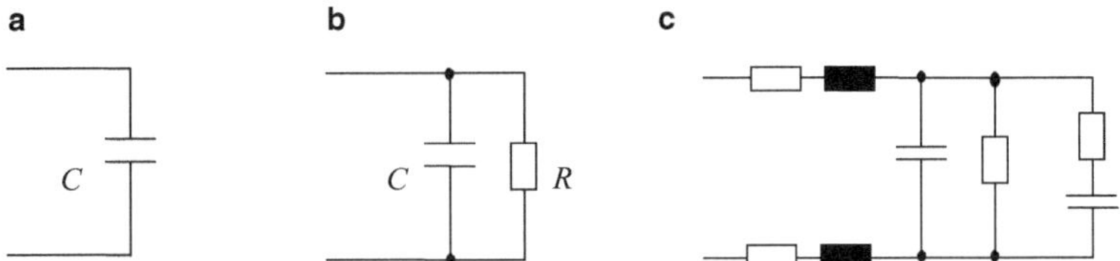

Abb. 9.1 Ersatzschaltbilder eines Kondensators. **a** idealer Kondensator, Beschreibung durch Kapazität C, **b** einfache Parallelersatzschaltung, Beschreibung durch Kapazität C und Parallelwiderstand R, **c** erweiterte Ersatzschaltung mit Zuleitungswiderständen, Zuleitungsinduktivitäten und einer zusätzlichen Zeitkonstanten zur Beschreibung weiterer, frequenzabhängiger Effekte

verwendet werden soll, ab (Abb. 9.1). Da die einfachen Ersatzschaltbilder nicht alle Effekte realer Bauteile beschreiben, ist bei der Messung der Komponenten der einfachen Ersatzschaltbilder darauf zu achten, dass die Messfrequenz in der Größenordnung der Betriebsfrequenz der Komponente liegt.

Reihen- und Parallelersartzschaltbild

Die Eigenschaften eines passiven Bauteils können bei einer Frequenz durch das Reihen- oder Parallelersatzschaltbild beschrieben werden. Das Reihenersatzschaltbild wird häufig auch als Serienersatzschaltbild bezeichnet.

Reihenersatzschaltung	$\underline{Z} = R_s + \mathrm{j}X_s$	R_s $\mathrm{j}X_s$
Parallelersatzschaltung	$\frac{1}{\underline{Z}} = \frac{1}{R_p} + \frac{1}{\mathrm{j}X_p}$	R_p $\mathrm{j}X_p$

Ist eine Ersatzschaltung gegeben, kann die jeweils andere daraus berechnet werden. Sind beispielsweise die Komponenten der Parallelersatzschaltung R_p und X_p gegeben, können die Komponenten der Reihenersatzschaltung R_s und X_s wie folgt berechnet werden:

$$\underline{Z} = R_p // \mathrm{j}X_p = \frac{R_p \cdot \mathrm{j}X_p}{R_p + \mathrm{j}X_p} = \frac{R_p \cdot \mathrm{j}X_p \cdot \left(R_p - \mathrm{j}X_p\right)}{\left(R_p + \mathrm{j}X_p\right)\left(R_p - \mathrm{j}X_p\right)} = \frac{R_p^2 \cdot \mathrm{j}X_p + R_p \cdot X_p^2}{R_p^2 + X_p^2}$$

$$= \frac{R_p \cdot X_p^2}{R_p^2 + X_p^2} + \mathrm{j}\frac{R_p^2 \cdot X_p}{R_p^2 + X_p^2} = R_s + \mathrm{j}\,X_s$$

$$R_s = \frac{R_p \cdot X_p^2}{R_p^2 + X_p^2} \quad \text{und} \quad X_s = \frac{R_p^2 \cdot X_p}{R_p^2 + X_p^2} \tag{9.9}$$

Die Güte Q nach (9.8) kann aus den Reihen- oder Parallelersatzschaltbildkomponenten bestimmt werden. Für das Reihenersatzschaltbild gilt

$$Q = \frac{|\mathrm{Im}(\underline{Z})|}{\mathrm{Re}(\underline{Z})} = \frac{|X_s|}{R_s}. \tag{9.10}$$

Setzt man die Gl. (9.9) in die Gl. (9.10) ein, erhält man für das Parallelersatzschaltbild

$$Q = \frac{|\mathrm{Im}(\underline{Z})|}{\mathrm{Re}(\underline{Z})} = \frac{\left|\dfrac{R_p^2 \cdot X_p}{R_p^2 + X_p^2}\right|}{\dfrac{R_p \cdot X_p^2}{R_p^2 + X_p^2}} = \frac{R_p^2 \cdot |X_p| \left(R_p^2 + X_p^2\right)}{R_p \cdot X_p^2 \left(R_p^2 + X_p^2\right)} = \frac{R_p}{|X_p|}. \tag{9.11}$$

Werden bei einer Messung die Ersatzschaltbildgrößen wie zum Beispiel R_s, R_p, L_s, Z oder Q angegeben, gelten diese bei der Frequenz, bei der die Messung durchgeführt wurde.

Prinzipiell können beide Ersatzschaltbilder für Kondensatoren und Spulen verwendet werden. Häufig wird die Reihenersatzschaltung für verlustbehaftete Spulen und das Parallelersatzschaltbild für verlustbehafteten Kondensator angegeben.

Für die Spule nach Abb. 9.2a ist der komplexe Scheinwiderstand

$$\underline{Z} = R_L + \mathrm{j}\omega L, \tag{9.12}$$

und Verlustfaktor bzw. die Güte nach (9.7) und (9.8)

$$\tan\delta = \frac{\mathrm{Re}(\underline{Z})}{|\mathrm{Im}(\underline{Z})|}.$$

$$Q = \frac{1}{\tan\delta} = \frac{\omega L}{R_L}. \tag{9.13}$$

Wie im Abb. 9.2a dargestellt, ist der Strom I durch die Spule der Spannung U nacheilend ($\varphi_{UI} > 0$). Der Blindwiderstand $X = \omega\, L$ ist positiv.

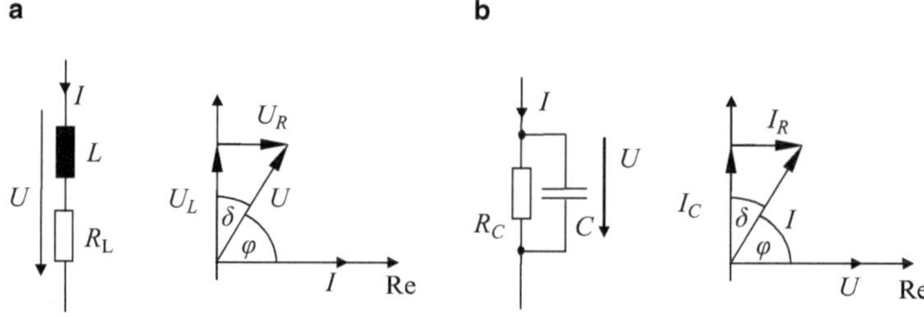

Abb. 9.2 **a** Reihenersatzschaltbild einer Spule mit Strom-Spannungsdiagramm in der komplexen Ebene, **b** Parallelersatzschaltbild eines Kondensators mit Strom-Spannungsdiagramm

Der Scheinwiderstand des verlustbehafteten Kondensators nach Abb. 9.2b beträgt

$$\underline{Z} = \frac{1}{\frac{1}{R_C} + \mathrm{j}\omega C} = \frac{R_C}{1 + \mathrm{j}\omega R_C C} = \frac{R_C}{1 + (\omega R_C C)^2}(1 - \mathrm{j}\omega R_C C), \tag{9.14}$$

bzw. in Leitwertdarstellung

$$\underline{Y} = \frac{1}{\underline{Z}} = \frac{1}{R_C} + \mathrm{j}\omega C. \tag{9.15}$$

Für den Verlustfaktor bzw. die Güte erhält man damit

$$Q = \frac{1}{\tan\delta} = \omega RC. \tag{9.16}$$

9.2 Strom- und Spannungsmessung

Die Strom-Spannungsbeziehungen nach Gl. 9.1 und 9.4 beschreiben die Zusammenhänge der komplexen Zeiger beziehungsweise der Effektivwerte und Beträge. Danach kann durch Strom- und Spannungsmessung entweder nach Betrag und Phase oder durch Messung der Gleich- und Effektivwerte die komplexe Impedanz $\underline{Z}$ bestimmt werden.

Messung der Gleich- und Effektivwerte

Werden, wie in Abb. 9.3 dargestellt, die Gleichwerte $U_=$ und $I_=$ bei Speisung mit einer Gleichspannung und die Effektivwerte U_{eff} und I_{eff} bei Speisung mit einer Wechselspannung gemessen, so können der Betrag Z und die ohmsche Komponente R des Reihenersatzschaltbildes ermittelt werden.

Nach Gl. 8.1 und 9.4 gilt

$$R = \frac{U_=}{I_=} \quad \text{und} \quad |\underline{Z}| = \frac{U_{\mathrm{eff}}}{I_{\mathrm{eff}}}.$$

Die Gleichstrommessung liefert direkt die ohmsche Komponente R und mit Hilfe von $|\underline{Z}|^2 = R^2 + X^2$ kann der Blindwiderstand X berechnet werden:

$$X^2 - |\underline{Z}|^2 - R^2. \tag{9.17}$$

Problematisch bei dieser Messmethode ist jedoch, dass bei der Gleichwertmessung der Widerstand R nur die Verluste bei Gleichstromspeisung berücksichtigt, während der

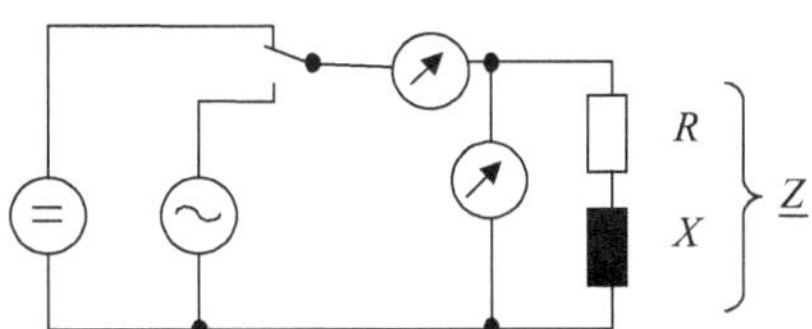

Abb. 9.3 Messung der Gleich- und Effektivwerte zur Bestimmung von R und X

Realteil von $\underline{Z}$ alle Verlustmechanismen beinhaltet. Beispielsweise Wirbelstromverluste oder Magnetisierungsverluste in Spulen mit Eisen- oder Ferritkern treten jedoch nur bei Speisung mit einer Wechselspannung auf, so dass das aus den Gleichwerten bestimmte R in solchen Fällen nicht als Näherung des tatsächlichen Verlustwiderstandes angesehen werden kann. Bei Luftspulen mit hohen ohmschen Verlusten können aus den Gleich- und Effektivwerten die Induktivität und Güte der Spule bestimmt werden. Sind bei der zu messenden Komponenten aber Verluste dominant, die erst bei Wechselspannungsspeisung auftreten, kann diese Messmethode nicht eingesetzt werden.

3-Spannungsmessverfahren

Bei dem 3-Spannungsmessverfahren (Abb. 9.4) wird die zu bestimmende Impedanz $\underline{Z}$ in Reihe mit einem genau bekannten Widerstand R_n geschaltet und die Reihenschaltung mit der Wechselspannung U gespeist. Die Effektivwerte der Spannungen U, U_n und U_Z werden gemessen. Aus dem Zeigerdiagramm in Abb. 9.4b ist der Zusammenhang der drei gemessenen Spannungen U, U_n, U_Z ersichtlich. Nach dem Cosinussatz gilt:

$$U^2 = U_n^2 + U_Z^2 - 2 \cdot U_n \cdot U_Z \cdot \cos(180° - \varphi_Z). \tag{9.18}$$

Berücksichtigt man, dass $\cos(180° - \varphi) = -\cos(\varphi)$ und löst Gl. 9.18 nach φ_Z auf, folgt

$$|\varphi_Z| = \arccos\left(\frac{U^2 - U_n^2 - U_z^2}{2 \cdot U_n \cdot U_z}\right). \tag{9.19}$$

Der Phasenwinkel der Impedanz Z kann aus den drei gemessenen Spannungseffektivwerten bis auf das Vorzeichen bestimmt werden. Den Betrag Z erhält man aus

$$Z = \frac{U_Z}{I} = \frac{U_Z}{U_n/R_n} = R_n \cdot \frac{U_Z}{U_n}.$$

Damit sind Real- und Imaginärteil von $\underline{Z}$ bis auf das Vorzeichen von X_x bestimmbar:

$$R_x = Z \cdot \cos\varphi_Z = R_n \cdot \frac{U_z}{U_n} \cdot \cos\varphi_Z, \tag{9.20}$$

$$|X_x| = Z \cdot \sin\varphi_Z = R_n \cdot \frac{U_z}{U_n} \cdot \sin\varphi_Z. \tag{9.21}$$

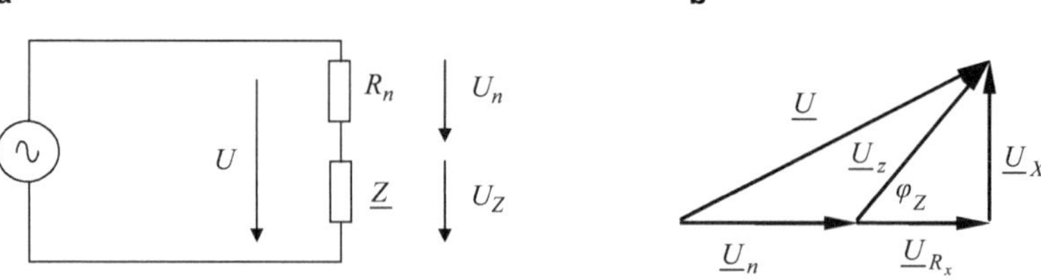

Abb. 9.4 **a** Messung der Impedanz $\underline{Z} = R_x + jX_x$ mit der 3-Spannungemethode, **b** Zeigerdiagramm der Spannungen

Da bei der Messfrequenz nur Spannungseffektivwerte gemessen werden, ist das Verfahren einfach anwendbar. Bei Komponenten höherer Güte ($Q > 50$) ist die Bestimmung von φ_Z und damit R_x jedoch ungenau.

9.3 Messung von Strom, Spannung und Phasenwinkel

Sehr genau und auch bei Komponenten hoher Güte anwendbar sind die so genannten I-U-Verfahren, bei denen die Spannung an der zu bestimmenden Impedanz und der Strom durch die Impedanz jeweils nach Betrag und Phase gemessen werden.

Die Strombestimmung kann beispielsweise durch eine Spannungsmessung an einem ohmschen Referenzwiderstand R_n erfolgen.

Setzt man $\underline{I} = \underline{U}_n / R_n$ in Gl. 9.1 ein, erhält man

$$\underline{Z} = R_n \cdot \frac{\underline{U}}{\underline{U}_n} = R_n \cdot \frac{U}{U_n} \cdot e^{\mathrm{j}(\varphi_U - \varphi_{U_n})}. \tag{9.22}$$

Damit ist $\underline{Z}$ durch Messung der Effektivwerte U und U_n und der Phasendifferenz $\varphi_U - \varphi_{U_n}$ vollständig bestimmbar. Die erreichbare Genauigkeit bei einer direkten Anwendung des Verfahrens nach Abb. 9.5 liegt bei etwa 1 %. Problematisch ist die präzise Phasendifferenzmessung, die bei der Messung von Komponenten sehr hoher Güte ($Q > 500$) entscheidend ist. Deshalb ist der Messbereich der Messgeräte, die dieses Verfahren direkt verwenden, eingeschränkt.

Beispiel 9.1

Ein Kondensator mit $C = 10$ nF und $Q = 400$ soll bei $f = 1$ kHz gemessen werden.

Man erhält $\delta = \arctan\left(\frac{1}{Q}\right) = 0{,}143°$ und $\varphi = -90° + \delta = -89{,}857$.

Eine Messunsicherheit des Phasenwinkels von 0,01° führt aufgrund von $\varphi = -90° + \delta$ zu einem Verlustwinkel $\delta = 0{,}143° \pm 0{,}01°$ und damit zu einer Anzeige der Güte im Bereich von 374 … 430. Man erkennt die hohe Anforderung an die Genauigkeit der Phasenmessung.

Es gibt weitere Ausführungen des Messprinzips, die in den meisten Präzisions-LCR-Messgeräten eingesetzt werden. Dabei werden unterschiedliche Verfahren der Strom-Spannungs-Wandlung und Phasendifferenzmessung verwendet, manche von ihnen

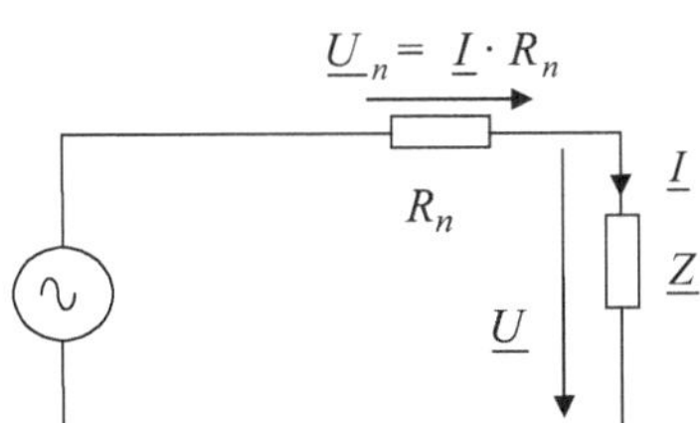

Abb. 9.5 Impedanzmessung durch Strom- und Spannungsmessung nach Betrag und Phase

werden auch als selbstabgleichende Brücken (Autobalancing Bridge) bezeichnet [45]. Abb. 9.6 zeigt ein vereinfachtes Prinzipbild eines derartigen Impedanzmessgerätes. Die zu messende Impedanz $\underline{Z}$ wird über die Anschlüsse 1 bis 4 mit dem Impedanzmessgerät verbunden. Die Oszillatorspannung wird an $\underline{Z}$ gelegt. Der Regelverstärker V erzeugt eine Ausgangsspannung, die so groß ist, dass der Strom durch R den Strom durch $\underline{Z}$ kompensiert, d. h. $\underline{I}_R = -\underline{I}_Z$. Damit fließt der Messstrom über die Anschlüsse 1 und 3 durch die zu messende Impedanz $\underline{Z}$, während die Anschlüsse 2 und 4 stromlos sind und zur Spannungsmessung dienen. In der Schalterstellung a wird die an $\underline{Z}$ liegende Spannung und in Schalterstellung b die zum Strom proportionale Spannung nach Betrag und Phase gemessen.

Um einen möglichst großen Impedanz- und Messfrequenzbereich abzudecken werden in realen Schaltungen Modulatoren und Phasendetektoren verwendet, die sehr genaue Phasenwinkelmessungen ermöglichen und damit auch bei Messungen an Komponenten sehr hoher Güte eingesetzt werden können. Mit ihnen sind Genauigkeiten der Impedanzbestimmung von bis zu 0,1 % und Gütemessungen bis über 10.000 erreichbar.

Ergebnisdarstellung

Die Ausgabe der Ergebnisse bei LCR-Messgeräten kann sehr vielfältig erfolgen. Es können der Betrag der Impedanz $|\underline{Z}|$, der Betrag des Leitwertes $|\underline{Y}|$, der Phasenwinkel φ, die Güte Q oder der Verlustfaktor $\tan\delta$ ausgegeben werden. Außerdem sind die Komponenten des Serien- und Parallelersatzschaltbildes darstellbar. Manche Geräte entscheiden je nach Vorzeichen des gemessenen Phasenwinkels, ob der Blindanteil als Induktivität ($\varphi_Z > 0$) oder als Kapazität ($\varphi_Z < 0$) ausgegeben wird, andere haben diese Einschränkung nicht und geben beispielsweise bei der Ausgabe der Induktivität und einem gemessenen negativen Phasenwinkel eine negative Induktivität an.

Damit sind folgende Darstellungen möglich:

$$|\underline{Z}|, |\underline{Y}|, \varphi_Z, \tan\delta, Q, R_s, X_s, L_s, C_s, R_p, X_p, L_p, C_p.$$

Bei der Angabe der Induktivität bzw. Kapazität von Bauteilen muss prinzipiell zwischen der Angabe von L_s und L_p bzw. C_s und C_p unterschieden werden. Bei Bauteilen

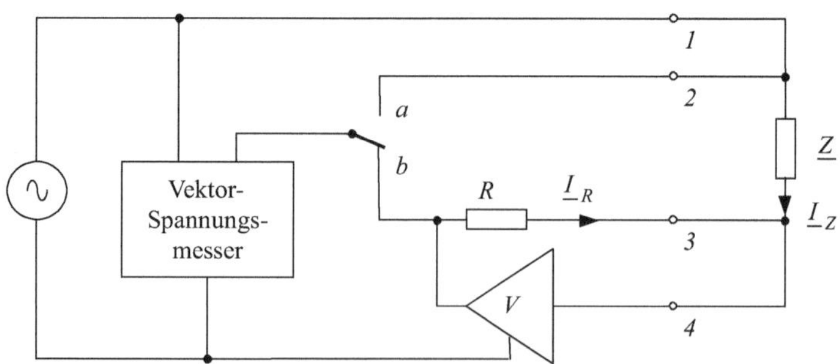

Abb. 9.6 Prinzipbild eines Impedanzmessgerätes mit Strom-, Spannungs- und Phasenmessung

höherer Güte ist der numerische Unterschied zwischen den Werten des Serien- und Parallelersatzschaltbildes relativ gering und meist gegenüber der Bauteiletoleranz zu vernachlässigen.

Die kommerziell verfügbaren Messgeräte, wie das in Abb. 9.7 dargestellte, unterscheiden sich neben der Genauigkeit auch im Impedanzmessbereich (beispielsweise 0,01 Ω bis 100 MΩ) und der Messfrequenz. Einfache Impedanzmessgeräte arbeiten bei einer festen Frequenz, die meist 1 kHz beträgt. Daneben gibt es Geräte mit einstellbaren Messfrequenzen beispielsweise im Bereich von 10 Hz bis 1 MHz oder Höchstfrequenz-Impedanzmesser bis 1 GHz und höher.

Probenkontaktierung

Bei der Kontaktierung des zu messenden Bauteils sind wie bei der ohmschen Widerstandsmessung parasitäre Effekte zu berücksichtigen. Bei niederohmigen Impedanzen führen die Leitungs- und Kontaktwiderstände und gegebenenfalls die Leitungsinduktivitäten zu Messabweichungen, bei hochohmigen Impedanzen sind vor allem parasitäre Kapazitäten und mögliche Störungen durch elektromagnetische Felder zu beachten. Wie bei der ohmschen Widerstandsmessung in Abschn. 8.2 dargelegt, kann auch bei der Impedanzmessung durch einen 4-Leiter-Anschluss der Einfluss der Kontaktierung reduziert und so der Messbereich deutlich erweitert werden. Sehr einfache Impedanzmesser, die nur über einen 2-Leiter-Anschluss verfügen, können nur in einem eingeschränkten Impedanzbereich messen, bei Geräten mit 4-Leiter-Anschluss ergeben sich verschiedene Möglichkeiten der Probenkontaktierung.

Die nachfolgenden Erklärungen beziehen sich auf die Anschlüsse 1 bis 4, die in der Prinzipschaltung in Abb. 9.6 dargestellt sind. Die für die verschiedenen Anschaltungen angegebenen ungefähren Messbereiche gelten für Messungen mit hohen Genauigkeitsanforderungen. In der Regel ist der Anzeigebereich deutlich größer, außerhalb des angegebenen Messbereiches ergeben sich durch die Kontaktierung zusätzliche, zum Teil erhebliche Messabweichungen. Abb. 9.8 verdeutlicht die Anschlussmöglichkeiten.

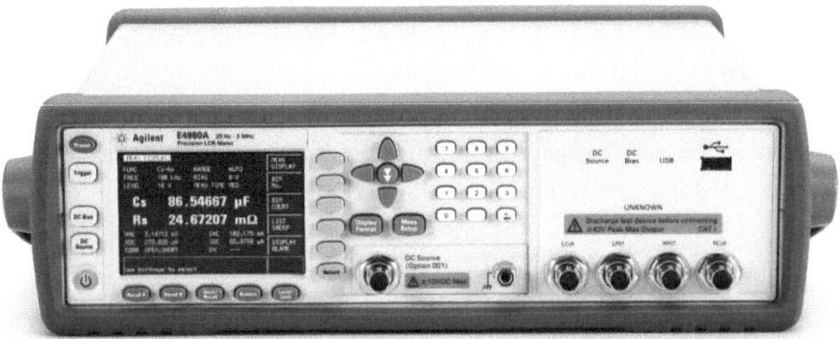

Abb. 9.7 Impedanzmessgerät mit Vierleiteranschluss mit Messfrequenzen zwischen 20 Hz und 2 MHz (Agilent Technologies)

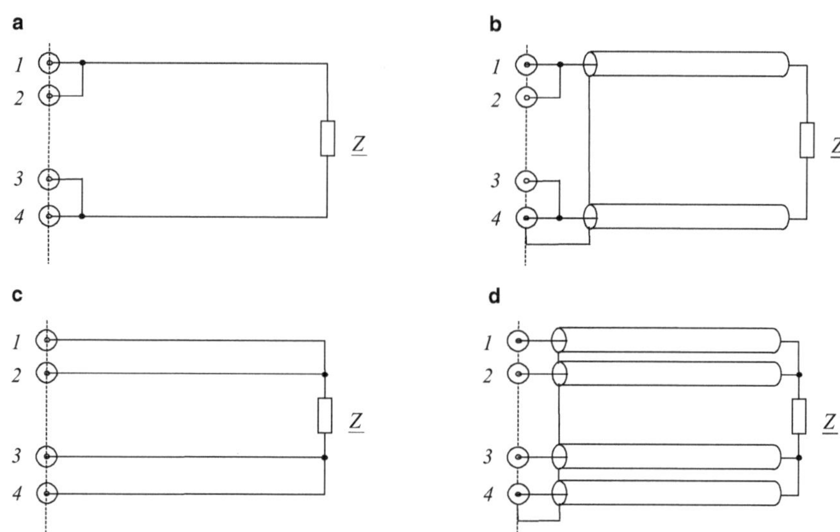

Abb. 9.8 Anschlussmöglichkeiten eines Impedanzmessgerätes. **a** 2-Leiter, **b** 3-Leiter (2-Leiter mit Abschirmung), **c** 4-Leiter, **d** 5-Leiter

Bei einem 2-Leiter-Anschluss werden die Klemmen 1 mit 2 und 3 mit 4 verbunden und zwei Anschlussleitungen zu $\underline{Z}$ geführt. Der typische Impedanzmessbereich liegt bei etwa 100 Ω bis 100 kΩ.

Verfügt das Impedanzmessgerät über vier abgeschirmte Anschlüsse 1–4, in der Regel sind dies BNC-Buchsen, können die Klemmen 1 mit 2 und 3 mit 4 verbunden und die Verbindung zu $\underline{Z}$ über abgeschirmte Leitungen erfolgen. Dieser so genannte 3-Leiter-Anschluss erweitert den Impedanzmessbereich nach oben auf typischerweise 100 Ω bis 10 MΩ.

Werden als Standard-4-Leiter-Anschluss die Klemmen 1 bis 4 getrennt zu $\underline{Z}$ geführt, können niederohmige Impedanzen bis etwa 0,01 Ω gemessen werden.

Werden für die getrennte Kontaktierung von 1 bis 4 abgeschirmte Leitungen verwendet, spricht man vom 5-Leiter-Anschluss mit einem typischen Impedanzmessbereich von 0,01 Ω bis 10 MΩ.

In der Regel bieten die Messgerätehersteller zu ihren Impedanzmessgeräten spezielle Probenadapter an, die in 5-Leiter-Technik direkt auf die Messgeräte gesteckt werden und eine sehr gute Adaption der Bauteile ermöglichen. Diese Adapter gibt es für bedrahtete Bauteile und auch als SMD-Adapter mit einer Aufnahme für gängige SMD-Bauformen und einer Kontaktierung der Bauteile per Federkraft.

Abgleich

Der Einfluss der Probenkontaktierung kann durch einen Abgleich verringert werden. Dazu bieten viele Impedanzmessgeräte Prozeduren in ihrer Software an. Bei Impedanzmessern im Niederfrequenzbereich wird dazu ein Leerlauf-Kurzschluss-Abgleich (open-short) oder ein Leerlauf-Kurzschluss-Last-Abgleich (open-short-load) durchgeführt. Je nach der Modellierung des Anschlusses werden aus den entsprechenden Messungen Korrekturwerte ermittelt, mit denen parasitäre Einflüsse korrigiert werden.

Ein einfaches Modell der Anschlüsse ist in Abb. 9.9 dargestellt. Die Anschlusspunkte links sind jeweils die Klemmen am Impedanzmessgerät, die Anschlusspunkte rechts die Anschlüsse an die zu messende Impedanz $\underline{Z}$. Die Anschlussleitungen bzw. der Probenadapter werden durch die Serienimpedanz $\underline{Z}_1$ und die Streuimpedanz $\underline{Z}_2$ dargestellt.

Die Leerlaufmessung nach Abb. 9.9a liefert als Ergebnis

$$\underline{Z}_{\text{open}} = \underline{Z}_1 + \underline{Z}_2, \tag{9.23}$$

die Kurzschlussmessung nach Abb. 9.9b liefert als Ergebnis

$$\underline{Z}_{\text{short}} = \underline{Z}_1. \tag{9.24}$$

Schließt man nach dem Abgleich an die Klemmen die zu messende Impedanz $\underline{Z}$ an, so kann aus dem dann gemessenen Wert Z_m und den Leerlauf- und Kurzschlusswerten die korrigierte Impedanz bestimmt werden.

Die nach Abb. 9.9c gemessene Gesamtimpedanz $\underline{Z}_m$ ist

$$\underline{Z}_m = \underline{Z}_1 + \frac{1}{1/\underline{Z}_2 + 1/\underline{Z}}.$$

Diese Gleichung wird nach $\underline{Z}$ aufgelöst

$$\frac{1}{\underline{Z}_m - \underline{Z}_1} = \frac{1}{\underline{Z}_2} + \frac{1}{\underline{Z}} \qquad \Rightarrow \qquad \underline{Z} = \frac{1}{\frac{1}{\underline{Z}_m - \underline{Z}_1} - \frac{1}{\underline{Z}_2}} = \frac{\underline{Z}_m - \underline{Z}_1}{1 - \left(\underline{Z}_m - \underline{Z}_1\right)/\underline{Z}_2}.$$

Ersetzt man nach Gl. 9.23 und 9.24 $\underline{Z}_1 = \underline{Z}_{\text{short}}$ und $\underline{Z}_2 = \underline{Z}_{\text{open}} - \underline{Z}_1 = \underline{Z}_{\text{open}} - \underline{Z}_{\text{short}}$ erhält man die Bestimmungsgleichung für den korrigierten Wert aus dem Messwert $\underline{Z}_m$ und den Leerlauf- und Kurzschlusswerten $\underline{Z}_{\text{open}}$ und $\underline{Z}_{\text{short}}$

$$\underline{Z} = \frac{\underline{Z}_m - \underline{Z}_{\text{short}}}{1 - \left(\underline{Z}_m - \underline{Z}_{\text{short}}\right) / \left(\underline{Z}_{\text{open}} - \underline{Z}_{\text{short}}\right)}. \tag{9.25}$$

Da $\underline{Z}_{\text{open}} \gg \underline{Z}_{\text{short}}$ kann im Nenner von Gl. 9.25 auch $\underline{Z}_{\text{open}} - \underline{Z}_{\text{short}} \approx \underline{Z}_{\text{open}}$ gesetzt werden.

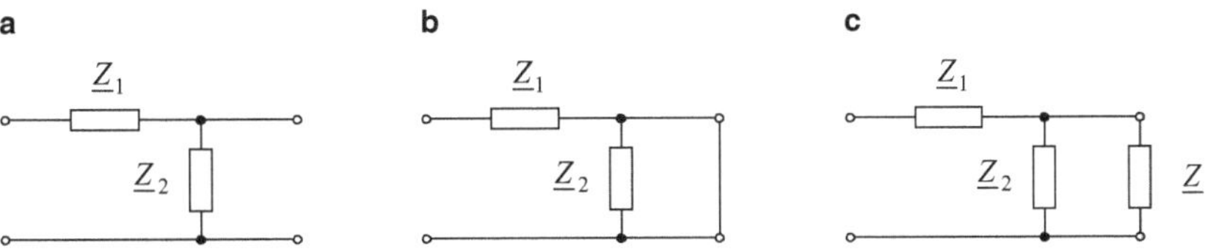

Abb. 9.9 Modell des Probenanschlusses und Leerlauf-Kurzschluss-Abgleich. **a** Leerlaufmessung, **b** Kurzschlussmessung, **c** Anschluss der zu messenden Impedanz

Ähnlich funktioniert der Leerlauf-Kurzschluss-Last-Abgleich (open-short-load), bei dem zusätzlich zur Leerlauf- und Kurzschlussmessung eine dritte Abgleichmessung mit einer sehr genau bekannten Impedanz (load) durchgeführt wird. Die Anschlüsse werden als 4-Tor-Netzwerk modelliert und eine Korrektur des Messwertes nach diesem Modell durchgeführt.

9.4 Wechselspannungs-Messbrücken

Analog zu den ohmschen Messbrücken (Abschn. 8.3) können bei Speisung mit einer Wechselspannung auch Wechselspannungs-Messbrücken nach Abb. 9.10 aufgebaut werden [6, 44]. Die verwendeten Frequenzen liegen meist im Niederfrequenzbereich.
Die Brückenspannung ist

$$\underline{U}_B = \underline{U}_0 \cdot \frac{\underline{Z}_2}{\underline{Z}_1 + \underline{Z}_2} - \underline{U}_0 \cdot \frac{\underline{Z}_4}{\underline{Z}_3 + \underline{Z}_4} = \underline{U}_0 \cdot \frac{\underline{Z}_2 \cdot (\underline{Z}_3 + \underline{Z}_4) - \underline{Z}_4 \cdot (\underline{Z}_1 + \underline{Z}_2)}{(\underline{Z}_1 + \underline{Z}_2)(\underline{Z}_3 + \underline{Z}_4)},$$

$$\underline{U}_B = U_0 \cdot \frac{\underline{Z}_2 \cdot \underline{Z}_3 - \underline{Z}_1 \cdot \underline{Z}_4}{(\underline{Z}_1 + \underline{Z}_2) \cdot (\underline{Z}_3 + \underline{Z}_4)}. \tag{9.26}$$

Zur Bestimmung von Impedanzen können wie im rein ohmschen Fall Abgleichmessbrücken oder zur kontinuierlichen Impedanzmessung auch Ausschlagmessbrücken eingesetzt werden.

Abgleichmessbrücken

Die Abgleichbedingung $(\underline{U}_B = 0)$ erhält man aus Gl. 9.26 analog zur ohmschen Brücke

$$\underline{Z}_1 \cdot \underline{Z}_4 = \underline{Z}_2 \cdot \underline{Z}_3 \tag{9.27}$$

oder in Leitwertdarstellung aus Gl. 9.24 durch Kehrwertbildung

$$\underline{Y}_1 \cdot \underline{Y}_4 = \underline{Y}_2 \cdot \underline{Y}_3. \tag{9.28}$$

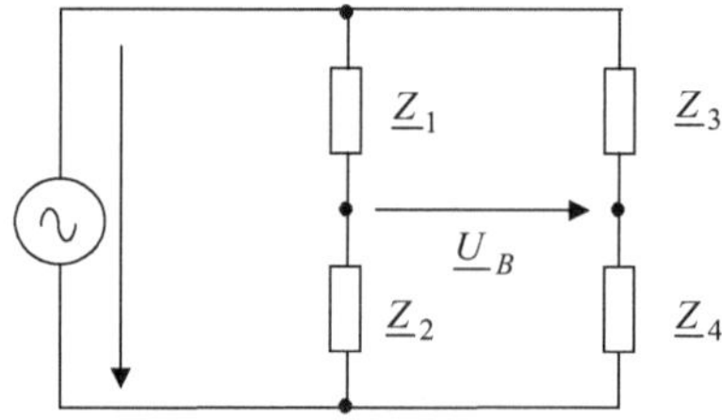

Abb. 9.10 Wechselspannungs-Messbrücke mit beliebigen komplexen Impedanzen $\underline{Z}_i$

Die Abgleichbedingungen lassen sich jeweils in zwei Teile zerlegen, da Real- und Imaginärteil bzw. Betrag und Phase übereinstimmen müssen. Mit $Z_i = R_i + \mathrm{j}\, X_i$ und nach Auflösung in Real- und Imaginärteil enthält man die zu Gl. 9.27 äquivalenten Abgleichbedingungen

$$R_2 \cdot R_3 - X_2 \cdot X_3 = R_1 \cdot R_4 - X_1 \cdot X_4 \text{ und} \tag{9.29}$$

$$X_2 \cdot R_3 + R_2 \cdot X_3 = X_1 \cdot R_4 + R_1 \cdot X_4, \tag{9.30}$$

oder unter Verwendung von $\underline{Z} = |\underline{Z}| \cdot e^{\mathrm{j}\varphi_Z}$ die Bedingungen für Betrag und Phase:

$$\left|\underline{Z}_1\right| \cdot \left|\underline{Z}_4\right| = \left|\underline{Z}_2\right| \cdot \left|\underline{Z}_3\right| \text{ und} \tag{9.31}$$

$$\varphi_1 + \varphi_4 = \varphi_2 + \varphi_3. \tag{9.32}$$

Da für den Nullabgleich jeweils zwei Bedingungen erfüllt werden müssen, benötigt man für einen frequenzunabhängigen Abgleich zwei unabhängig einstellbare Komponenten. Zur Bestimmung einer Impedanz $\underline{Z}$ können dann aus den Abgleichbedingungen Gl. 9.29 und 9.30 bzw. 9.31 und 9.32 Real- und Imaginärteil oder Betrag und Phase von $\underline{Z}$ bestimmt werden. Diese Messverfahren sind aufwändig, da der Abgleich iterativ und wechselseitig erfolgen muss. Zur Vereinfachung kann man halbautomatisch abgleichbare Messbrücken einsetzen, bei denen nur noch eine Komponente von Hand eingestellt und aus der gemessenen Phasenlage der Brückenspannung die zweite Komponente automatisch abgeglichen wird. Der Vorteil dieses Verfahrens ist, dass höchste Genauigkeiten von 0,1 % oder besser erzielt werden können. Typischerweise werden sie in Standardlabors als Referenzverfahren oder als Wechselspannungs-Ausschlagmessbrücken in der Sensorik eingesetzt.

Es gibt verschiedene Arten von Messbrücken, abhängig von dem zu bestimmenden Bauelement und davon, welche Ersatzschaltbildkomponenten bestimmt werden sollen. Meist wird ein frequenzunabhängiger Abgleich angestrebt, in manchen speziellen Fällen ist der Abgleich frequenzabhängig. Den Messbrücken wurden nach ihren Erfindern Namen gegeben, wie z. B. die Wien-Brücke zur Messung an verlustbehafteten Kondensatoren, die Maxwell-Brücke und Maxwell-Wien-Brücke zur Messung an verlustbehafteten Spulen oder die Schering-Brücke, die zur Messung von Hochspannungskondensatoren geeignet ist. Im Folgenden werden beispielhaft zwei Wechselspannungs-Messbrücken beschrieben.

Induktivitätsmessbrücke nach Maxwell-Wien

Zur Induktivitätsbestimmung von Spulen kann die Maxwell-Wien-Brücke (Abb. 9.11) eingesetzt werden, die wie die Wien-Brücke ein genaues, verlustarmes Kapazitätsnormal verwendet.

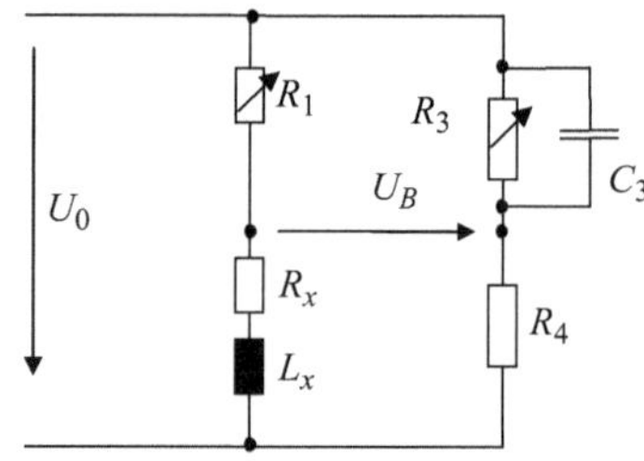

Abb. 9.11 Messung der Reihenersatzschaltung verlustbehafteter Spulen mit der Maxwell-Wien-Brücke

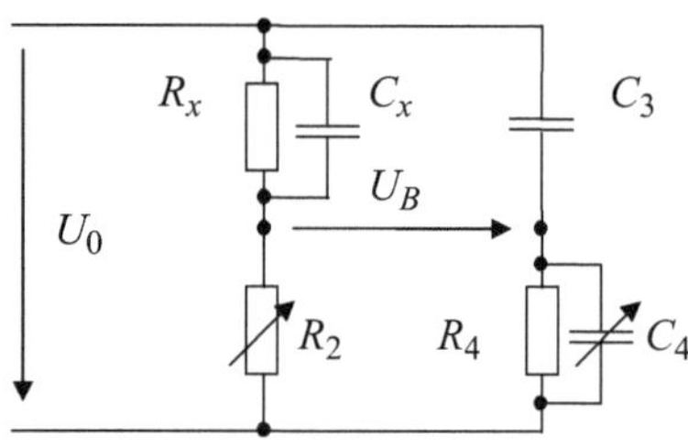

Abb. 9.12 Messung der Parallelersatzschaltung von Hochspannungskondensatoren mit der Schering-Brücke

Die Abgleichbedingung der Maxwell-Wien-Brücke lautet:

$$\begin{aligned}(R_x + \mathrm{j}\omega L_x)\frac{R_3 \cdot \frac{1}{\mathrm{j}\omega C_3}}{R_3 + 1/\mathrm{j}\omega C_3} &= R_1 \cdot R_4,\\ (R_x + \mathrm{j}\omega L_x)\frac{R_3}{1 + \mathrm{j}\omega R_3 C_3} &= R_1 \cdot R_4 \quad \text{bzw.}\\ (R_x + \mathrm{j}\omega L_x) \cdot R_3 &= R_1 \cdot R_4 \cdot (1 + 1\mathrm{j}\omega R_3 C_3).\end{aligned} \tag{9.33}$$

Aus dem Real- und Imaginärteil ergeben sich die Bestimmungsgleichungen

$$R_x = \frac{R_4}{R_3} \cdot R_1 \quad \text{und} \quad L_x = R_1 \cdot R_4 \cdot C_3. \tag{9.34}$$

Kapazitätsmessbrücke nach Schering

Der Abgleich der Maxwell-Wien-Brücken ist in einem weiten Frequenzbereich frequenzunabhängig. Bei anderen Brücken kann für spezielle Anwendungen auch ein frequenzabhängiger Abgleich gewählt werden. Ein Beispiel hierfür ist die Schering-Brücke, die zur Messung der Parallelersatzschaltbildelemente von Hochspannungskondensatoren verwendet wird.

Die Brücke nach Abb. 9.12 wird mit einer Hochspannung versorgt und die Kondensatoren C_x und C_3 müssen hochspannungsfest sein. Die Abgleichelemente und der Nullindikator liegen aber für $|Z_x| \gg R_2$ und $C_3 \ll C_4$ massenah an kleinen Spannungen. Zum Schutz werden in der Regel parallel zu R_2 und C_4 Überspannungsableiter verwendet.

Die frequenzabhängige Abgleichbedingung wird aus $\underline{Y}_1 \cdot \underline{Y}_4 = \underline{Y}_2 \cdot \underline{Y}_3$ hergeleitet und ist

$$\left(\frac{1}{R_x} + \mathrm{j}\omega C_x\right) \cdot \left(\frac{1}{R_4} + \mathrm{j}\omega C_4\right) = \frac{1}{R_2} \cdot \mathrm{j}\omega C_3 \tag{9.35}$$

mit den Real- und Imaginärteilen

$$\frac{1}{R_x \cdot R_4} - \omega^2 C_x C_4 = 0 \quad \text{und} \quad \frac{\omega C_x}{R_4} + \frac{\omega C_4}{R_x} = \frac{\omega C_3}{R_2}.$$

Nach wenigen Umformungen ergeben sich daraus die Bestimmungsgleichungen

$$C_x = C_3 \cdot \frac{R_4}{R_2 \cdot \left(1 + (\omega R_4 C_4)^2\right)} \qquad \tan\delta = \frac{1}{\omega R_x C_x} = \omega R_4 C_4. \tag{9.36}$$

Die obigen Gleichungen enthalten die Kreisfrequenz ω. Der Abgleich ist demzufolge frequenzabhängig.

Wechselspannungs-Ausschlagbrücke

Werden induktive oder kapazitive Aufnehmer zur Messung nichtelektrischer Größen verwendet, können mit der Wechselspannungs-Ausschlagbrücke die Änderungen der Blindwiderstände gemessen werden. Die komplexe Brückenspannung bei einer Speisung mit einer Wechselspannung mit dem Effektivwert U_0 ist nach Gl. 9.26

$$\underline{U}_B = U_0 \cdot \frac{\underline{Z}_2 \cdot \underline{Z}_3 - \underline{Z}_1 \cdot \underline{Z}_4}{\left(\underline{Z}_1 + \underline{Z}_2\right) \cdot \left(\underline{Z}_3 + \underline{Z}_4\right)}.$$

Nehmen wir im Folgenden an, dass die Sensoren reine Blindwiderstände sind, bzw. der ohmsche Anteil vernachlässigt werden kann. Wie bei den rein ohmschen Messbrücken kann die Brücke als Viertel-, Halb- oder Vollbrücke ausgeführt sein. In Abb. 9.13 ist eine einfache Brückenschaltung für zwei Sensoren X_1 und X_2 angegeben. Aus der obigen Gleichung folgt für die in Abb. 9.13 angegebene Schaltung

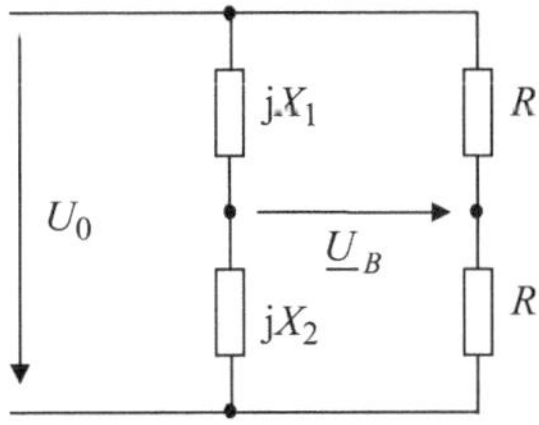

Abb. 9.13 Wechselspannungs-Ausschlagbrücke als Halbbrücke mit den Sensoren X_1 und X_2 als reine Blindelemente

$$\underline{U}_B = U_0 \cdot \frac{\mathrm{j}\,(X_2 - X_1) \cdot R}{\mathrm{j}\,(X_2 + X_1) \cdot 2R} = \frac{U_0}{2} \cdot \frac{X_2 - X_1}{X_2 + X_1}. \tag{9.37}$$

Bei der Viertelbrücke ist ein Blindelement konstant ($X_1 = X$), das zweite ist das Sensorelement $X_2 = X + \Delta X$:

$$U_B = \frac{U_0}{2} \frac{\Delta X}{2X + \Delta X} \approx \frac{U_0}{4X} \Delta X. \tag{9.38}$$

Bei der Halbbrücke mit zwei gegenläufigen Sensoren ist $X_1 = X - \Delta X$ und $X_2 = X + \Delta X$. Eingesetzt in Gl. 9.37 folgt

$$\underline{U}_B = \frac{U_0}{2} \cdot \frac{(X + \Delta X) - (X - \Delta X)}{(X + \Delta X) + (X - \Delta X)} = \frac{U_0}{2} \cdot \frac{2 \cdot \Delta X}{2X} = \frac{U_0}{2X} \cdot \Delta X. \tag{9.39}$$

Anwendungsbeispiele sind induktive Aufnehmer, z. B. Tauchanker-Aufnehmer oder kapazitive Aufnehmer wie z. B. Zylinder-, Paralleldraht- oder Plattenkondensator als Positionsmesser.

Beispiel 9.2

Gegeben ist ein Differentialkondensator als kapazitiver Positionssensor in einer Halbbrückenschaltung. Wie im angegebenen Bild dargestellt besteht der Sensor aus der feststehenden oberen und unteren Platte und der mittleren Platte, die in der Höhe veränderbar ist.

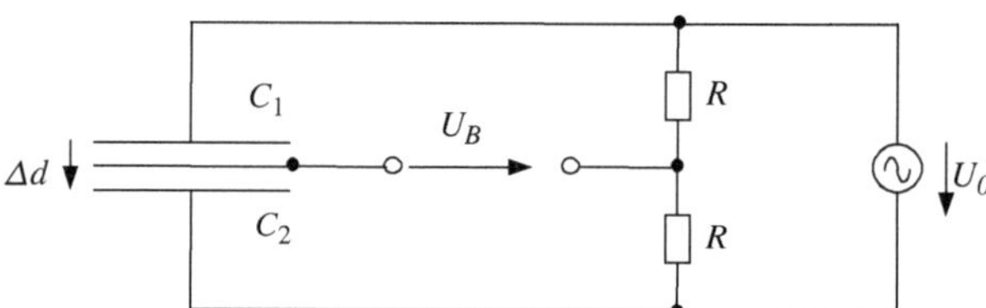

Setzt man $X_1 = -1/\omega \cdot C_1$ und $X_2 = -1/\omega \cdot C_2$ in Gl. 9.38 ein, erhält man

$$\underline{U}_B = \frac{U_0}{2} \cdot \frac{-\frac{1}{\omega C_2} + \frac{1}{\omega C_1}}{-\frac{1}{\omega C_2} - \frac{1}{\omega C_1}} = -\frac{U_0}{2} \cdot \frac{C_2 - C_1}{C_2 + C_1},$$

und mit $C_1 = C + \Delta C$ und $C_2 = C - \Delta C$ folgt

$$\underline{U}_B = -\frac{U_0}{2} \frac{2\Delta C}{2C} = -\frac{U_0}{2C} \Delta C.$$

Bei einer Plattenfläche A, einer Dielektrizitätskonstanten ε und einem Plattenabstand d ist

$$C = \varepsilon \cdot \frac{A}{d} \quad \text{und} \quad \Delta C = C \cdot \frac{d}{d - \Delta d} - C = C \cdot \frac{\Delta d}{d - \Delta d} \quad \rightarrow \quad \frac{\Delta C}{C} = \frac{\Delta d}{d - \Delta d}.$$

Als messbare Brückenspannung in Abhängigkeit der Auslenkung Δd von der Mittelstellung erhält man

$$\underline{U}_B = U_0 \cdot \frac{\Delta d}{2(d - \Delta d)}.$$

Der Zusammenhang zwischen U_b und Δd ist nichtlinear. Die Position Δd kann aber aus der gemessenen Brückenspannung berechnet werden.

9.5 Resonanzverfahren

Zur Messung von Kapazitäten oder Induktivitäten kann ein Schwingkreis aus einer genau bekannten und der zu bestimmenden Komponente aufgebaut und aus der gemessenen Resonanzfrequenz und Bandbreite des Schwingkreises die unbekannte Komponente berechnet werden. Prinzipiell können sowohl Parallel- als auch Serienresonanzkreise verwendet werden.

Der in Abb. 9.14 dargestellte Parallelschwingkreis wird mit einer Spannungsquelle der Leerlaufspannung U_0 und dem Innenwiderstand R_i gespeist. Der Schwingkreis besteht aus einer Kapazität C, einer Induktivität L und den Parallelwiderständen R_L und R_C, die die Verluste der beiden Komponenten darstellen. Gemessen wird die Spannung U_m über dem Schwingkreis.

Geht man von einer rückwirkungsfreien Spannungsmessung aus, so ist

$$\underline{U}_m = \frac{\underline{Z}}{\underline{Z} + R_i} \cdot \underline{U}_0 = \underline{U}_0 \cdot \frac{1}{1 + R_i \cdot \frac{1}{\underline{Z}}}. \tag{9.40}$$

Setzt man in der obigen Gleichung für $\underline{Z}$ die Parallelschaltung von R_L, R_C, C und L ein, erhält man

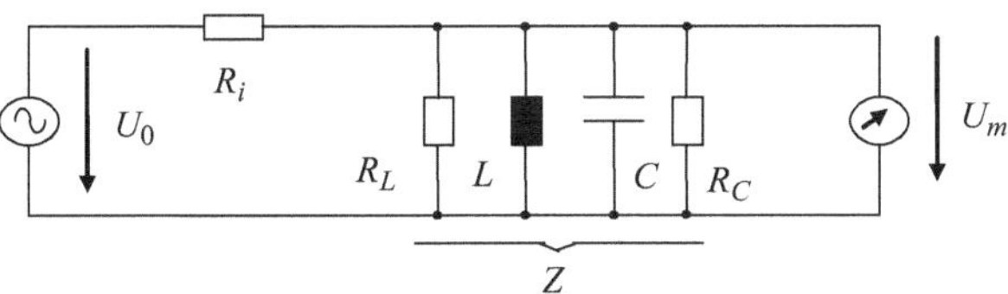

Abb. 9.14 Parallelschwingkreis zur Impedanzmessung

$$\underline{U}_m = \underline{U}_0 \cdot \frac{1}{1 + R_i \cdot \left(\frac{1}{R_L} + \frac{1}{R_C} + \frac{1}{\mathrm{j}\omega L} + \mathrm{j}\omega C \right)}$$
$$= \underline{U}_0 \cdot \frac{1/R_i}{\frac{1}{R_i} + \frac{1}{R_L} + \frac{1}{R_C} + \mathrm{j} \cdot \left(\omega C - \frac{1}{\omega L} \right)}.$$

Mit der Abkürzung $1/R_{\mathrm{ges}} = 1/R_i + 1/R_L + 1/R_C$ erhält man

$$\underline{U}_m = \underline{U}_0 \cdot \frac{1/R_i}{\frac{1}{R_{\mathrm{ges}}} + \mathrm{j} \cdot \left(\omega C - \frac{1}{\omega L} \right)} = \underline{U}_0 \cdot \frac{R_{\mathrm{ges}}/R_i}{1 + \mathrm{j} \cdot R_{\mathrm{ges}} \cdot \left(\omega C - \frac{1}{\omega L} \right)}. \quad (9.41)$$

Resonanzfrequenz und Bandbreite

Aus Gl. 9.41 können die Resonanzfrequenz f_R und die 3-dB-Bandbreite B des Schwingkreises berechnet werden. Der Betrag der gemessenen Spannung U_m hat den in Abb. 9.15 dargestellten Verlauf mit dem Maximum bei der Resonanzfrequenz f_R.

$|\underline{U}_m|$ ist maximal, wenn der Imaginärteil des Nenners von Gl. 9.41 zu Null wird, also

$$\omega_R \cdot C - \frac{1}{\omega_R \cdot L} = 0 \quad \rightarrow \quad \omega_R^2 = \frac{1}{L \cdot C}.$$

Damit ist die Resonanzfrequenz $f_R = \omega_R/2\pi$

$$f_R = \frac{1}{2\pi \sqrt{LC}}. \quad (9.42)$$

Bei den beiden 3-dB-Frequenzen ω_1 und ω_2 ist die gemessene Spannung um 3 dB abgefallen, d. h. auf $U_m = U_{m\,\mathrm{max}}/\sqrt{2}$. Dies ist der Fall, wenn der Imaginärteil des Nenners von Gl. 9.41 gleich ± 1 ist:

$$R_{\mathrm{ges}} \cdot \left(\omega_{1/2} C - \frac{1}{\omega_{1/2} L} \right) = \pm 1.$$

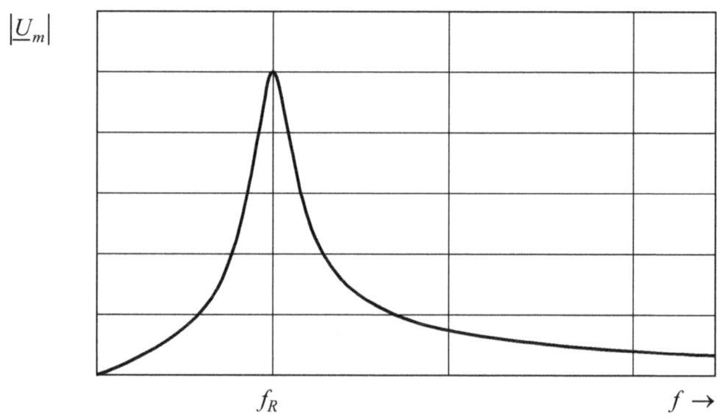

Abb. 9.15 Resonanzkurve des Parallelschwingkreises

Löst man diese quadratische Gleichung für $\omega_{1/2}$ (entspricht ω_1 und ω_2), erhält man die 3-dB-Frequenzen

$$\omega_1 = \frac{1}{2R_{\text{ges}}C} + \sqrt{\left(\frac{1}{2R_{\text{ges}}C}\right)^2 + \frac{1}{LC}} \quad \text{und}$$

$$\omega_2 = -\frac{1}{2R_{\text{ges}}C} + \sqrt{\left(\frac{1}{2R_{\text{ges}}C}\right)^2 + \frac{1}{LC}}.$$

Eingesetzt in $B = (\omega_1 - \omega_2)/2\pi$ folgt

$$B = \frac{1}{2\pi} \cdot \frac{2}{2R_{\text{ges}}C} = \frac{1}{2\pi R_{\text{ges}}C}. \tag{9.43}$$

Die Güte Q des Schwingkreises bei der Resonanzfrequenz ist

$$Q = R_{\text{ges}} \cdot \omega_R C = R_{\text{ges}} \cdot \frac{1}{\omega_R L}. \tag{9.44}$$

Gl. 9.43 in 9.44 eingesetzt liefert den Zusammenhang der Schwingkreisgüte, Resonanzfrequenz und Bandbreite

$$Q = \frac{f_R}{B}. \tag{9.45}$$

Bestimmung von$C$oder$L$

Zur Kapazitätsmessung wird der Schwingkreis nach Abb. 9.14 mit einer genau bekannten Induktivität L aufgebaut und mit einem Generator gespeist. Die Frequenz wird verstellt, bis die gemessene Spannung am Schwingkreis maximal wird. Aus der so bestimmten Resonanzfrequenz wird nach Gl. 9.42 die Kapazität C berechnet:

$$C = \frac{1}{4\pi^2 f_R^2 \cdot L}. \tag{9.46}$$

Analog dazu kann die Induktivität L bei genau bekannter Kapazität C aus der gemessenen Resonanzfrequenz bestimmt werden:

$$L = \frac{1}{4\pi^2 f_R^2 \cdot C}. \tag{9.47}$$

Bestimmung der Güte einer Komponente

Werden zusätzlich zur Resonanzfrequenz auch die obere und untere 3-dB-Frequenz f_1 und f_2 gemessen, kann nach Gl. 9.45 die Güte des Schwingkreises bestimmt werden. Dabei ist immer der gesamte Widerstand R_{ges}, der sich aus der Parallelschaltung des Parallelwiderstands der Spule, des Kondensators und des Innenwiderstands der Quelle ergibt, maßgeblich. Will man beispielsweise die Güte einer Spule messen, muss deshalb ein Kondensator mit deutlich höherer Güte und eine sehr hochohmige Quelle verwendet werden.

Bei Speisung mit einem Generator mit niederohmigem Ausgang muss ein zusätzlicher, hochohmiger Serienwiderstand zwischen Generator und Schwingkreis geschaltet werden. Parallel zum Schwingkreis liegt außerdem die Eingangsimpedanz des Spannungsmessgerätes, die entsprechend hochohmig sein muss, um nicht zu einer Verstimmung des Resonanzkreises und zur Verschlechterung der Güte zu führen. Berücksichtigt man diese Randbedingungen, kann die Güte der zu bestimmenden Komponente näherungsweise der Güte des Schwingkreises gleichgesetzt und nach Gl. 9.45 berechnet werden.

Setzt man eine hochohmige Speisung und eine vernachlässigbar hohe Güte der bekannten Schwingkreiskomponente voraus, kann die Güte der unbekannten Komponente aus der gemessenen Resonanzfrequenz und Bandbreite bestimmt werden:

$$Q_x = Q = \frac{f_R}{B}. \tag{9.48}$$

Beispiel 9.3

Zur Messung der Induktivität und Güte einer Spule wird ein Parallelschwingkreis mit einem Referenzkondensator ($C = 50{,}00$ nF, $Q_C > 500$) aufgebaut und hochohmig mit einem Frequenzgenerator gespeist.

Die Messung ergibt eine Resonanzfrequenz $f_R = 1045{,}3$ Hz und eine Bandbreite von $B = 62{,}3$ Hz.

Damit erhält man nach Gl. 9.47 und 9.48

$$L = \frac{1}{4\pi^2 f_R^2 \cdot C} = \frac{1}{4\pi^2 (1045{,}3\,\text{Hz})^2 50\,\text{nF}} = 0{,}464\,\text{H} \quad \text{und}$$

$$Q_L = Q = \frac{f_R}{B} = \frac{1045{,}3\,\text{Hz}}{62{,}3\,\text{Hz}} = 16{,}8.$$

Gleichermaßen kann auch ein Serienresonanzkreis aufgebaut werden. Bei der Resonanzfrequenz wird hierbei der Strom maximal. Aus der gemessenen Resonanzfrequenz, den 3-dB-Frequenzen oder der Spannung an einem der Blindwiderstände im Resonanzfall können analog zum Parallelresonanzkreis die Komponenten des Schwingkreises und damit eine unbekannte Impedanz bestimmt werden.

Resonanzverfahren werden in professionellen Geräten eingesetzt, wenn Bauteile hoher Güte hinreichend genau gemessen werden sollen.

9.6 Messungen an Verbrauchern im Wechselstromnetz

Die Impedanzmessung von Verbrauchern, die im Wechselstrom- oder Drehstromnetz betrieben werden, soll in der Regel unter Betriebsbedingung, das heißt im Betrieb an der Netzspannung, erfolgen. Hierbei kann aus einer Strom-, Spannungs- und Leistungsmessung die Impedanz bestimmt werden. Details zur Leistungsmessung werden in

Kap. 10 beschrieben, in diesem Abschnitt soll dargelegt werden, wie aus den Messergebnissen die Impedanz des Verbrauchers bestimmt werden kann.

Abb. 9.16 zeigt einen Verbraucher $\underline{Z}$, der in einem Wechselspannungsnetz betrieben wird. Links sind getrennt ein Strom-, Spannungs- und ein Wirkleistungsmessgerät angeschlossen, rechts ist ein Leistungsanalysator dargestellt, der Strom- und Spannungsklemmen besitzt und direkt Strom-, Spannungs- und Leistungsmessungen erlaubt. Näheres zu den Leistungsmessgeräten ist in Abschn. 10.2, 10.3 und 10.4 ausgeführt.

Bei einer Messung von U, I und P kann die Impedanz $\underline{Z}$ bis auf das Vorzeichen von φ bestimmt werden. Nach Gl. 9.4 und 10.10 ist

$$|\underline{Z}| = \frac{U}{I} \quad \text{und} \quad \cos\varphi = \frac{P}{U \cdot I}.$$

Daraus folgt

$$\underline{Z} = \frac{U}{I} \cdot e^{\pm j \cdot \arccos\left(\frac{P}{U \cdot I}\right)}. \tag{9.49}$$

Wird anstatt der Wirkleistung P die Blindleistung Q gemessen, gibt das Vorzeichen von Q auch das Vorzeichen von φ an. Es kann zwischen einer induktiven Last ($\varphi > 0$, $Q > 0$) und einer kapazitiven Last ($\varphi < 0$, $Q < 0$) unterschieden werden.

$$|\underline{Z}| = \frac{U}{I} \quad \text{und} \quad \sin\varphi = \frac{Q}{U \cdot I},$$

$$\underline{Z} = \frac{U}{I} \cdot e^{j \cdot \arcsin\left(\frac{Q}{U \cdot I}\right)}. \tag{9.50}$$

Die Genauigkeit der Impedanzbestimmung aus Strom-, Spannungs- und Leistungsmessungen ist geringer als die der vorher beschriebenen Verfahren. Vorteilhaft dagegen ist, dass die Messung unter Betriebsbedingungen stattfindet, da sich häufig die Impedanz unter Last oder durch thermisches Einschwingen verändert.

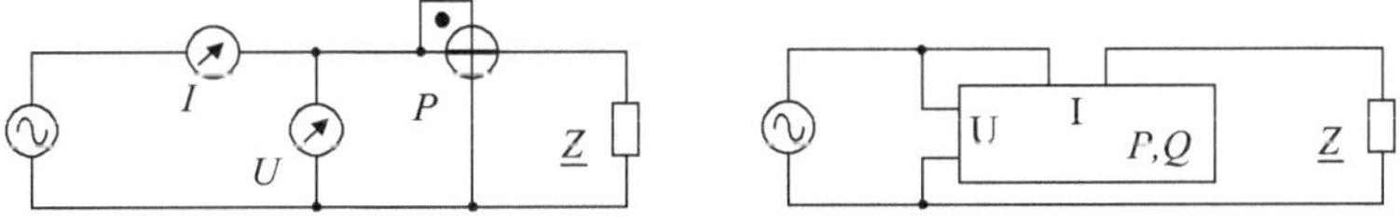

Abb. 9.16 Verbraucher im 230 V-Wechselspannungsnetz mit Messgeräten zur Strom-, Spannungs- und Leistungsmessung

9.7 Aufgaben zur Impedanzmessung

Aufgabe 9.1
An einer Spule werden Gleichstrommessungen und Impedanzmessungen durchgeführt:

Gleichspannung 100 mV-Bereich	Innenwiderstand des Messgerätes 1 MΩ
Gleichstrom 10 mA-Bereich	Innenwiderstand des Messgerätes 2,5 Ω
Impedanzmessgerät	Anzeige der Serienersatzschaltung, Messungen bei $f = 1$ kHz.
1. Gleichstrommessung, stromrichtige Schaltung	$U = 34{,}6$ mV, $I = 5{,}25$ mA
2. Impedanzmessung	$L_s = 145$ mH, $\tan\delta = 0{,}061$

a) Bestimmen Sie aus der 1. Messung den korrigierten Gleichstrom-Spulenwiderstand.
b) Bestimmen Sie aus der 2. Messung den Serienersatzwiderstand der Spule.
c) Erklären Sie den Unterschied der Widerstandswerte aus a) und b).
d) Das Impedanzmessgerät wird auf die Anzeige von $|\underline{Z}|$ und φ umgeschaltet. Berechnen Sie die Anzeigewerte.
e) In Serie mit der Spule wird ein Kondensator mit $C_S = 100$ nF und $Q_C = 50$ geschaltet. Dieser Serienschwingkreis wird mit dem Impedanzmessgerät gemessen. Bestimmen Sie die Anzeigewerte (Serienersatzschaltbild) L_{anz} bzw. C_{anz} und Q_{anz}.

Aufgabe 9.2
Eine Spule wird in Zwei-Draht-Anschluss an ein Impedanzmessgerät angeschlossen und bei 50 Hz gemessen.
Der Anzeigewert (Serienersatzschaltbild) beträgt $L_{\text{anz}} = 142$ mH, $Q_{2\text{D}} = 25$.
Bei einem Anschluss in Vier-Draht erhöht sich die angezeigte Güte auf $Q_{4\text{D}} = 35$.

a) Erklären Sie den Unterschied der angezeigten Werte der Güte.
b) Bestimmen Sie den Widerstandswert der Anschlüsse.

Aufgabe 9.3
Mit einem Impedanzmessgerät werden bei 100 kHz Messungen an einer Spule, die über eine Koaxleitung angeschlossen wird, durchgeführt.

- Messung der Koaxleitung ohne Spule (Parallelersatzschaltbild: C_p): $C_{\text{anz}} = 27$ pF, $\tan\delta = 0$.
- Messung der über die Koaxleitung angeschlossenen Spule (Parallelersatzschaltbild: L_p): $L_{\text{anz}} = 22{,}8$ mH, $Q_{\text{anz}} = 30$.

Bestimmen Sie die wahre Induktivität und Güte der Spule.

Leistungsbegriffe und Dreiphasensystem

10

In der Energietechnik ist die zu einem Verbraucher gelieferte elektrische Energie eine charakteristische Größe, die unter anderem zur Energiekostenermittlung erfasst werden muss. Die Leistung als Energie bzw. Arbeit pro Zeit muss sowohl für energie- als auch für nachrichtentechnische Anwendungen gemessen werden, da sie eine wichtige Kenngröße vieler Einrichtungen wie Transformatoren, Maschinen, Funksendern oder Bauelementen darstellt. Viele Leistungs- und Energiemessgeräte basieren auf denselben physikalischen Prinzipien, wobei bei Leistungsmessern die elektrische Leistung gemessen und direkt angezeigt und bei Energiemessgeräten durch Zeitintegration der Leistung die Energie bestimmt und ausgegeben wird. Grundsätzlich muss auch hier zwischen Niederfrequenzanwendungen, vor allem in 50 Hz/60 Hz-Systemen, und Hochfrequenzanwendungen unterschieden werden. Bezüglich der Letzteren wird auf die entsprechende Literatur [43, 44] verwiesen.

Aufgrund des wichtigen Einsatzes der Leistungs- und Energiemesstechnik im Dreiphasensystem werden vor der Beschreibung der Messtechniken in diesem Kapitel die Leistungsbegriffe für Gleichgrößen, für sinusförmige und auch für nichtsinusförmige Ströme erläutert und eine Einführung in das Dreiphasensystem gegeben.

10.1 Leistung im Gleichstromkreis

Liegt eine Spannung U an einem Verbraucher und fließt ein Strom I durch den Verbraucher, so ist die im Verbraucher umgesetzte Leistung P gleich dem Produkt aus Spannung und Strom:

$$P = U \cdot I. \tag{10.1}$$

Damit kann eine Leistungsbestimmung durch Messung von Spannung U und Strom I und Multiplikation der Messwerte erfolgen.

T. Mühl, *Elektrische Messtechnik,* https://doi.org/10.1007/978-3-658-29116-7_10

10.2 Leistungen im allgemeinen Wechselstromkreis

Im allgemeinen Fall eines Wechselstromkreises gehen wir von periodischen Wechselgrößen mit der Periodendauer T aus.

Die momentane Leistung $p(t)$ wird durch Multiplikation der Momentanwerte von Strom und Spannung gebildet

$$p(t) = u(t) \cdot i(t). \tag{10.2}$$

Die **Wirkleistung** P ist definiert als Mittelwert von $p(t)$ über eine Periode T:

$$P = \overline{p(t)} = \frac{1}{T} \int_0^T p(t)\mathrm{d}t. \tag{10.3}$$

Sie entspricht der Leistung im Gleichstromkreis nach Gl. 10.1 und wird in der Einheit W angegeben.

Die **Scheinleistung** S ergibt sich durch Multiplikation des Effektivwertes U der Spannung $u(t)$ mit dem Effektivwert I des Stroms $i(t)$.

$$S = U \cdot I. \tag{10.4}$$

Sie hat Bedeutung beispielsweise bei der Dimensionierung elektrischer Maschinen oder Transformatoren, bei denen getrennte Grenzwerte für die Strom- und Spannungsbelastung bestehen. Zur Unterscheidung von der Wirkleistung wird die Scheinleistung in der Einheit VA angegeben.

Die **Blindleistung** Q ist ein Maß für den Anteil, der im Mittel nicht zu einem Leistungstransport zum Verbraucher beiträgt. Die Blindleistung entsteht durch ein Speicherverhalten der Last und pendelt periodisch zwischen Quelle und Verbraucher.

$$Q = \sqrt{S^2 - P^2}. \tag{10.5}$$

Die Blindleistung wird in der Einheit Var oder var angegeben.

Das Verhältnis der Wirk- zur Scheinleistung wird **Leistungsfaktor** λ genannt.

$$\lambda = \frac{P}{S}. \tag{10.6}$$

Bei verschwindender Blindleistung, d. h. $Q = 0$, ist $P = S$ und damit $\lambda = 1$.

Die SI-Einheit der Leistung ist generell W, die Einheiten VA und var sind Hinweise, dass die damit gekennzeichneten Leistungen bestimmte Bedeutungen haben.

10.3 Leistungen bei sinusförmiger Spannung und sinusförmigem Strom

Die Spannung $u(t)$ und der Strom $i(t)$ sind

$$u(t) = \hat{U} \cdot \sin(\omega t + \varphi_u), \tag{10.7}$$

$$i(t) = \hat{I} \cdot \sin(\omega t + \varphi_i), \tag{10.8}$$

mit den Amplituden $\hat{U}$, $\hat{I}$ und den Phasenwinkeln φ_u und φ_i. Nach Gl. 6.8 sind die Effektivwerte

$$U = \frac{1}{\sqrt{2}}\hat{U} \quad \text{und} \quad I = \frac{1}{\sqrt{2}}\hat{I}.$$

Die **momentane Leistung** $p(t)$ ist nach Gl. 10.2

$$p(t) = u(t) \cdot i(t) = \hat{U} \cdot \hat{I} \cdot \sin(\omega t + \varphi_u) \cdot \sin(\omega t + \varphi_i).$$

Mit Hilfe des Additionstheorems $\sin\alpha \cdot \sin\beta = 0{,}5 \cdot (\cos(\alpha - \beta) - \cos(\alpha + \beta))$ erhält man

$$p(t) = \hat{U}/\sqrt{2} \cdot \hat{I}/\sqrt{2} \cdot (\cos(\varphi_u - \varphi_i) - \cos(2\omega t + \varphi_u + \varphi_i)),$$

$$p(t) = U \cdot I \cdot \cos(\varphi_u - \varphi_i) - U \cdot I \cdot \cos(2\omega t + \varphi_u + \varphi_i). \tag{10.9}$$

Die **Wirkleistung** P bestimmt man durch Mittelung von $p(t)$ über eine Periode T. Setzt man Gl. 10.9 in Gl. 10.3 ein, erhält man

$$\begin{aligned} P &= \frac{1}{T}\int_0^T U \cdot I \cdot \cos(\varphi_u - \varphi_i)\mathrm{d}t - \frac{1}{T}\int_0^T U \cdot I \cdot \cos(2\omega t + \varphi_u + \varphi_i)\mathrm{d}t \\ &= U \cdot I \cdot \cos(\varphi_u - \varphi_i) - 0, \end{aligned}$$

und mit $\varphi = \varphi_{ui} = \varphi_u - \varphi_i$ ist das Ergebnis

$$P = U \cdot I \cdot \cos\varphi. \tag{10.10}$$

Die **Scheinleistung** S wird nach Gl. 10.4 aus den Effektivwerten bestimmt und ist

$$S = U \cdot I. \tag{10.11}$$

Die **Blindleistung** Q erhält man aus Gl. 10.5 durch Einsetzen von Gl. 10.10 und 10.11 und unter Verwendung von $\sin^2\alpha + \cos^2\alpha = 1$

$$Q = \pm\sqrt{S^2 - P^2} = \pm\sqrt{(U \cdot I)^2 - (U \cdot I \cdot \cos\varphi)^2}$$

$$Q = \pm\sqrt{(U \cdot I)^2 \cdot (1 - \cos^2\varphi)} = U \cdot I \cdot \sin\varphi. \tag{10.12}$$

Bei induktiven Verbrauchern ist der Strom der Spannung nacheilend. Damit ist der Phasenwinkel zwischen Spannung und Strom $\varphi > 0$ und auch $Q > 0$. Bei kapazitiven Verbrauchern ist $\varphi < 0$ und $Q < 0$.

Für den **Leistungsfaktor** λ erhält man

$$\lambda = \frac{P}{S} = \cos\varphi. \tag{10.13}$$

Werden Spannung und Strom als komplexe Effektivwertzeiger $\underline{U}$ und $\underline{I}$ dargestellt mit

$$\underline{U} = U_{\text{eff}} e^{\mathrm{j}\varphi_u}, \tag{10.14}$$

$$\underline{I} = I_{\text{eff}} e^{\mathrm{j}\varphi_i}, \tag{10.15}$$

wird die **komplexe Scheinleistung** $\underline{S}$ definiert als

$$\underline{S} = \underline{U} \cdot \underline{I}^*, \tag{10.16}$$

$$\underline{S} = U \cdot I \cdot e^{\mathrm{j}(\varphi_u - \varphi_i)} = U \cdot I \cdot e^{\mathrm{j}\varphi} = U \cdot I \cdot \cos\varphi + \mathrm{j} \cdot U \cdot I \cdot \sin\varphi,$$

$$\underline{S} = P + \mathrm{j} \cdot Q. \tag{10.17}$$

Damit können die reellen Größen folgendermaßen dargestellt werden:

$$\text{Scheinleistung} \quad S = |\underline{S}| = \sqrt{P^2 + Q^2} \quad [\text{VA}], \tag{10.18}$$

$$\text{Wirkleistung} \quad P = \text{Re}\{\underline{S}\} = U \cdot I \cdot \cos\varphi \quad [\text{W}], \tag{10.19}$$

$$\text{Blindleistung} \quad Q = \text{Im}\{\underline{S}\} = U \cdot I \cdot \sin\varphi \quad [\text{var}]. \tag{10.20}$$

10.4 Leistungen bei sinusförmiger Spannung und nichtsinusförmigem Strom

Viele aktuelle Wechselspannungssysteme werden mit sinusförmigen Spannungen gespeist, der Strom ist aber aufgrund von Schaltnetzteilen, Leistungsregelungen oder anderen nichtlinearen Verbrauchern nicht mehr sinusförmig.

Die entsprechenden Lasten können wegen des nichtlinearen Verhaltens nicht durch Impedanzen wie Widerstände, Spulen oder Kondensatoren beschrieben werden. Es gilt nicht mehr der Zusammenhang $\underline{U} = \underline{Z} \cdot \underline{I}$ und auch das Überlagerungsverfahren zur Berechnung von Systemen mit mehreren Quellen darf hier nicht angewendet werden.

Gehen wir von einer sinusförmigen Spannung aus:

$$u(t) = \hat{U} \cdot \sin(\omega t). \tag{10.21}$$

Der periodische, nichtsinusförmige Strom kann mithilfe der Fourier-Reihenentwicklung als Summe des Gleichanteils I_0 und der Schwingungsanteile I_n dargestellt werden. Die Schwingung mit der niedrigsten vorkommenden Frequenz nennt man Grundschwingung I_1. Ihre Frequenz ist aufgrund derselben Periodendauer wie die Spannung *u(t)* gleich der Frequenz der Spannung *u(t)*. Die Frequenzen der höheren Schwingungsanteile (Oberschwingungen) sind ganzzahlige Vielfache der Grundschwingungsfrequenz. Näheres zur Fourier-Reihenentwicklung ist im Abschn. 18.1.1 angegeben.

Damit kann der Strom dargestellt werden durch

$$i(t) = I_0 + \sum_{n=1}^{\infty} \hat{I}_n \cdot \sin(n \cdot \omega t + \varphi_n). \tag{10.22}$$

Der Zusammenhang der Effektivwerte des Gesamtstroms I und der Effektivwerte der Schwingungsanteile I_i ist nach Gl. 10.10

$$I^2 = I_0^2 + I_1^2 + I_2^2 + I_3^2 + \ldots = I_0^2 + \sum_{n=1}^{\infty} I_n^2 \tag{10.23}$$

Für die **Wirkleistung** erhält man damit

$$P = \frac{1}{T} \int_0^T p(t)\,\mathrm{d}t = \frac{1}{T} \int_0^T \hat{U} \cdot \sin(\omega t) \cdot \left(I_0 + \sum_{n=1}^{\infty} \hat{I}_n \cdot \sin(n \cdot \omega t + \varphi_n) \right) \mathrm{d}t.$$

Wegen der Orthogonalitätsbeziehung

$$\int_0^T \sin(m \cdot \omega t) \cdot \sin(n \cdot \omega t + \varphi)\,\mathrm{d}t = \begin{cases} 0 & \text{für } m \neq n, \\ \neq 0 & \text{für } m = n, \end{cases}$$

liefert nur der Grundschwingungsanteil des Stroms einen Beitrag zu P:

$$P = \frac{1}{T} \int_0^T \hat{U} \cdot \sin(\omega t) \cdot \hat{I}_1 \cdot \sin(1 \cdot \omega t + \varphi_1)\,\mathrm{d}t$$

$$P = U \cdot I_1 \cdot \cos\varphi_1. \tag{10.24}$$

Beispiel 10.1

In einem 50 Hz-Wechselspannungssystem ($\omega = 314$ 1/s) enthält der Strom neben der Grundschwingung auch die dritte Oberschwingung:

$$u(t) = \hat{U} \cdot \sin(\omega t), \; i(t) = \hat{I}_1 \cdot \sin(\omega t + \varphi_1) + \hat{I}_3 \cdot \sin(3 \cdot \omega t + \varphi_3).$$

Die momentane Leistung ist

$$p(t) = u(t) \cdot i(t) = \hat{U} \cdot \sin(\omega t) \cdot \left(\hat{I}_1 \cdot \sin(\omega t + \varphi_1) + \hat{I}_3 \cdot \sin(3 \cdot \omega t + \varphi_3)\right).$$

Die Wirkleistung ist

$$\begin{aligned} P &= \frac{1}{T} \int_0^T \hat{U} \cdot \sin(\omega t) \cdot \left(\hat{I}_1 \cdot \sin(\omega t + \varphi_1) + \hat{I}_3 \cdot \sin(3 \cdot \omega t + \varphi_3)\right) \mathrm{d}t \\ &= \hat{U} \cdot \frac{1}{T} \int_0^T \left(\hat{I}_1 \cdot \sin(\omega t + \varphi_1) + \hat{I}_3 \cdot \sin(3 \cdot \omega t + \varphi_3) \cdot \sin(\omega t)\right) \mathrm{d}t. \end{aligned}$$

Mit dem Additionstheorem $\sin(\alpha) \cdot \sin(\beta) = 0{,}5 \cdot (\cos(\alpha - \beta) - \cos(\alpha + \beta))$ folgt

$$\begin{aligned} P = \hat{U} \cdot \frac{1}{T} \int_0^T 0{,}5 \cdot \Big(&\hat{I}_1 \cdot \cos(\varphi_1) - \hat{I}_1 \cdot \cos(2 \cdot \omega t + \varphi_1) \\ &+ \hat{I}_3 \cdot \cos(2 \cdot \omega t + \varphi_3) - \hat{I}_3 \cdot \cos(4 \cdot \omega t + \varphi_3)\Big) \mathrm{d}t \\ = \hat{U} \cdot \frac{1}{T} \int_0^T 0{,}5 \cdot \hat{I}_1 \cdot \cos(\varphi_1) \mathrm{d}t &= \hat{U} \cdot 0{,}5 \cdot \hat{I}_1 \cdot \cos(\varphi_1) = U \cdot I_1 \cdot \cos(\varphi_1). \end{aligned}$$

Nur der Grundschwingungsstrom liefert einen Beitrag zur Wirkleistung, da die anderen Integralbeiträge durch die Integrationen über mehrere vollständige Perioden von 2ω oder 4ω gleich Null sind.

Die **Scheinleistung** ist nach Gl. 10.4 und 10.23

$$S = U \cdot I = U \cdot \sqrt{I_0^2 + \sum_{n=1}^{\infty} I_n^2}. \tag{10.25}$$

Die **Blindleistung** Q nach Gl. 10.5 kann zerlegt werden in die Grundschwingungsblindleistung Q_1 und die Verzerrungsblindleistung D:

$$Q = \sqrt{S^2 - P^2}, \tag{10.26}$$

$$\begin{aligned} Q &= \sqrt{U^2 \cdot \left(I_0^2 + I_1^2 + I_2^2 + I_3^2 + \ldots\right) - U^2 I_1^2 \cdot \cos^2(\varphi_1)} \\ &= \sqrt{U^2 I_1^2 \cdot \left(1 - \cos^2(\varphi_1)\right) + U^2 \cdot \left(I_0^2 + I_2^2 + I_3^2 + \ldots\right)} \\ &= \sqrt{U^2 I_1^2 \cdot \sin^2(\varphi_1) + U^2 \cdot \left(I_0^2 + I_2^2 + I_3^2 + \ldots\right)} \\ &= \sqrt{Q_1^2 + U^2 \cdot \left(I_0^2 + I_2^2 + I_3^2 + \ldots\right)}, \end{aligned}$$

$$Q = \sqrt{Q_1^2 + D^2}. \tag{10.27}$$

Die **Grundschwingungsblindleistung** wird durch die Grundschwingung des Stroms erzeugt:

$$Q_1 = U \cdot I_1 \cdot \sin \varphi_1 \tag{10.28}$$

und die **Verzerrungsblindleistung** durch den Gleichanteil und die Oberschwingungen des Stroms:

$$D = \sqrt{U^2 \cdot \left(I_0^2 + I_2^2 + I_3^2 + \ldots\right)}. \tag{10.29}$$

Beim **Leistungsfaktor** muss zwischen dem Grundschwingungsleistungsfaktor λ_1 und dem gesamten Leistungsfaktor λ unterschieden werden:

$$\lambda_1 = \frac{P}{S_1} = \cos \varphi_1, \tag{10.30}$$

$$\lambda = \frac{P}{S} \leq \cos \varphi_1. \tag{10.31}$$

Beispiel 10.2

In einem 50 Hz-Wechselspannungssystem ($\omega = 314$ 1/s) enthält der Strom neben der Grundschwingung auch die dritte Oberschwingung:

$u(t) = 325\,\text{V} \cdot \sin(\omega t)$, $i(t) = 4\,\text{A} \cdot \sin(\omega t - 2\pi/12) + 3\,\text{A} \cdot \sin(3 \cdot \omega t - 2\pi/12)$.

Die Wirkleistung ist nach Gl. 10.24

$$\begin{aligned} P &= U \cdot I_1 \cdot \cos(\varphi_1) \\ &= 325\,\text{V}/\sqrt{2} \cdot 4\,\text{A}/\sqrt{2} \cdot \cos(2\pi/12) \\ &= 230\,\text{V} \cdot 2{,}83\,\text{A} \cdot 0{,}866' \\ &= 563\,\text{W}. \end{aligned}$$

Der Stromeffektivwert ist

$$I = \sqrt{I_1^2 + I_3^2} = \sqrt{\left(4\,\text{A}/\sqrt{2}\right)^2 + \left(3\,\text{A}/\sqrt{2}\right)^2} = 3{,}54\,\text{A}.$$

Die Scheinleistung ist nach Gl. 10.25

$$S = U \cdot I = 230\,\text{V} \cdot 3{,}54\,\text{A} = 813\,\text{VA}.$$

Die Blindleistungen Q und Q_1 sind nach Gl. 10.26 und 10.28

$$Q = \sqrt{S^2 - P^2} = \sqrt{813^2 - 563^2}\,\text{var} = 587\,\text{var}$$
$$Q_1 = U \cdot I_1 \cdot \sin\varphi_1 = 230\,\text{V} \cdot 4\,\text{A}/\sqrt{2} \cdot \sin(2\pi/12) = 325\,\text{var}.$$

Die Verzerrungsblindleistung D durch die Strom-Oberschwingungen ist nach Gl. 10.27

$$D = \sqrt{Q^2 - Q_1^2} = \sqrt{587^2 - 325^2}\,\text{var} = 488\,\text{var}.$$

D kann man ebenso nach Gl. 10.29 bestimmen:

$$\begin{aligned} D &= \sqrt{U^2 \cdot \left(I_0^2 + I_2^2 + I_3^2 + \ldots\right)} \\ &= \sqrt{(230\,\text{V})^2 \cdot \left(3\,\text{A}/\sqrt{2}\right)^2} \\ &= 230\,\text{V} \cdot 3\,\text{A}/\sqrt{2} \\ &= 488\,\text{var}. \end{aligned}$$

10.5 Symmetrisches Dreiphasensystem

Symmetrische Dreiphasensysteme, auch Drehstromsysteme genannt, sind dreiphasige Wechselstromsysteme mit symmetrischen Spannungen, die den gleichen Betrag und 120° Phasenverschiebung zueinander haben [47, 48]. Die drei Außenleiter haben die Bezeichnungen L1, L2, L3 (früher: R, S, T) und der Sternpunktleiter N.

Im Folgenden wird ein rechtsdrehendes Dreiphasensystem mit der Phasenfolge 1–2–3 angenommen.

Die **Sternspannungen** $\underline{U}_{i\text{N}}$ liegen, wie in Abb. 10.1 dargestellt, zwischen einem Außenleiter und dem Sternpunkt N.

$$\begin{aligned} \underline{U}_{1\text{N}} &= U \cdot e^{\text{j}0°}, \\ \underline{U}_{2\text{N}} &= U \cdot e^{-\text{j}120°}, \\ \underline{U}_{3\text{N}} &= U \cdot e^{-\text{j}240°}, \end{aligned}$$

wobei in Europa (230 V-Systeme) der Effektivwert $U = 230\,\text{V}$ beträgt.
Die **Außenleiterspannungen** $\underline{U}_{ij}$ können aus den Sternspannungen bestimmt werden:

$$\underline{U}_{12} = \underline{U}_{1\text{N}} - \underline{U}_{2\text{N}} = \sqrt{3} \cdot \underline{U}_{3\text{N}} \cdot e^{-\text{j}90°}, \tag{10.32}$$

$$\underline{U}_{23} = \underline{U}_{2\text{N}} - \underline{U}_{3\text{N}} = \sqrt{3} \cdot \underline{U}_{1\text{N}} \cdot e^{-\text{j}90°}, \tag{10.33}$$

$$\underline{U}_{31} = \underline{U}_{3\text{N}} - \underline{U}_{1\text{N}} = \sqrt{3} \cdot \underline{U}_{2\text{N}} \cdot e^{-\text{j}90°}. \tag{10.34}$$

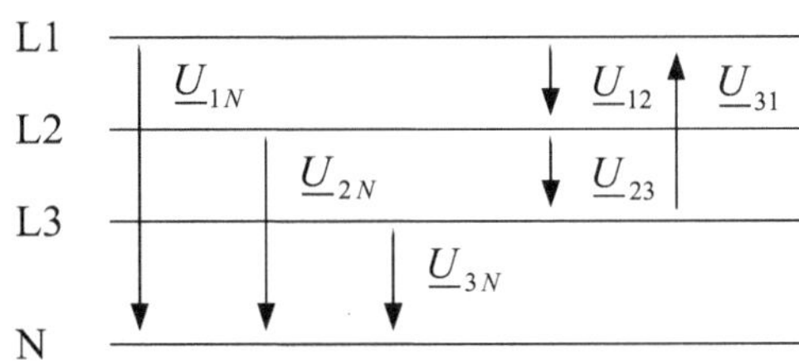

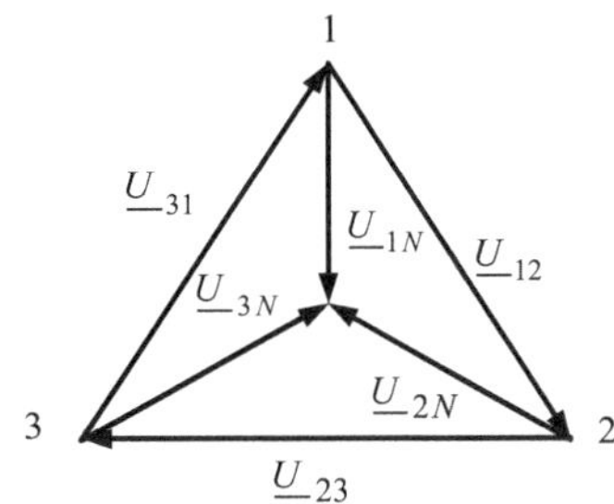

Abb. 10.1 Außenleiterspannungen und Sternspannungen im Drehstromsystem

Die Gl. 10.32, 10.33 und 10.34 zeigen auch die Beziehungen der Außenleiterspannungen zur gegenüberliegenden Sternspannung. Man erkennt, dass

$$\left|\underline{U}_{ij}\right| = \sqrt{3} \cdot U. \tag{10.35}$$

Für eine Sternspannung von $U = 230\,\text{V}$ haben die Außenleiterspannungen einen Effektivwert von $U_{ij} = \sqrt{3} \cdot U = 400\,\text{V}$. Man spricht von einem 400 V-Drehstromsystem.

Vierleitersystem

Bei einem Vierleitersystem sind die drei Außenleiter und der Sternpunktleiter zur Last geführt. Ist, wie in Abb. 10.2 dargestellt, die Last in Sternschaltung angeschlossen, liegt jede Impedanz $\underline{Z}_i$ an einer Sternspannung $U_{i\text{N}}$ und der Sternpunktleiterstrom I_N ist

$$\underline{I}_\text{N} = \underline{I}_1 + \underline{I}_2 + \underline{I}_3. \tag{10.36}$$

Für eine symmetrische Last $\underline{Z}_1 = \underline{Z}_2 = \underline{Z}_3$ wird $\underline{I}_\text{N} = 0$, da die Strangströme $\underline{I}_i$ in diesem Fall betragsmäßig gleich und um 120° phasenverschoben sind.

Dreileitersystem

In Dreileitersystemen werden, abgesehen vom Schutz- oder Erdleiter, nur die Außenleiter zur Last geführt. Wird die Last, wie im Abb. 10.3a dargestellt, in Sternschaltung angeschlossen, stellen sich von $\underline{Z}_1$, $\underline{Z}_2$ und $\underline{Z}_3$ abhängige Spannungen an den Impedanzen ein.

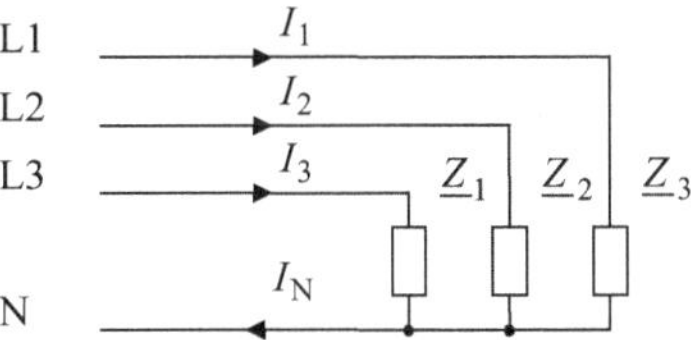

Abb. 10.2 Vierleitersystem mit einer Last in Sternschaltung

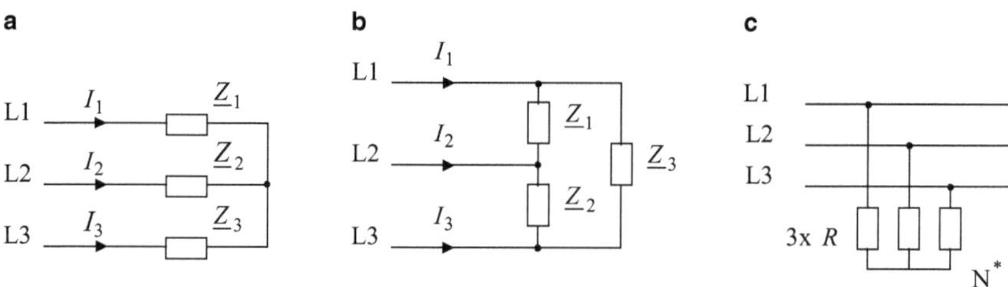

Abb. 10.3 Dreileitersysteme. **a** Last in Sternschaltung, **b** Last in Dreieckschaltung, **c** künstlicher Sternpunkt

Bei entsprechenden Kombinationen der Impedanzen können die einzelnen Lastspannungen sehr klein oder auch größer als 400 V sein. Nur für den symmetrischen Fall sind die Lastspannungen gleich den Sternspannungen, wie dies im Vierleitersystem der Fall ist.

Bei einer Last in Dreieckschaltung wie in Abb. 10.3b liegen alle Impedanzen $\underline{Z}_i$ an einer Außenleiterspannung, also unabhängig von $\underline{Z}_i$ an $|\underline{U}_{ij}| = 400\,\text{V}$.

Sowohl bei der Last in Stern- als auch in Dreieckschaltung ist zwangsläufig

$$\underline{I}_1 + \underline{I}_2 + \underline{I}_3 = 0. \tag{10.37}$$

Wird in einem Dreileitersystem, beispielsweise zu Messzwecken, Sternpunktleiterpotential benötigt, so kann dies mit Hilfe eines sogenannten **künstlichen Sternpunktes** erzeugt werden. Dazu werden drei gleiche Widerstände oder Impedanzen wie in Abb. 10.3c verschaltet. Der so entstehende Knoten N^* hat unabhängig von der Last das Potential des Sternpunktes N.

Leistung im Drehstromsystem

Die Leistungen im Drehstromsystem ergeben sich aus der Addition der Leistungsanteile der einzelnen Verbraucher.

Sind die Leistungen der einzelnen Verbraucher P_i, so ist die gesamte Wirkleistung

$$P_{\text{ges}} = P_1 + P_2 + P_3. \tag{10.38}$$

Da die von der Last aufgenommene Wirkleistung gleich der von den Generatoren abgegebenen ist, kann unabhängig von der Lastschaltung die gesamte Wirkleistung auch aus

$$P_{\text{ges}} = U_{1\text{N}} \cdot I_1 \cdot \cos\varphi_1 + U_{2\text{N}} \cdot I_2 \cdot \cos\varphi_2 + U_{3\text{N}} \cdot I_3 \cdot \cos\varphi_3 \tag{10.39}$$

bestimmt werden.

Die Scheinleistung bzw. komplexe Scheinleistung kann entsprechend unabhängig von der Lastschaltung aus den Sternspannungen und Leiterströmen bestimmt werden:

$$\underline{S}_{\text{ges}} = \underline{U}_{1\text{N}} \cdot \underline{I}_1^* + \underline{U}_{2\text{N}} \cdot \underline{I}_2^* + \underline{U}_{3\text{N}} \cdot \underline{I}_3^*, \tag{10.40}$$

$$S_{\text{ges}} = \left|\underline{S}_{\text{ges}}\right|.$$

Der Realteil der Gl. 10.40 liefert wieder die Gl. 10.39, der Imaginärteil

$$Q_{\text{ges}} = U_{1\text{N}} \cdot I_1 \cdot \sin\varphi_1 + U_{2\text{N}} \cdot I_2 \cdot \sin\varphi_2 + U_{3\text{N}} \cdot I_3 \cdot \sin\varphi_3. \tag{10.41}$$

Aus Gl. 10.40 sind sowohl die gesamte Wirk- als auch die Blindleistung berechenbar:

$$\begin{aligned} P_{\text{ges}} &= \text{Re}\left\{\underline{S}_{\text{ges}}\right\}, \\ Q_{\text{ges}} &= \text{Im}\left\{\underline{S}_{\text{ges}}\right\}. \end{aligned} \tag{10.42}$$

Leistungsmessung 11

11.1 Elektrodynamischer Leistungsmesser

Zur Leistungsmessung muss nach Gl. 10.1 das Produkt $U \cdot I$ bzw. nach Gl. 10.10 $U \cdot I \cdot \cos\varphi$ ausgewertet werden. Aufgrund seiner bauartbedingten, multiplizierenden Eigenschaft eignet sich das elektrodynamische Messwerk direkt zur Leistungsmessung.

Im Abschn. 4.1.3 ist für das elektrodynamische Messwerk hergeleitet worden, dass der Zeigerausschlag proportional zum Produkt der Ströme durch die feststehende Spule I_1 und durch die drehbare Spule I_2 ist. Zur Leistungsmessung fließt der Verbraucherstrom I_v durch die feststehende Feldspule (Stromspule), und die Verbraucherspannung U_v wird über einen Vorwiderstand an die drehbare Spule (Spannungsspule) gelegt. Dadurch fließt durch die Spannungsspule ein Strom, der proportional zur Verbraucherspannung ist. Für einen Gesamtwiderstand R_U im Spannungspfad ist der Zeigerausschlag somit

$$\alpha = k \cdot I_1 \cdot I_2 = k \cdot I_v \cdot \frac{U_v}{R_U} = k_P \cdot I_v \cdot U_v. \tag{11.1}$$

Die Messwerkkonstante k_P enthält alle bauartbedingten Eigenschaften, die in die Skalierung eingehen. Der Zeigerausschlag wird direkt in Watt abgeglichen.

Nach DIN 43807 werden die Stromklemmen mit k und l und die Spannungsklemmen mit u und v bezeichnet (siehe Abb. 11.1). Die Polarität kann auch mit einem Punkt gekennzeichnet werden.

T. Mühl, *Elektrische Messtechnik*, https://doi.org/10.1007/978-3-658-29116-7_11

11.1.1 Leistungsmessung im Gleichstromkreis

Strom- und spannungsrichtiger Anschluss

Der Anschluss des elektrodynamischen Messwerks kann verbraucherseitig spannungs- oder stromrichtig durchgeführt werden. Für beide Varianten ergibt sich eine Beeinflussung durch die Innenwiderstände der Strom- bzw. Spannungsspule des Messwerks.

Beim spannungsrichtigen Anschluss nach Abb. 11.2a ist $I_2 = U_V/R_U$, wobei R_U der Widerstand des Spannungsmesspfades mit der Spannungsspule ist. Der Strom durch die Stromspule ist $I_1 = I_V + I_2$ und nicht gleich dem Verbraucherstrom. Die angezeigte Leistung ist demnach um den Eigenverbrauch der Spannungsspule erhöht:

$$P_{\text{anz}} = U_V \cdot (I_V + I_2) = P_V + \frac{U_V^2}{R_U}. \tag{11.2}$$

Bei der stromrichtigen Schaltung nach Abb. 11.2b ist $I_1 = I_V$, aber die Spannung an der Spannungsspule ist die um den Spannungsabfall an der Stromspule (Innenwiderstand R_I) erhöhte Verbraucherspannung: $U_m = U_V + I_V \cdot R_I$. Der Anzeigewert enthält hierbei den Eigenverbrauch der Stromspule:

$$P_{\text{anz}} = (U_V + I_V \cdot R_I) \cdot I_V = P_V + I_V^2 \cdot R_I. \tag{11.3}$$

Eine Möglichkeit zur Vermeidung der durch den Eigenverbrauch bedingten systematischen Messabweichungen ist der Einbau einer Korrekturspule in das Messwerk, wie es

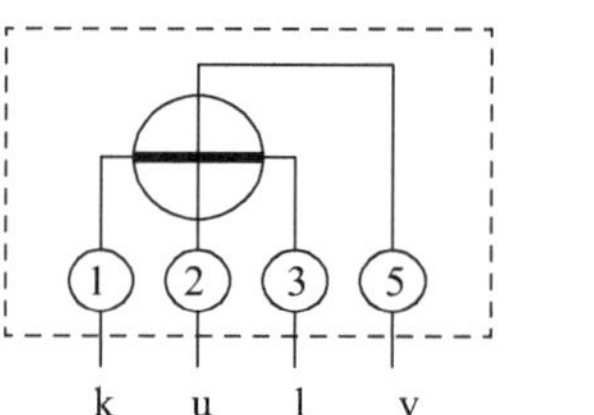

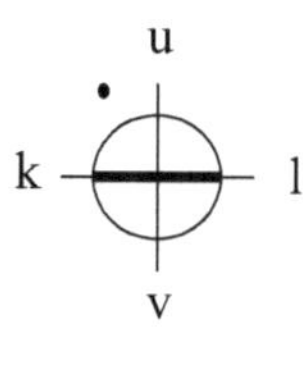

Abb. 11.1 Klemmenbezeichnung eines elektrodynamischen Leistungsmessers: Stromklemmen = *k, l*, Spannungsklemmen = *u, v*, Polaritätskennzeichnung = •

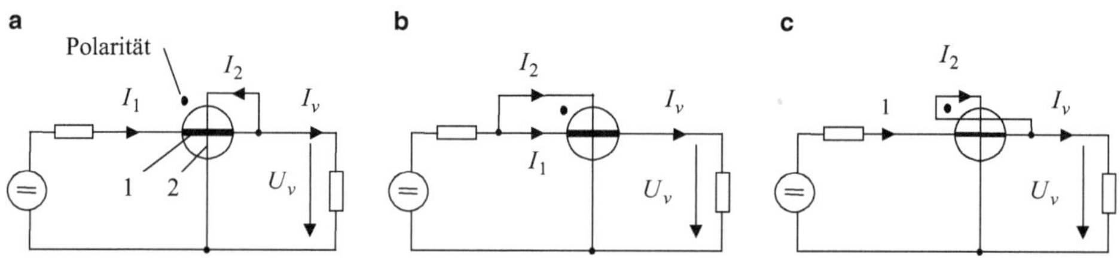

Abb. 11.2 Elektrodynamischer Leistungsmesser. **a** Spannungsrichtiger Anschluss, **b** Stromrichtiger Anschluss, **c** Messwerk mit Korrekturspule

in Abb. 11.2c dargestellt ist. Die Korrekturspule erzeugt ein Magnetfeld, das dem der Stromspule entgegen gerichtet ist und korrigiert so die Wirkung des erhöhten Stroms I_1:

$$P_{\text{anz}} = U_V \cdot I_1 - U_V \cdot I_2 = U_V \cdot (I_V + I_2) - U_V \cdot I_2 = P_V.$$

Der Eigenverbrauch wird vom Hersteller für jeden Messbereich angegeben. Ist er deutlich kleiner als die zu messendeLeistung, kann er vernachlässigt werden, so dass

$$P_{\text{anz}} = U_V \cdot I_V = P_V. \tag{11.4}$$

Messbereichserweiterung

Die Anpassung an die gewünschten Messbereiche bzw. Strom- und Spannungsbereiche wird über Wicklungsumschaltungen oder wie bei der Strom- und Spannungsmessung (siehe Abschn. 5.1.2) mit Vor- und Parallelwiderständen realisiert.

11.1.2 Leistungsmessung im Wechselstromkreis

Das Messwerk zeigt aufgrund seines PT2-Verhaltens nur langsam veränderliche Größen an. Frequenzanteile, die größer als die Eigenfrequenz ω_0 des Instrumentes sind, werden, wie im Abschn. 3.2.3 ausführlich beschrieben, gedämpft. Liegt die Eigenfrequenz des Messwerks deutlich unterhalb der Frequenz der Wechselgrößen, ist der Zeigerausschlag proportional zum zeitlichen Mittelwert des Stromproduktes.

Für die Leistungsmessung nehmen wir an, dass der Strom $i_m(t)$ durch die Stromspule und die Spannung $u_m(t)$ an der Spannungsspule cosinusförmig mit derselben Frequenz ω und einer Phasendifferenz φ_m sind. Ist die Frequenz ω deutlich größer als die Eigenfrequenz ω_0 des Messwerks, ist die angezeigte, mittlere Leistung

$$\begin{aligned} \overline{P}_{\text{anz}} &= \overline{i_m(t) \cdot u_m(t)} = \overline{\hat{I}_m \cos(\omega t) \cdot \hat{U}_m \cos(\omega t + \varphi_m)} \\ &= \hat{I}_m \hat{U}_m \cdot \overline{\cos(\omega t) \cdot \cos(\omega t + \varphi_m)}. \end{aligned}$$

Verwendet man $\cos\alpha \cdot \cos\beta = 0{,}5(\cos(\alpha - \beta) + \cos(\alpha + \beta))$ erhält man

$$\overline{P}_{\text{anz}} = \hat{I}_m \hat{U}_m \cdot \overline{0{,}5 \cdot (\cos(\varphi_m) + \cos(2\omega t + \varphi_m))}.$$

Für $\omega \gg \omega_0$ ist $\overline{\cos(2\omega t + \varphi_m)} = 0$, und unter Verwendung der Effektivwerte anstatt der Amplituden ist

$$\overline{P}_{\text{anz}} = 0{,}5 \cdot \hat{U}_m \cdot \hat{I}_m \cdot \cos(\varphi_m) = U_m \cdot I_m \cdot \cos(\varphi_m). \tag{11.5}$$

Das Messwerk zeigt somit immer das Produkt aus Spannung an der Spannungsspule mal Strom durch die Stromspule mal dem Cosinus des Phasenwinkels zwischen diesen Größen an.

Im Nachfolgenden werden die Innenwiderstände der Messwerkspulen vernachlässigt. Ansonsten gelten diesbezüglich dieselben Ergebnisse wie im Abschn. 11.1.1.

Wirkleistungsmessung

Um die Wirkleistung eines Verbrauchers zu messen, wird wie im Gleichstromfall die Verbraucherspannung an die Spannungsspule angelegt, und der Verbraucherstrom fließt durch die Stromspule. Abb. 11.3 zeigt diese Anschaltung.

Aufgrund der Beschaltung ist $U_m = U_V$, $I_m = I_V$ und $\varphi_m = \varphi_V$. Vernachlässigt man den Eigenverbrauch des Messwerks entspricht der angezeigte Wert der Wirkleistung des Verbrauchers:

$$P_{\text{anz}} = U_m \cdot I_m \cdot \cos(\varphi_m) = U_V \cdot I_V \cdot \cos(\varphi_V) = P_V. \tag{11.6}$$

Blindleistungsmessung

Um mit einem elektrodynamischen Messwerk auch die Blindleistung eines Verbrauchers $Q_V = U_V \cdot I_V \cdot \sin(\varphi_V)$ messen zu können, wird an die Spannungsspule des Messwerks nicht die Verbraucherspannung, sondern eine dieser um 90° nacheilende Spannung angelegt bzw. der Strom durch die Spannungsspule um −90° phasenverschoben. Die komplexen Effektivwertzeiger sind dann

$$\underline{I}_m = \underline{I}_V \quad \text{und} \quad \underline{U}_m = \underline{U}_V \cdot e^{-j90^\circ}. \tag{11.7}$$

Die Anzeige des elektrodynamischen Messwerks ist nach Gl. 11.5

$$P_{\text{anz}} = U_m \cdot I_m \cdot \cos(\varphi_m) = \text{Re}\left\{\underline{U}_m \cdot \underline{I}_m^*\right\}.$$

Setzt man in diese Gleichung die Beziehungen Gl. 11.7 ein und berücksichtigt, dass $\cos(\varphi - 90^\circ) = \sin\varphi$, erhält man den Anzeigewert

$$\begin{aligned} P_{\text{anz}} &= \text{Re}\left\{\underline{U}_V \cdot e^{-j90^\circ} \cdot \underline{I}_V^*\right\} = \text{Re}\left\{U_V \cdot I_V \cdot e^{j\varphi_V} \cdot e^{-j90^\circ}\right\} \\ &= U_V \cdot I_V \cdot \cos(\varphi_V - 90^\circ), \end{aligned}$$

$$P_{\text{anz}} = U_V \cdot I_V \cdot \sin(\varphi_V) = Q_V. \tag{11.8}$$

Bei Einphasensystemen kann die Phasendrehung des Stroms durch die Spannungsspule mit einem 90°-Phasenschieber erreicht werden, wie es schematisch in Abb. 11.4a gezeigt

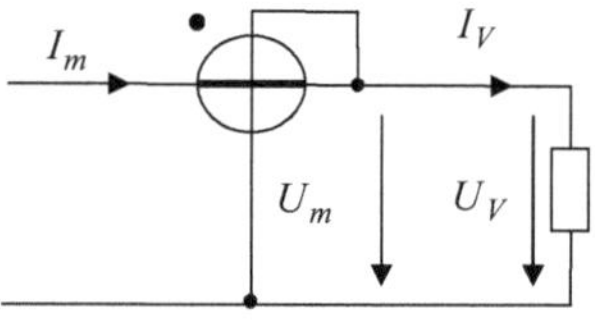

Abb. 11.3 Wirkleistungsmessung mit einem elektrodynamischen Messwerk

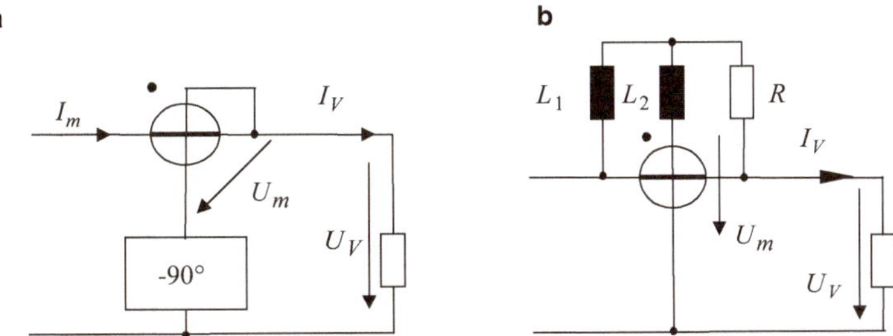

Abb. 11.4 Blindleistungsmessung mit einem elektrodynamischen Messwerk. **a** Prinzipschaltung mit Phasenschieber, **b** Hummelschaltung

ist. Eine realisierbare Schaltung ist die in Abb. 11.4b angegebene Hummelschaltung. Durch geeignete Dimensionierung von L_1, L_2 und R kann dabei erreicht werden, dass U_m der Verbraucherspannung U_V um 90° nacheilt.

Da die Blindleistung für induktive Lasten positiv und für kapazitive Verbraucher negativ ist, ist bei der Messung auf die richtige Polung der Messwerkspulen zu achten.

Bestimmung der Scheinleistung und cos φ

Die Scheinleistung kann nach Gl. 10.11 aus den gemessenen Effektivwerten von Spannung U und Strom I berechnet werden:

$$S = |\underline{S}| = U \cdot I.$$

Alternativ können die Wirk- und Blindleistung mit elektrodynamischen Messinstrumenten gemessen und die Scheinleistung nach Gl. 10.18 bestimmt werden:

$$S = \sqrt{P^2 + Q^2}.$$

Der Leistungsfaktor kann nach Gl. 10.6 bzw. 10.18 durch Messung von U, I und P oder Messung von P und Q bestimmt werden:

$$\cos\varphi = \frac{P}{U \cdot I} = \frac{P}{\sqrt{P^2 + Q^2}}.$$

Beispiel 11.1

In einem Wechselspannungssystem mit einem Verbraucher $\underline{Z}$ werden folgende Messungen durchgeführt:

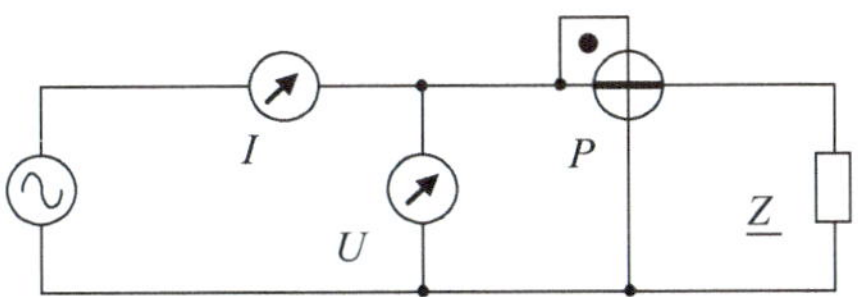

Die Anzeigewerte betragen:

$I = 1{,}5\,\text{A},$
$U = 228\,\text{V},$
$P = 300\,\text{W}.$

Das elektrodynamische Messinstrument zeigt direkt die Verbraucherwirkleistung an: $P_Z = P = 300\,\text{W}$.

Die Schein- und Blindleistung wird mit Hilfe von Gl. 10.13, 10.11 und 10.18 bestimmt:

$$S = U \cdot I = 228\,\text{V} \cdot 1{,}5\,\text{A} = 342\,\text{VA},$$
$$Q = \sqrt{S^2 - P^2} = \sqrt{(342\,\text{VA})^2 - (300\,\text{W})^2} = 164\,\text{var},$$
$$\cos\varphi = \frac{P}{S} = \frac{300\,\text{W}}{342\,\text{VA}} = 0{,}877.$$

Aus den gemessenen Werten kann auch die Last $\underline{Z}$ bestimmt werden:

$$Z = \frac{U}{I} = \frac{228\,\text{V}}{1{,}5\,\text{A}} = 152\,\Omega \quad \text{und} \quad \varphi_Z = \varphi = \operatorname{acos}(\cos\varphi) = \operatorname{acos}(0{,}877) = 28{,}7°.$$

Messbereichserweiterung und Bereichswahl

Alternativ zur Messbereichserweiterung mit Vor- und Parallelwiderständen oder Umschaltungen der Spulenabgriffe wie im Gleichstromfall können bei Wechselstromanwendungen auch Strom- und Spannungswandler zur Messbereichsanpassung eingesetzt werden (siehe Abschn. 6.4). Die Wandlungsverhältnisse sind dann bei der Bestimmung der Leistung zu berücksichtigen.

Abb. 11.5 zeigt ein Beispiel eines elektrodynamischen Leistungsmessers. Man erkennt die Stromklemmen k und l und die Spannungsklemmen u und v. Beim Einsatz

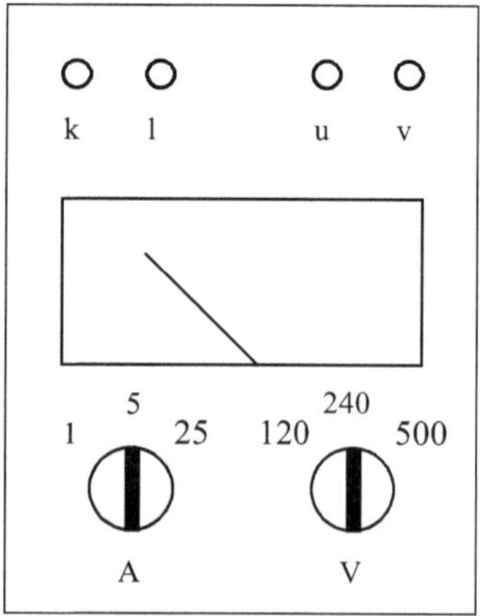

Abb. 11.5 Schematische Darstellung eines elektrodynamischen Leistungsmessers: Anschlussklemmen *k*, *l*, *u*, *v*, Messbereichswahlschalter für Strom (A) und Spannung (V)

ist auf die richtige Bereichswahl für Strom (A) und Spannung (V) zu achten. Ein kleiner Zeigerausschlag bedeutet nicht, dass man in einen kleineren Bereich schalten darf, da es auch bei großen Strömen und Spannungen zu kleinen Zeigerausschlägen kommen kann. Beispielsweise können bei der Wirkleistungsmessung an großen Induktivitäten große Ströme fließen bei trotzdem sehr kleinen Wirkleistungsanzeigewerten. Es ist daher zur richtigen Bereichswahl erforderlich, ein Strommessgerät in Reihe mit der Stromspule des Leistungsmessers zu schalten. Da man in der Regel die Spannung kennt (230V oder 400V), kann der Spannungsbereich vor Einschalten des Systems richtig gewählt werden.

11.1.3 Leistungsmessung im Drehstromsystem

Zur Leistungsmessung in Drehstromsystemen werden die Leistungsanteile in jeder Phase gemessen und addiert. Bei symmetrischer Belastung ist die Messung in einer Phase ausreichend, und die Gesamtleistung ergibt sich aus dem Dreifachen der Leistung einer Phase.

Wirkleistungsmessung

Da die von der Last aufgenommene gesamte Wirkleistung der vom Generator abgegebenen Wirkleistung entspricht, kann unabhängig von der Lastschaltung die gesamte Wirkleistung nach der Schaltung in Abb. 11.6a gemessen werden. Bei einem Vierleitersystem und einer Last in Sternschaltung können die einzelnen Anzeigewerte auch den Verbrauchern der einzelnen Phase zugeordnet werden. So misst das Messgerät in Phase L1 die Wirkleistung des Verbrauchers zwischen L1 und N und die anderen Messgeräte entsprechend die Wirkleistung in den anderen Phasen.

Beim Dreileitersystem werden die Messgeräte wie in Abb. 11.6b angegeben angeschlossen. Bei gleichem Innenwiderstand R_u bildet sich ein künstlicher Sternpunkt N^* aus, so dass die Spannungsspulen wieder mit den entsprechenden Sternspannungen U_{iN} verbunden sind. Man muss bei dieser Messung auf denselben Messbereich der Instrumente achten, da sonst durch die unterschiedlichen Innenwiderstände die Bedingung für den künstlichen Sternpunkt (gleiche Impedanzen) nicht eingehalten wird.

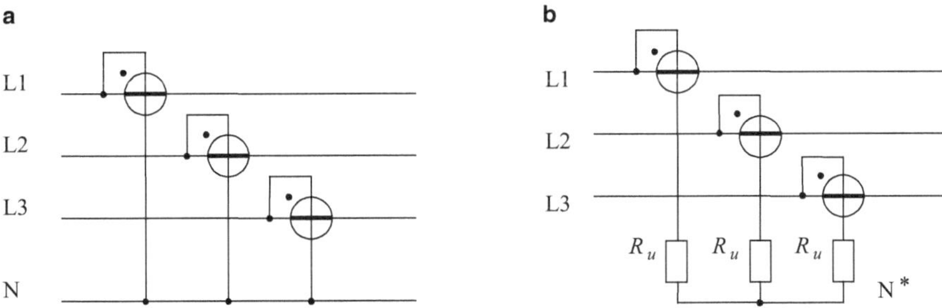

Abb. 11.6 Wirkleistungsmessung im Drehstromsystem. **a** Vierleitersystem, **b** Dreileitersystem mit künstlichem Sternpunkt N^*

Die gesamte Wirkleistung ist für das Vier- und Dreileitersystem gleich der Summe der Anzeigewerte derMessgeräte:

$$P_{\text{ges}} = U_{1\text{N}} \cdot I_1 \cdot \cos(\varphi_1) + U_{2\text{N}} \cdot I_2 \cdot \cos(\varphi_2) + U_{3\text{N}} \cdot I_3 \cdot \cos(\varphi_3), \tag{11.9}$$

$$P_{\text{ges}} = P_{\text{anz1}} + P_{\text{anz2}} + P_{\text{anz3}}. \tag{11.10}$$

Eine spezielle Schaltung für Dreileitersysteme ist die **Aaron-Schaltung,** die mit zwei Leistungsmessgeräten und ohne künstlichen Sternpunkt auskommt.

Zur Herleitung betrachten wir die gesamte komplexe Scheinleistung nach Gl. 10.40

$$\underline{S}_{\text{ges}} = \underline{U}_{1\text{N}} \cdot \underline{I}_1^* + \underline{U}_{2\text{N}} \cdot \underline{I}_2^* + \underline{U}_{3\text{N}} \cdot \underline{I}_3^*.$$

Mit $\underline{U}_{12} = \underline{U}_{1\text{N}} - \underline{U}_{2\text{N}}$ und $\underline{U}_{23} = \underline{U}_{2\text{N}} - \underline{U}_{3\text{N}}$ folgt

$$\begin{aligned}\underline{S}_{\text{ges}} &= \left(\underline{U}_{12} + \underline{U}_{2\text{N}}\right) \cdot \underline{I}_1^* + \underline{U}_{2\text{N}} \cdot \underline{I}_2^* + \left(\underline{U}_{2\text{N}} - \underline{U}_{23}\right) \cdot \underline{I}_3^* \\ &= \underline{U}_{12} \cdot \underline{I}_1^* + \underline{U}_{2\text{N}} \cdot \underline{I}_1^* + \underline{U}_{2\text{N}} \cdot \underline{I}_2^* + \underline{U}_{2\text{N}} \cdot \underline{I}_3^* - \underline{U}_{23} \cdot \underline{I}_3^* \\ &= \underline{U}_{12} \cdot \underline{I}_1^* - \underline{U}_{23} \cdot \underline{I}_3^* + \underline{U}_{2\text{N}} \cdot \left(\underline{I}_1^* + \underline{I}_2^* + \underline{I}_3^*\right).\end{aligned}$$

Für ein Dreileitersystem ist $\underline{I}_1^* + \underline{I}_2^* + \underline{I}_3^* = 0$, und mit $\underline{U}_{32} = -\underline{U}_{23}$ erhält man

$$\underline{S}_{\text{ges}} = \underline{U}_{12} \cdot \underline{I}_1^* + \underline{U}_{32} \cdot \underline{I}_3^* \quad \text{und damit}$$

$$P_{\text{ges}} = U_{12} \cdot I_1 \cdot \cos\varphi_a + U_{32} \cdot I_3 \cdot \cos\varphi_c. \tag{11.11}$$

Dabei ist φ_a der Winkel zwischen $\underline{U}_{12}$ und $\underline{I}_1$ und φ_c der Winkel zwischen $\underline{U}_{32}$ und $\underline{I}_3$.

Die Messgeräte in Abb. 11.7 sind gemäß Gl. 11.11 verschaltet, so dass die gesamte Wirkleistung unabhängig von der Last aus der Summe der Anzeigewerte der beiden Messgeräte bestimmt wird:

$$P_{\text{ges}} = P_{\text{anz}\,a} + P_{\text{anz}\,b}. \tag{11.12}$$

Blindleistungsmessung

Wie im Abschn. 11.1.2 hergeleitet, sind zur Blindleistungsmessung mit elektrodynamischen Leistungsmessern Hilfsspannungen notwendig, die der Verbraucherspannung bzw. Sternspannung um 90° nacheilen. Nach Gl. 10.32–10.34 erfüllen die Außenleiterspannungen diese Bedingung:

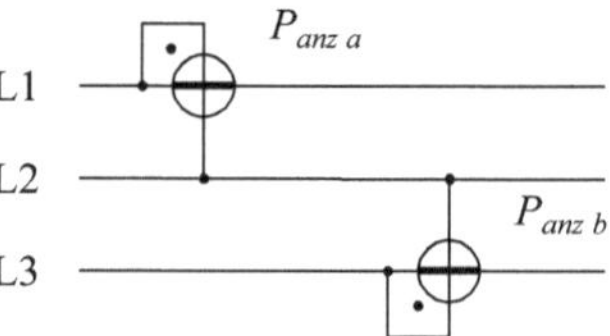

Abb. 11.7 Aaron-Schaltung zur Wirkleistungsmessung

$$\underline{U}_{12} = \sqrt{3} \cdot \underline{U}_{3\mathrm{N}} \cdot e^{-\mathrm{j}90^\circ},$$
$$\underline{U}_{23} = \sqrt{3} \cdot \underline{U}_{1\mathrm{N}} \cdot e^{-\mathrm{j}90^\circ},$$
$$\underline{U}_{31} = \sqrt{3} \cdot \underline{U}_{2\mathrm{N}} \cdot e^{-\mathrm{j}90^\circ}.$$

Die der Sternspannung gegenüberliegende Außenleiterspannung hat die erforderliche Phasenlage, ist aber betragsmäßig um den Faktor $\sqrt{3}$ größer. Werden diese Spannungen zur Blindleistungsmessung in Drehstromsystemen verwendet, sind keine $-90°$-Phasenschieber notwendig. Der vergrößerte Betrag der Hilfsspannungen muss aber bei der Bestimmung des Ergebnisses berücksichtigt werden.

Will man beispielsweise die Blindleistung in Phase L1 messen, verwendet man U_{23} als die zu $U_{1\mathrm{N}}$ um 90° nacheilende Hilfsspannung

$$Q_1 = U_{1\mathrm{N}} \cdot I_1 \cdot \sin\varphi_1 = U_{23}/\sqrt{3} \cdot I_1 \cdot \cos\varphi_a,$$

wobei φ_a der Winkel zwischen U_{23} und I_1 ist. Wird das elektrodynamische Messgerät wie in Abb. 11.8 angegeben angeschlossen, zeigt es

$$P_{\mathrm{anz}} = U_{23} \cdot I_1 \cdot \cos\varphi_a = \sqrt{3} \cdot Q_{Z1}$$

an. Der Anzeigewert wird durch $\sqrt{3}$ dividiert und man erhält die Blindleistung von $\underline{Z}_1$.

Die gesamte Blindleistung aller drei Phasen ist

$$\begin{aligned}
Q_{\mathrm{ges}} &= U_{1\mathrm{N}} \cdot I_1 \cdot \sin(\varphi_1) + U_{2\mathrm{N}} \cdot I_2 \cdot \sin(\varphi_2) + U_{3\mathrm{N}} \cdot I_3 \cdot \sin(\varphi_3),\\
Q_{\mathrm{ges}} &= U_{1\mathrm{N}} \cdot I_1 \cdot \cos(\varphi_1 - 90°) + U_{2\mathrm{N}} \cdot I_2 \cdot \cos(\varphi_2 - 90°) + U_{3\mathrm{N}} \cdot I_3 \cdot \cos(\varphi_3 - 90°),\\
Q_{\mathrm{ges}} &= U_{23}/\sqrt{3} \cdot I_1 \cdot \cos(\varphi_a) + U_{31}/\sqrt{3} \cdot I_2 \cdot \cos(\varphi_b) + U_{12}/\sqrt{3} \cdot I_3 \cdot \cos(\varphi_c).
\end{aligned} \tag{11.13}$$

Die obige Gleichung gibt vor, wie die elektrodynamischen Messgeräte anzuschließen sind (Abb. 11.9a). Die Blindleistung wird aus den Anzeigewerten $P_{\mathrm{anz}\,i}$ bestimmt:

$$Q_{\mathrm{ges}} = \frac{P_{\mathrm{anz1}}}{\sqrt{3}} + \frac{P_{\mathrm{anz2}}}{\sqrt{3}} + \frac{P_{\mathrm{anz3}}}{\sqrt{3}}. \tag{11.14}$$

Wie bei der Wirkleistungsmessung können bei einem Vierleitersystem mit sternförmiger Last die Anzeigewerte den Verbrauchern der einzelnen Phase zugeordnet werden. So zeigt das Messgerät in Phase L1 das $\sqrt{3}$ -fache der Blindleistung des Verbrauchers zwischen L1 und N an.

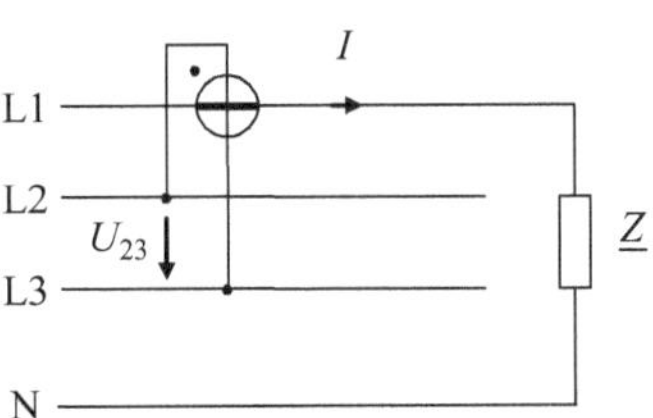

Abb. 11.8 Blindleistungsmessung von $\underline{Z}_1$: $Q_{Z1} = P_{\mathrm{anz}}/\sqrt{3}$

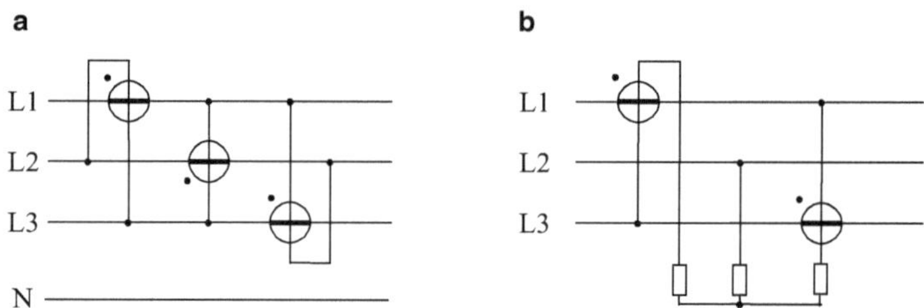

Abb. 11.9 **a** Blindleistungsmessung in beliebig belasteten Vier- und Dreileitersystemen, **b** Aaron-Schaltung zur Blindleistungsmessung in Dreileitersystemen

Die Aaron-Schaltung zur Blindleistungsmessung ist in Abb. 11.9b angegeben. Analog zur Herleitung der Aaron-Schaltung für die Wirkleistung gehen wir von

$$\underline{S}_{\text{ges}} = \underline{U}_{1\text{N}} \cdot \underline{I}_1^* + \underline{U}_{2\text{N}} \cdot \underline{I}_2^* + \underline{U}_{3\text{N}} \cdot \underline{I}_3^*$$
$$\underline{S}_{\text{ges}} = \underline{U}_{12} \cdot \underline{I}_1^* + \underline{U}_{32} \cdot \underline{I}_3^*$$

aus und erhalten für die gesamte Blindleistung $Q_{\text{ges}} = \text{Im}\left\{\underline{S}_{\text{ges}}\right\}$:

$$Q_{\text{ges}} = \text{Im}\left\{\underline{U}_{12} \cdot \underline{I}_1^*\right\} + \text{Im}\left\{\underline{U}_{32} \cdot \underline{I}_3^*\right\} = U_{12} \cdot I_1 \cdot \sin(\varphi_1) + U_{32} \cdot I_3 \cdot \sin(\varphi_2).$$

Ersetzt man die Außenleiterspannungen nach Gl. 10.32 und 10.33, erhält man

$$Q_{\text{ges}} = -\sqrt{3} \cdot U_{3\text{N}} \cdot I_1 \cdot \cos(\varphi_a) + \sqrt{3} \cdot U_{1\text{N}} \cdot I_3 \cdot \cos(\varphi_b). \tag{11.15}$$

Damit erhält man für die Aaron-Schaltung nach Abb. 11.9b und den Anzeigewerten $P_{\text{anz}\,a}$ und $P_{\text{anz}\,b}$:

$$Q_{\text{ges}} = \sqrt{3} \cdot (P_{\text{anz}\,a} + P_{\text{anz}\,b}). \tag{11.16}$$

Auch hierbei ist die richtige Polung der Messinstrumente wichtig.

Beispiel 11.2

Die Wirk-, Blind- und Scheinleistung in einem symmetrischen 400 V-Drehstromsystem mit symmetrischer Last soll bestimmt werden. Dazu werden zwei elektrodynamische Leistungsmessgeräte folgendermaßen angeschlossen:

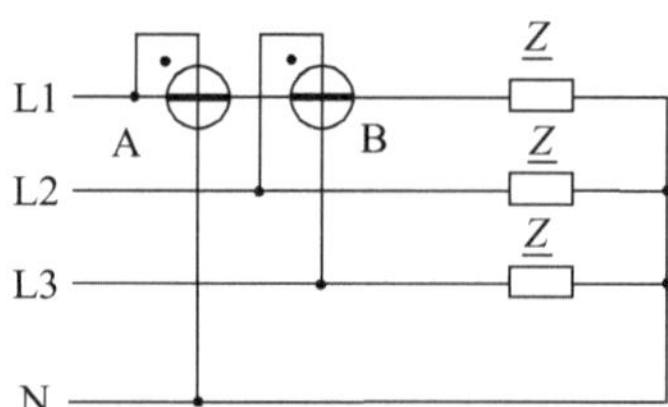

Die Messwerte betragen:

$P_A = 150\,\mathrm{W}$,
$P_B = 50\,\mathrm{W}$.

Aus den Messwerten kann die Wirk-, Blind- und Scheinleistung berechnet werden:

$$P_{\text{ges}} = 3 \cdot P_Z = 3 \cdot P_A = 3 \cdot 150\,\mathrm{W} = 450\,\mathrm{W},$$

$$Q_{\text{ges}} = 3 \cdot Q_Z = 3 \cdot \left(P_B/\sqrt{3}\right) = \sqrt{3} \cdot P_B = \sqrt{3} \cdot 50\,\mathrm{W} = 86{,}6\,\mathrm{var},$$

$$S_{\text{ges}} = \sqrt{P_{\text{ges}}^2 + Q_{\text{ges}}^2} = \sqrt{(450\,\mathrm{W})^2 + (86{,}6\,\mathrm{var})^2} = 458\,\mathrm{VA}.$$

11.2 Digitale Leistungsmesser

11.2.1 Aufbau eines digitalen Leistungsmessers

Bei digitalen Leistungsmessern werden Strom und Spannung nach einer Bereichsanpassung mit Strom- und Spannungswandlern digitalisiert. Die Messwandler garantieren zudem eine galvanische Entkopplung. Die Abtastwerte werden von Prozessorsystemen weiterverarbeitet und die Ausgabewerte berechnet und angezeigt. Die Algorithmen basieren meist direkt auf den Definitionsgleichungen der Größen Gl. 10.3–10.6.

Abb. 11.10 zeigt das vereinfachte Blockschaltbild eines digitalen Leistungsmessers. Die getrennten Spannungs- und Stromeingänge werden mithilfe von Messwandlern galvanisch entkoppelt und transformiert, sodass die Ausgangssignale mit Messverstärkern und Filtern aufbereitet und den Messbereichen entsprechend angepasst werden können. Die Signale werden mit Analog-Digital-Umsetzern (ADU), die für 50 Hz-Netzanwendungen typischerweise Abtastraten von 50 kHz haben, digitalisiert. Digitale Signalprozessoren führen die Effektivwertberechnung von Strom und Spannung, die Bestimmung des Phasenwinkels oder je nach den verwendeten Algorithmen die direkte Berechnung von Wirk-, Blind- und Scheinleistung aus den Abtastwerten durch. Die Anzeige ist vielseitig: U_{eff}, I_{eff}, P, Q, S, $\cos\varphi$.

Wie im Abschn. 6.4 beschrieben, ist die Übertrager-Stromzange eine spezielle Ausführung eines Stromwandlers. In der Regel bieten die Hersteller der Leistungsmessgeräte

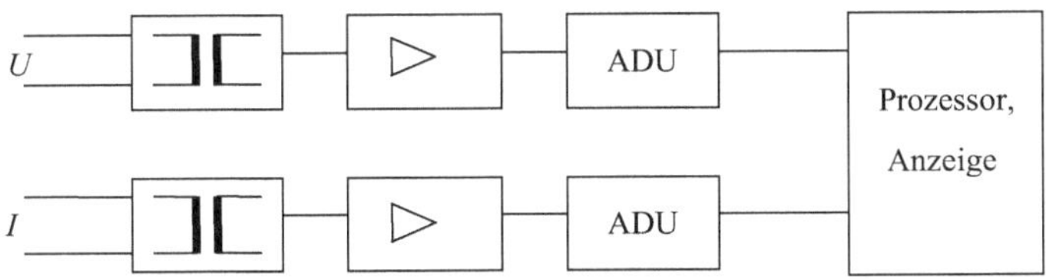

Abb. 11.10 Blockschaltbild eines digitalen Leistungsmessers: Messwandler für Strom und Spannung, Verstärker, Analog-Digital-Umsetzer und Prozessorsystem mit Ausgabeeinrichtungen

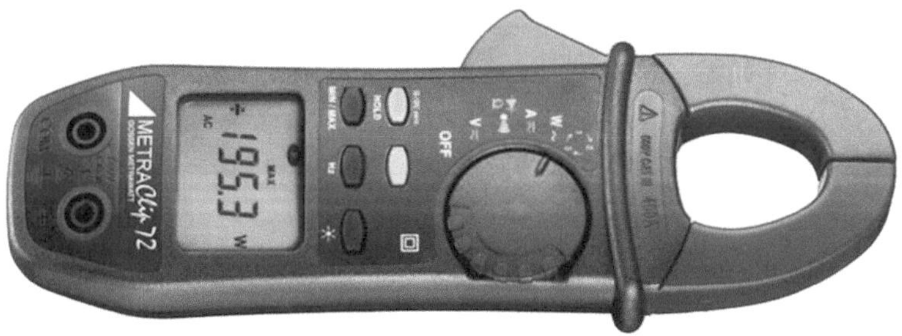

Abb. 11.11 Digitaler Leistungsmesser mit integrierter Stromzange (GMC-I Gossen-Metrawatt GmbH)

Stromzangen als Zubehör für ihre Geräte an. Als Alternative kann die Stromzange in den Leistungsmesser integriert werden. Diese Zangen-Leistungsmesser sind kompakte Universalmessgeräte, die einfache Messungen in Energieanlagen erlauben. Ein Beispiel eines Zangenleistungsmessgerätes ist in Abb. 11.11 dargestellt.

Zur Messung in Drehstromsystemen stehen Dreikanalversionen zu Verfügung, die jede Phase getrennt messen und auswerten. So können die Spannungs-, Strom- und Leistungswerte der drei Phasen einzeln oder die Summenleistungen dargestellt werden.

11.2.2 Messungen in Wechselstrom- und Drehstromsystemen

Um die Leistung eines Verbrauchers zu bestimmen, wird die Verbraucherspannung an die Spannungsklemmen angeschlossen. Der Verbraucherstrom fließt durch die Stromklemmen bzw. die Zange wird um den Leiter zum Verbraucher geschlossen.

Da $\underline{I}_m = \underline{I}_V$ und $\underline{U}_m = \underline{U}_V$, sind die angezeigten Leistungen gleich den Verbraucher-Leistungen

$$P_{\text{anz}} = P_V, \quad Q_{\text{anz}} = Q_V, \quad S_{\text{anz}} = S_V.$$

Für diese Anschaltung, die in Abb. 11.12 dargestellt ist, zeigt der digitale Leistungsmesser, anders als das elektrodynamische Messwerk, ohne Umklemmen direkt die Wirk-, Blind- und Scheinleistung des Verbrauchers an.

Messungen in Drehstromsystemen

In Drehstromsystemen wird in den drei Phasen einzeln gemessen, die Leistungen in den Phasen bestimmt oder durch Addition die Summenleistungen berechnet.

Abb. 11.12 Anschluss eines digitalen Leistungsmessers zur Messung von P, Q und S

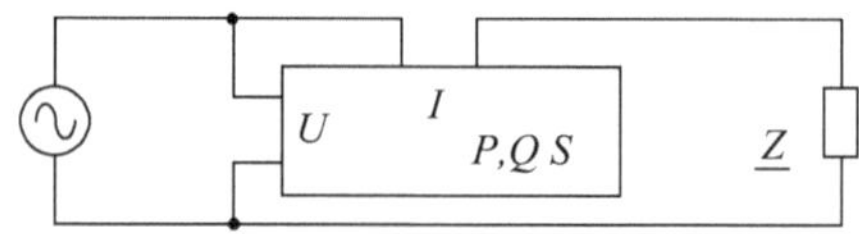

Für Phase 1 ist

$$P_1 = U_{1\mathrm{N}} \cdot I_1 \cdot \cos\varphi_1 \quad \text{und} \quad Q_1 = U_{1\mathrm{N}} \cdot I_1 \cdot \sin\varphi_1. \tag{11.17}$$

Zur Messung in Phase 1 wird damit $U_{1\mathrm{N}}$ und I_1 verwendet. Für Phase 2 und 3 gilt Entsprechendes. Die Summenleistungen sind nach Gl. 10.39, 10.40

$$P_{\mathrm{ges}} = P_1 + P_2 + P_3 \quad \text{und} \quad Q_{\mathrm{ges}} = Q_1 + Q_2 + Q_3.$$

Die Leistungsmessung kann nacheinander in den drei Phasen erfolgen oder, wie in Abb. 11.13 dargestellt, mit einem an die drei Phasen gleichzeitig angeschlossenen Dreiphasen-Leistungsmessgerät. Als Messergebnisse erhält man unabhängig von der Lastschaltung des Verbrauchers die Wirk-, Blind- und Scheinleistungen der drei Phasen und die Summenleistungen.

Bei einem anderen Anschluss des Leistungsmessers kann man bei einem unsymmetrischen Verbraucher die Leistungen einzelner Verbraucherteile erfassen. Kann man an die Spannungsklemmen des Messgeräts die Spannung eines Verbraucherteils legen und den entsprechenden Strom durch die Stromklemmen fließen lassen, wird die Wirk-, Blind- und Scheinleistung des entsprechenden Verbraucherteils gemessen.

Abb. 11.14 zeigt ein Beispiel eines unsymmetrischen Verbrauchers gebildet aus den Impedanzen $\underline{Z}_1$ und $\underline{Z}_2$. Da der Verbraucher $\underline{Z}_1$ nicht an der Strangspannung U_{1N} anliegt, unterscheiden sich die Wirk- und Blindleistung von $\underline{Z}_1$ von der Wirk- und Blindleistung von Phase 1. Bei dem Anschluss des Leistungsmessers nach Abb. 11.14 ist die Spannung an den Spannungsklemmen gleich der Spannung an $\underline{Z}_1$ und der Strom durch den Leistungsmesser gleich dem Strom durch $\underline{Z}_1$. Deshalb wird bei dieser Anschaltung die Wirk-, Schein- und Blindleistung von $\underline{Z}_1$ gemessen und angezeigt.

Messungen in Dreileitersystemen

Eine Besonderheit ist die Messung in einem Dreileitersystem. Für die direkte Leistungsmessung der Phasen nach Gl. 11.17 ist N-Potenzial erforderlich, das im Drei-Leiter-System

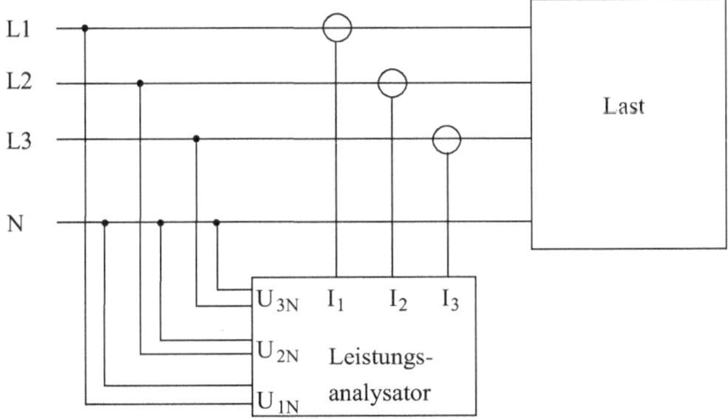

Abb. 11.13 Anschluss eines digitalen 3-Phasen-Leistungsanalysators im 4-Leiter-Drehstromnetz

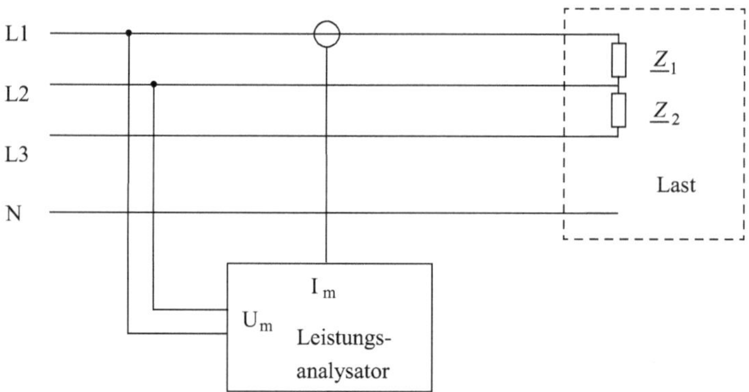

Abb. 11.14 Messung der Wirk- und Blindleistung des Verbrauchers $\underline{Z}_1$

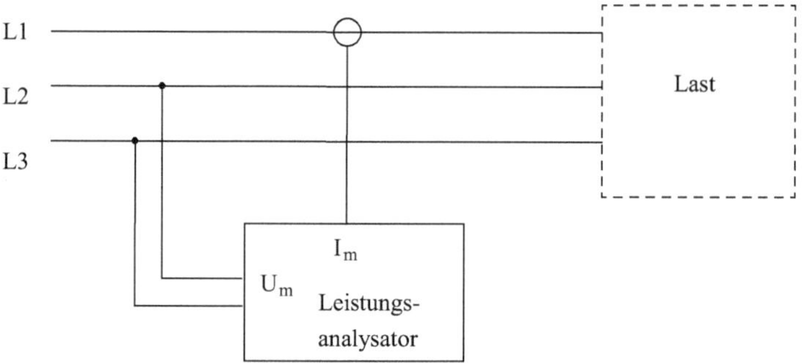

Abb. 11.15 Anschluss eines digitalen Leistungsmessers im Dreileitersystem

nicht zur Verfügung steht. Das Problem kann mithilfe eines künstlichen Sternpunktes, der in Abschn. 10.5 und 11.1.3 beschrieben ist, oder mit einer speziellen Betriebsart, die in vielen Leistungsmessgeräten implementiert ist, gelöst werden.

Das Leistungsmessgerät wird in die Betriebsart für den Dreileiteranschluss geschaltet und an das Messgerät wird eine bestimmte Außenleiterspannung angeschlossen und ein bestimmter Strom eingeprägt. Der Messgerätehersteller gibt hierbei vor, welche Außenleiterspannung und welcher Strom vorgesehen sind. Abb. 11.15 zeigt eine Anschaltung, bei der die Spannung U_{23} und der Strom I_1 verwendet werden.

Für diese Anschaltung ist

$$U_m = U_{23}, \quad I_m = I_1 \quad \text{und} \quad \varphi_m = \varphi_{U_{23}} - \varphi_{I_1}.$$

In einem symmetrischen Dreiphasensystem ist nach Gl. 10.33

$$\underline{U}_{23} = \sqrt{3} \cdot \underline{U}_{1\text{N}} \cdot e^{-\text{j}90^\circ}.$$

Mit diesem Zusammenhang sind die nach Abb. 11.15 gemessenen Größen in die für die Leistungsberechnung notwendigen Größen umrechenbar:

$$U_{1N} = \frac{U_{23}}{\sqrt{3}} = \frac{U_m}{\sqrt{3}} \quad \text{und} \tag{11.18}$$

$$\varphi_{U_{1N}} = \varphi_{U_{23}} + 90°.$$

Für den Phasenwinkel φ_1 folgt daraus

$$\varphi_1 = \varphi_{U_{1N}} - \varphi_{I_1} = \left(\varphi_{U_{23}} + 90°\right) - \varphi_{I_1} = \left(\varphi_{U_{23}} - \varphi_{I_1}\right) + 90° = \varphi_m + 90°. \tag{11.19}$$

Die Leistungen können durch Umrechnung nach Gl. 11.18 und 11.19 aus den gemessenen Größen bestimmt werden

$$P_1 = U_{1N} \cdot I_1 \cdot \cos\varphi_1 = \frac{U_m}{\sqrt{3}} \cdot I_m \cdot \cos\left(\varphi_m + 90°\right), \tag{11.20}$$

$$Q_1 = U_{1N} \cdot I_1 \cdot \sin\varphi_1 = \frac{U_m}{\sqrt{3}} \cdot I_m \cdot \sin\left(\varphi_m + 90°\right). \tag{11.21}$$

Da der Dreileiteranschluss in der Regel für symmetrische Lasten verwendet wird, zeigen die Messgeräte in dieser Betriebsart meistens die dreifachen Werte von Gl. 11.20 und 11.21 als Summenleistungen des symmetrischen Verbrauchers $P_{ges} = 3 \cdot P_1$ und $Q_{ges} = 3 \cdot Q_1$ an.

11.3 Elektronische Leistungsmesser

Die zur Leistungsmessung notwendige Produktbildung von Strom und Spannung kann auch analogrechnerisch mit analogen Multiplizierern oder mit multiplizierenden Sensoren wie Hallelementen durchgeführt werden.

11.3.1 Analogmultiplizierende Leistungsmesser und TDM

Alternativ zur numerischen Berechnung können auch analoge Multiplizierer verwendet werden. Die Eingangsgrößen Strom und Spannung werden wie bei den digitalen Systemen über Messwandler vorverarbeitet und mit Verstärker in proportionale Spannungen gewandelt (Abb. 11.16). Die Spannungen werden analog multipliziert und zur Leistungsbestimmung der Mittelwert der Ausgangsspannung gebildet. Die Anforderung an die Analogrechner sind vor allem eine hohe Stabilität und Linearität in einem großen Dynamikbereich.

Analoge Multiplizier-ICs

Es können integrierte, analoge Multiplizier-ICs eingesetzt werden, die am Ausgang eine Spannung liefern, die proportional zum Produkt der Eingangsspannungen ist. Mit deren

Abb. 11.16 Elektronischer Leistungsmesser mit Analog-Multiplizierer

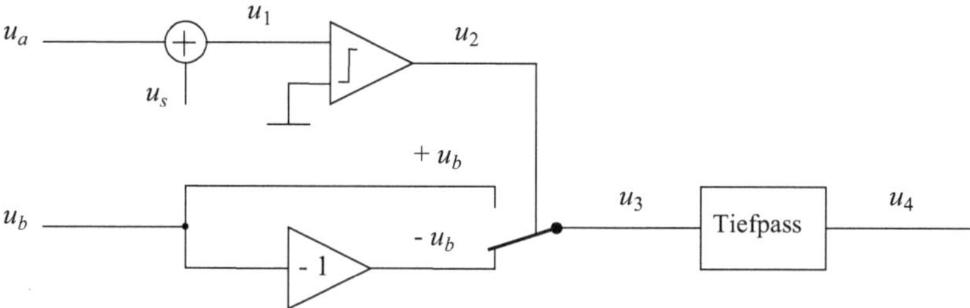

Abb. 11.17 Blockschaltbild eines Time-Division-Multiplizierers (TDM)

Hilfe werden einfache elektronische Leistungsmesser aufgebaut, deren Einsatz wegen ihrer eingeschränkten Genauigkeit aber auf spezielle Anwendungen beschränkt bleibt.

Time-Division-Multiplikation (TDM)
Sehr störsicher und häufig zur Arbeitsmessung eingesetzt (siehe Kap. 12) ist das Verfahren der Time-Division-Multiplikation (TDM). Abb. 11.17 zeigt ein einfaches Prinzipbild, Abb. 11.18 die Signalverläufe.

Die zu multiplizierenden Spannungen sind u_a und u_b. Zur Spannung u_a wird eine bipolare Sägezahnspannung u_s mit Spitzenwerten, die größer als $u_{a\ \max}$ sind, addiert. Ist die Summenspannung u_1 größer Null, hat die Ausgangsspannung u_2 des Komparators den Zustand „Ein", anderenfalls den Zustand „Aus". Ist u_a gleich Null, ist u_2 symmetrisch mit einem Puls-Pause-Verhältnis von 1 : 1. Mit zunehmender Spannung u_a nimmt die Pulsbreite zu, so dass in der Pulsbreite von u_2 die Größe von u_a kodiert ist. Mit der Spannung u_2 wird ein schaltbarer Inverter gesteuert, dessen Ausgang u_3 zwischen $+u_b$ und $-u_b$ schaltet. Das Puls-Pause-Verhältnis von u_3 ist proportional zu u_a und die Höhe von u_3 proportional zu u_b. Die Ausgangsspannung u_4 des Tiefpasses ($f_g \ll f_{\mathrm{Signal}}$) liefert den Mittelwert von u_3 und ist somit proportional zum Produkt $u_a \cdot u_b$.

Das Verfahren stellt eine 4-Quadranten-Multiplikation mit Vorzeichen dar und ist damit auch zur Multiplikation sinusförmiger Größen zur Leistungsmessung geeignet. Die Vorteile liegen in der sehr störsicheren Schalteranwendung und in der geringen Zahl der notwendigen Komponenten. Die Time-Division-Multiplikation ist somit sehr robust und preiswert aufzubauen und wird sehr häufig in elektronischen Leistungs- und Arbeitsmessgeräten verwendet.

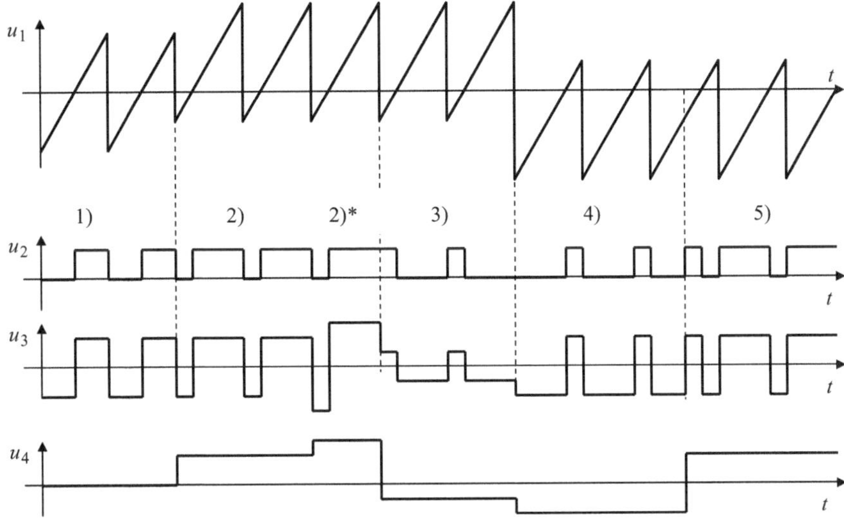

Abb. 11.18 Zeitdiagramme eines Time-Division-Multiplizierers (TDM) nach Abb. 11.17: 1) $u_a = 0$, $u_b > 0$; 2) $u_a > 0$, $u_b > 0$; 2)* $u_a > 0$, $u_b > 0$ und u_b größer als bei 2); 3) $u_a > 0$, $u_b < 0$; 4) $u_a < 0$, $u_b > 0$; 5) $u_a < 0$, $u_b < 0$

Ist die eine Spannung (u_1) proportional zur Verbraucherspannung und die zweite (u_2) zum Verbraucherstrom, ist das Ausgangssignal des TDM ein Maß für die Verbraucherwirkleistung. Es kann mit niedriger Abtastrate digitalisiert, abgeglichen und direkt als Leistung in W ausgegeben werden.

11.3.2 Leistungsmesser mit Hall-Sensoren

Neben dem Einsatz zur Messung von Magnetfeldern oder als Stromtastköpfe für Gleich- und Wechselströme (Abschn. 7.2) können Hallelemente auch als multiplizierende Sensoren eingesetzt werden.

Leistungsmesser mit Hall-Sensor
Abb. 11.19a zeigt das Prinzip eines Leistungsmessers mit Hall-Sensor. Der Verbraucherstrom I_V fließt durch die Spule L und erzeugt ein Magnetfeld der Induktion B, dem das Hallelement ausgesetzt wird. Die Induktion B ist proportional zu I_V. Der Steuerstrom I, der durch das Hallelement fließt, ist bei Vernachlässigung des Spannungsabfalls an $LI = U_V/R$ und somit proportional zur Verbraucherspannung U_V. Die Hallspannung U_H ist nach Gl. 5.45 proportional zu $I \cdot B$. Berücksichtigt man diese Zusammenhänge, ist der Mittelwert der Hallspannung damit proportional zur Verbraucherleistung:

$$\overline{U_H} = k \cdot \overline{U_V \cdot I_V} = k \cdot P_V. \tag{11.22}$$

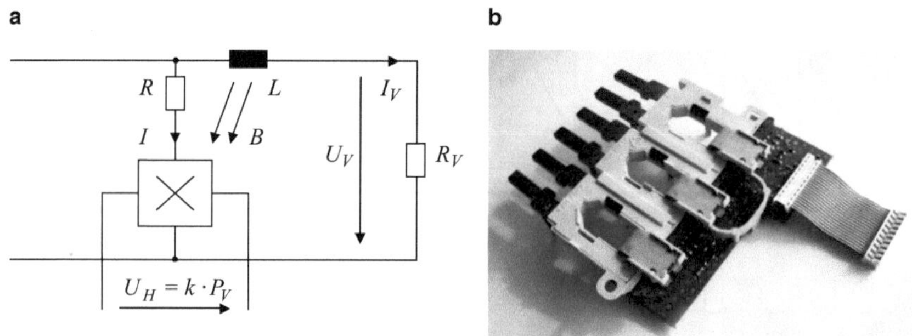

Abb. 11.19 Hall-Sensor zur Leistungsmessung. **a** Prinzipschaltbild, **b** Dreiphasen-Hallelement-Modul (Siemens Metering Ltd.)

Wird die Hallspannung verstärkt und ausgewertet, erhält man einen Leistungsmesser. Der Mittelwert der Hallspannung liefert direkt die Wirkleistung. Wird der Steuerstrom I um $-90°$ phasenverschoben wird die Blindleistung gemessen. Für die Anwendung der Leistungsmessung sind kompakte Module erhältlich, die das Hallelement, Spule und Widerstand und ggf. Verstärker enthalten. Der in Abb. 11.19 dargestellte, sogenannte Direct Field Sensor für Drehstromanwendungen erzeugt aus der jeweiligen Phasenspannung und dem zugehörigen Phasenstrom ein leistungsproportionales Signal, das digital weiterverarbeitet werden kann. Damit können Leistungsmessgeräte oder auch Energiezähler aufgebaut werden.

11.4 Leistungsanalysatoren

Die in Abschn. 11.2 und 11.3 beschriebenen Leistungmessgeräte basieren auf Verfahren, die für sinusförmige Spannungen und Ströme geeignet sind. Strom und Spannung haben dabei dieselbe Frequenz und die Last bzw. der Verbraucher ist durch eine Impedanz $\underline{Z}$ beschreibbar.

Bei Wechselrichterantriebssystemen oder Schaltreglern liegen Verbraucher vor, die nichtlineares Verhalten aufweisen und nicht mehr durch eine Impedanz beschreibbar sind. Durch dieses nichtlineare Verhalten ist der Strom nicht mehr sinusförmig, sondern enthält neben der Grundschwingungskomponente mit der Frequenz der Speisespannung auch Oberschwingungen und je nach Art des Verbrauchers auch einen Gleichanteil. Abb. 11.20 zeigt als Beispiel die Eingangsspannung und den Eingangsstrom eines 230 V-Schaltreglers (12 V-Ausgangsgleichspannung, 30 W). Durch die interne Schaltung des Schaltreglers bedingt ist der Eingangsstrom dreieckförmig im Zeitraum der Spannungsmaxima.

Im Abschn. 10.4 sind die relevanten Zusammenhänge für den Strom und die Leistungsbegriffe für diesen Fall der sinusförmigen Spannung und eines nichtsinusförmigen Stroms beschrieben. Leistungsmessgeräte müssen in diesem Fall andere Verfahren als bei sinusförmigen Größen verwenden.

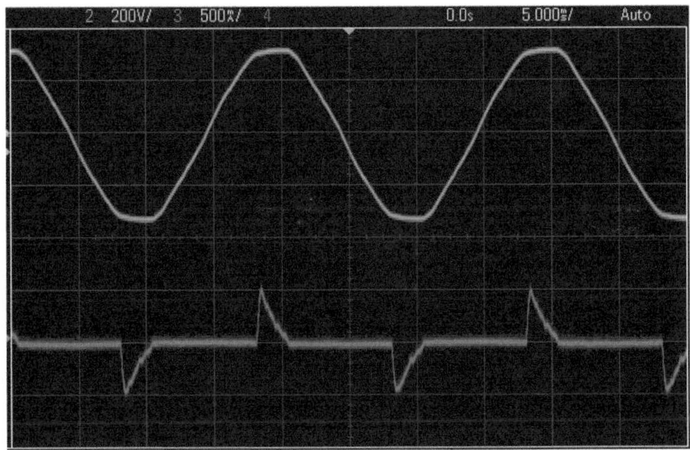

Abb. 11.20 Darstellung der Spannung *(oben)* und des Stroms *(unten)* eines Schaltreglers

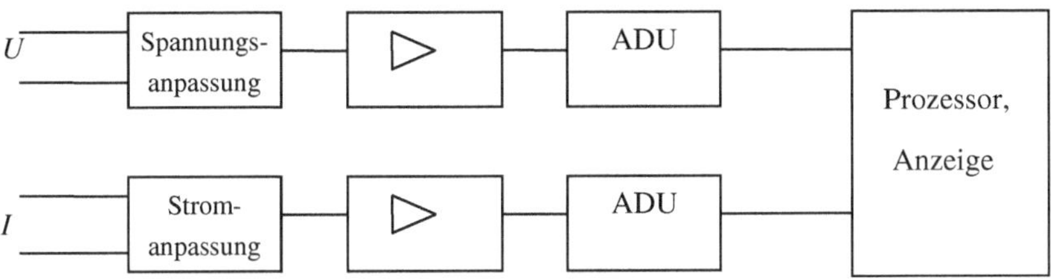

Abb. 11.21 Blockschaltbild eines Einkanal-Leistungsanalysators: Bereichsanpassung für Strom und Spannung, Verstärker, Analog-Digital-Umsetzer und Prozessorsystem mit Ausgabeeinrichtungen

Zusätzlich ergeben sich für die Prüfung und Entwicklung von Leistungselektronik neue Messanforderungen wie beispielsweise die Oberschwingungsanalyse oder Wirkungsgradmessung. Messgeräte für diese Anforderungen werden als Leistungsanalysatoren bezeichnet.

Aufbau eines Leistungsanalysators

Ein Leistungsanalysator ist ähnlich eines digitalen Leistungsmessgeräts (Abschn. 11.2) aufgebaut und hat den in Abb. 11.21 dargestellten prinzipiellen Aufbau.

Aufgrund des erweiterten Frequenzbereichs von DC bis typischerweise 100 kHz ist die Messelektronik deutlich aufwendiger und es werden Abtastraten von 100 kHz bis zu einigen MHz verwendet. Mit Signalprozessoren wird die Berechnung der Leistungsgrößen und Transformationen wie die Oberschwingungsanalyse durchgeführt.

Mithilfe der FFT-Analyse, die ausführlich im Abschn. 10.5 beschrieben ist, werden die Stromkomponenten Gleichanteil I_0, Grundschwingungsstrom I_1 und die Oberschwingungsanteile des Stroms I_2 bis I_n berechnet. Damit können nach Gl. 10.23 der

Stromeffektivwert und die Effektivwerte der Schwingungsanteile bestimmt werden. Die Ergebnisse der Stromanalyse werden als harmonische Analyse in Form eines Balkendiagramms oder tabellarisch dargestellt.

Die Wirkleistung P erhält man nach Gl. 10.3 durch Integration von $u(t) \cdot i(t)$ aus den Abtastwerten von Strom und Spannung. Aus den Effektivwerten der Schwingungsanteile und der Phasenverschiebung des Grundschwingungsstroms werden nach Gl. 10.24 bis 10.31 die relevanten Leistungsgrößen wie Blindleistung Q, Grundschwingungsblindleistung Q_1, Verzerrungsblindleistung D und der Leistungsfaktor λ bestimmt.

Meistens kann zwischen einer numerischen Ergebnisdarstellung von Spannung, Strom und den Leistungsgrößen, dem Balkendiagramm der harmonischen Analyse, der Zeitbereichsdarstellung von Strom und Spannung oder einer Trendanalyse umgeschaltet werden.

Weitere Features sind Mehrkanalversionen für Drehstromanwendungen oder Wirkungsgradmessungen am Ein- und Ausgang von Leistungselektronikschaltungen, Sensoreingänge für externe Sensoren und digitale Schnittstellen zur Steuerung oder Weiterverarbeitung der Ergebnisse.

11.5 Aufgaben zur Leistungsmessung

Aufgabe 11.1

Gegeben ist ein symmetrisches, rechtsdrehendes Dreiphasensystem mit symmetrischer Last. Es werden Messungen mit einem Strommessgerät (1), einem Spannungsmessgerät (2) und einem elektrodynamischen Leistungsmesser (3) durchgeführt.

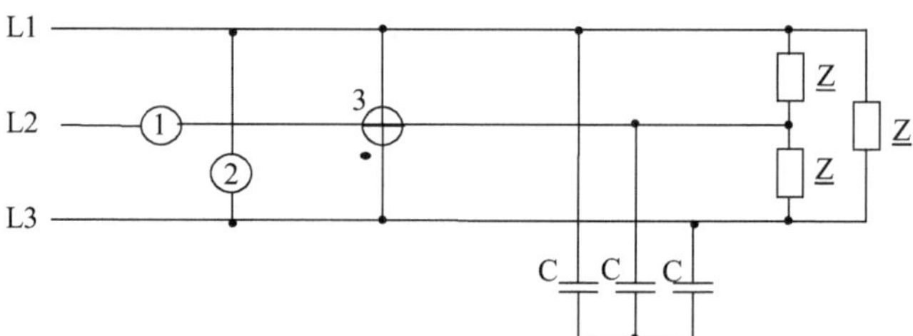

a) Eine Messung ohne die Kondensatoren C ergibt folgende Anzeigewerte der drei Messgeräte:
   1 : 1,50 A
   2 : 390 V
   3 : 220 W
   Bestimmen Sie P_{ges}, Q_{ges}, $\underline{Z}$.
b) Bestimmen Sie für $C = 10\,\mu\text{F}$ und $\omega = 314$ 1/s den neuen Anzeigewert des elektrodynamischen Messgerätes.

Aufgabe 11.2

Mit einem Leistungsanalysator werden Messungen in einem 50 Hz-Wechselspannungssystem durchgeführt.

Messwerte: $U = 228\,\text{V}$
$I = 0{,}56\,\text{A}$
$\varphi_{UI} = +20{,}0°$

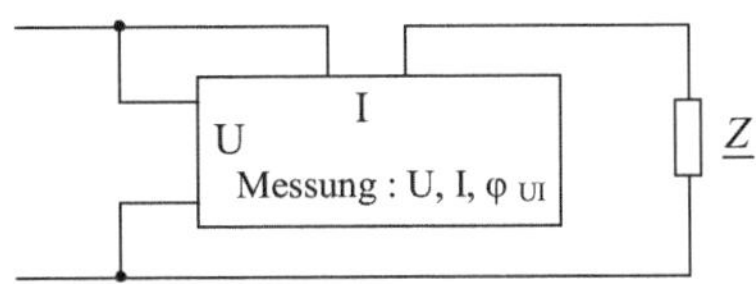

a) Berechnen Sie die Anzeigewerte P, Q und S.
b) Berechnen Sie die für eine verlustlose, vollständige Blindleistungskompensation notwendige Komponente, die parallel zu $\underline{Z}$ geschaltet werden muss.
c) Berechnen Sie für b) die Anzeigewerte I, P, Q, S.

Aufgabe 11.3

Gegeben ist ein symmetrisches, rechtsdrehendes Dreiphasensystem mit einem unsymmetrischen Verbraucher. Mit einem digitalen Einphasen-Leistungsanalysator mit integrierter Stromzange werden Messungen durchgeführt. Die Außenleiterspannung beträgt 395 V, $\omega = 314$ 1/s.

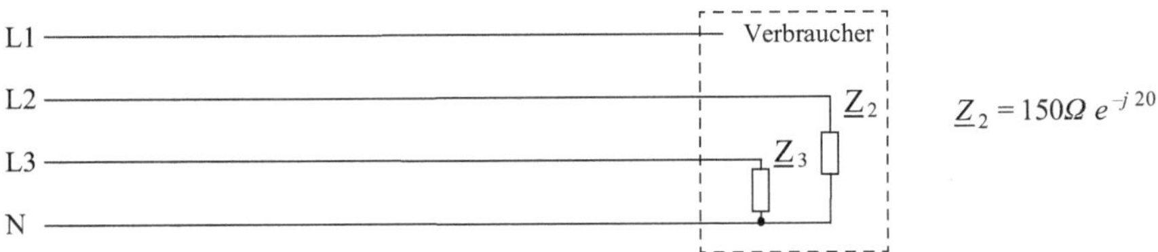

a) Geben Sie die Anschaltung des Messgerätes zur Messung der Wirk- und Blindleistung von Phase 2 (Stromzange um ..., Spannungsklemmen an ...) an und bestimmen Sie die Anzeigewerte P, Q, $\cos\varphi$.
b) Geben Sie die Anschaltung des Messgerätes zur Messung der Wirk- und Blindleistung von Phase 3 (Stromzange um ..., Spannungsklemmen an ...) an.
Die Anzeigewerte sind: $P = 350\,\text{W}$, $Q = +290$ var. Bestimmen Sie $\underline{Z}_3$ und $\cos\varphi$.
c) Zeichnen Sie in die obige Schaltung ein Bauelement zur verlustlosen Blindleistungskompensation für $\cos\varphi = 0{,}95$ für die Phase L3 ein und berechnen Sie die Induktivität bzw. Kapazität des Bauteils.
d) Um wie viel Prozent ist der Strom durch L3 durch die Blindleistungskompensation nach c) reduziert?

Aufgabe 11.4

Gegeben ist ein symmetrisches, rechtsdrehendes Dreiphasensystem mit einer symmetrischen Last. Es ist $|U_{iN}| = 228\,\text{V}$ und $\omega = 314$ 1/s.

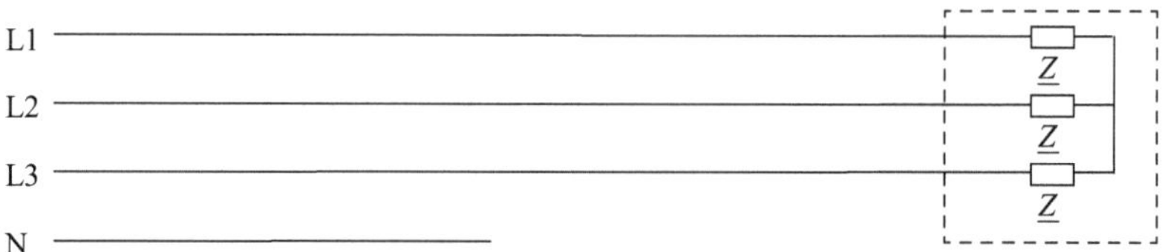

a) Wie muss ein digitaler Einphasen-Leistungsanalysator mit integrierter Stromzange zur Messung der Wirkleistung und der Blindleistung von Phase L2 angeschlossen werden (Stromzange um …, Spannungsklemmen an …)?

b) Die Anzeigewerte von Phase L2 betragen: $P = 2500\,\text{W}$, $Q = 2050\,\text{var}$.
Bestimmen Sie für die Phase L2: $\cos\varphi_2$ und den Strom I_2 (Strom in L2).

c) Es werden drei gleiche Bauteile in Dreieckschaltung zur Blindleistungskompensation an der Last angeschlossen.
Die Anzeigewerte von Phase L2 betragen jetzt: $P = 2580\,\text{W}$, $Q = -380$ var.
Handelt es sich bei den Bauteilen um Kondensatoren oder Spulen?
Bestimmen Sie für diese Bauteile die Kapazität bzw. Induktivität und die Güte.

Aufgabe 11.5

In einem Wechselspannungssystem ($\omega = 314$ 1/s) werden Messungen mit einem Leistungsanalysator durchgeführt.

Die Messwerte sind:

$U = 235\,\text{V};\ \pm 1\,\%$
$I = 17{,}3\,\text{A};\ \pm 1{,}5\,\%$
$Q = -2350\,\text{var};\ \pm 2\,\%$

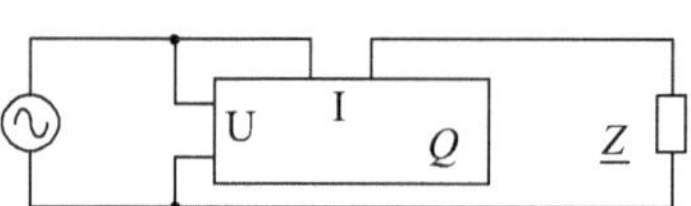

a) Bestimmen Sie $\underline{Z}$.

b) Wie groß ist die Messunsicherheit von $|\underline{Z}|$?

Aufgabe 11.6

Mit einem digitalen Leistungsanalysator, der für nichtsinusförmige Ströme spezifiziert ist, werden Messungen in einem Wechselspannungssystem ($\omega = 314$ 1/s) mit einer nichtlinearen Last durchgeführt.

Spannung und Strom der Last sind gegeben:

$$u(t) = \sqrt{2} \cdot 230\,\mathrm{V} \cdot \cos(\omega t),$$
$$i(t) = 5\,\mathrm{A} \cdot \cos(\omega t - 2\pi/10) + 4\,\mathrm{A} \cdot \cos(3 \cdot \omega t - 2\pi/10) + 2{,}5\,\mathrm{A} \cdot \cos(5 \cdot \omega t - 2\pi/10).$$

a) Bestimmen Sie die Anzeigewerte U, I, S, $\cos\varphi_1$ und P.
b) Bestimmen Sie die Blindleistungen Q, Q_1 und die Verzerrungsblindleistung D.

12 Messung der elektrischen Energie

Elektrische Energie bzw. Arbeit stellt ein wichtiges Wirtschaftsgut dar und muss deshalb bei der Erzeugung, Transport und bei der Abnahme in den Betrieben oder Haushalten gemessen werden. Da diese Messung Grundlage der Abrechnung ist, wird besonderer Wert auf eine sehr hohe Zuverlässigkeit gelegt, und in Eichgesetzen und Verordnungen sind bindende Regelungen zur Messung der elektrischen Energie festgeschrieben. So gibt es beispielsweise Bauartzulassungen, Regelungen für die Wartung, Aufstellung, den Gebrauch, Eichvorschriften oder mechanische Festlegungen für die Messeinrichtungen. Aufgrund der sehr hohen Zuverlässigkeitsanforderungen und der schwierigen Kontrolle des Langzeitverhaltens neuer Verfahren sind in diesem Bereich lange Zeit elektromechanische Zähler installiert worden, und erst langsam werden elektronische Messgeräte in größeren Stückzahlen eingesetzt. Auf lange Sicht bieten elektronische Zähler mit digitaler Verarbeitung durch ihre große Flexibilität wesentliche Vorteile, da sie beispielsweise für differenzierte, flexible Tarifgestaltung oder Fernablesung deutlich besser geeignet sind [49–51].

Die elektrische Energie ist definiert als das Integral der elektrischen Leistung

$$E(t) = \int_0^t P(\tau)\mathrm{d}\tau = \int_0^t U \cdot I \cdot \cos\varphi \cdot \mathrm{d}\tau. \tag{12.1}$$

Die Messung der Energie bzw. Arbeit im Zeitintervall 0 bis t erfolgt durch Integration der Wirkleistung in diesem Zeitabschnitt. Sie wird auch als Elektrizitätszählung bezeichnet.

T. Mühl, *Elektrische Messtechnik,* https://doi.org/10.1007/978-3-658-29116-7_12

12.1 Induktionszähler

Der am häufigsten eingesetzte Elektrizitätszähler, der in der deutschen Elektrizitätswirtschaft bis Ende der 80er-Jahre fast ausschließlich installiert wurde, ist der Induktionszähler, auch Ferraris-Zähler genannt.

Das Messwerk, das in Abb. 12.1 schematisch abgebildet ist, besteht aus einer Spannungs- und einer Stromspule, die eine Drehscheibe antreiben, einem Bremsmagneten und dem Umdrehungszähler. Der Verbraucherstrom I_V fließt durch die Stromspule und erzeugt einen proportionalen magnetischen Fluss Φ_I. Die Verbraucherspannung U_V liegt an der Spannungsspule und erzeugt den Fluss Φ_U. Durch konstruktive Maßnahmen wie Spuleninduktivitäten und magnetische Nebenschlüsse wird erreicht, dass Φ_U der Spannung U_V um 90° nacheilt, während Φ_I in Phase zu I_V ist. Die Flüsse führen zu induzierten Scheibenströmen in der Drehscheibe, die mit den jeweils anderen Flüssen ein antreibendes Drehmoment M_a auf die Scheibe ausüben. Man kann zeigen, dass unter den genannten Voraussetzungen das antreibende Moment proportional zur Wirkleistung des Verbrauchers ist:

$$M_a = k_1 \cdot U_V \cdot I_V \cdot \cos \varphi_V.$$

Die Drehscheibe wird durch den Dauermagneten gebremst, da die bei der Drehung induzierten Wirbelströme der Bewegung entgegenwirken. Das Bremsmoment ist proportional zur Drehzahl n

$$M_b = k_2 \cdot n.$$

Aus dem Momentengleichgewicht $M_a = M_b$ folgt, dass die Drehzahl n proportional zur Wirkleistung des Verbrauchers ist:

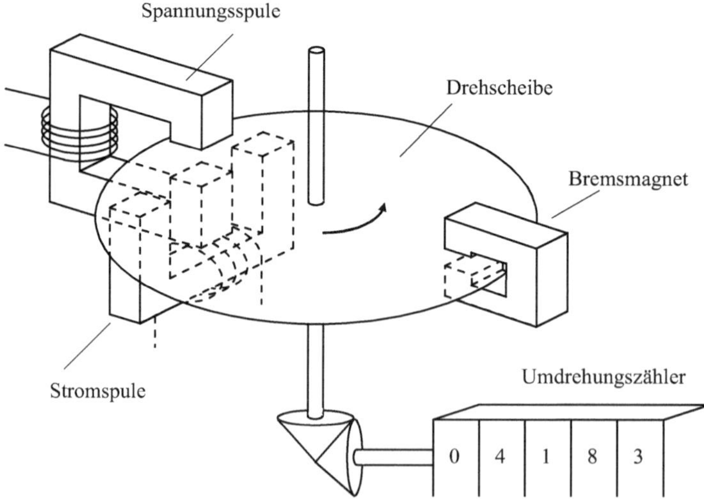

Abb. 12.1 Prinzipieller Aufbau eines Induktionszählers

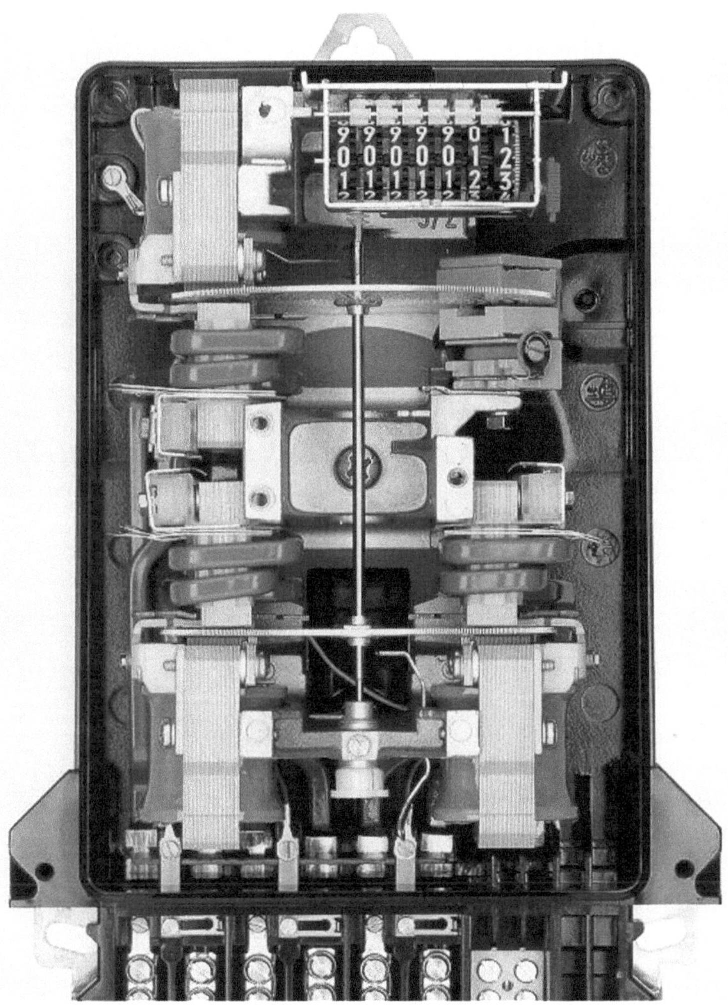

Abb. 12.2 Drehstrom-Induktionszähler (Siemens AG): Achse mit zwei Drehscheiben, Strom- und Spannungsspule für jede Phase, Bremsmagnet und Rollenzählwerk

$$n = \frac{k_1}{k_2} \cdot U_V \cdot I_V \cdot \cos \varphi_V = k \cdot P_V. \tag{12.2}$$

Die Integration über die Zeit erfolgt über ein mechanisches Zählen der Umdrehungen. Der Zählerstand ist ein Maß für die elektrische Energie. Derartige Zähler sind extrem robust und langlebig. Das Eichintervall kann bis zu 20 Jahren betragen.

Für Drehstromzähler werden je drei Spannungs- und Stromspulen für die drei Phasen an zwei Scheiben, die starr an derselben Achse gekoppelt sind, angebracht, so dass das antreibende elektrische Moment die Summe der Momente der drei Phasen ist. Damit wird die Summe der Wirkleistungen aller drei Phasen gebildet und die Gesamtenergie erfasst. Abb. 12.2 zeigt einen solchen Drehstromzähler.

12.2 Elektronische Elektrizitätszähler

Anders als bei den Ferraris-Zählern, bei denen auf eine jahrzehntelange Erfahrung zurückgegriffen werden kann, muss bei neuen elektronischen Zählern vor allem die geforderte Messsicherheit nachgewiesen werden, bevor es zu einer Bauartzulassung durch die PTB kommen kann [49, 50]. Seit 1991 sind auch elektronische Haushaltszähler zugelassen, die durch die Verlagerung von Hardware auf Software eine hohe Flexibilität und damit auch Zukunftssicherheit aufweisen. Neben der Erfassung der Wirkenergie erlauben diese Zähler eine flexible Tarifsteuerung, so dass zeitabhängig mit Schaltuhren oder verbrauchsabhängig mit einer Maximalwerterfassung unterschiedliche Tarife angewendet und die Kosten aufsummiert werden. Ebenso können Fernabfragen über integrierte Schnittstellen realisiert werden.

Da die Energiemessung auf einer Integration der gemessenen Leistung basiert, kommen bei elektronischen Elektrizitätszählern die Verfahren der Multiplikation, die ausführlich in Abschn. 11.2 und 11.3 zur Leistungsmessung beschrieben sind, zum Einsatz.

Verwendet und zugelassen sind:

- physikalische Multipliziereffekte (Hall-Multiplizierer),
- analogrechnerische Multiplizierer (Time-Division-Multiplizierer),
- digitalrechnerische Multiplizierer (numerische Berechnung mit einem Rechner).

Digitaler Elektrizitätszähler

Digitale Elektrizitätszähler arbeiten vergleichbar zu den digitalen Leistungsmessern mit einer nachfolgenden Integration bzw. Zählung. Das Grundprinzip ist in Abb. 12.3 dargestellt.

Strom und Spannung werden für jede Phase getrennt mit Messwandlern und Anpassschaltungen in proportionale Spannungen gewandelt, die digitalisiert und von Prozessorsystemen verarbeitet werden. Die Prozessoren führen die notwendigen Leistungsberechnungen und Steuerungen aus. Unterschiedlich ist die Art des nichtflüchtigen Zählspeichers. Zur Zählung und Anzeige können schrittmotorgetriebene Rollenzählwerke eingesetzt werden, die vom Rechner angesteuert werden und ohne

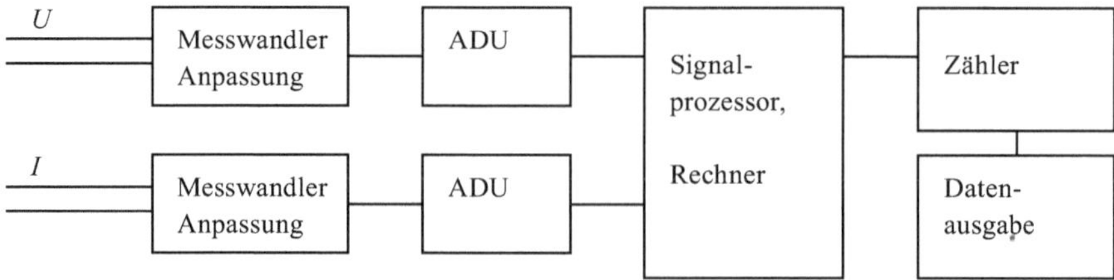

Abb. 12.3 Grundprinzip eines digitalen Elektrizitätszählers

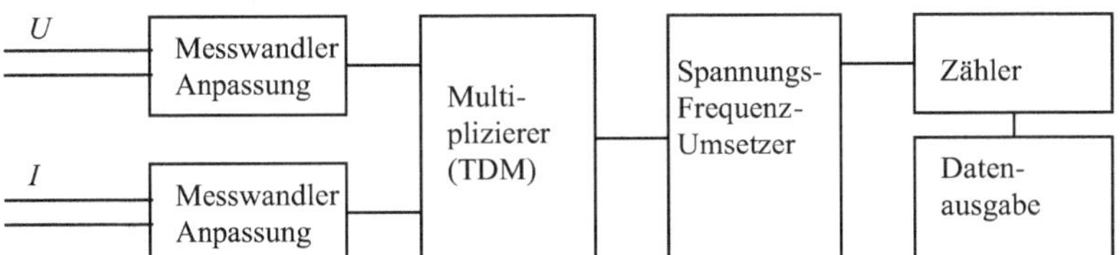

Abb. 12.4 Analogrechnerischer Elektrizitätszähler mit Spannungs-Frequenz-Umsetzer und Impulszähler

Energiezufuhr und bei fatalen Störungen den Zustand nicht verändern. Bei vollelektronischen Speichern wird die Zeitintegration von den Prozessoren durchgeführt und zur Speicherung meist EEPROMs (elektrisch löschbarer programmierbarer Nur-Lese-Speicher) verwendet. Zusätzliche Maßnahmen zur Datensicherung sind dabei erforderlich. Bisher werden digitale Elektrizitätszähler nur selten und für spezielle Anwendungen eingesetzt.

Analogrechnerische Elektrizitätszähler

Bei analogrechnerischen Elektrizitätszählern wird in der Regel die Time-Division-Multiplikation (TDM, siehe Abschn. 11.3.1) verwendet. Wie in Abb. 12.4 dargestellt, kann die zur Wirkleistung proportionale Ausgangsspannung des Multiplizierers mit einem Spannungs-Frequenz-Umsetzer in eine proportionale Frequenz umgesetzt werden. Die Impulszählung kann, wie bei den digitalen Elektrizitätszählern mit einem elektromechanischen oder elektronischen Zähler erfolgen.

TDM-basierte Zähler werden inzwischen als Präzisionsmessgeräte der Genauigkeitsklassen 0,2 und 0,5 und als Standard-Haushaltszähler der Klassen 1 und 2 eingesetzt.

Elektrizitätszähler mit Hall-Sensor

Abb. 12.5 zeigt das Prinzip eines elektronischen Elektrizitätszählers mit Hallelementen als Multiplizierer. Jeder Hall-Sensor liefert direkt eine Ausgangsspannung, die zur

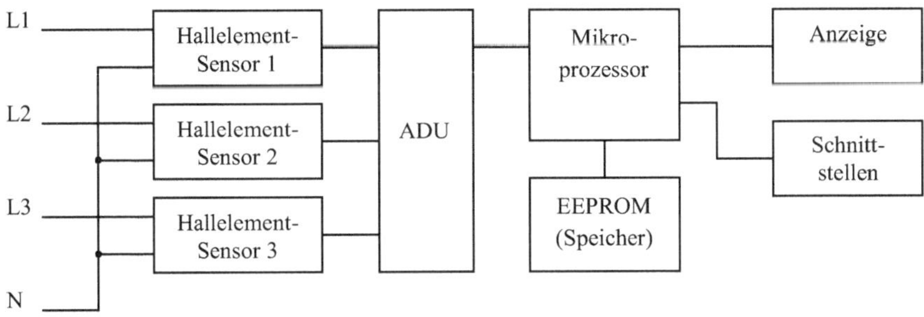

Abb. 12.5 Drehstrom-Elektrizitätszähler mit Hallelement-Sensoren

Wirkleistung der jeweiligen Phase proportional ist (siehe Abschn. 11.3.2). Das Signal wird verstärkt, mit einem Analog-Digital-Umsetzer digitalisiert und vom Mikroprozessorsystem verarbeitet. Die Signale der einzelnen Phasen werden summiert und dem Tarifregister zugeführt, welches die Tarifsteuerung festlegt. Zusätzlich wird die Anzeige und Schnittstelle angesteuert. Der nichtflüchtige Speicher (EEPROM) sichert die Verrechnungsdaten. In derartigen Systemen werden meist integrierte Hall-Sensoren eingesetzt, die neben dem Hallelement analoge Verstärker und Kompensationsschaltungen zusammenfassen (Abb. 11.19).

Zusammen mit Time-Division-Multiplikatoren sind Hall-Sensoren die am häufigsten eingesetzten Multiplikatoren in elektronischen Zählern. Elektronische Elektrizitätszähler der Klassen 1 und 2 für Haushaltsanwendungen arbeiten fast ausschließlich mit Hall-Sensoren oder TDM.

12.3 Smart Meter

Der Begriff Smart Meter oder auch „intelligente" Zähler wird für Elektrizitätszähler verwendet, die neben der elektrischen Energiemessung weitere Dienste und Merkmale zulassen. Um eine Fernablesung zu ermöglichen, die Stromnetze besser auszulasten, das Verbrauchsverhalten zu verändern und variable Stromtarife anbieten zu können, wird in diesen Smart Metern der Energieverbrauch zeitabhängig erfasst. Der Verbrauch wird zusammen mit Statistiken und der Nutzungszeit dem Anschlussnutzer angezeigt und die Daten über ein Kommunikationsnetz an den Energieerzeuger übermittelt.

Ziel ist eine intelligente Netz- und Ressourcensteuerung und beispielsweise tageszeitabhängige oder netzauslastungsabhängige Energietarife. Das Aufladen von Elektroautoakkus oder der Betrieb von Waschmaschinen könnte so zu Zeiten geringer Netzauslastung effizient und für den Endverbraucher preiswerter durchgeführt werden.

Zur Fernauslesung und Datenfernübertragung werden eingesetzt:

- Lokale Netzwerke (LAN),
- Mobilfunk (GSM),
- Festnetztelefonie,
- Datenübertragung über das Stromnetz (Power Line Communication, PLC).

Das Energiewirtschaftsgesetz EnWG vom Juli 2005 setzt eine Richtlinie des Europäischen Parlamentes um und soll „eine möglichst sichere, preisgünstige, verbraucherfreundliche, effiziente und umweltverträgliche leitungsgebundene Versorgung der Allgemeinheit mit Elektrizität und Gas, die zunehmend auf erneuerbaren Energien beruht" [52] ermöglichen. § 21 regelt unter anderem den Messstellenbetrieb, die Anforderungen an Messsysteme und die Nutzung personenbezogener Daten. Bei neu an das Energieversorgungsnetz angeschlossenen oder einer größeren Renovierung unterzogenen Gebäuden sind seit 2010 Smart Meter vorgeschrieben. In verschiedenen, zum Teil flächendeckenden Pilotprojekten werden Smart Meter und die daraus entstehenden Möglichkeiten getestet.

Analoges Elektronenstrahloszilloskop 13

Bisher wurden Messverfahren behandelt, die eine charakteristische Größe des Signals wie beispielsweise den Spannungseffektivwert, Wirkleistung oder den ohmschen Widerstand erfassen. Hierbei wird vorausgesetzt, dass sich die Größe während der Messung nicht oder nur langsam ändert. Zu den Aufgaben der Messtechnik gehört es aber auch, den zeitlichen Verlauf einer Messgröße darzustellen und daraus wichtige Kenngrößen, wie Periodendauer oder Maximalwerte zu ermitteln. Das wichtigste Messinstrument zur Darstellung von Signalen im Zeitbereich ist das Oszilloskop, das zur Standardausstattung jedes Labors zählt [53–55, 46]. Im Einsatz sind dabei Elektronenstrahloszilloskope und Digitaloszilloskope.

Das zentrale Element des Elektronenstrahloszilloskops ist die Elektronenstrahlröhre. Sie erzeugt, beschleunigt und lenkt einen Elektronenstrahl ab, der auf einem phosphoreszierenden Schirm das Bild der Eingangsspannung über der Zeit erzeugt.

Dazu wird, wie in Abb. 13.1 dargestellt, das Eingangssignal verstärkt und auf die Vertikalablenkung der Elektronenstrahlröhre gegeben, die eine spannungsproportionale Ablenkung in Y-Richtung durchführt. Mit Hilfe der Triggereinrichtung wird der Startzeitpunkt der Horizontalablenkung bestimmt, die den Strahl zeitproportional in X-Richtung ablenkt. Bei geeigneter Wahl der Einstellparameter entsteht so ein stehendes Bild einer periodischen Eingangsfunktion auf dem Schirm.

13.1 Elektronenstrahlröhre

Strahlerzeugung

Die Elektronenstrahlröhre bzw. Braunsche Röhre besteht, wie in Abb. 13.2 dargestellt, aus einem evakuierten Glaskolben, der die Komponenten zur Strahlerzeugung, Beschleunigung, Fokussierung, Ablenkung und den Leuchtschirm enthält.

T. Mühl, *Elektrische Messtechnik*, https://doi.org/10.1007/978-3-658-29116-7_13

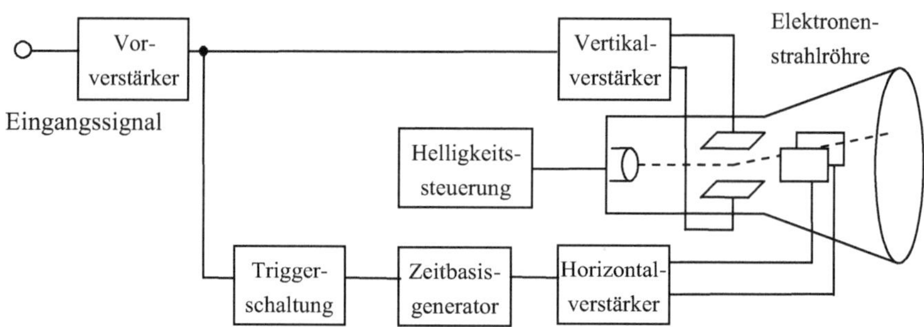

Abb. 13.1 Blockschaltbild eines Elektronenstrahloszilloskops

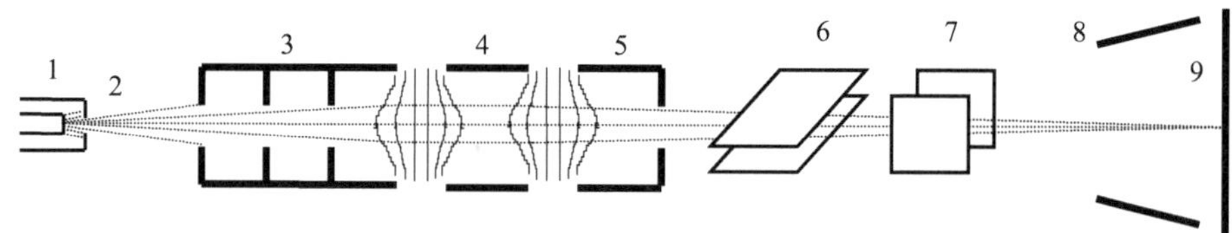

Abb. 13.2 Prinzip einer Elektronenstrahlröhre. *1* Glühkathode, *2* Wehneltzylinder, *3* Vorbeschleunigungsanode, *4* Fokussieranode, *5* Beschleunigungsanode, *6* Horizontalablenkung, *7* Vertikalablenkung, *8* Nachbeschleunigungselektrode, *9* Leuchtschirm

Die geheizte Glühkathode (1) emittiert Elektronen, die zur Vorbeschleunigungsanode (3) beschleunigt werden. Mit Hilfe einer Lochblende, des sogenannten Wehneltzylinders (2), wird ein Elektronenstrahl geformt. Die Strahlintensität hängt vom Kathodenstrom ab und kann zusätzlich durch das Potential des Wehneltzylinders (negativ gegenüber der Kathode) eingestellt werden. Der Elektronenstrahl wird mit einer elektrostatischen Linse fokussiert, so dass er konvergent auf den Leuchtschirm (9) trifft. Die Fokussierung geschieht mit den drei Elementen der Anode, dessen mittlere Fokussieranode (4) auf einem niedrigeren Potential liegt als die äußeren Elemente. Durch die einstellbare Potentialdifferenz wird ein inhomogenes elektrostatisches Feld mit gekrümmten Äquipotentialflächen erzeugt, das wie bei optischen Linsen die Strahlen ablenkt und bei geeigneter Einstellung auf dem Schirm fokussiert. Die Beschleunigungsanode (5) beschleunigt den Strahl nochmals in Richtung Leuchtschirm. Da die Leuchtdichte auf dem Schirm unter anderem von der Energie der auftreffenden Elektronen und damit von ihrer Geschwindigkeit abhängt, wird nach der Strahlablenkung (6) und (7) mit der Nachbeschleunigungselektrode (8), die direkt vor dem Schirm angebracht ist, zusätzlich beschleunigt. Die Strahlintensität und der Strahlfokus sind über Potentiometer, die die Potentiale des Wehneltzylinders bzw. der Fokussieranode einstellen, auf der Frontseite der Oszilloskope einstellbar.

Strahlablenkung

Nach der Fokussierung und Vorbeschleunigung durchlaufen die Elektronen das Vertikal- und Horizontalablenksystem. Die Strahlablenkung geschieht elektrostatisch durch das elektrische Feld zwischen den Ablenkplatten.

Abb. 13.3 zeigt das Prinzip der Strahlablenkung. Vernachlässigt man die Randeffekte an den Ablenkplatten, ist die Feldstärke zwischen den Vertikalablenkplatten

$$E_y = U_y/d \tag{13.1}$$

mit der Ablenkspannung U_y und dem Plattenabstand d. Haben die Elektronen (Elementarladung e, Masse m_e) in z-Richtung die Geschwindigkeit v_z, benötigen sie zum Durchlaufen der Platten der Länge l die Zeit $t_a = l/v_z$. In dieser Zeit werden sie durch das elektrische Feld in y-Richtung mit der Beschleunigung a_y beschleunigt. Aus dem Kräftegleichgewicht

$$F_m = m_e \cdot a_y = F_e = e \cdot E_y$$

und Gl. 13.1 folgt dic Bcschlcunigung

$$a_y = \frac{e \cdot U_y}{d \cdot m_e}.$$

Am Ende der Platten nach der Laufzeit t_a haben die Elektronen in y-Richtung die Geschwindigkeit

$$v_y = t_a \cdot a_y = \frac{l}{v_z} \cdot \frac{e \cdot U_y}{d \cdot m_e}.$$

Der Ablenkwinkel α wird aus den Geschwindigkeiten in y-Richtung v_y und z-Richtung v_z bestimmt:

$$\tan\alpha = \frac{v_y}{v_z} = \frac{e \cdot l \cdot U_y}{v_z^2 \cdot d \cdot m_e}. \tag{13.2}$$

Damit ist die Ablenkung y auf dem Schirm im Abstand L:

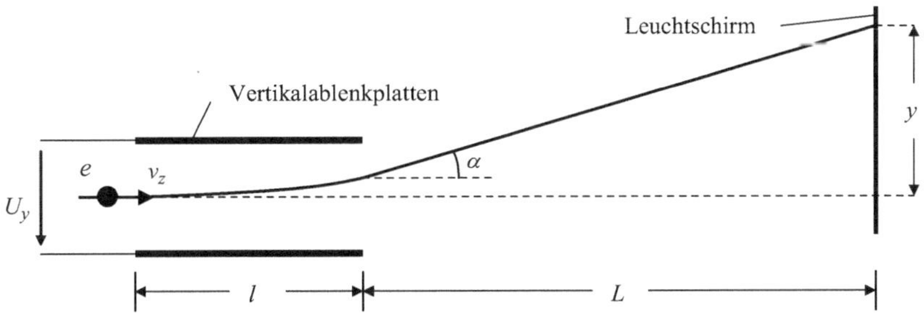

Abb. 13.3 Elektrostatische Strahlablenkung

$$y = \frac{1}{2}a_y t_a^2 + L \cdot \tan\alpha = \frac{e \cdot U_y \cdot l^2}{2m_e \cdot d \cdot v_z^2} + \frac{L \cdot e \cdot l \cdot U_y}{m_e \cdot d \cdot v_z^2},$$

$$y = \frac{e \cdot l}{m_e \cdot d \cdot v_z^2} \cdot \left(\frac{l}{2} + L\right) \cdot U_y. \quad (13.3)$$

Die y-Ablenkung ist proportional zur Ablenkspannung U_y. Entsprechendes gilt für die Horizontalablenkung in x-Richtung. Zur Darstellung einer Spannung wird diese verstärkt und an die Ablenkplatten angelegt. Die Ablenkspannungen liegen bei Standardröhren typischerweise bei 100 bis 500 V Spitze-Spitze. Soll eine Röhre eine hohe Empfindlichkeit haben, müssen nach Gl. 13.3 die Plattenabstände klein, die Anodenspannungen (und damit die Geschwindigkeit v_z) klein und der Abstand zum Schirm groß sein. Problematisch ist die auch mögliche Verlängerung der Ablenkplatten, da sich bei langen Platten niedrige Grenzfrequenzen ergeben. Um bei kleiner Anodenspannung die Elektronengeschwindigkeit nach der Ablenkung zu erhöhen, wird nach der Horizontal- und Vertikalablenkung mit einer Nachbeschleunigungselektrode, die aus einem Metallnetz oder einem leitenden Belag auf der Innenseite des Glaskolbens besteht, nachbeschleunigt.

Leuchtschirm

Trifft der Elektronenstrahl auf den Schirm, wird ein Lichtpunkt erzeugt. Der Leuchtstoff des Schirms absorbiert die kinetische Energie der Elektronen und strahlt sie im sichtbaren Bereich ab (Fluoreszenz). Materialien sind beispielsweise Phosphor und Zinkoxyd (Abb. 13.4).

Fluoreszierende Materialien haben in der Regel eine zweite Eigenschaft: sie leuchten eine Zeit lang nach (Phosphoreszenz). Die Nachleuchtdauer von bis zu 1 s wird beim Oszilloskop dazu verwendet, ein flimmerfreies Bild zu erzeugen. Meist ist der Leuchtschirm mit einem von innen beleuchtbaren Skalierungsgitter versehen.

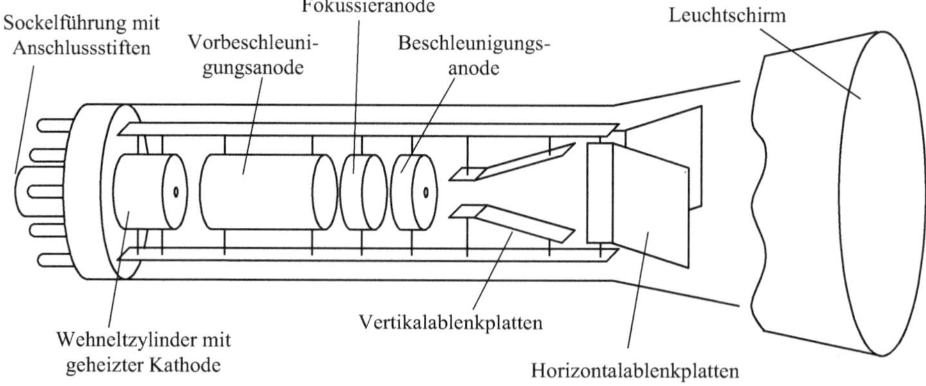

Abb. 13.4 Bild einer Elektronenstrahlröhre mit der Elektronenkanone und den Ablenkplatten

13.2 Baugruppen des Elektronenstrahloszilloskops

Abb. 13.5 zeigt das Blockschaltbild eines Zweikanal-Oszilloskops, mit dem die Eingangssignale von Kanal 1 und Kanal 2 darstellbar sind. Im Folgenden werden die Baugruppen näher erläutert.

Vertikalteil

Über die Schalter S_1 und S_3 werden die Eingangssignale auf die Vorverstärker gegeben. Mit den Schaltern ist dabei eine Gleichspannungskopplung (DC) zur Darstellung des gesamten Signals, eine Wechselspannungskopplung (AC) zur Darstellung des Wechselanteils des Eingangssignals und Bezugspotentials (GND) zur Nulllinieneinstellung wählbar. In Abb. 13.5 ist die Wechselspannungskopplung schematisch durch den Kondensator dargestellt. Die Verstärkung der Vorverstärker ist schaltbar (Schalter S_2 und S_4) mit einer direkten Skalierungsangabe zur Auswertung der Ablenkung in Spannung pro Skalenteil (V/DIV, mV/DIV, usw.) und einer kontinuierlichen Feineinstellung. Zusätzlich kann die Y-Position des Signals bzw. die Höhe der Nulllinie eingestellt werden. Das Signal von Kanal 1 oder 2 wird über den elektronischen Umschalter auf den Vertikalverstärker gegeben, der die zur Ablenkung notwendigen Spannungen erzeugt. Die Verstärker müssen in der Lage sein, die Ablenkplatten auch bei der höchsten zu verarbeitenden Frequenz linear und genau anzusteuern. Die Verzögerungsleitung ist notwendig, um die Laufzeit der Triggerschaltung zu kompensieren und so den Beginn des Signals zum Triggerzeitpunkt auf dem Schirm darstellen zu können.

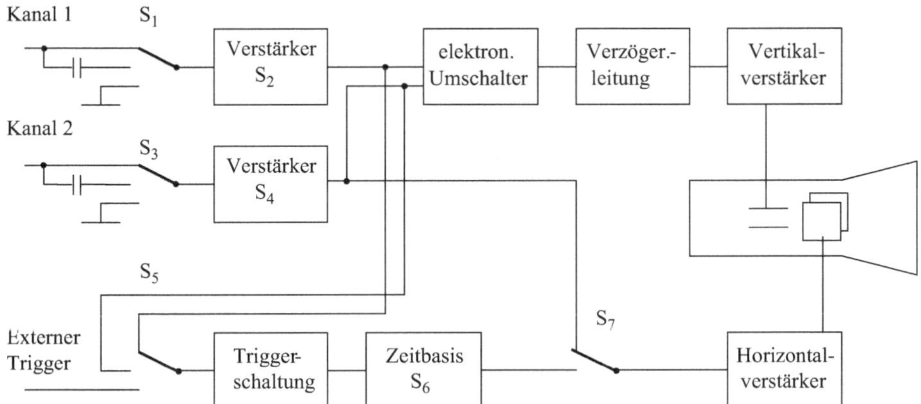

Abb. 13.5 Blockschaltbild eines Zweikanal-Oszilloskops mit den Schaltern S_1, S_3: Signalkopplung (DC, AC, GND); S_2, S_4: Signalverstärkung schaltbare Verstärkung, Angabe in Spannung/Skalenteil (V/DIV); S_5: Triggerquelle Kanal 1, Kanal 2, externe Triggerquelle; S_6: Zeitbasis schaltbare Horizontalablenkgeschwindigkeit, Angabe in Zeit/Skalenteil (s/DIV); S_7: Betriebsart x/t-Betrieb, x/y-Betrieb

Horizontalablenkung

Für die meisten Anwendungen wird der Elektronenstrahl horizontal um einen konstanten Wert pro Zeiteinheit abgelenkt. Man spricht von einer linearen Zeitablenkung. Der Zeitbasisgenerator erzeugt dazu eine Sägezahnspannung, die in Abb. 13.6 dargestellt ist.

Die Zeitablenkung wird mit einem Triggerimpuls gestartet. Während der Hinlaufzeit T_h steigt die Spannung linear bis zu dem Scheitelwert, der für eine maximale Ablenkung erforderlich ist, an. Danach wird die Spannung zum Rücklauf in einer sehr kurzen Zeit wieder auf Null abgesenkt. Nach dem Rücklauf wird bis zum nächsten Triggerimpuls gewartet. Damit während des Rücklaufs keine Spur auf dem Schirm hinterlassen wird, wird der Strahl während der Rücklaufzeit T_r bis zum neuen Start des Hinlaufs ausgeschaltet. Diese Dunkeltastung wird in der Regel durch Anlegen einer negativen Spannung an den Wehneltzylinder erreicht und verhindert ein Einbrennen auf dem Leuchtschirm. Die Hinlaufzeit ist in einem weiten Bereich einstellbar, so dass niederfrequente Signale (s/DIV) und hochfrequente Signale (ns/DIV) darstellbar sind.

Triggerung

Um ein stehendes Bild eines periodischen Signals zu erhalten, muss die Horizontalablenkung immer zum gleichen Zeitpunkt auf das darzustellende Signal bezogen gestartet werden. Das Auslösen der Zeitablenkung wird als Triggerung bezeichnet. Dazu wird das Eingangssignal mit einer einstellbaren Triggerschwelle verglichen und beim Erreichen dieses Wertes der Triggerimpuls ausgelöst.

Abb. 13.7a zeigt ein periodisches Eingangssignal $s(t)$ mit verschiedenen Triggerschwellen. Bei Wahl der Schwelle 1 ergibt sich die Horizontalablenkspannung h_1 und das in Abb. 13.7b dargestellte Oszilloskopbild. Schwelle 1 wird nur einmal in positiver Richtung durchlaufen, so dass nach dem Strahlrücklauf immer zum selben Zeitpunkt im Signal die Strahlaufzeichnung neu gestartet wird und ein stehendes Bild von $s(t)$ entsteht. Bei Einstellung von Schwelle 2 ist der Triggerzeitpunkt nicht mehr eindeutig im Signal, und in diesem Beispiel werden sehr schnell wechselnd, verschiedene Ausschnitte von $s(t)$ angezeigt (Abb. 13.7c). Es entsteht ein mehrfaches Bild, das auch flackern kann. Schwelle 3 wird nie erreicht, so dass bei dieser Einstellung kein Bild gezeichnet wird und der Schirm dunkel bleibt. Bei manueller Einstellung der Triggerschwelle liegt es also am Bediener, ob ein stehendes, getriggertes und damit auswertbares Bild entsteht.

Im Blockschaltbild in Abb. 13.5 wird die Triggerquelle mit Schalter 5 gewählt: Kanal 1, Kanal 2 oder eine externe Triggerquelle. Manchmal kann auch mit der Netzspannung

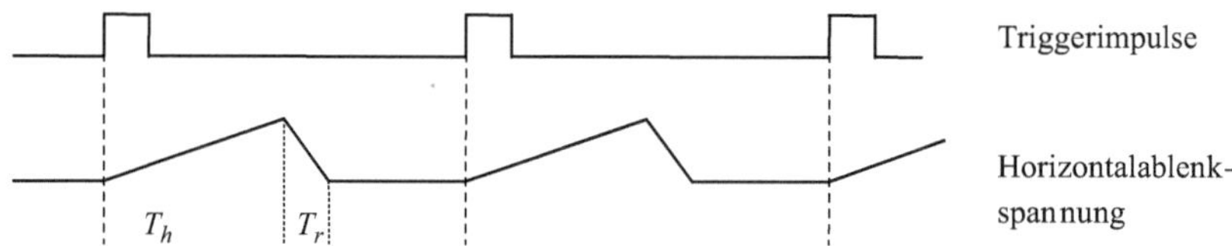

Abb. 13.6 Horizontalablenkspannung mit Hinlaufzeit T_h und Rücklaufzeit T_r

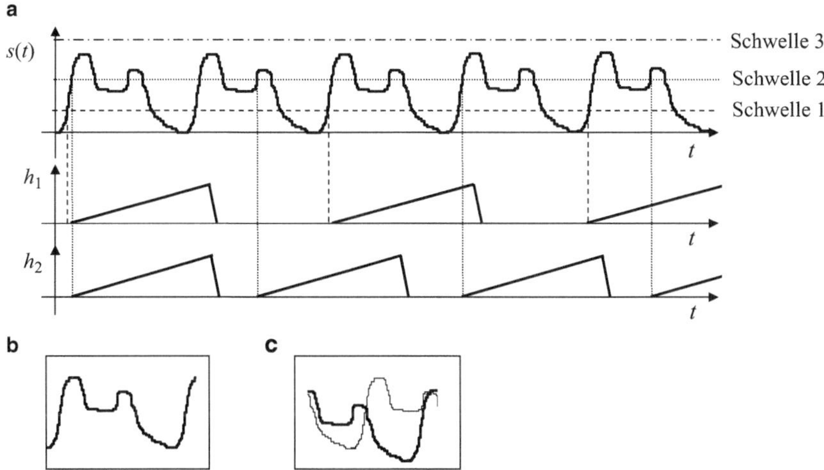

Abb. 13.7 Triggerung eines periodischen Signals bei verschiedenen Triggerschwellen. **a** Signal $s(t)$ mit den Horizontalablenkspannungen h_1 (Schwelle 1) und h_2 (Schwelle 2), **b** Schirmbild für Schwelle 1, **c** Schirmbild für Schwelle 2

(230V) auf die Netzfrequenz getriggert werden. Externe Triggerquellen sind sinnvoll, wenn bei einem schwer triggerbaren Signal ein zusätzliches Synchronisationssignal mit derselben Periodizität wie das darzustellende Signal zur Verfügung steht. Die Triggerschwelle kann manuell eingestellt werden oder wird im Auto-Trigger-Modus vom Gerät vorgegeben. Meist wird dabei die Mitte des Aussteuerbereiches gewählt. Der Auto-Trigger-Modus hat zudem noch die Besonderheit, dass nach Ablauf einer Wartezeit eine selbstständige Auslösung der Ablenkung erfolgt, auch wenn durch die gewählte Triggerquelle keine Triggerung erfolgt. Damit ist es möglich, auch Gleichspannungen und die Nulllinie darzustellen, bei denen im manuellen Triggermodus keine Ablenkung erfolgt.

Die Triggereinrichtung besteht prinzipiell aus den in Abb. 13.8 dargestellten Funktionsblöcken. Folgende Einstellungen sind vorzunehmen:

- Triggerquelle: Wahl zwischen Kanal A, B oder einem externen Triggersignal,
- Gleich- oder Wechselspannungskopplung der Triggerquelle (DC/AC-Kopplung),
- Triggerschwelle: Einstellung des Spannungswertes,
- positive oder negative Flanke: Auslösung der Triggerung bei einem positiven Durchlaufen der Triggerschwelle von kleineren zu größeren Spannungen oder bei einem negativen Durchlaufen, bzw. einer negativen Flanke des Komparators,
- normaler oder Auto-Trigger-Modus.

Bei manchen Oszilloskopen kann mit der sogenannten Trigger-Hold-Off-Zeit eine Sperrzeit nach dem Rücklauf eingestellt werden, in der auch bei Erfüllen der Triggerbedingung nicht getriggert wird. Diese Einstellung, die manuell erfolgen muss,

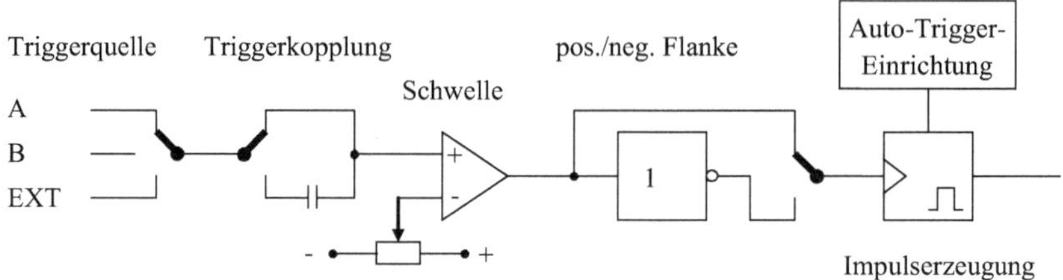

Abb. 13.8 Funktionsblöcke einer Triggereinrichtung

ermöglicht ein stehendes Bild auch für Signale mit mehreren, nicht unterscheidbaren Triggerereignissen in der Signalperiode.

Zweikanal-/Mehrkanalumschaltung
Möchte man mehrere Signale gleichzeitig auf dem Schirm darstellen, kann die Vertikalablenkung zwischen verschiedenen Messsignalen umgeschaltet werden. Wie in Abb. 13.5 dargestellt hat jeder Kanal einen Vorverstärker mit getrennter Empfindlichkeitseinstellung. Die Umschaltung zwischen den Signalen kann auf zwei Arten (Abb. 13.9) erfolgen:

Im **Alternierenden Modus** (ALT, alternate) wird abwechselnd jeder Kanal für einen vollen Durchlauf aufgezeichnet. Im Bild erscheint abwechselnd Kanal 1, Kanal 2, usw.. Ein ruhiges, flimmerfreies Bild, bei dem die einzelnen Durchläufe nicht mehr erkennbar sind, erhält man durch das Nachleuchten bei Ablenkung von etwa 0,5 ms/DIV oder schneller. Diese Betriebsart wird in der Regel zur Darstellung höherfrequenter Signale verwendet.

Im **Chopmodus** (CHOP, chopped) wird während eines Durchlaufs zwischen den Kanälen umgeschaltet. Der Wechsel erfolgt sehr schnell mit typischen Umschaltfrequenzen von einigen 100 kHz und ist wegen der Dunkeltastung des Strahls in dieser Zeit nicht sichtbar. Der Vorteil liegt hierbei in der fehlerfreien zeitlichen Zuordnung der Signale, die beispielsweise für Phasendifferenzmessungen erforderlich ist. Der Modus ist bei niederfrequenten Signalen sinnvoll.

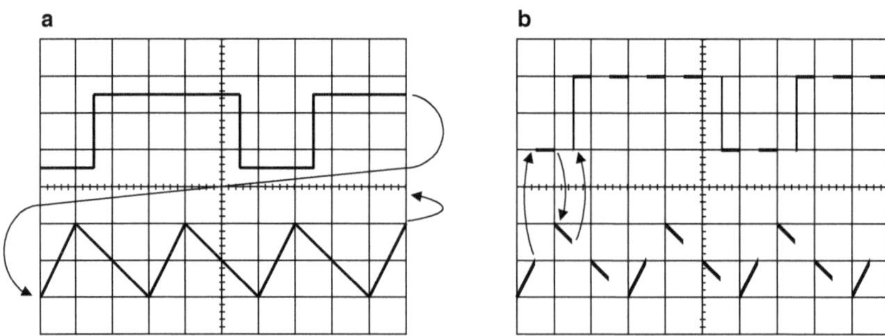

Abb. 13.9 **a** Alternate- und **b** Chop-Betriebsart eines Zweikanal-Oszilloskops

x/y-Modus

Ein spezieller Modus ist der x/y-Modus, bei dem horizontal nicht zeitlinear sondern proportional zu einem zweiten Eingangssignal abgelenkt wird. Mit Schalter S_7 im Blockschaltbild von Abb. 13.5 kann das verstärkte Signal von Kanal 2 auf die Horizontalablenkung geschaltet werden und so Kanal 1 über Kanal 2 dargestellt werden. Anwendungen sind Kennliniendarstellungen von Bauteilen oder Baugruppen oder Phasenmessungen.

13.3 Analoges Speicheroszilloskop und Sampling-Oszilloskop

Speicheroszilloskop

Bei nicht-periodischen sondern einmaligen oder sporadisch auftretenden Vorgängen wird bei einem Standardoszilloskop der Vorgang kurz dargestellt und verlischt sehr schnell wieder. Will man das Bild zur Auswertung für eine bestimmte Zeit festhalten, muss es gespeichert werden. Analoge Speicheroszilloskope verwenden dafür spezielle Speicherröhren. Hierbei wird der abgelenkte Elektronenstrahl nicht direkt auf den Schirm sondern, wie in Abb. 13.10 dargestellt, auf einen Ladungsspeicher geschrieben. In der Speicherelektrode (4) werden durch den abgelenkten Elektronenstrahl Sekundärelektronen herausgelöst, die von einer Kollektorelektrode abgesaugt werden. Elektronen geringer Energie werden von Flutkathoden (3) ausgesendet und können die Speicherelektrode nur an den Stellen, an denen die Elektronen herausgelöst sind, durchdringen. Dadurch wird das Bild des Ladungsspeichers (4) permanent auf den Leuchtschirm (5) geschrieben. Die Speicherzeit ist allerdings durch parasitäre Effekte begrenzt, und das Bild verschwindet nach einer Zeit im heller werdenden Hintergrund.

Diese früher häufig eingesetzte Technik wird kaum noch verwendet, da bei Digitaloszilloskopen die Speicherung viel einfacher und kostengünstiger durchgeführt wird.

Sampling-Oszilloskop

Standardoszilloskope können Signale mit Frequenzen von einigen hundert MHz aufzeichnen. Zur Darstellung von Signalen mit höheren Frequenzen muss die sogenannte Sampling-Technik verwendet werden.

Dabei wird wie in Abb. 13.11 dargestellt das periodische Eingangssignal punktweise abgetastet. Das dargestellte Bild setzt sich aus den Abtastwerten vieler Perioden

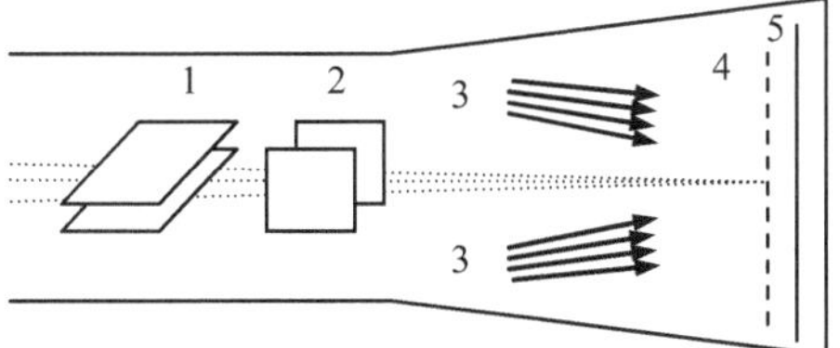

Abb. 13.10 Prinzip der Speicherröhre. *1* Horizontalablenkung, *2* Vertikalablenkung, *3* Flutkathoden, *4* Speicherelektrode, *5* Leuchtschirm

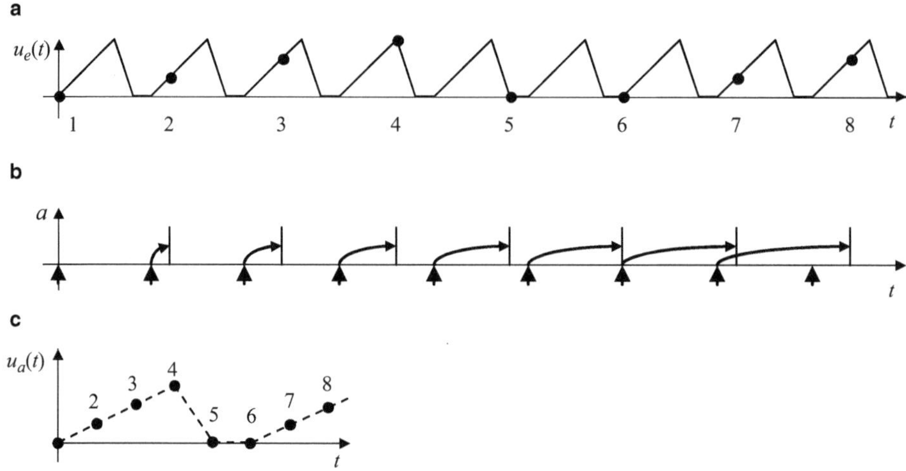

Abb. 13.11 Prinzip der Sampling-Technik zur Darstellung hochfrequenter Signale. **a** Eingangssignal $u_e\,(t)$, **b** Abtastimpulse a (1 bis 8) mit den Triggerzeitpunkten ▲ und der Verzögerungszeit, **c** dargestellte, aus den abgetasteten Werten zusammengesetzte Zeitfunktion $u_a(t)$

zusammen. Nach jeder Triggerung wird eine für jede Abtastung andere, mit gleichem Zeitinkrement ansteigende Verzögerungszeit bis zum Abtastzeitpunkt gewartet. Dieser Abtastwert wird bis zur nächsten Abtastung festgehalten, wobei der Abstand der Abtastwerte etwa eine oder auch viele Perioden des Eingangssignals betragen kann. Die Kurve $u_a\,(t)$ aus den Abtastwerten bildet den Verlauf des Eingangssignals nach und es können Signale mit Frequenzen bis zu 20 GHz und mehr dargestellt werden. Entscheidend für die Rekonstruktion des Eingangssignals aus den Abtastwerten ist dabei das Einschwingverhalten des Abtasters und die Genauigkeit der ansteigenden Verzögerungszeit.

Digitaloszilloskop 14

Bei Digitaloszilloskopen wird das vorverstärkte Eingangssignal abgetastet und digitalisiert. Die Abtastwerte werden digital weiterverarbeitet und gespeichert. Neben den normalen Oszilloskopfunktionen können mit den Prozessorsystemen weitere Berechnungen und Auswertungen wie Mittelungen, Spitzenwert- oder Anstiegszeitbestimmung durchgeführt und zur Anzeige gebracht werden.

14.1 Aufbau und Funktion

Abb. 14.1 zeigt das Blockschaltbild eines typischen Digitaloszilloskops. Der Eingangsteil unterscheidet sich nur gering von dem des Analogoszilloskops.
Mit dem Eingangswahlschalter kann zwischen DC-, AC-Kopplung und GND gewählt werden, und das Signal wird mit einer wählbaren Verstärkung verstärkt. Im Analog-Digital-Umsetzer wird das Signal mit Abtastraten von bis zu 1 GHz abgetastet und quantisiert. Die digitalen Daten werden vorverarbeitet und gespeichert. Die Triggereinrichtung, die prinzipiell wie die des Analogoszilloskops arbeitet, und die Takt- und Steuereinrichtung steuern die internen Abläufe der Datenaufnahme. Die Messdaten werden aus dem Speicher ausgelesen und können auf verschiedene Art nachverarbeitet und zur Anzeige gebracht werden.

Signalabtastung
Der Analog-Digital-Umsetzer muss das Signal mit hoher Genauigkeit und großer Geschwindigkeit digitalisieren. Heute realisierbare Abtastraten liegen bei über 1 GHz, so dass Signale im Abstand von weniger als 1 ns abgetastet werden können. Für hochfrequente Signale werden spezielle Abtastverfahren verwendet [56].

T. Mühl, *Elektrische Messtechnik*, https://doi.org/10.1007/978-3-658-29116-7_14

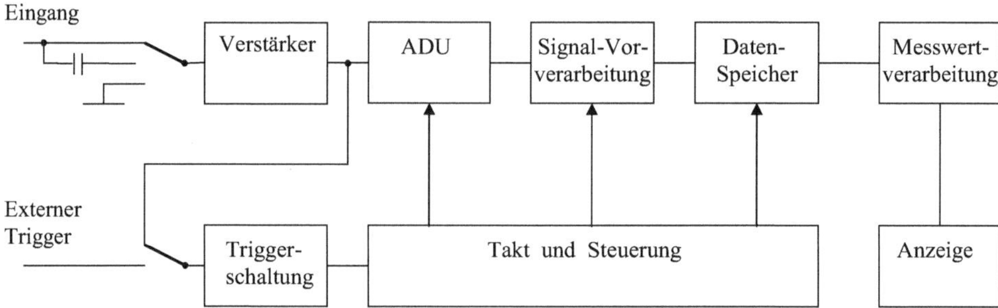

Abb. 14.1 Blockschaltbild eines Digitaloszilloskops

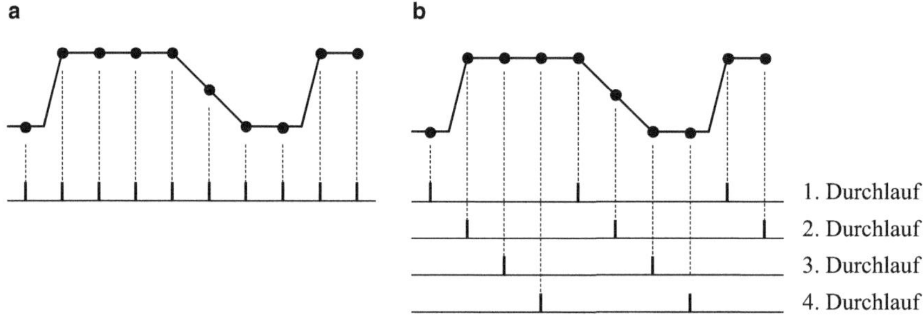

Abb. 14.2 Trapezförmiges Signal mit markierten Abtastwerten, darunter die Abtastzeitpunkte **a** Echtzeitabtastung, **b** Äquivalenzzeitabtastung

Bei der **Echtzeitabtastung** wird das Eingangssignal bei jedem Durchlauf vollständig abgetastet. Die Wandlungsrate des ADU begrenzt hierbei die zeitliche Signalauflösung, beziehungsweise die maximale Frequenz des Eingangssignals.

Die **Äquivalenzzeitabtastung** erlaubt die Darstellung sehr schneller Signale, indem wie bei Sampling-Oszilloskopen (siehe Abschn. 13.3) mehrere Durchläufe für die Abtastung eines Signalverlaufs verwendet werden. Voraussetzung dafür ist, dass das Signal periodisch ist. Abb. 14.2b zeigt eine Äquivalenzzeitabtastung einer Impulsfolge mit vier Durchläufen. Nach dem vierten Durchlauf beginnt der Zyklus von neuem. Auf diese Art können bei entsprechend großer Bandbreite der Vorverstärker auch sehr schnelle Signale verarbeitet und dargestellt werden.

Triggerung

Die Aufgabe der Triggereinrichtung ist ähnlich der des Elektronenstrahloszilloskops, bei Digitaloszilloskopen wird aber nicht die Strahlablenkung gestartet sondern die Steuerung der Signalspeicherung durchgeführt. Die kontinuierlich abgetasteten Signalwerte werden in einem Ringspeicher gespeichert. Ist der Speicher voll, wird der älteste Wert durch den neu gewandelten Wert überschrieben, bis abgeleitet vom Triggersignal und der Datenaufnahmezeit das Überschreiben der Daten gestoppt wird. Durch diese Speichertechnik sind zusätzliche Einstellungen möglich.

Die Standard-Triggerung bei Digitaloszilloskopen ist wie bei Elektronenstrahloszilloskopen die Triggerung auf eine Signalflanke (Edge). Wie im Abschn. 13.2 ausführlich beschrieben können Triggerquelle, AC/DC-Kopplung, Triggerschwelle , Flanke und Auto-Triggerung gewählt werden.

Aufgrund der permanenten Signalaufzeichnung ist es möglich, den Signalverlauf auch vor dem Triggerereignis darzustellen. Abb. 14.3 zeigt ein Beispiel eines Eingangssignals $s(t)$ mit einem Triggerzeitpunkt bei der dargestellten Triggerschwelle. Durch Verstellung des Startzeitpunktes der Darstellung ist es bei **Pretriggerung** möglich, ein Stück des Signalverlaufs vor dem Triggerzeitpunkt anzuzeigen. Der Signalausschnitt vor der Triggerung ist maximal, wenn die Datenaufnahme mit dem Erreichen der Triggerschwelle gestoppt wird und so das Signal mit maximaler Speichertiefe bis zum Triggerzeitpunkt aufgenommen wird. Bei **Posttriggerung** wird mit Hilfe eines Verzögerungszählers der Startpunkt der Datenaufnahme zu einem späteren Zeitpunkt hin verschoben. Der Triggerzeitpunkt ist dann nicht mehr sichtbar. Dies entspricht einer sogenannten Delayed Time Base, die in manchen Analogoszilloskopen integriert ist.

Messwertverarbeitung und Darstellung der Messdaten

Anders als bei Analogoszilloskopen kann bei Digitaloszilloskopen die Darstellung der Daten nach der Aufzeichnung verändert werden. Neben der Auswahl des dargestellten Signalausschnitts aus dem gespeicherten Signalverlauf (Zooming, Scrolling) können auch mathematische Operationen ausgeführt werden, die sich auf die Darstellung in der Anzeige auswirken. Die gespeicherten Messdaten stellen die Messwerte zu den diskreten

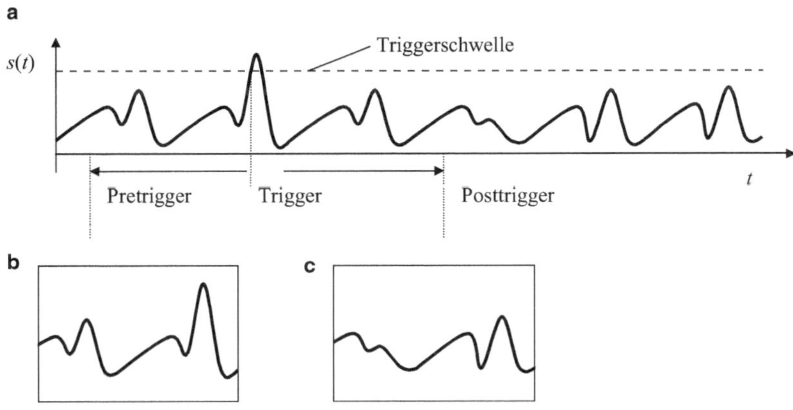

Abb. 14.3 **a** Messsignal $s(t)$ mit manuell eingestellter Triggerschwelle und Triggerzeitpunkt, **b** dargestellter Signalausschnitt bei Pretriggerung und **c** Signalausschnitt bei Posttriggerung

Abtastzeitpunkten dar. Bei der Darstellung auf dem Bildschirm gibt es mehrere Möglichkeiten, den Kurvenzug zu schreiben.

Bei der **Punktdarstellung** werden die Abtastwerte des Eingangssignals als Punkte auf dem Schirm dargestellt. Bei etwa 50 Punkten pro Skalenteil erscheint das Bild als geschlossene Kurve, bei Dehnung der Zeitachse (Zooming) erkennt man die einzelnen Punkte. Bei starker Dehnung, wie in Abb. 14.4a dargestellt, leidet die Anschaulichkeit, und Fehlinterpretationen sind möglich. Auf der anderen Seite wird nur bei der Punktdarstellung die unveränderte, gemessene Information ohne weitergehende Verarbeitung und Interpretation dargestellt.

Um eine quasi-analoge Wiedergabe des Signals zu erreichen, können die einzelnen Messpunkte interpoliert werden. Bei der **linearen Interpolation** (Abb. 14.4b) werden benachbarte Punkte durch Geraden verbunden. Auch bei dieser Darstellung weicht bei geringer Punktedichte die dargestellte Kurve vom tatsächlichen Signalverlauf ab. Vor allem bei schnell veränderlichen Signalen, deren maximale Frequenz bis zur halben Abtastrate reicht, erscheinen die Signale verzerrt. Um eine geeignete, gut auswertbare Darstellung zu erhalten, sind mindestens zehn Abtastwerte pro Signalperiode sinnvoll.

Eine ideale Rekonstruktion des analogen Signals unter der Voraussetzung, dass die Nyquistbedingung eingehalten wurde, erhält man durch eine Filterung mit einem idealen Rechteck-Tiefpass mit einer Grenzfrequenz, die der halben Abtastrate entspricht. Im Zeitbereich entspricht dies einer Filterung mit einer si-Funktion. Die darauf basierende **si-Interpolation,** manchmal auch als sinus-Interpolation bezeichnet, führt zu verzerrungsfrei rekonstruierten Signalen, wenn die Nyquistbedingung exakt eingehalten wird. Aufgrund von Rechenungenauigkeiten wird allerdings empfohlen, mit der maximalen Signalfrequenz nicht nur den Faktor 2, sondern mindestens den Faktor 2,5 unter der Abtastrate zu bleiben. Abb. 14.5 zeigt eine mit etwa 8 Werten pro Periode abgetastete sinusförmige Zeitfunktion, links mit linearer Interpolation und rechts mit si-Interpolation der Abtastwerte.

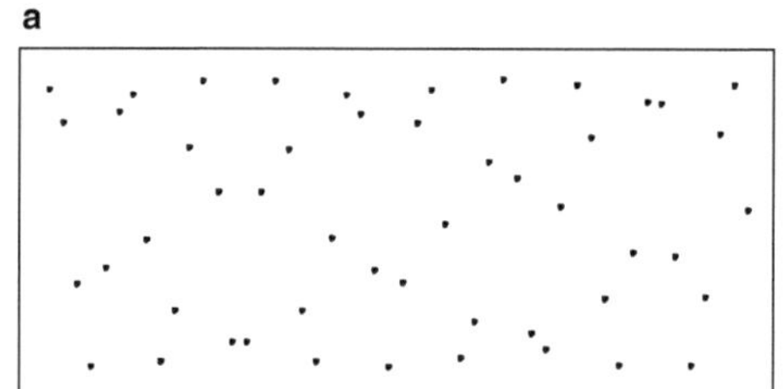

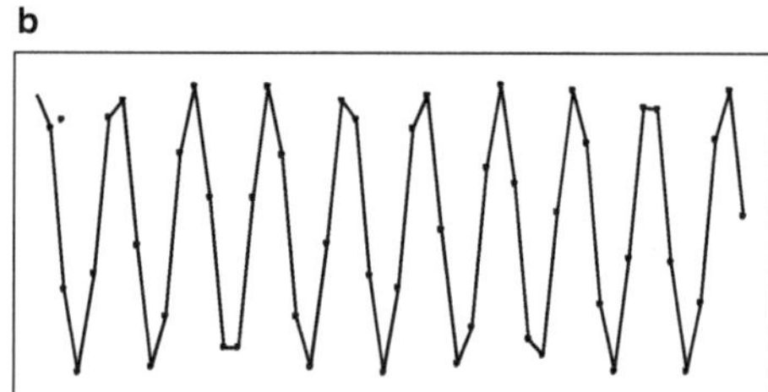

Abb. 14.4 Punktedarstellung (50 Abtastwerte) (**a**) und lineare Interpolation (**b**) der Abtastwerte zur Darstellung eines abgetasteten Signals

a

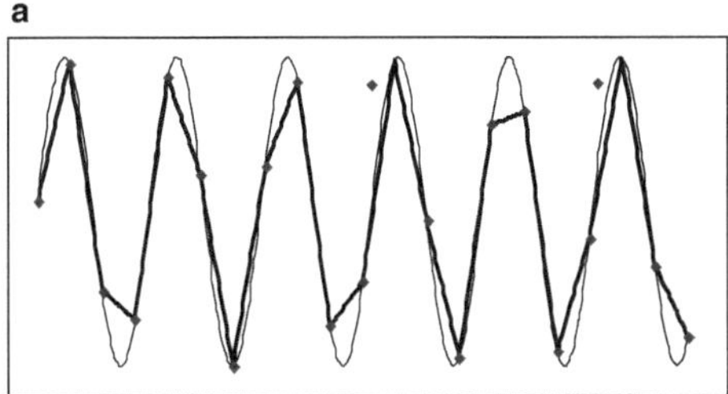

b

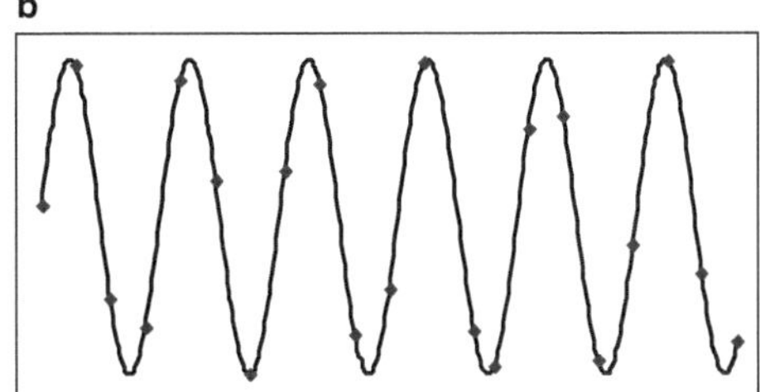

Abb. 14.5 Lineare Interpolation (**a**) und si-Interpolation (**b**) der Abtastwerte

Bei sprunghaften Änderungen kommt es an den Sprungstellen zu Abweichungen, die wie ein nichtkausales Verhalten aussehen. In der Regel führt die si-Interpolation aber zu einer guten Rekonstruktion des Messsignals.

Zusätzlich zu den Darstellungsarten können **Auswertefunktionen** aufgerufen werden, die eine komfortable, automatische Bewertung der Messung durchführen. Beispiele hierfür sind:

- Ermittlung von Impulskenngrößen wie Anstiegs-, Abfallzeit, Impulshöhe,
- Berechnung von Mittelwert, Spitze-Spitze-Wert, Effektivwert eines Signals,
- digitale Filterungen zur Störelimination oder selektiven Messung,
- Spektralanalyse über FFT-Algorithmen.

Anzeige

Zur Darstellung der Daten werden Elektronenstrahlröhren oder Flüssigkristallanzeigen (LCD) eingesetzt. Bei Elektronenstrahlröhre mit elektrostatischer Ablenkung (siehe Analogoszilloskop) werden die Digitalwerte aus dem Speicher über einen Digital-Analog-Umsetzer in ein analoges Signal gewandelt und auf die Vertikalablenkeinheit gegeben. Zeitgleich wird das Horizontalsignal mittels D/A-Umsetzer erzeugt. Aufgrund der schlechten Darstellbarkeit alphanumerischer Zeichen wird diese Anzeigeart nur selten eingesetzt. Elektronenstrahlröhren mit magnetischer Ablenkung, die in der Fernsehtechnik und bei Monitoren verwendet werden, lassen eine einfache Darstellung alphanumerischer Zeichen, von Rastern und auch mehrfarbige Darstellungen zu. Der Elektronenstrahl wird wie bei der Fernsehtechnik rasterförmig über den Bildschirm geführt und die darzustellenden Daten werden zur punktweisen Hell- und Farbsteuerung des Strahls verwendet. Da bei Digitaloszilloskopen die Speicherauslesung und Darstellung nicht in Echtzeit erfolgt, ist die geringe Grenzfrequenz der Ablenkeinheiten nicht nachteilig, so dass diese Anzeige sehr häufig verwendet wird. Durch den schnellen Fortschritt bei LCDs und Integration der Ansteuerung werden zunehmend mehr Digitaloszilloskope mit Flüssigkristall-Flachbildschirmen hergestellt (Abb. 14.6). Die Vorteile sind der geringe Leistungsverbrauch, das geringe Gewicht und die Größe, so dass sie auch für batteriebetriebene, kleine Geräte (Hand-Oszilloskope oder Scopemeter) geeignet sind.

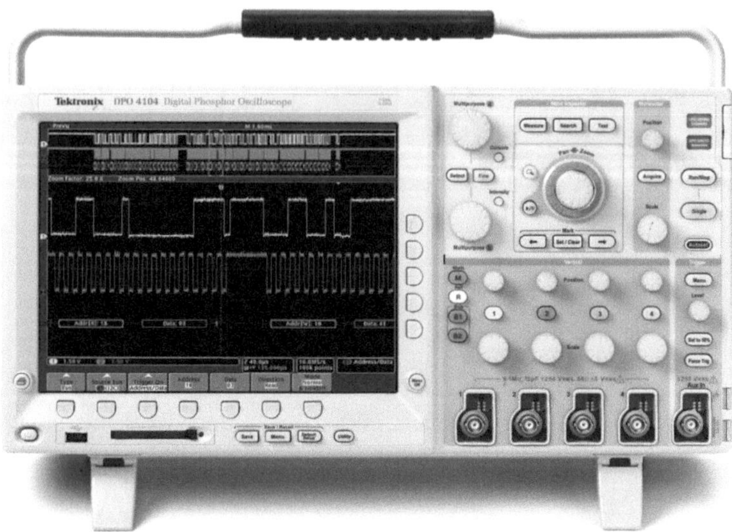

Abb. 14.6 Frontansicht eines 4-Kanal-Digitaloszilloskops (Tektronix GmbH)

14.2 Spezielle Betriebsarten von Digitaloszilloskopen

Neben den Wahlmöglichkeiten bei der Darstellung gibt es bei Digitaloszilloskopen verschiedene Betriebsarten zur Datenaufnahme, Datenspeicherung und Triggerung.

Datenaufnahme

Der **direkte Modus** ist die normale Datenaufnahme mit äquidistanten, direkt gewandelten Abtastwerten. Die Abtastrate richtet sich dabei nach der gewählten Zeitskalierung und ist meist deutlich kleiner als die maximale Abtastrate des ADUs. Hierbei erhält man eine eindeutige Zeitzuordnung der Abtastwerte. Kurzzeitige Signalveränderungen wie Spikes oder Glitches, die zwischen zwei Abtastzeitpunkten liegen, bleiben aber unerkannt.

Im **Min-Max-Modus** (Peak Detect Mode) werden die Extremwerte innerhalb des Abtastintervalls mit Hilfe eines analogen Spitzenwertdetektors erfasst und digitalisiert oder bei entsprechend schneller Abtastung Minimum und Maximum aus den temporär gespeicherten Abtastwerten des Abtastintervalls bestimmt. Die Messkurve entspricht dann der Einhüllenden des Signals.

Im **Average-Modus** werden mehrere Aufzeichnungen punktweise gemittelt und dann dargestellt. Die punktweise Mittelung verändert nicht die deterministischen Signalanteile, die synchron zum Triggerzeitpunkt liegen, reduziert aber alle zufälligen und asynchronen Anteile. Man erhält einen mittleren Signalverlauf mit einer Reduzierung des Rauschens und der zufälligen Störungen.

Datenspeicherung

Der **Refresh-Modus** entspricht der Darstellung der analogen Oszilloskope. Es werden zyklisch durch die Triggerung Aufzeichnungen gestartet und die Messwerte dargestellt. Jede Triggerung startet eine neue Aufzeichnung mit einer Überschreibung des Speicherinhalts.

Im **Single Shot** Betrieb wird nur eine Aufzeichnung nach einer Triggerung durchgeführt und diese gespeichert. Der Modus entspricht dem des analogen Speicheroszilloskops, hierbei ist aber eine beliebig lange Speicherung möglich.

In manchen Geräten kann auch der **Roll-Modus** gewählt werden, bei dem kontinuierlich die Daten aufgezeichnet und rollierend, wie bei einem Schreiber, dargestellt werden. Die Messwerte werden permanent von rechts nach links über den Bildschirm geschoben, wobei der zuletzt erhaltene Wert ganz rechts erscheint und der älteste links verschwindet. Damit können langsam veränderliche Vorgänge beobachtet werden.

Spezielle Triggermoden

Wie im Abschn. 14.1 beschrieben erlauben Digitaloszilloskope neben den Standardtriggereinstellungen wie bei Analogoszilloskopen eine flexible Wahl des Zeitpunktes der Datenaufnahme bezüglich des Triggers. Mit Pre- und Posttriggerung können so Ereignisse vor dem Triggerzeitpunkt und längere Zeit danach dargestellt und analysiert werden.

Durch die eingesetzten Prozessoren können dazu spezielle Triggerfunktionen verwendet werden. Abhängig von den Möglichkeiten der Echtzeitverarbeitung der Oszilloskope eröffnet sich so eine zunehmende Vielzahl von Triggerarten:

- Triggerung auf spezielle Signalkenngrößen, wie das Über- oder Unterschreiten einer bestimmten Amplitude oder Signalfrequenz oder beispielsweise die Triggerung auf definierte Impulskenngrößen wie Impulsdauer, Flankensteilheit oder Anstiegszeit. Gerade die Impulsbreite-Triggerung ermöglicht bei binären Signalen die Darstellung von sonst schlecht erfassbaren Sequenzen. Einstellbar sind dabei in der Regel „Pulsbreite $> x$“, „Pulsbreite $< x$“ mit einem wählbaren Schwellwert x oder die Triggerung, wenn die Pulsbreite innerhalb oder außerhalb eines einstellbaren Intervalls liegt.
- Triggerung auf bestimmte Signalmuster: Vor allem bei digitalen Schaltungen kann die Triggerung aus der Kombination binärer Signale oder durch Vergleich mit speziellen Bitmustern abgeleitet werden. Dadurch kann, natürlich deutlich eingeschränkt, die Funktion von Logikanalysatoren teilweise übernommen werden.
- Triggerung mit Toleranzmasken: Toleranzmasken beschreiben bezüglich des zeitlichen Verlaufes Bereiche, in denen sich das Messsignal befinden darf. Verlässt das Signal die vorgegebene Toleranzmaske, wird eine Triggerung ausgelöst. Dieser Triggermodus vereinfacht automatisierte Kontrollen in der Fertigung, da sofort eine Fehlerwarnung mit Messdatenprotokoll erfolgen kann.

14.3 Messanwendungen

Wie bei allen Messgeräten muss die Rückwirkung der Messeinrichtung auf das Messobjekt betrachtet werden. Die Eingangsimpedanz von Standardoszilloskopen beträgt $1\,\mathrm{M}\Omega$ parallel zu 10 bis 30 pF. Beim Anschluss des Oszilloskops an ein Messobjekt kommt vor allem die Kabelkapazität hinzu. Bei der Spannungsmessung ist diese Quellenbelastung zu berücksichtigen, da sie zu Veränderungen der zu messenden Größen führen kann (siehe auch Kap. 15).

Ein weiteres Problem kann die Erdung des Oszilloskops darstellen. Die Masse (GND) ist in vielen Oszilloskopen aus Sicherheitsgründen mit dem Schutzleiter der Netzversorgung verbunden. Bei der Messung potentialfreier Spannungen ohne Bezug zum Schutzleiter bzw. Erde ist dies kein Problem. Bei der Messung von Spannungsdifferenzen mit ihrerseits Bezug zur Erde oder Schutzleiter kann dies zu Kurzschlüssen und zur Zerstörung von Bauteilen führen. In diesem Fall muss mit Messwandlern, Differenztastköpfen (siehe Abschn. 15.2) oder Oszilloskopen mit einer potentialfreien Netzversorgung und besonderer Vorsicht gemessen werden.

Skalierung
Der Schirm des Oszilloskops ist in x- und y-Richtung skaliert. Die Skalierung bezieht sich auf das Raster (Gitterlinien) bzw. die Divisions (DIV). Durch Umschaltung der Vertikalverstärkung stellt man die Vertikalempfindlichkeit in V/DIV bis mV/DIV und durch Umschaltung der Zeitbasis im x/t-Modus die Horizontalauflösung in s/DIV bis ns/DIV um. Damit können Spannungs- und Zeitmessungen durchgeführt werden.

Spannungsmessung
Durch direktes Ablesen der Rastereinheiten und Multiplikation mit der Skalierung oder bei manchen Oszilloskopen mit Hilfe von einstellbaren Markern können direkt Mittelwert, Spitzenwert oder Spitze-Spitze-Wert der Eingangsspannung abgelesen werden. Die erreichbare Genauigkeit ist meist durch die Ablesung gegeben und liegt in der Größenordnung von ± 1 bis $\pm 5\,\%$.

Mit Hilfe der DC/AC-Kopplung kann sowohl die vollständige Eingangsspannung (DC-Kopplung) dargestellt werden oder bei AC-Kopplung nur der Wechselanteil des Signals. Die Grenzfrequenz des Hochpasses liegt üblicherweise bei etwa 1 bis 10 Hz. Anwendung dafür ist beispielsweise die in Abb. 14.7 dargestellte Messung von kleinen Stör- oder Brummspannungen, die einer Gleichspannung überlagert sind. Bei DC-Kopplung kann der Gleichanteil von zum Beispiel 12 V gemessen werden, und nur mit AC-Kopplung können kleine Wechselspannungsanteile von beispielsweise 10 mV erkannt und ausgewertet werden.

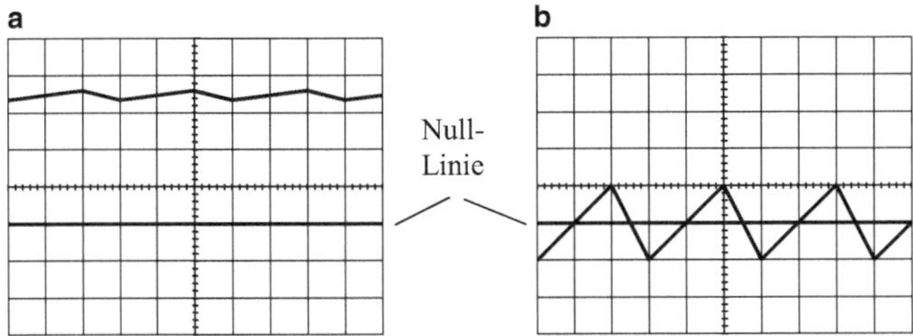

Abb. 14.7 Signaldarstellung mit **a** DC-Kopplung, **b** AC-Kopplung und höherer Vertikalauflösung

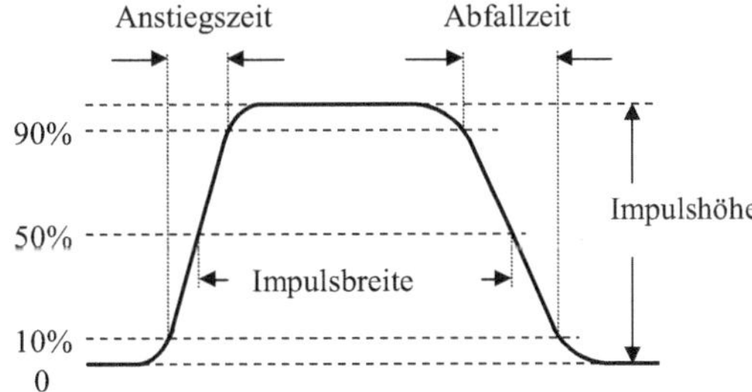

Abb. 14.8 Impulsmessung mit der Auswertung. Impulshöhe: Spannung Peak-Peak; Impulsbreite: 50 bis 50 %; Anstiegszeit: 10 bis 90 %; Abfallzeit: 90 bis 10 %

Zeit- und Frequenzmessung

Über die Zeitskalierung in x-Richtung können im x/t-Modus Zeitmessungen und durch Ausmessen der Periodendauer und Kehrwertbildung auch Frequenzmessungen durchgeführt werden. Manche Geräte haben kalibrierte Frequenzmarker mit einer direkten Anzeige der berechneten Frequenz in Hz. Die erreichbare Genauigkeit liegt auch hierbei im Bereich von ± 1 bis $\pm 5\,\%$ und ist mit der von Universalzählern (siehe Kap. 9) nicht vergleichbar. Der Vorteil des Oszilloskops liegt in der Darstellung der Signale, so dass nicht nur die Frequenz sondern beispielsweise auch Impulsformen ausgemessen werden können. Abb. 14.8 zeigt einen Impuls mit den auswertbaren Parametern Impulsbreite, Anstiegszeit und Abfallzeit.

Phasendifferenzmessung

Um die Phasendifferenz zweier Signale zu messen kann die Zeitdifferenz zwischen zwei gleichwertigen Punkten im Signalverlauf ausgewertet werden (Abb. 14.9).

Sinnvollerweise wird dazu mit AC-Kopplung der Abstand t_n der Nulldurchgänge verwendet. Die Phasenverschiebung ergibt sich aus t_n und der Periodendauer T als

$$\Delta\varphi = 2\pi \cdot \frac{t_n}{T}. \tag{14.4}$$

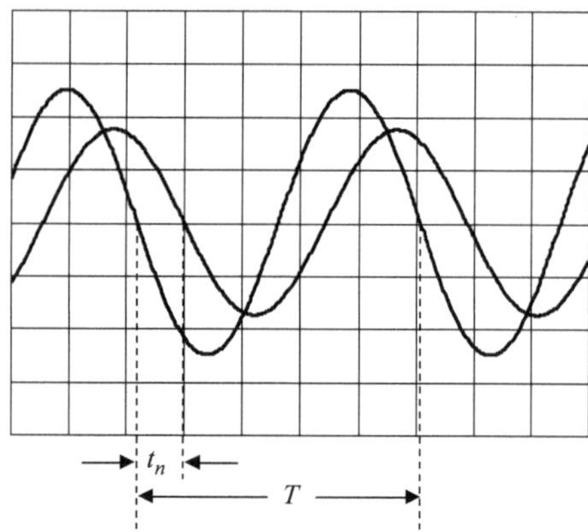

Abb. 14.9 Phasendifferenzmessung durch Messung der Zeitdifferenz der Nulldurchgänge zweier sinusförmiger Spannungen

Die Phasenverschiebung kann auch im x/y-Modus ausgewertet werden, indem die Signale auf Kanal 1 und 2 gegeben werden und Kanal 1 als Funktion von Kanal 2 dargestellt wird (x/y-Modus, siehe Abschn. 13.2). Abhängig von der Phasenverschiebung und Amplitude der beiden Signale ergeben sich charakteristische Ellipsen, Geraden oder Kreise, die Lissajous-Figuren genannt werden. Messtechnisch hat diese Art der Erfassung aber wenig Bedeutung.

Darstellung von Kennlinien

Kennlinien beschreiben sehr anschaulich bestimmte Eigenschaften von Bauelementen oder Baugruppen. Zur Darstellung im x/y-Modus kann eine Größe auf Kanal 1 und die andere auf Kanal 2 geschaltet werden. Bei geeigneter Wahl der Verstärkungseinstellungen von Kanal 1 und 2 wird so die Kennlinie $y = \mathrm{f}(x)$ im Bildschirm angezeigt. Als Beispiel ist in Abb. 14.10 die Hysteresekennlinie eines Schmitt-Triggers angegeben. Der Operationsverstärker ist als Schmitt-Trigger mit einer durch U_{Ref} gegebenen Schaltschwelle gegeben. Die Ausgangsspannung wechselt zwischen 0 und $U_{\max}$ mit unterschiedlicher Ein- und Ausschaltschwelle. Zur Messung wird eine periodische Eingangsspannung $u_e(t)$ verwendet, die sich zwischen 0V und $U_{e\max}$ ändert. Im x/t-Modus können die Ein- und Ausgangsspannung über der Zeit betrachtet werden, oder wie in Abb. 14.10b dargestellt im x/y-Modus die Kennlinie (Ausgangsspannung als

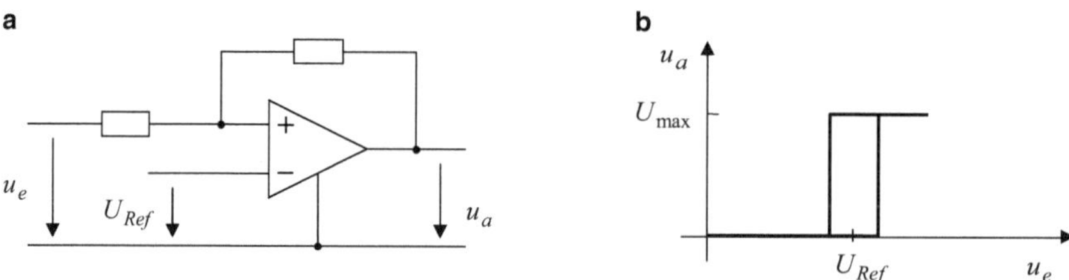

Abb. 14.10 **a** Schaltung zur Messung der Kennlinie eines Schmitt-Triggers, **b** Kennlinie des Schmitt-Triggers

Funktion der Eingangsspannung) dargestellt werden. Dabei ist die Hysterese deutlich erkennbar und auswertbar.

Ähnliches gilt für Bauteilekennlinien wie der Diodenstrom über der Diodenspannung. Da das Oszilloskop nur Spannungen misst, müssen zur Darstellung anderer Größen diese in proportionale Spannungen gewandelt werden. Im Fall der Diode wird der Diodenstrom über den Spannungsabfall an einem bekannten, ohmschen Widerstand ausgewertet.

15 Oszilloskop-Tastköpfe

Um mit einem Oszilloskop Messungen durchzuführen, muss der Eingang des Oszilloskops mit der zu messenden Spannungsquelle verbunden werden. In der einfachsten Form ist dies ein Messkabel. Das Anschließen führt dazu, dass die zu messende Spannung mit der Eingangsimpedanz des Messsystems, die in diesem Fall durch das Kabel und Oszilloskop gegeben ist, belastet wird.

Abb. 15.1 zeigt das Ersatzschaltbild der Anordnung, wobei die zu messende Spannung mit ihrer Ersatzspannungsquelle beschrieben wird. Die Eingangsimpedanz des Oszilloskops wird durch die Parallelschaltung von R_0 und C_0 dargestellt. Typische Werte liegen bei $R_0 = 1\ \text{M}\Omega$ und $C_0 = 10$ bis 30 pF. Für niedrige Frequenzen, bei denen die Wellenlänge sehr viel größer als die Kabellänge ist, spielt die Wellenausbreitung auf dem Kabel keine Rolle und das Messkabel kann in guter Nährung durch die Kabelkapazität ersetzt werden, da Ableitwiderstand und Längswiderstand in der Regel vernachlässigt werden können. Für die häufig verwendeten Koaxialkabel beträgt die Kabelkapazität etwa 80 bis 150 pF pro Meter Kabel. Aufgrund der Belastung der Quelle ist die vom Oszilloskop gemessene Spannung U_0 nicht mehr gleich der zu messenden Spannung U_q. Führt man für die Parallelschaltung der Kapazitäten C_K und C_0 die Gesamtkapazität $C = C_K + C_0$ ein, erhält man die Impedanz, mit der die Quelle belastet wird, aus der Parallelschaltung von C und R_0

$$\underline{Z} = \frac{R_0 \cdot \frac{1}{\mathrm{j}\omega C}}{R_0 + \frac{1}{\mathrm{j}\omega C}} = \frac{R_0}{1 + \mathrm{j}\omega R_0 C}.$$

T. Mühl, *Elektrische Messtechnik*, https://doi.org/10.1007/978-3-658-29116-7_15

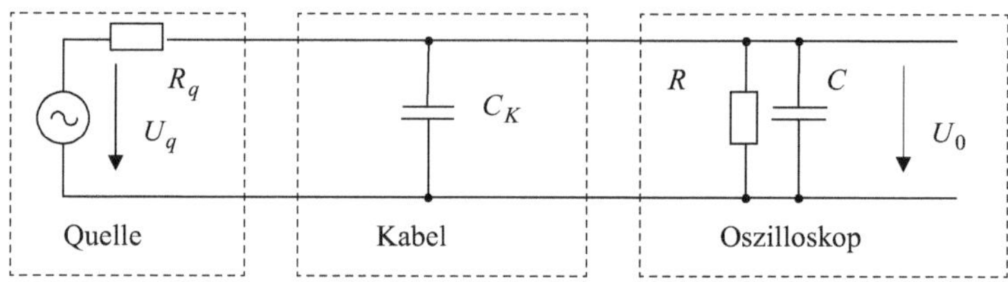

Abb. 15.1 Ersatzschaltbild einer Quelle, die über ein Kabel mit einem Oszilloskop verbunden ist

Die am Oszilloskopeingang anliegende Spannung $\underline{U}_0$ kann aus dem komplexen Spannungsteiler

$$\frac{\underline{U}_0}{\underline{U}_q} = \frac{\frac{R_0}{1+j\omega R_0 C}}{R_q + \frac{R_0}{1+j\omega R_0 C}} = \frac{R_0}{R_q + j\omega R_0 C R_q + R_0} = \frac{\frac{R_0}{R_q+R_0}}{1 + j\omega \frac{R_0 R_q}{R_q+R_0} C} \tag{15.1}$$

bestimmt werden. Man erkennt ein PT1-Verhalten (siehe Abschn. 3.2.2) mit der Empfindlichkeit E und der Zeitkonstanten T:

$$E = \frac{R_0}{R_q + R_0} \qquad T = \frac{R_0 R_q}{R_q + R_0} C. \tag{15.2}$$

Für eine niederohmige Quelle mit $R_q \ll R_0 = 1\ \text{M}\Omega$ wird $E = 1$, $T = R_q C$ und damit die Grenzfrequenz

$$f_g = \frac{1}{2\pi T} = \frac{1}{2\pi R_q C}. \tag{15.3}$$

Bei einer typischen Kapazität von $C = 100\,\text{pF}$ und einem Quellenwiderstand von $R_q = 1\ \text{k}\Omega$ erhalten wir nach Gl. 15.7 eine Grenzfrequenz des Systems von $f_g = 1{,}6\,\text{MHz}$, die für sehr viele Anwendungen nicht ausreichend hoch ist.

Beispiel 15.1

Mit einem Oszilloskop mit einer Eingangsimpedanz von $R_0 = 1\ \text{M}\Omega$ und $C_0 = 20\,\text{pF}$ soll eine Spannung mit dem Quellwiderstand $R_q = 10\,\text{k}\Omega$ und der Frequenz $f = 250\,\text{kHz}$ dargestellt werden. Das Oszilloskop wird über ein Kabel mit der Kapazität $C_K = 100\,\text{pF}$ angeschlossen.

Die Eingangsimpedanz des Messsystems und damit Belastung der Quelle ist

$$\underline{Z}_e = R_0 // (C_K + C_0) = \frac{R_0}{1 + j\omega R_0 (C_K + C_0)}.$$

Die Spannung am Oszilloskopeingang (dargestelltes Signal) ist nach Gl. 15.5

$$\underline{U}_0 = \underline{U}_q \cdot \frac{\frac{R_0}{R_q+R_0}}{1 + j\omega \frac{R_0 R_q}{R_q+R_0}(C_K + C_0)} = \underline{U}_q \cdot \frac{\frac{1\,\text{M}\Omega}{1{,}01\,\text{M}\Omega}}{1 + j2\pi \cdot 250\,\text{kHz} \cdot \frac{1\,\text{M}\Omega \cdot 10\,\text{k}\Omega}{1\,\text{M}\Omega + 10\,\text{k}\Omega} \cdot 120\,\text{pF}},$$

$$\underline{U}_0 = \underline{U}_q \cdot \frac{0{,}99}{1 + j1{,}87} \quad \text{und der Betrag} \quad \left|\underline{U}_0\right| = \left|\underline{U}_q\right| \cdot \left|\frac{0{,}99}{1 + j1{,}87}\right| = \left|\underline{U}_q\right| \cdot 0{,}47.$$

Damit ist die dargestellte Signalamplitude nur 47 % der zu messenden Amplitude von $\underline{U}_q$.

Neben der Reduzierung der zu messenden Spannung kann die Belastungskapazität C auch zu anderen Rückwirkungen wie beispielsweise zu Frequenzverstimmungen bei der Messung an Schwingkreisen oder zu Instabilitäten von Schaltungen führen. Um diese Rückwirkung der Eingangsimpedanz des Messsystems auf das Messobjekt zu reduzieren, werden bei vielen Anwendungen Tastköpfe anstatt der einfachen Messleitungen verwendet.

15.1 Passiver Spannungs-Tastkopf

Passive Spannungs-Tastköpfe (Passive Voltage Probe) sind frequenzkompensierte Spannungsteiler, die gegenüber einem einfachen Kabel die Rückwirkungen auf die zu messende Quelle reduzieren. Frequenzkompensiert bedeutet dabei, dass das Teilerverhältnis unabhängig von der Signalfrequenz ist.

Abb. 15.2 zeigt einen passiven Spannungs-Tastkopf. Der Tastkopf-Teiler besteht aus einem Widerstand R_T mit einer parallel geschalteten Kapazität C_T, das Tastkopfkabel ist durch die Kabelkapazität C_{TK} ersetzt und das Oszilloskop durch die Eingangsimpedanz R_0 parallel zu C_0.

Für passive Tastköpfe definiert man das **Teilerverhältnis** $\underline{V}_T$, das dem Kehrwert des Frequenzgangs entspricht:

$$\underline{V}_T = \frac{\underline{U}_e}{\underline{U}_o}. \tag{15.4}$$

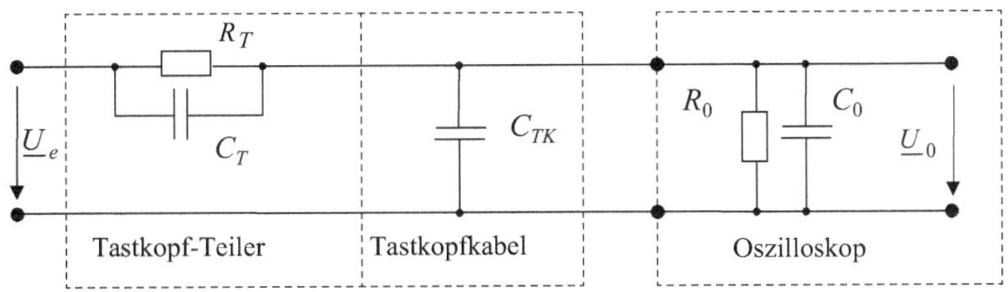

Abb. 15.2 Passiver Spannungs-Tastkopf am Eingang eines Oszilloskops

Führt man $C = C_{TK} + C_0$ für die Parallelschaltung von C_{TK} und C_0 ein, erhält man für das Teilerverhältnis

$$\underline{V}_T = \frac{R_T//C_T + R_0//C}{R_0//C} = 1 + \frac{R_T//C_T}{R_0//C} = 1 + \frac{\frac{R_T}{1+\mathrm{j}\omega R_T C_T}}{\frac{R_0}{1+\mathrm{j}\omega R_0 C}},$$

$$\underline{V}_T = 1 + \frac{R_T \cdot (1 + \mathrm{j}\omega R_0 C)}{R_0 \cdot (1 + \mathrm{j}\omega R_T C_T)}. \tag{15.5}$$

Gl. 15.5 beschreibt das Teilerverhältnis des passiven Spannungstastkopfes nach Abb. 15.2 in allgemeiner Form für alle Frequenzen.

Frequenzverhalten des Teilerverhältnisses

Den Gleichspannungsfall, bzw. das Verhalten für sehr niedrige Frequenzen erhält man durch Einsetzen von $\omega = 0$ in Gl. 15.5

$$V_{TR} = 1 + \frac{R_T}{R_0}, \tag{15.6}$$

und das Teilerverhältnis für sehr hohe Frequenzen durch die Grenzwertbildung für $\omega \to \infty$:

$$V_{TC} = 1 + \frac{C}{C_T}. \tag{15.7}$$

Die Zusammenhänge sind plausibel, da im Gleichspannungsfall nur das Widerstandsverhältnis und für sehr hohe Frequenzen nur das Kapazitätsverhältnis in die Spannungsteilung eingeht.

Frequenzkompensierter Tastkopf

Ein frequenzunabhängiges Teilerverhältnis erhält man nach Gl. 15.5, wenn die Zeitkonstante des Tastkopf-Teilers der des Oszilloskops mit Kabel entspricht:

$$R_0 \cdot C = R_T \cdot C_T. \tag{15.8}$$

In diesem Fall ist das Teilerverhältnis

$$V_T = V_{TR} = V_{TC} = 1 + \frac{R_T}{R_0} = 1 + \frac{C}{C_T}. \tag{15.9}$$

Betrachten wir einen 10:1-Tastkopf nach Abb. 15.2 für ein Oszilloskop mit einer Eingangsimpedanz von R_0 und C_0. Das Teilerverhältnis soll frequenzunabhängig den Faktor 10 betragen (10:1-Tastkopf). Ist die Tastkopfkabelkapazität C_{TK} bekannt, können mit $C = C_{TK} + C_0$ aus den Gl. 15.6 und 15.8 die Komponenten des Tastkopfes bes die Komponenten des Tastkopfes bestimmt werden:

$$R_T = R_0 \cdot (V_T - 1) = 9 \cdot R_0,$$
$$C_T = C \cdot \frac{R_0}{R_T} = \frac{C}{9}.$$

Die Eingangsimpedanz des Gesamtsystems ist in diesem Fall

$$\underline{Z}_e = (R_T//C_T) + (R_0//C) = \frac{R_T}{1 + \mathrm{j}\omega R_T C_T} + \frac{R_0}{1 + \mathrm{j}\omega R_0 C} = \frac{R_T + R_0}{1 + \mathrm{j}\omega R_0 C}.$$

Dies entspricht der Parallelschaltung eines Widerstandes R_e mit einer Kapazität C_e:

$$R_e = R_T + R_0 = 10 \cdot R_0 \qquad C_e = C \cdot \frac{R_0}{R_T + R_0} = C \cdot \frac{1}{10}.$$

An dieser Rechnung erkennt man, dass durch den 10:1 Tastkopf der ohmsche Eingangswiderstand verzehnfacht und die Eingangskapazität um den Faktor 10 reduziert wird. Dieser Vorteil wird aber mit einer geringeren Empfindlichkeit erkauft. Das Teilerverhältnis 10:1 bedeutet auch, dass die Eingangsspannung des Oszilloskops und damit auch die dargestellten Spannungswerte um den Faktor 10 reduziert sind. Diese Empfindlichkeitsreduzierung kann bei sehr kleinen Messsignalen zu Problemen bei der Darstellung und Auswertung führen.

Der Teilerfaktor muss bei der Spannungsmessung berücksichtigt werden. Der über die Skalierung abgelesene Spannungswert wird mit dem Teilerfaktor multipliziert. Manche Tastköpfe besitzen Kodierstifte, die vom Oszilloskop erkannt werden. Der Teilerfaktor wird dann direkt bei der Skalierung und digitalen Anzeige eingerechnet.

Beispiel 15.2

Ein Oszilloskop mit einer Eingangsimpedanz von $R_0 = 1\ \mathrm{M\Omega}$ und $C_0 = 20\,\mathrm{pF}$ wird mit einem passiven 10:1-Tastkopf nach Abb. 15.2 an eine Spannungsquelle angeschlossen. Der Tastkopf hat ein Kabel mit einer Kapazität von $C_{TK} = 120\,\mathrm{pF}$.

Für ein frequenzunabhängiges Teilungsverhältnis (abgeglichener Tastkopf) ist nach Gl. 15.8 und 15.9:

$$R_T = R_0 \cdot (V_T - 1) = 9 \cdot R_0 = 9\,\mathrm{M\Omega} \quad \text{und}$$
$$C_T = C \cdot \frac{R_0}{R_T} = \frac{C}{9} = \frac{120\,\mathrm{pF} + 20\,\mathrm{pF}}{9} = 15{,}6\,\mathrm{pF}.$$

Die Eingangsimpedanz ist dann $\underline{Z}_e = 10 \cdot R_0 // \frac{(C_{TK} + C_0)}{10} = 10\,\mathrm{M\Omega}//14\,\mathrm{pF}$.

Abgleich des Tastkopfes

Aufgrund der unterschiedlichen Eingangskapazitäten der Oszilloskope muss vor dem Einsatz die Frequenzunabhängigkeit des Teilerverhältnisses kontrolliert werden. Man spricht von der Kompensation des Tastkopfes. Um die Bedingung nach Gl. 15.8 zu erfüllen, wird entweder C_T oder eine Parallelkapazität zu C_{TK} eingestellt. Die Einstellung lässt sich einfach prüfen, indem Rechteckimpulse auf den Tastkopf gegeben werden. In den meisten Oszilloskopen ist ein entsprechender Impulsgenerator eingebaut, und die Testspannung ist an der Frontseite abgreifbar. Bei richtiger Einstellung ist auf dem Schirm eine ideale Rechteckspannung sichtbar, bei fehlerhafter Kompensation ist das Dach der Impulse fallend oder steigend (Abb. 15.3).

Betrachten wir die Sprungantwort des Tastkopfes, die aus der Differentialgleichung oder durch inverse Fourier-Transformation aus dem Frequenzgang ermittelt werden kann. Bei einem Sprung der Eingangsspannung u_e von 0 auf U bei $t=0$ ist die Ausgangsspannung $u_0(t)$ am Oszilloskop:

$$u_0(t) = U \cdot \left(\frac{R_0}{R_T + R_0} + \left(\frac{C_T}{C_T + C} - \frac{R_0}{R_T + R_0} \right) \cdot e^{-t/\tau} \right),$$

$$u_0(t) = U \cdot \left(\frac{1}{V_{TR}} + \left(\frac{1}{V_{TC}} - \frac{1}{V_{TR}} \right) \cdot e^{-t/\tau} \right). \qquad (15.10)$$

Die Zeitkonstante τ beträgt dabei $\tau = (C_T + C) \cdot \frac{R_T \cdot R_0}{R_T + R_0}$.

Als Werte für $t=0$ und für $t \to \infty$ erhält man aus Gl. 15.10

$$u_0(t = 0) = \frac{U}{V_{TC}} \qquad u_0(t \to \infty) = \frac{U}{V_{TR}}. \qquad (15.11)$$

Abb. 15.3 zeigt die verschiedenen Darstellungen der Rechteck-Testspannung u_e.

Die Rechteckspannung u_e springt zwischen 0 und U. Für $V_{TR} = V_{TC}$ ist das dargestellte Signal ein ideales Rechteck mit der Sprunghöhe U/V_{TR} (Abb. 15.3a). In den anderen Fällen springt die Spannung um U/V_{TC} und schwingt nach dem Sprung auf

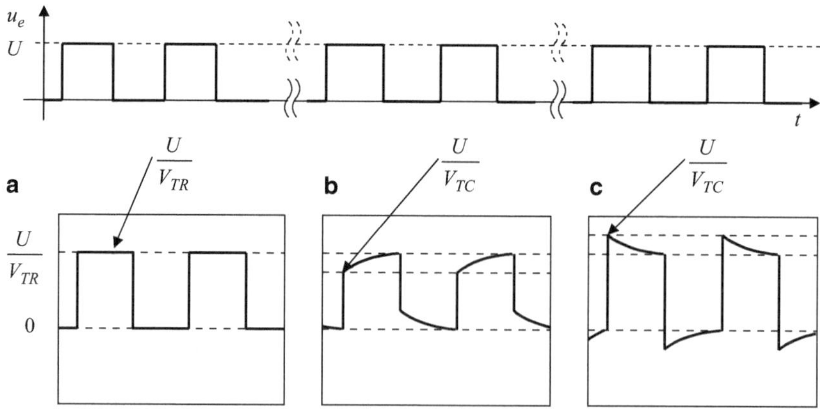

Abb. 15.3 Rechteckspannung u_e (t) zum Tastkopfabgleich und die angezeigten Signalverläufe für einen **a** kompensierten Tastkopf, **b** unterkompensierten Tastkopf, **c** überkompensierten Tastkopf

U/V_{TR} exponentiell ein. Ist die Tastkopfkapazität zu klein, spricht man von einem unterkompensierten Tastkopf (Abb. 15.3b), ist C_T zu groß von einem überkompensierten Tastkopf (Abb. 15.3c).

Werden mit dem Tastkopf und Oszilloskop Messungen durchgeführt, ohne vorher einen Abgleich vorzunehmen, können Abweichungen bei der Auswertung der Signalamplituden auftreten. Ist der Tastkopf unterkompensiert, ist der Teilungsfaktor für höhere Frequenzen zu groß und die dargestellte Signalamplitude zu klein. Nur bei einem kompensierten Tastkopf ist der Teilungsfaktor frequenzunabhängig und die Amplituden werden im spezifizierten Frequenzbereich richtig ausgewertet.

Beispiel 15.3

Ein Oszilloskop mit einer Eingangsimpedanz von $R_0 = 1\ \text{M}\Omega$ und $C_0 = 20\,\text{pF}$ wird mit einem passiven 10:1-Tastkopf nach Abb. 15.3 verbunden. Der Tastkopfteiler ist $R_T = 9\ \text{M}\Omega$, $C_T = 15\,\text{pF}$, die Tastkopfkabelkapazität beträgt $C_{TK} = 100\,\text{pF}$. Zur Abgleichkontrolle wird eine rechteckförmige Spannung mit $\hat{U} = 1\ \text{V}$ und $f = 1\,\text{kHz}$ (Abb. 15.3) angelegt.

Die Teilungsverhältnisse sind nach Gl. 15.6 und 15.7:

$$V_{TR} = 1 + \frac{R_T}{R_0} = 1 + \frac{9\,\text{M}\Omega}{1\,\text{M}\Omega} = 10 \quad \text{und} \quad V_{TC} = 1 + \frac{C}{C_T} = 1 + \frac{100\,\text{pF} + 20\,\text{pF}}{15\,\text{pF}} = 9.$$

Das Teilungsverhältnis ist nicht frequenzunabhängig, das rechteckförmige Testsignal wird folgendermaßen auf dem Oszilloskop dargestellt:

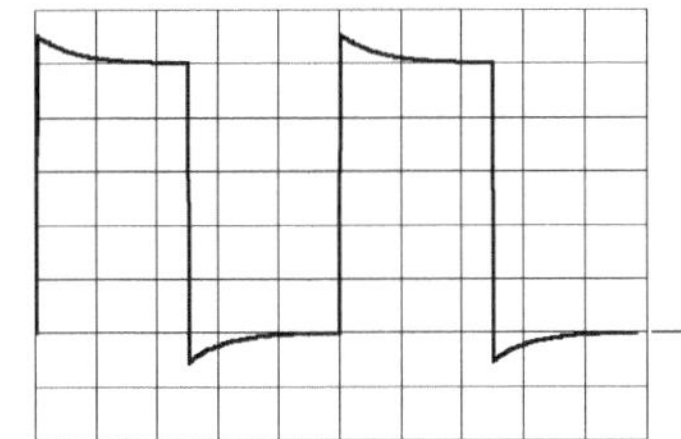

$$\frac{\hat{U}}{V_{TR}} = \frac{1\text{V}}{10} = 0{,}1\ \text{V} \qquad \frac{\hat{U}}{V_{TC}} = \frac{1\text{V}}{9} = 0{,}111\,\text{V}$$

Null-Linie

Skalierung: 0,2 ms/DIV, 20 mV/DIV

Mit dem Tastkopf und Oszilloskop wird ohne einen vorherigen Abgleich die Spannung $u(t) = 2\ \text{V} \cdot \sin(2\pi \cdot 1\ \text{MHz} \cdot t)$ gemessen.

Die dargestellte Signalamplitude ist $\frac{\hat{U}}{|V_T(1\,\text{MHz})|} \approx \frac{\hat{U}}{V_{TC}} = \frac{2V}{9} = 0{,}222\ \text{V}$.

Die relative Messabweichung beträgt $e_{\text{rel}} = \frac{\hat{U}_{\text{mess}}}{\hat{U}_{\text{soll}}} - 1 = \frac{0{,}222\ \text{V}}{0{,}2\ \text{V}} - 1 = 11{,}1\ \%$.

Zur Verbesserung des Impulsverhaltens bestehen viele der üblichen Tastköpfe nicht nur aus den in Abb. 15.2 dargestellten Komponenten. Durch weitere passive Bauteile kann die Anstiegszeit reduziert und das Einschwingverhalten verbessert werden. Abb. 15.4 zeigt ein Beispiel eines solchen Tastkopfes, dessen Anschlussstecker neben dem vom Benutzer zur Kompensation einstellbaren Kondensator weitere, vom Hersteller intern

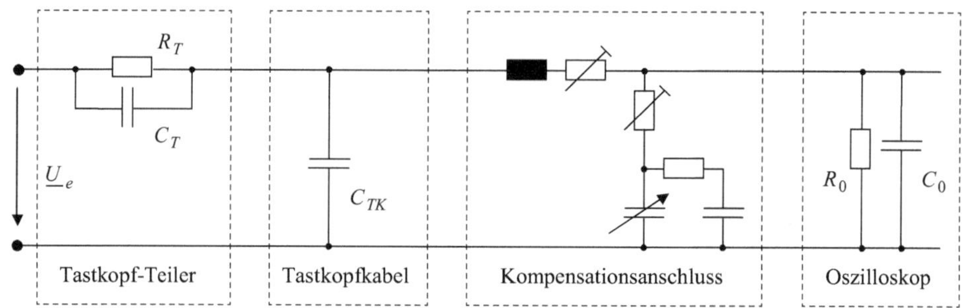

Abb. 15.4 Prinzip eines Tastkopfes mit Kompensationselementen im Oszilloskopanschlussstecker zur Verbesserung des Einschwingverhaltens

abgeglichene Elemente enthält. Das Grundprinzip des frequenzkompensierten Teilers und die Notwendigkeit der Kompensation bleiben davon aber unberührt.
Beim Anschluss der Tastköpfe ist auf eine gute, das bedeutet kurze und induktivitätsarme Masseverbindung (Grounding) zu achten. Die Zuleitungsinduktivität führt sonst in Verbindung mit der Eingangskapazität bei Spannungssprüngen zu einem Einschwingvorgang mit Über- und Unterschwingern (PT2-Verhalten), dem so genannten Ringing.

15.2 Weitere Tastköpfe

Zur Verbesserung der Eigenschaften bei Spannungsmessungen, für spezielle Spannungsmessungen oder zur Darstellung des zeitlichen Verlaufs anderer physikalischer Größen gibt es eine Vielzahl weiterer Tastköpfe bzw. Vorsatzteile (Probes).

Aktiver FET-Tastkopf (FET Probe)
FET-Tastköpfe enthalten Verstärker, die mit Feldeffekttransistoren und anderen Verstärkerelementen aufgebaut sind. Damit kann die Eingangsimpedanz vergrößert werden, ohne die Empfindlichkeit zu reduzieren, oder es können extrem kleine Eingangskapazitäten von unter 1 pF erreicht werden. Meist haben FET-Tastköpfe einen 50 Ω-Ausgang, so dass der Anschluss über eine 50 Ω-Leitung an ein Oszilloskop mit angepasstem 50 Ω-Eingang möglich ist. Damit werden auch bei hohen Frequenzen von einigen GHz größere Abstände des Tastkopfes zum Oszilloskop möglich. Die Bandbreiten der Tastköpfe reichen von Gleichspannung bis zu einigen 100 MHz, manche bis 10 GHz. Nachteilig ist, dass FET-Tastköpfe eine Energieversorgung über Batterien oder bei speziellen Kombinationen von Oszilloskopen und Tastköpfen direkt über das Oszilloskop benötigen.

Hauptanwendungsgebiete der FET-Tastköpfe sind Messungen in sehr schnellen analogen und digitalen Schaltungen oder die Messung kleiner Signale mit geringer kapazitiver Belastung.

Differenz-Tastkopf (Differential Probe)

Bei allen Messungen mit Oszilloskopen ist zu beachten, dass die Masseseiten (Ground) der Oszilloskopkanäle und damit auch die der passiven Spannungstastköpfe miteinander verbunden und bei vielen Oszilloskopen zusätzlich mit dem Schutzleiter der Netzversorgung verbunden sind. Zur Messung von Spannungen, die potentialfrei abgegriffen werden müssen und bei denen keine Verbindung zur Oszilloskopmasse hergestellt werden darf, werden Differenz-Tastköpfe (Differential Probe) verwendet. Diese können für reine AC-Messungen aus einem Übertrager (Messwandler) bestehen. Die üblichen Differenz-Tastköpfe, die für DC- und AC-Messungen geeignet sind, sind aktiv und verwenden Spannungsteiler und Trennverstärker, so dass die Ausgangsspannung proportional zur Eingangsspannung und potentialfrei ist.

Mit einem Differenztastkopf, beispielsweise mit umschaltbarem Teilungsverhältnis 20:1 und 200:1, Frequenzbereich DC bis 20 MHz, können potentialfreie Messungen in Elektronikschaltungen oder auch Messungen der Außenleiterspannungen in einem Drehstromsystem (siehe Abschn. 10.5) durchgeführt werden.

Passiver Strom-Tastkopf (AC Current Probe)

Mit Hilfe von Strom-Tastköpfen (Current Probe) kann der Strom in einem Leiter ohne galvanische Verbindung gemessen werden. Dabei werden Messwandler zur Stromtransformation (AC Current Probe) oder Hall-Sensoren (AC/DC Current Probe) verwendet.

Für reine Wechselstrommessungen können AC-Stromzangen mit Übertragern (siehe Abschn. 6.4) eingesetzt werden, bei denen der Ausgangskreis wie in Abb. 15.5 dargestellt über einen in der Stromzange integrierten Widerstand R_Z geschlossen ist.

Das Stromübersetzungsverhältnis liefert nach Gl. 7.1 den Sekundärstrom I_m

$$I_m = I \cdot \frac{1}{w},$$

der durch den Widerstand R_Z fließt. Damit ist die Ausgangsspannung der Stromzange

$$U_a = R_z \cdot I_m = \frac{R_z}{w} \cdot I. \tag{15.12}$$

Diese Art der Stromzange liefert bei Wechselströmen eine Ausgangsspannung, die proportional zum Eingangsstrom ist und direkt auf den Oszilloskopeingang gegeben werden

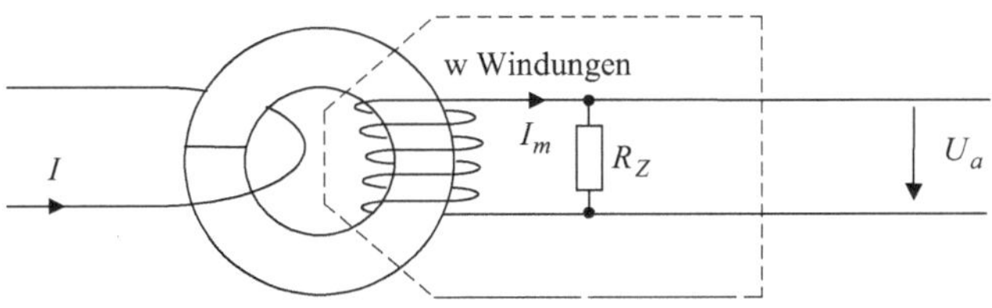

Abb. 15.5 Prinzip einer Übertrager-Stromzange für Oszilloskope (AC-Current Probe)

kann. Die Empfindlichkeit der Zange ist das Verhältnis der Ausgangsspannung zum Eingangsstrom. Eine Angabe von 10 mV/A bedeutet, dass ein Leiterstrom von 80 A eine Ausgangsspannung von 800 mV erzeugt.

Aufgrund der Übertragereigenschaften reicht bei Zangen für Netzfrequenzanwendungen der Frequenzbereich typischerweise von einigen Hz bis zu etwa 1 kHz und bei Strom-Tastköpfen mit Hochfrequenzübertragern von kHz bis zu einigen 100 MHz. Gleichanteile des Stromes werden aufgrund des Messprinzips nicht erfasst.

Hallelement-Stromzangen (AC/DC Current Clamp)
Im Gegensatz zu Übertrager-Stromzangen, die nur zur Darstellung von Wechselströmen geeignet sind, können Stromzangen mit Hallelementen zur Messung von Gleich- und Wechselströmen eingesetzt werden. Derartige Stromzangen werden auch als Stromtastköpfe (AC/DC Current Probe) bezeichnet und als Zubehörteile für Oszilloskope verwendet. Einzelheiten dazu sind im Abschn. 7.2 beschrieben.

Weitere Tastköpfe
Für weitere Anwendungsgebiete gibt es eine Vielzahl verschiedener Tastköpfe bzw. Zubehörteile. Beispiele sind spezielle Hochspannungstastköpfe mit Teilerfaktoren von 1000:1 zur Spannungsmessung bis 40 kV oder optisch-elektrische Wandler zur Darstellung optischer Signale.

16 Zeitmessung

Neben den elektrischen Basisgrößen wie Strom, Spannung, Leistung und Widerstand kommen der Frequenz, Zeit und den damit verbundenen Größen wie beispielsweise der Periodendauer oder Impulszeit in der Elektrotechnik große Bedeutung zu. Zur Messung dieser Größen eignen sich verschiedene Geräte. Mit Oszilloskopen können zeitabhängige Vorgänge dargestellt und damit auch ausgewertet werden (siehe Kap. 13 und 14) und mit Hilfe der Spektrumanalyse können unter anderem Frequenzen bestimmt werden (siehe Kap. 18). Messungen mit einem Oszilloskop sind aber für viele Anwendungen nicht genau genug und bei manueller Auswertung des dargestellten Bildes langwierig. Auf der anderen Seite sind Spektrumanalysatoren aufgrund ihrer hohen Komplexität zur einfachen Frequenzmessung zu teuer und zu aufwändig.

Mit Hilfe von elektronischen Zählern lassen sich hingegen Zeitintervalle und Frequenzen digital, mit geringem Aufwand und trotzdem sehr hoher Genauigkeit messen.

Prinzip der digitalen Zeit- und Frequenzmessung

Digitale Zeit- und Frequenzmessungen beruhen auf demselben Prinzip. Eine Impulsfolge der Frequenz f wird, wie in Abb. 16.1 dargestellt, während der Zeit T auf einen Zähler geschaltet. Der Zählerstand N ist gleich der Anzahl der Impulse und damit

$$N = f \cdot T. \tag{16.1}$$

Bei der Zeitmessung ist die Frequenz f bekannt, bei der Frequenzmessung die Zeit T, und die zu bestimmende Größe kann jeweils aus dem Zählerstand und der anderen, bekannten Größe ermittelt werden.

T. Mühl, *Elektrische Messtechnik*, https://doi.org/10.1007/978-3-658-29116-7_16

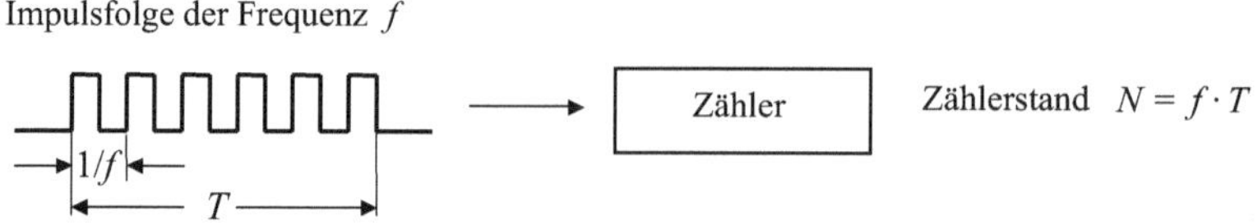

Abb. 16.1 Prinzip der digitalen Zeit- und Frequenzmessung

16.1 Messung eines Zeitintervalls

Mit Hilfe des zu Beginn des Kap. 16 angegebenen Grundprinzips der digitalen Zeit- und Frequenzmessung soll ein Zeitintervall der Dauer T_x bestimmt werden. Es wird angenommen, dass das Messsignal während der Zeit T_x den Zustand High hat und sonst den Zustand Low. Soll beispielsweise das Zeitintervall zwischen einem Start- und einem Stopimpuls gemessen werden, muss mit einer Logikschaltung (z. B. Toggle-Flip-Flop) das entsprechende Messsignal erzeugt werden.

Abb. 16.2 zeigt die Prinzipschaltung der Zeitintervallmessung. Der Referenzoszillator erzeugt das Taktsignal (Takt) mit der Frequenz f_R, das zusammen mit dem Eingangssignal auf ein UND-Gatter geschaltet wird. Der Zähler zählt nach der Freigabe des Rücksetzeingangs R die Impulse des Gatterausgangs Z.

Wie man aus dem Zeitdiagramm der Signale, das in Abb. 16.2b dargestellt ist, erkennt, laufen in der Zeit T_x: $N_x = f_R \cdot T_x$ Impulse in den Zähler, so dass das zu bestimmende Zeitintervall aus dem Zählerstand N_x und der Frequenz des Referenzoszillators f_R bestimmt werden kann:

$$T_x = \frac{N_x}{f_R}. \tag{16.2}$$

Auflösung

Die Auflösung ΔT_x der Messung erhält man aus der Auflösung des ganzzahligen Zählers $\Delta N_x = 1$ mit Hilfe der Differentiation von Gl. 16.14 nach N_x:

$$\Delta T_x = \frac{\delta T_x}{\delta N_x} \cdot \Delta N_x = \frac{1}{f_R} \cdot \Delta N_x = \frac{1}{f_R}. \tag{16.3}$$

Die Auflösung entspricht demnach dem Kehrwert der Referenzfrequenz.

Genauigkeit

Die Genauigkeit der Messung hängt im Wesentlichen von der Auflösung des Zählers und der Genauigkeit des Referenzoszillators ab. Weitere Einflüsse wie beispielsweise Gatterlaufzeiten sollen vernachlässigt werden. Da der Zählerstand N_x nur ganzzahlig und der

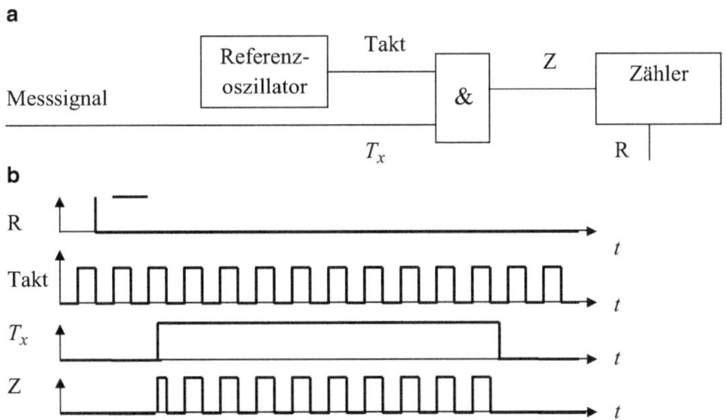

Abb. 16.2 Prinzip der digitalen Messung eines Zeitintervalls T_x. **a** Prinzipschaltbild, **b** Zeitdiagramm

Referenztakt nicht mit dem Zeitintervall T_x synchronisiert ist, ist die Quantisierungsabweichung des Zählers innerhalb des Intervalls ± 1. Die Referenzfrequenz hat eine Toleranz $\pm\Delta f_R$, die meistens in Form der relativen Toleranz $\pm\Delta f_R/f_R$ gegeben ist. Zur Abschätzung der Gesamtgenauigkeit können beide Einflüsse ungünstigst kombiniert werden. Dies wird meist der statistischen Kombination vorgezogen, da bei der statistischen Kombination (siehe Abschn. 2.3.3) berücksichtigt werden muss, dass die Abweichungen nicht gaußförmig verteilt sind. Außerdem ergeben sich bei der häufigen Dominanz einer der beiden Einflussgrößen bei der Worst-Case-Abschätzung nur wenig abweichende Ergebnisse gegenüber der statistischen Kombination.

Als Worst-Case-Abschätzung erhält man nach Gl. 2.28 für die Messunsicherheit der Zeitintervallbestimmung

$$u_{Tx} = \left|\pm\frac{\delta T_x}{\delta N_x}\cdot 1\right| + \left|\pm\frac{\delta T_x}{\delta f_R}\cdot\Delta f_R\right|.$$

Mit den partiellen Ableitungen von Gl. 16.14

$$\frac{\delta T_x}{\delta N_x} = \frac{1}{f_R} \quad \text{und} \quad \frac{\delta T_x}{\delta f_R} = -\frac{N_x}{{f_R}^2} = -\frac{T_x}{f_R}$$

folgt für die Messunsicherheit bzw. relative Messunsicherheit

$$u_{Tx} = \left|\pm\frac{1}{f_R}\cdot 1\right| + \left|\pm\frac{T_x}{f_R}\cdot\Delta f_R\right| = \left|\frac{1}{f_R}\right| + \left|\frac{T_x}{f_R}\cdot\Delta f_R\right|,$$

$$\frac{u_{Tx}}{T_x} = \left|\frac{1}{f_R\cdot T_x}\right| + \left|\frac{T_x}{f_R\cdot T_x}\cdot\Delta f_R\right| = \left|\frac{1}{N_x}\right| + \left|\frac{\Delta f_R}{f_R}\right| \quad \text{und damit}$$

$$\frac{u_{Tx}}{T_x} = \frac{1}{N_x} + \left|\frac{\Delta f_R}{f_R}\right|. \tag{16.4}$$

Die Messabweichung der Zeitmessung liegt im Bereich $\pm\left(\frac{1}{N_x} + \left|\frac{\Delta f_R}{f_R}\right|\right)$.

Beispiel 16.1

Gemessen wird ein Zeitintervall $T_x \approx 5\,\text{ms}$. Die Referenzfrequenz ist $f_R = 10\,\text{MHz}$; $\pm 10^{-5}$.

Der Zählerstand nach der Messung ist $N_x = 51.085$.

Nach Gl. 16.14 ist das Messergebnis $T_x = \frac{N_x}{f_R} = \frac{51085}{10\,\text{MHz}} = 5{,}1085\,\text{ms}$.

Die Worst-Case-Abschätzung der relativen Messunsicherheit ergibt sich aus dem Zählerstand und der Toleranz der Referenzfrequenz $\Delta f_R/f_R = 10^{-5}$:

$$\frac{u_{Tx}}{T_x} = \frac{1}{N_x} + \left|\frac{\Delta f_R}{f_R}\right| = \frac{1}{51.085} + 10^{-5} = 3{,}0 \cdot 10^{-5}.$$

Damit ist das vollständige Messergebnis: $T_x = 5{,}1085\,\text{ms}; \pm 3{,}0 \cdot 10^{-5}$.

16.2 Messung der Periodendauer

Eine spezielle Art der Zeitintervallmessung ist die Messung der Periodendauer eines periodischen, analogen Signals. Dabei muss das analoge Signal zuerst in ein binäres Signal, das mit digitalen Schaltungen verarbeitet werden kann, umgeformt werden. Dazu wird aus dem analogen Signal ein Rechtecksignal mit der gleichen Periodendauer wie das analoge Signal erzeugt. Abb. 16.3a zeigt eine entsprechende Prinzipschaltung zur Periodendauermessung und Abb. 16.3b das Zeitdiagramm.

Der als Komparator geschaltete Operationsverstärker im Eingang des Messsystems liefert ein Signal K mit High-Pegel, wenn die Eingangsspannung $u_e > 0$ ist, sonst hat K den Zustand Low. Die beiden T-Flip-Flops sind so geschaltet, dass nach der Freigabe des Rücksetzeingangs R der Ausgang Q_1 einmalig mit der nächsten negativen Flanke des Komparatorsignals K gesetzt und mit der nachfolgenden negativen Flanke rückgesetzt wird. Q_1 hat damit genau während einer Periode des Signals u_e den Zustand High. Dieses Signal wird auf einen Zeitintervallmesser gemäß Abschn. 16.1 gegeben.

Analog zu Gl. 16.14 wird aus dem Zählerstand N_x die Periodendauer T bestimmt:

$$T = \frac{N_x}{f_R}. \tag{16.5}$$

Die relative Messunsicherheit ist analog zur Zeitintervallmessung nach Gl. 16.16

$$\frac{u_T}{T} = \frac{1}{N_x} + \frac{u_{fR}}{f_R}. \tag{16.6}$$

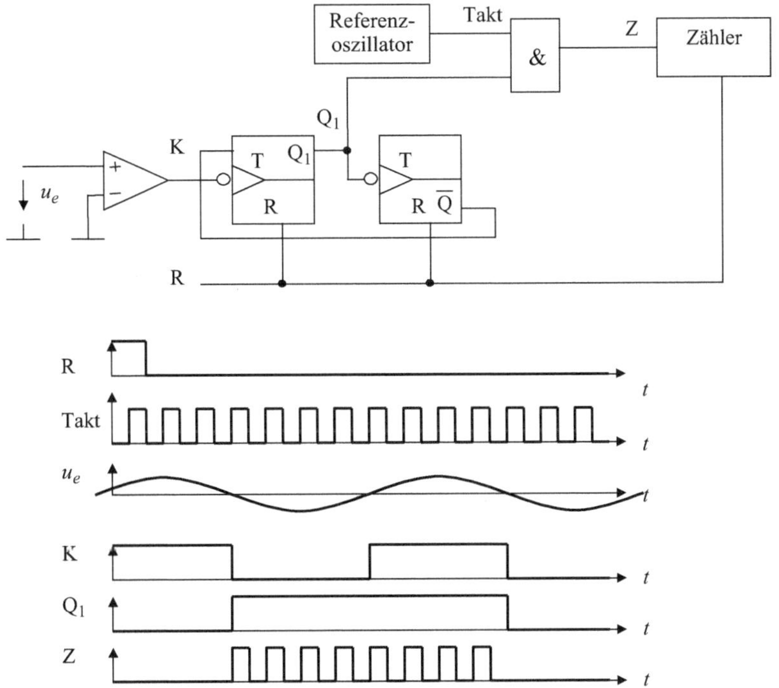

Abb. 16.3 Messung der Periodendauer des Signals u_e. **a** Prinzipschaltbild, **b** Zeitdiagramm der Signale

16.3 Der Zeitsignalsender DCF 77

Um nicht nur Zeitintervalle messen, sondern auch die „gesetzliche" Zeit angeben zu können, kann auf den Zeitsignalsender DCF 77 zurückgegriffen werden. Die Physikalisch-Technische-Bundesanstalt (PTB) hat gemäß Zeitgesetz die Aufgabe übernommen, für die Bundesrepublik Deutschland die amtliche Zeit festzulegen und zu verbreiten [60, 61].

Das Zeitsignal wird von der PTB mit Hilfe der Atomuhren (siehe Abschn. 1.3.3) erzeugt. Diese zählen zu den genauesten Uhren der Welt und weichen innerhalb eines Jahres um weniger als 10^{-6} s voneinander ab. Die Verbreitung des Signals geschieht mit dem von der Deutschen Telekom betriebenen Zeitsignal- und Normalfrequenzsender DCF 77. Dieser sendet im Langwellenbereich auf 77,5 kHz jede Minute die Uhrzeit, Wochentag, Datum und weitere Informationen in codierter Form. Der Sender steht in Mainflingen bei Frankfurt, die Sendeleistung beträgt 50 kW und die Reichweite liegt bei ca. 2000 km. Die Trägerfrequenz von 77,5 kHz hat eine mittlere, relative Abweichung von kleiner 10^{-12} über einen Tag und kann als Normalfrequenz verwendet werden. Der Name DCF 77 entstammt internationalen Funkvereinbarungen für Rufzeichen:

D Deutschland, C Langwellensender, F Nähe Frankfurt und 77 für die Sendefrequenz.

Funkuhren lassen sich mit Hilfe des DCF 77 in Deutschland und fast ganz Europa sehr genau synchronisieren. Die Zeitangaben der Rundfunk- und Fernsehanstalten und der Bundesbahn, die Tarifumschaltung der Energieversorger oder Telefonanbieter, die Zeitzuordnung in vielen Rechnernetzen und viele Haushaltsuhren werden von DCF 77-Empfängern gesteuert. Der Empfang ist auf Grund des Langwellenbetriebs sehr einfach und meist auch innerhalb von Gebäuden möglich. Funkuhren laufen häufig quarzstabilisiert und werden ein- oder mehrmals pro Tag synchronisiert. Der Vorteil dabei ist, dass bei kurzzeitigen Empfangsstörungen z. B. in Kellern, Tunneln oder während Gewittern die Uhren quarzgenau weiterlaufen und beim nächsten DCF 77-Empfang synchronisiert werden. Zeitzonen können in der Regel als Offsets eingegeben werden, die Umschaltung Sommer-/Winterzeit wird direkt vom DCF 77 übertragen.

Modulation und Codierung

Der Träger des DCF 77-Signals ist mit einer Datenrate von einem Bit pro Sekunde amplitudenmoduliert (AM). Abgesehen von der 59. Sekunde wird zu Beginn jeder Sekunde die Trägeramplitude für die Dauer von 0,1 s oder 0,2 s auf etwa 25 % abgesenkt (Abb. 16.4).

Dabei ist:

Logisch 0	Absenkung auf 25 % der Amplitude für 0,1 s,
Logisch 1	Absenkung auf 25 % der Amplitude für 0,2 s,
Synchronisationsbit	keine Amplitudenabsenkung.

Zusätzlich zur Amplitudenmodulation wird seit 1983 ein pseudozufälliges Phasenrauschen aufmoduliert. Die Phase wird mit einem Hub von $\pm 12^\circ$ entsprechend einer binären Zufallsfolge umgetastet. Das Phasensignal kann in den Empfängern mittels Korrelation mit der reproduzierbaren Pseudozufallsfolge zur genaueren Bestimmung der Ankunftszeitpunkte verwendet werden und stört ansonsten den AM-Empfang nicht.

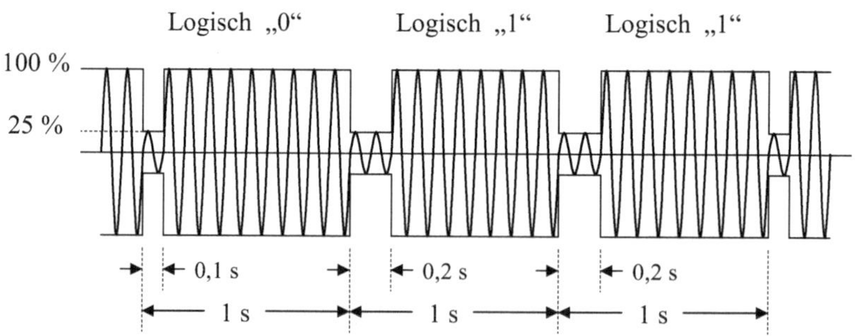

Abb. 16.4 Modulation des DCF 77-Signals

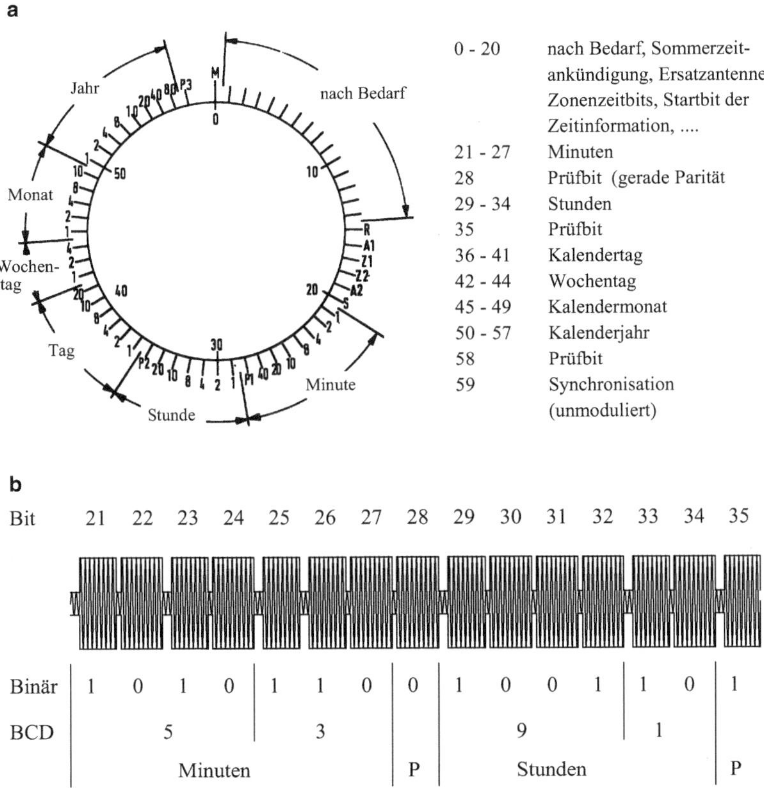

Abb. 16.5 **a** Codierschema des DCF 77-Signals, **b** Ausschnitt aus einer Übertragung: Minuten- und Stundeninformation: 19.35 Uhr

Die Zeitinformation wird im BCD-Code übertragen: die aktuelle Minute, Stunde, Kalendertag, Wochentag und Monat und Jahr. Die Übertragung gilt jeweils für die folgende Minute. Die Sekundenmarken werden den einzelnen Datenbits entnommen, die Synchronisation erfolgt über die unmodulierte 59. Sekunde.

Abb. 16.5a zeigt das Codierschema und 16.5b ein den Ausschnitt der Übertragung mit der Minuten- und Stundeninformation für die Uhrzeit 19.35 Uhr.

Frequenzmessung 17

17.1 Direkte Zählung

Zur Messung der Frequenz f_x eines periodischen, analogen Eingangssignals u_e wird aus dem Signal mit einem Komparator eine Rechteckimpulsfolge derselben Frequenz f_x erzeugt und deren Impulse für eine genau vorgegebene Zeit T_0 gezählt. Abb. 17.1 zeigt die Prinzipschaltung und Abb. 17.2 das zugehörige Zeitdiagramm.

In der in Abb. 17.1 angegebenen Prinzipschaltung ist der obere Teil die eigentliche Frequenzmessschaltung und der untere Teil die Erzeugung der Messzeit T_0, die auch Torzeit genannt wird. Zur Erzeugung der Torzeit T_0 könnte prinzipiell ein Mono-Flop eingesetzt werden. Da aber, wie an Gl. 17.2 erkennbar ist, die Genauigkeit der Torzeit in die Frequenzmessgenauigkeit eingeht, muss T_0 mit sehr hoher Präzision generiert werden. Dazu eignet sich die in Abb. 17.1 angegebene Schaltung.

Nach dem Starten der Messung durch das Setzen des JK-Flip-Flops werden die Impulse des Referenzoszillators im Zähler 2 gezählt. Bei einem bestimmten Zählerstand $N_2 = f_R \cdot T_0$ erfolgt ein Rücksetzen des Flip-Flops. Dadurch wird erreicht, dass der Ausgang des JK-Flip-Flops genau die Zeit T_0 lang gesetzt ist. Dieses Signal wird als Torzeitsignal für den Frequenzmesser verwendet.

Im Frequenzmessteil wird die Eingangsspannung u_e durch den Komparator in eine Rechteckfolge u_{kom} derselben Frequenz f_x umgeformt (Abb. 17.2). Der Zählerstand N_1 ist nach Gl. 17.1 durch die Eingangsfrequenz f_x und die Torzeit T_0 gegeben:

$$N_1 = f_x \cdot T_0. \tag{17.1}$$

Damit ist

$$f_x = \frac{N_1}{T_0}. \tag{17.2}$$

T. Mühl, *Elektrische Messtechnik*, https://doi.org/10.1007/978-3-658-29116-7_17

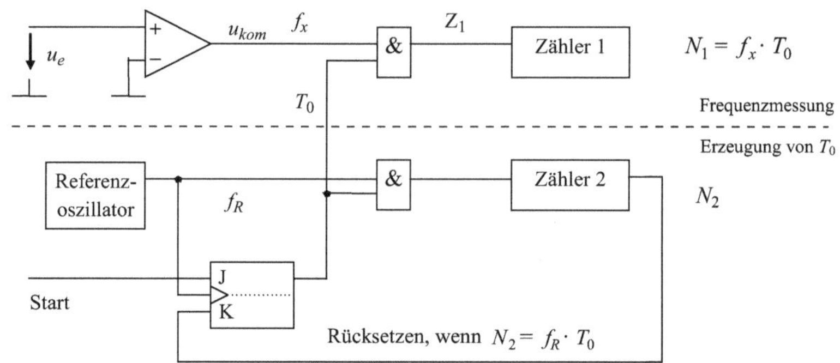

Abb. 17.1 Prinzipschaltung zur digitalen Frequenzmessung

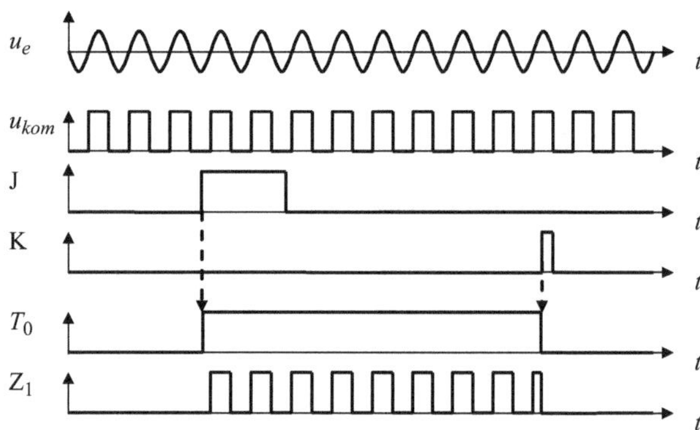

Abb. 17.2 Zeitdiagramm zur Frequenzmessung entsprechend der Schaltung nach Abb. 17.1

Durch die Rücksetzbedingung für das JK-Flip-Flop bei einem Zählerstand $N_2 = f_R \cdot T_0$ ist die Torzeit

$$T_0 = \frac{N_2}{f_R}. \tag{17.3}$$

Eingesetzt in Gl. 17.2 erhält die Bestimmungsgleichung für die Frequenz f_x:

$$f_x = \frac{N_1}{T_0} = \frac{N_1}{N_2} \cdot f_R. \tag{17.4}$$

Auflösung

Die Auflösung der Frequenzmessung Δf_x bestimmt man analog zur Auflösung der Zeitmessung aus der Auflösung des ganzzahligen Zählers $\Delta N_1 = 1$ und der Ableitung von Gl. 17.4:

$$\Delta f_x = \frac{\delta f_x}{\delta N_1} \cdot \Delta N_1 = \frac{1}{T_0} \cdot \Delta N_1 = \frac{1}{T_0}. \tag{17.5}$$

Die Auflösung der Frequenzmessung entspricht dem Kehrwert der Torzeit bzw. Messzeit T_0. Da je nach Anwendung zwischen einer hohen Auflösung und einer kurzen Messzeit abgewogen werden muss, ist die Torzeit bei der direkten digitalen Frequenzmessung ein wichtiger, vom Anwender einzustellender Parameter.

Beispiel 17.1

Ein Signal der Frequenz $f_x = 132.734{,}1\,\text{Hz}$ wird mit unterschiedlichen Torzeiten gemessen. Nach Gl. 17.5 ergibt sich die Auflösung der Frequenzmessung direkt aus dem Kehrwert der Torzeit:

Torzeit	Zählerstand	Auflösung (Hz)	Messergebnis (kHz)
1 ms	132	1000	132
100 ms	13.273	10	132,73
10 s	1.327.341	0,1	132,7341

Soll die Frequenz f_x mit einer Auflösung von $\Delta f = 1\,\text{Hz}$ gemessen werden, so ist eine Torzeit von $T_0 = 1/\Delta f = 1\,\text{s}$ zu wählen.

Genauigkeit

Werden Gatterlaufzeiten, Rauschen und ähnliche Einflüsse vernachlässigt, ergibt sich die Genauigkeit der Frequenzmessung aus der Auflösung des Zählers 1 und der Genauigkeit des Referenzoszillators. Die Auflösung des Zählers 2 geht nicht ein, da das JK-Flip-Flop mit dem Referenztakt synchronisiert ist und die berechnete Torzeit $T_0 = N_2/f_R$ nur aufgrund der Referenzfrequenz unsicher ist.

Die Gesamtgenauigkeit wird analog zur Zeitmessung (Abschn. 16.1) mit Hilfe der Worst-Case-Abschätzung ermittelt. Da das Signal u_e nicht mit dem Referenztakt synchronisiert ist, ist die Abweichung durch den Zähler N_1 innerhalb des Intervalls ± 1. Die Referenzfrequenz habe eine spezifizierte, maximale relative Abweichung von $\pm \Delta f_R / f_R$.

Die relative Unsicherheit des Messergebnisses f_x ist nach der Worst-Case-Kombination

$$\frac{u_{fx}}{f_x} = \left| \pm \frac{\delta f_x}{\delta N_1 \cdot f_x} \cdot 1 \right| + \left| \pm \frac{\delta f_x}{\delta f_R \cdot f_x} \cdot \Delta f_R \right|.$$

Setzt man hierbei die partiellen Ableitungen von Gl. 17.4

$$\frac{\delta f_x}{\delta N_1} = \frac{f_R}{N_2} \quad \text{und} \quad \frac{\delta f_x}{\delta f_R} = \frac{N_1}{N_2}$$

ein, erhält man

$$\frac{u_{fx}}{f_x} = \left| \frac{f_R}{N_2 \cdot f_x} \cdot 1 \right| + \left| \frac{N_1}{N_2 \cdot f_x} \cdot \Delta f_R \right|.$$

Nach Gl. 17.4 ist $f_x = \frac{N_1}{N_2} \cdot f_R$, und somit ist

$$\frac{u_{fx}}{f_x} = \frac{1}{N_1} + \left|\frac{\Delta f_R}{f_R}\right|. \tag{17.6}$$

Beispiel 17.2

Eine Frequenz f_x wird mit einer Torzeit $T_0 = 100\,\text{ms}$ gemessen. Der Zählerstand ist $N_1 = 24.750$. Die Referenzfrequenz beträgt $f_R = 10\,\text{MHz}$; $\pm 10^{-5}$ ($\Delta f_{fR}/f_R = 10^{-5}$).

Die Frequenz f_x ist $f_x = \frac{N_1}{T_0} = \frac{24.750}{0{,}1\,\text{s}} = 247{,}50\,\text{kHz}$ mit einer Auflösung: $\Delta f_x = \frac{1}{T_0} = 10\,\text{Hz}$.

Die relative Unsicherheit erhält man aus Gl. 17.6: $\frac{u_{fx}}{f_x} = \frac{1}{N_1} + \left|\frac{\Delta f_R}{f_R}\right| = \frac{1}{24.750} + 10^{-5} = 5{,}0 \cdot 10^{-5}$,

das vollständige Messergebnis lautet: $f_x = 247{,}50\,\text{kHz}$; $\pm 5{,}0 \cdot 10^{-5}$

Wird für genaue Messungen entsprechend lange gemessen, geht nur noch die Genauigkeit der Referenzfrequenz ein. Die in den Frequenzzählern eingebauten Referenzoszillatoren haben eine relative Genauigkeit von etwa 10^{-5} bis 10^{-9}. Für spezielle Messungen können extern eingespeiste, hochgenaue Normalfrequenzen verwendet werden.

17.2 Umkehrverfahren

Niedrige Frequenzen, die mit hoher Auflösung nur mit langen Torzeiten direkt gemessen werden können, können durch Periodendauermessung und Kehrwertbildung berechnet werden. Dadurch kann die notwendige Messzeit bei gleicher Auflösung und Messunsicherheit deutlich reduziert werden.

Beispiel 17.3

Eine Frequenz $f_x \approx 50\,\text{Hz}$ soll mit einer Auflösung von 0,01 Hz gemessen werden. Die Referenzfrequenz beträgt $f_R = 10\,\text{MHz}$.

Bei einer direkten Frequenzmessung beträgt die notwendige Messzeit $T_0 = 1/0{,}01\,\text{Hz} = 100\,\text{s}$.

Wird die Periodendauer von $T \approx 20\,\text{ms}$ gemessen, erhält man das Ergebnis nach ca. 20 ms mit einer Auflösung $\Delta T = 1/f_R = 0{,}1\,\mu\text{s}$ bzw. einer relativen Auflösung von $0{,}1\,\mu\text{s}/20\,\text{ms} = 5 \cdot 10^{-6}$.

Die Kehrwertbildung der Periodendauer liefert die gesuchte Frequenz mit einer relativen Auflösung von $5 \cdot 10^{-6}$ bzw. einer Auflösung $\Delta f = 5 \cdot 10^{-6} \cdot 1/T \approx 0{,}00025\,\text{Hz}$.

17.3 Verhältniszählverfahren

Sollen mittlere Frequenzen mit hoher Auflösung gemessen werden, müssen beim direkten Zählverfahren lange Messzeiten in Kauf genommen werden, oder beim Umkehrverfahren die Periodendauer mit einer sehr hohen Referenzfrequenz gemessen werden. Beispielsweise führt die Messung einer Frequenz von 50 kHz mit einer Auflösung von 0,1 Hz zu einer Messzeit von 10 s bzw. zu einer notwendigen Referenzfrequenz von 2,5 GHz.

Das Verhältniszählverfahren basiert auf der Messung der Dauer einer bestimmten Anzahl von Perioden des Eingangssignals. Abb. 17.3 zeigt das Blockschaltbild einer möglichen Realisation und Abb. 17.4 das dazugehörige Zeitdiagramm. Im Unterschied zum direkten Zählverfahren nach Abb. 17.1 wird beim Verhältniszählverfahren ein Teiler N_T eingesetzt, der durch die vorgegebene, ungefähre Messzeit T_0^* bestimmt wird:

$$N_T = f_R \cdot T_0^*. \tag{17.7}$$

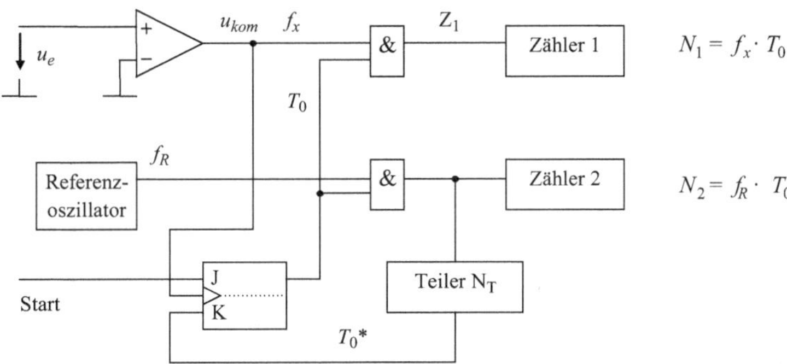

Abb. 17.3 Prinzipschaltung zum Verhältniszählverfahren

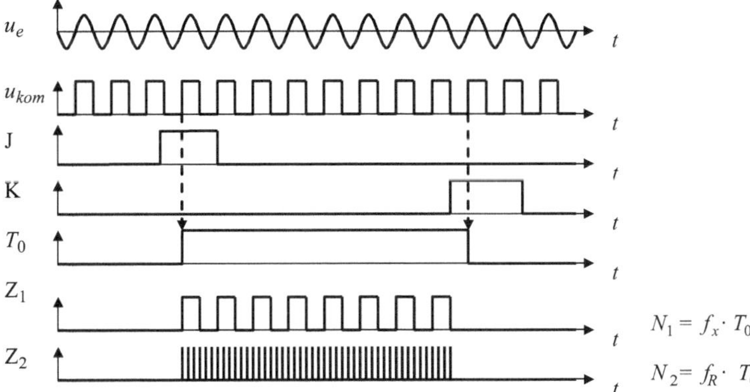

Abb. 17.4 Zeitdiagramm zur Frequenzmessung nach dem Verhältniszählverfahren entsprechend der Schaltung nach Abb. 17.3

Das Eingangssignal wird mit einem Komparator in ein Rechtecksignal u_{kom} derselben Frequenz f_x umgeformt. Nach Anlegen des Startsignals wird das JK-Flip-Flop mit der nächsten steigenden Flanke von u_{kom} gesetzt und sowohl Zähler 1 als auch Zähler 2 beginnen zu zählen. Nach der Zeit T_0^*, die nach Gl. 17.6 durch den Teiler N_T vorgegeben ist, wird das Flip-Flop-Signal $K=1$ und das Flip-Flop wird mit der nächsten steigenden Flanke von u_{kom} zurückgesetzt. Dadurch ist die Zeit T_0 immer exakt ein ganzes Vielfaches der Periodendauer von u_{kom} und ungefähr gleich der Zeit T_0^*:

$$T_0 = n \cdot T_x = n \cdot \frac{1}{f_x}. \tag{17.8}$$

Der Zählerstand des Zählers 1 liefert nach der Messung aufgrund der Synchronisation des Flip-Flops exakt die Anzahl der gemessenen Perioden des Eingangssignals

$$N_1 = f_x \cdot T_0 = n, \tag{17.9}$$

der Zählerstand von Zähler 2 ist

$$N_2 = f_R \cdot T_0. \tag{17.10}$$

Das Ergebnis der Frequenzmessung erhält man, wenn man Gl. 17.10 nach T_0 aufgelöst in Gl. 17.9 einsetzt und das Ergebnis nach f_x auflöst:

$$f_x = \frac{N_1}{T_0} = \frac{N_1}{N_2} \cdot f_R. \tag{17.11}$$

Der Name Verhältniszählverfahren wird anhand von Gl. 17.11 plausibel, da das Verhältnis der beiden Zählerzustände maßgeblich ist.

Auflösung

Da N_1 die Anzahl der gemessenen Perioden angibt und die Zählungen mit dem Messsignal synchronisiert sind, ist die Auflösung der Frequenzbestimmung nur durch die Auflösung des Zählers 2 bestimmt:

$$\Delta f_x = \left| \frac{\delta f_x}{\delta N_2} \right| \cdot \Delta N_2 = \frac{N_1 \cdot f_R}{{N_2}^2} \cdot \Delta N_2 = \frac{f_x}{N_2} \cdot \Delta N_2.$$

Damit ist die relative Auflösung

$$\frac{\Delta f_x}{f_x} = \frac{\Delta N_2}{N_2} = \frac{1}{N_2} = \frac{1}{T_0 \cdot f_R}. \tag{17.12}$$

Die relative Frequenzauflösung des Verhältniszählverfahrens ist unabhängig von der Messfrequenz und hängt nur von der Messzeit T_0 und der Referenzfrequenz f_R ab.

Beispiel 17.4

Ein Frequenzmesser nach dem Verhältniszählverfahren misst mit einer Messzeit $T_0 = 0{,}1\,\mathrm{s}$ und einer Referenzfrequenz von $f_R = 10\,\mathrm{MHz}$. Damit ist die relative Frequenzauflösung für alle Messungen $\frac{\Delta f_x}{f_x} = \frac{1}{T_0 \cdot f_R} = \frac{1}{0{,}1\,\mathrm{s} \cdot 10\,\mathrm{MHz}} = 10^{-6}$.

Beispielsweise für eine Messfrequenz $f_{x1} = 10\,\mathrm{kHz}$ ist $\Delta f_{x1} = f_{x1} \cdot 10^{-6} = 1\,\mathrm{kHz} \cdot 10^{-6} = 0{,}001\,\mathrm{Hz}$ oder für $f_{x2} = 1\,\mathrm{MHz}$ ist die Auflösung $\Delta f_{x2} = 1\,\mathrm{MHz} \cdot 10^{-6} = 1\,\mathrm{Hz}$.

17.4 Universalzähler

Aufgrund der Ähnlichkeit der Verfahren ist in Universalzählern Zeit- und Frequenzmessung integriert (Abb. 17.5). Mit ihnen können Frequenz, Periodendauer, Zeitintervalle und, bei Zweikanalausführungen, Phasendifferenzen gemessen werden.

Bei der Frequenzmessung muss die Torzeit (siehe Abschn. 17.1) eingestellt werden. Da hiermit gleichzeitig die Auflösung bzw. bei dem Verhältniszählverfahren die relative Auflösung festgesetzt ist, wird meist direkt die Stellenzahl der Anzeige umgeschaltet. Zur Messung von Frequenzen größer als etwa 1 GHz sind in den Zählern spezielle, hochfrequenztaugliche, einstellbare Vorteiler (Faktor 2, 4, 8, 16) oder Frequenzmischer zur Frequenzreduzierung integriert. Aus der gemessenen, heruntergesetzten Frequenz und dem bekannten Teilerverhältnis wird dann der Anzeigewert berechnet.

Andere Einstellungen betreffen die Signalkopplung bzw. Triggerung. Ähnlich wie bei Oszilloskopen (siehe Abschn. 13.2) kann zwischen Gleich- und Wechselspannungskopplung des Eingangssignals (DC/AC) gewählt und eine manuelle Triggerschwelle (Trigger Level), die Triggerflanke (Slope) oder eine Triggersperre (Trigger-Hold-Off) eingestellt werden. Für bestimmte Anwendungen kann das Eingangssignal abgeschwächt

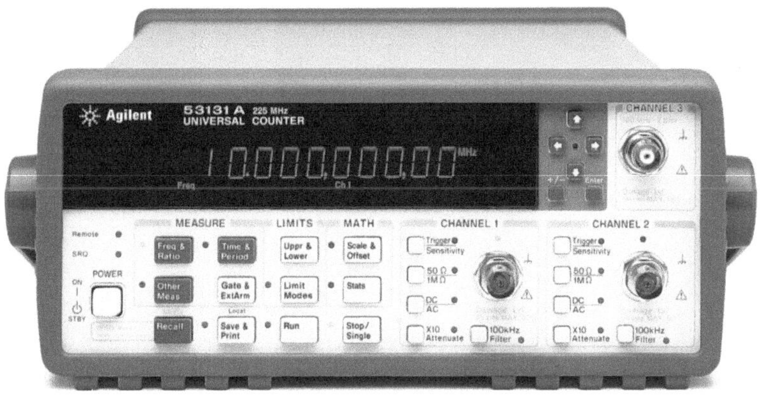

Abb. 17.5 Bild eines Universalzählers (Agilent Technologies)

(Attenuation) oder zur Unterdrückung hochfrequenter Störsignale mit einem Tiefpass gefiltert werden. Der Eingang kann zwischen einer hohen Eingangsimpedanz von typisch $1\,\mathrm{M\Omega}$ und $50\,\Omega$ zur Anpassung umgeschaltet werden.

Die Genauigkeit wird nach den Gl. 17.16 und 17.6 vor allem durch die Genauigkeit des Referenzoszillators bestimmt. Universalzähler mit einfachen Quarzoszillatoren haben eine relative Unsicherheit von etwa $\pm 10^{-5}$, mit Ofenquarzen werden größenordnungsmäßig $\pm 10^{-6}$ bis $\pm 10^{-8}$ und mit Rubidium-Oszillatoren $\pm 10^{-9}$ erreicht.

17.5 Analoge Frequenzmessung

Aufgrund ihrer Einfachheit wird überwiegend die digitale Zeit- und Frequenzmessung verwendet. In manchen Fällen ist aber eine analoge Spannung, die zu einem Zeitintervall oder einer Frequenz proportional ist, gewünscht, um beispielsweise in der Prozessdatenerfassung und Steuerung analoge Anzeigen oder analoge Regeleinrichtungen direkt betreiben zu können. Dies ist durch digitale Messung und Digital-Analog-Umsetzung des Messergebnisses oder in vielen Fällen direkt analog realisierbar.

Zeit-Spannungs-Umformung

Die Dauer eines Impulses T_x, der mit einer Taktrate T gewonnen und wiederholt wird, soll in eine proportionale Spannung umgeformt werden. Das Signal entspricht einer pulsweitenmodulierten Spannung, bei der die Information in der Pulsbreite bzw. dem Tastverhältnis liegt. Der Mittelwert $\overline{u}$ eines solchen Signals $u(t)$, das in Abb. 17.6a dargestellt ist, ist

$$\overline{u} = \hat{U} \cdot \frac{T_x}{T}. \tag{17.13}$$

Zur Mittelwertbildung kann ein Tiefpass und im einfachsten Fall ein RC-Tiefpass nach Abb. 17.6b verwendet werden. Wie im Abschn. 3.2.2 gezeigt ist, hat das RC-Glied ein PT1-Verhalten mit einem Amplitudengang

$$|G_{RC}(\mathrm{j}\omega)| = \frac{1}{\sqrt{1 + \omega^2 (RC)^2}}. \tag{17.14}$$

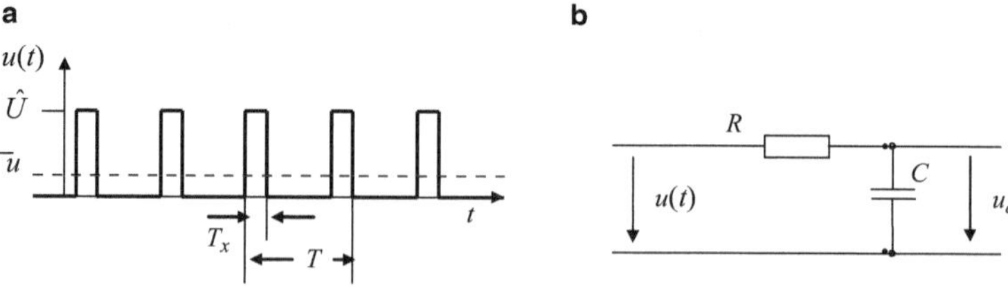

Abb. 17.6 **a** Pulsbreitemoduliertes Signal mit Mittelwert $\overline{u}$, **b** RC-Tiefpass zur Mittelwertbildung

Das Signal $u(t)$ besteht aus dem Gleich- und Wechselanteil. Mit Hilfe der Fourierreihenentwicklung (siehe Abschn. 10.1) lässt sich zeigen, dass die kleinste, vorkommende Frequenz des Wechselanteils gleich dem Kehrwert der Pulswiederholrate $f_{\min} = 1/T$ ist. Das RC-Glied wird so dimensioniert, dass alle Schwingungsanteile am Ausgang gedämpft werden. Der Gleichanteil von $u(t)$ liegt aufgrund von

$$|G_{RC}(\mathrm{j}\omega = 0)| = 1$$

am Ausgang des RC-Gliedes unverändert an, so dass bei Vernachlässigung des gedämpften Wechselanteils

$$u_a = \overline{u(t)} = \frac{\hat{U}}{T} \cdot T_x \tag{17.15}$$

ist, und damit eine zur Zeit T_x proportionale Spannung zur Verfügung steht.

Frequenz-Spannungs-Umformung

Die Frequenz f_x des Signals u_e soll in eine proportionale Spannung umgeformt werden. Bei der Schaltung nach Abb. 17.7a wird die Eingangsspannung u_e auf einen Komparator geschaltet, der am Ausgang eine Rechteckfolge derselben Frequenz f_x liefert. Mit diesem Signal wird ein Mono-Flop mit der Pulszeit T_0 getriggert. Die Ausgangsspannung u_m hat die Pulshöhe, die Pulszeit T_0 und die Wiederholzeit $T = 1/f_x$.

Das nachfolgende RC-Glied liefert wie bei der Zeit-Spannungs-Umformung bei geeigneter Dimensionierung am Ausgang den Mittelwert von u_m. Damit ist

$$u_a = \overline{u_m(t)} = \hat{U} \cdot \frac{T_0}{T} = \hat{U} \cdot T_0 \cdot f_x. \tag{17.16}$$

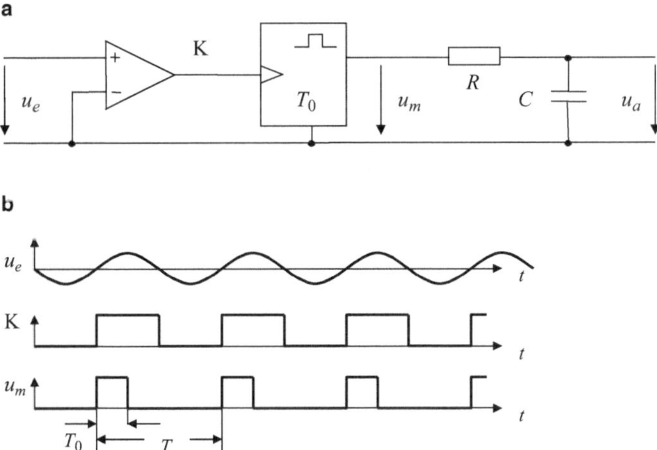

Abb. 17.7 **a** Prinzipschaltung zur Frequenz-Spannungs-Umsetzung, **b** Zeitdiagramm

Die Ausgangsspannung ist demnach frequenzproportional und kann direkt mit einem direktwirkenden Instrument angezeigt oder für einen analogen Regelkreis verwendet werden. Zu beachten ist, dass die Bedingung $T_0 < T = 1/f_x$ eingehalten wird, da sonst der Ausgang des Monoflops permanent gesetzt ist und die Ausgangsspannung den Maximalwert

$$u_{a\,\max} = \hat{U}$$

annimmt. Die erreichbare Genauigkeit ist aber auch bei optimaler Dimensionierung nicht mit der der digitalen Frequenzmessung vergleichbar.

17.6 Aufgaben zur Frequenzmessung

Aufgabe 17.1

Ein Frequenzmesser kann Frequenzen f_x im Bereich von 1 Hz bis 10 MHz messen.

Er enthält einen Referenzoszillator mit $f_R = 10\,\text{MHz}; \pm 0{,}5 \cdot 10^{-4}$ und misst mit einer Messzeit von $T_0 = 1\,\text{s}$.

a) Der Frequenzmesser verwendet die direkte Frequenzzählung.
   Bestimmen Sie den Bereich von f_x, in dem mit einer relativen Frequenzauflösung von besser als 10^{-3} gemessen werden kann.
   Bestimmen Sie die maximale relative Messabweichung (Worst Case) für die ungünstigste Frequenz.
b) Der Frequenzmesser verwendet jetzt das Umkehrverfahren (Messung der Dauer einer Periode, daraus Bestimmung von f_x).
   Bestimmen Sie den Bereich von f_x, in dem jetzt mit einer relativen Frequenzauflösung von besser als 10^{-3} gemessen werden kann.
c) Der Frequenzmesser verwendet jetzt das Verhältniszählverfahren.
   Bestimmen Sie die relative Frequenzauflösung.

Aufgabe 17.2

Gegeben ist ein Frequenzmesser, der die direkte Zählung und das Umkehrverfahren (Messung der Periodendauer) verwenden kann.

Messbereich	10 Hz bis 100 kHz
Referenzoszillator	10 MHz; $\pm 50 \cdot 10^{-6}$
Messzeit	1 s (direkte Zählung) bzw. 1 Periodendauer

a) Wie viel Bit muss der Zähler zur Periodendauermessung für den angegebenen Frequenzbereich haben?
b) Es wird mit dem Umkehrverfahren gemessen. Es wird eine Frequenz von ca. 1415,4 Hz gemessen.
   Bestimmen Sie die Auflösung (in Hz) und maximale relative Messabweichung (Worst Case).

c) Der Messbereich 10 Hz bis 100 kHz soll in einen Bereich, in dem mit direkter Frequenzzählung gemessen wird, und einen Bereich mit dem Umkehrverfahren aufgeteilt werden.
   Es soll so umgeschaltet und mit dem Verfahren gemessen werden, bei dem die relative Auflösung besser (d. h. kleiner) ist.
   Bei welcher Frequenz wird zwischen den Verfahren umgeschaltet und in welchem der beiden Bereiche wird mit dem Umkehrverfahren gemessen?

Spektrumanalyse 18

Die Verfahren zur Spannungs- oder Leistungsmessung, die in den Kap. 5 und 10 beschrieben sind, liefern einen Messwert zur Beschreibung des gesamten Signals. Hat das Signal nur eine Komponente bei einer einzigen Frequenz, kann zu der gemessenen Spannung oder Leistung auch die Frequenz mit dem in Abschn. 17.1 beschriebenen Verfahren gemessen werden. Häufig bestehen Signale aber aus mehr als einer Teilschwingung, seien es Oberschwingungen bei nichtsinusförmigen, periodischen Signalen oder Mehrtonsignale mit Anteilen beliebiger Frequenzen. Zur detaillierteren Charakterisierung solcher Signale wird das Spektrum des Signals verwendet. Als Spektrum wird die Beschreibung bezeichnet, bei der das zeitabhängige Signal in Komponenten zerlegt ist, die bestimmten Frequenzen zugeordnet sind.

Die elektrische Spektrumanalyse dient der Ermittlung des Spektrums des Signals, also der Charakterisierung eines elektrischen Signals im Frequenzbereich. Das Signal wird dabei in seine Spektralanteile zerlegt und die Spannungen bzw. Leistungen jeder spektralen Komponente gemessen und über der Frequenz dargestellt. Elektrische Spektrumanalysatoren arbeiten damit als frequenzselektive Spannungs- oder Leistungsmesser, wobei die Analysefrequenz einstellbar und durchstimmbar ist.

18.1 Grundlagen der Spektrumanalyse

18.1.1 Fourier-Reihe

Die Zerlegung einer periodischen Schwingung in ihre Teilschwingungen wird als harmonische Analyse bezeichnet. Dabei wird die periodische Funktion f(t) in eine Reihe trigonometrischer Funktionen (Sinus- und Cosinus-Schwingungen) entwickelt. Die so entstehende Reihe heißt Fourier-Reihe [15, 16, 62].

T. Mühl, *Elektrische Messtechnik*, https://doi.org/10.1007/978-3-658-29116-7_18

Fourier-Reihenentwicklung

Jede periodische Funktion f(t) mit der Periodendauer T, die stückweise monoton und stetig ist, kann als Fourier-Reihe dargestellt werden:

$$\mathrm{f}(t) = \frac{a_0}{2} + \sum_{m=1}^{\infty} (a_m \cdot \cos\,(m\omega t) + b_m \cdot \sin\,(m\omega t)) \tag{18.1}$$

mit der Kreisfrequenz $\omega = 2\pi / T$ und den Fourier-Koeffizienten $a_0 / 2$, a_m und b_m:

$$\frac{a_0}{2} = \frac{1}{T} \int_{to}^{to+T} \mathrm{f}(t)\,\mathrm{d}t, \tag{18.2}$$

$$a_m = \frac{2}{T} \int_{to}^{to+T} \mathrm{f}(t) \cdot \cos\,(m\omega t)\,\mathrm{d}t, \tag{18.3}$$

$$b_m = \frac{2}{T} \int_{to}^{to+T} \mathrm{f}(t) \cdot \sin\,(m\omega t)\,\mathrm{d}t. \tag{18.4}$$

Fourier-Reihen können auch in der komplexen Schreibweise angegeben werden:

$$\mathrm{f}(t) = \sum_{m=-\infty}^{\infty} \underline{c}_m \cdot e^{\mathrm{j}m\omega t}, \tag{18.5}$$

$$\underline{c}_m = \frac{1}{T} \int_{to}^{to+T} \mathrm{f}(t) \cdot e^{-\mathrm{j}m\omega t}\mathrm{d}t. \tag{18.6}$$

Die reellen und komplexen Fourier-Koeffizienten haben den Zusammenhang:

$$\underline{c}_0 = \frac{a_0}{2}, \quad \underline{c}_m = \frac{a_m - \mathrm{j}b_m}{2}, \quad \underline{c}_{-m} = \underline{c}_m^*. \tag{18.7}$$

Die Bestimmung der Fourier-Koeffizienten lässt sich mit Hilfe von Symmetrieüberlegungen vereinfachen:

Gerade Funktionen	$\mathrm{f}(t) = \mathrm{f}(-t)$	Enthalten nur Cosinus-Glieder	$b_m = 0$
Ungerade Funktionen	$\mathrm{f}(t) = -\mathrm{f}(-t)$	Enthalten nur Sinus-Glieder	$a_m = 0$
Vollsymmetrische Funktionen	$\mathrm{f}(t) = -\mathrm{f}(t + T/2)$	Enthalten nur ungeradzahlige Glieder	$a_{2k} = b_{2k} = 0$
Funktionen mit	$\mathrm{f}(t) = \mathrm{f}(t + T/2)$	Enthalten nur geradzahlige Glieder	$a_{2k+1} = b_{2k+1} = 0$

Schwingungsanteile

Für Wechsel- und Mischgrößen sind definiert:

Gleichanteil	$\frac{a_0}{2} = \underline{c}_0$,
Grundschwingung	Schwingungen mit $m = 1$:
	$a_1 \cos(\omega t) + b_1 \sin(\omega t) = \sqrt{a_1^2 + b_1^2} \cos(\omega t - \arctan(b_1/a_1))$,
	Amplitude: $\sqrt{a_1^2 + b_1^2} = \lvert\underline{c}_1\rvert$,
Oberschwingungen	Schwingungen mit $m > 1$,
	Amplituden: $\sqrt{a_m^2 + b_m^2} = \lvert\underline{c}_m\rvert$.

Für eine periodische Spannung $u(t)$ ergibt sich damit die Amplitude $\hat{U}_m$ und der Effektivwert U_m der m-ten Teilschwingung:

$$\hat{U}_m = \sqrt{a_m^2 + b_m^2}, \tag{18.8}$$

$$U_m = \frac{1}{\sqrt{2}} \sqrt{a_m^2 + b_m^2}. \tag{18.9}$$

Der Gesamt-Effektivwert U der Spannung $u(t)$ ist

$$U = \sqrt{\frac{1}{T} \int_{t_0}^{t_0+T} u(t)^2 \mathrm{d}t} = \sqrt{\sum_{m=0}^{\infty} U_m^2}. \tag{18.10}$$

Schwingungsgehalt, Grundschwingungsgehalt und Klirrfaktor

Zur Charakterisierung periodischer Größen ist der **Schwingungsgehalt** s definiert, der das Verhältnis des Effektivwertes des Wechselanteils zum Gesamteffektivwert angibt. Für eine periodische Spannung ist der Schwingungsgehalt s damit

$$s = \frac{\sqrt{\sum\limits_{m=1}^{\infty} U_m^2}}{\sqrt{\sum\limits_{m=0}^{\infty} U_m^2}}. \tag{18.11}$$

Der **Grundschwingungsgehalt** g ist das Verhältnis des Effektivwertes der Grundschwingung ($m = 1$) zum Effektivwert des Wechselanteils:

$$g = \frac{U_1}{\sqrt{\sum\limits_{m=1}^{\infty} U_m^2}}, \tag{18.12}$$

und der **Klirrfaktor** k ist das Verhältnis des Effektivwertes der Oberschwingungen zum Effektivwert des Wechselanteils:

$$k = \frac{\sqrt{\sum\limits_{m=2}^{\infty} U_m^2}}{\sqrt{\sum\limits_{m=1}^{\infty} U_m^2}}. \tag{18.13}$$

Anhand der Gl. 18.12 und 18.13 ist erkennbar, dass $g^2 + k^2 = 1$.

Entsprechendes gilt für den Strom I.

Beispiel 18.1

$f(t) = A \cdot \cos(\omega t)$

$a_0 = 0,\ a_1 = A,\ a_{m>1} = b_m = 0$

$s = 1,\ g = 1,\ k = 0$

Beispiel 18.2

$$f(t) = \begin{cases} A & 0 < t \le T/2 \\ -A & T/2 < t \le T \end{cases}$$

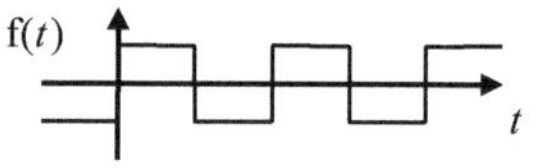

$f(t) = -f(-t) \rightarrow a_m = 0 \qquad f(t) = -f(t + T/2) \rightarrow b_{2k} = 0$

$$b_m = \frac{4A}{\pi \cdot m}(m \text{ ungerade}) \quad \rightarrow \quad b_1 = \frac{4}{\pi}A,\ b_3 = \frac{b_1}{3},\ b_5 = \frac{b_1}{5},\ \ldots$$

$s = 1$, da der Gleichanteil $a_0/2 = 0$,

$$g = \frac{b_1}{\sqrt{b_1^2 + b_3^2 + b_5^2 + \ldots}} = \frac{1}{\sqrt{1 + (1/3)^2 + (1/5)^2 + \ldots}} = \frac{1}{\sqrt{\pi^2/8}} = 0{,}90,$$

$k = \sqrt{1 - g^2} = 0{,}19.$

18.1.2 Fourier-Transformation

Elektrische Signale können entweder im Zeitbereich oder Frequenzbereich betrachtet werden. Jedes, auch nichtperiodische Signal kann unter bestimmten Voraussetzungen als unendliche Reihe von Elementarsignalen dargestellt werden, die als charakteristisches

Frequenzspektrum das Signal beschreiben. Hinreichende Bedingung ist beispielsweise die absolute Integrierbarkeit bzw. reduzierte Bedingungen, wenn Dirac-Stöße im Spektralbereich zugelassen werden [20, 62].

Beide Darstellungsarten des Signals sind über die Fourier-Transformation Gl. 18.15, bzw. inverse Fourier-Transformation Gl. 18.14 verknüpft.

$$s(t) = \int_{-\infty}^{\infty} \underline{S}(f) \cdot e^{j2\pi ft} \mathrm{d}f \tag{18.14}$$

$$\underline{S}(f) = \int_{-\infty}^{\infty} s(t) \cdot e^{-j2\pi ft} \mathrm{d}t \tag{18.15}$$

Die Fourier-Transformierte $\underline{S}(f)$ des Signals $s(t)$ wird auch als Fourier-Spektrum bezeichnet. Sie hat die Dimension *Amplitude · Zeit* bzw. *Amplitude/Frequenz*. Periodische Funktionen besitzen ein Linienspektrum, nicht-periodische Signale ein kontinuierliches Spektrum. Für viele Signale lassen sich geschlossene Lösungen des Fourier-Integrals Gl. 18.15 angeben, die beispielsweise in [62] oder [20] angegeben sind.

Beispiele für Fourier-Transformierte

Rechteckimpuls der Breite T

$$s(t) = A \cdot \mathrm{rect}\left(\frac{t}{T}\right) \quad \rightarrow \quad \underline{S}(f) = A \cdot T \cdot si(\pi \cdot f \cdot T) \tag{18.16}$$

Dreieckimpuls der Breite T

$$s(t) = A \cdot \Lambda\left(\frac{t}{T}\right) \quad \rightarrow \quad \underline{S}(f) = A \cdot T \cdot si^2(\pi \cdot f \cdot T) \tag{18.17}$$

Cosinussignal der Frequenz f_0

$$s(t) = A \cdot \cos(2\pi \cdot f_0 \cdot t) \quad \rightarrow \quad \underline{S}(f) = \frac{A}{2} \cdot \delta(f + f_0) + \frac{A}{2} \cdot \delta(f - f_0) \tag{18.18}$$

Sinussignal der Frequenz f_0

$$s(t) = A \cdot \sin(2\pi \cdot f_0 \cdot t) \quad \rightarrow \quad \underline{S}(f) = \frac{jA}{2} \cdot \delta(f + f_0) - \frac{jA}{2} \cdot \delta(f - f_0) \tag{18.19}$$

verschobener Rechteckimpuls (0 … T) der Breite T

$$s(t) = A \cdot \mathrm{rect}\left(\frac{t - T/2}{T}\right) \quad \rightarrow \quad \underline{S}(f) = A \cdot T \cdot si(\pi \cdot f \cdot T) \cdot e^{-j2\pi f \cdot T/2} \tag{18.20}$$

18.1.3 Darstellung des Spektrums

Amplituden- und Leistungsspektrum

Als Amplitudenspektrum wird das Spektrum bezeichnet, bei dem die Amplitude der Schwingungskomponente angegeben wird, entsprechend ist es beim Leistungsspektrum die Leistung der Komponente. In der grafischen Darstellung wird die Amplitude bzw. Leistung über der Frequenz dargestellt. Leistung und Spannung können bei bekanntem Widerstand, an dem die Spannung anliegt, ineinander umgerechnet werden. Bei Spektrumanalysatoren wird in der Regel der Spitzenwert oder Gleichrichtwert der selektierten Frequenzkomponente gemessen und daraus der angezeigte Effektivwert berechnet. Die Umrechnung auf die Leistung erfolgt über den Eingangswiderstand R_e des Spektrumanalysators, der in der Regel $R_e = 50\ \Omega$, selten $75\ \Omega$ beträgt. Ist der Effektivwert der Frequenzkomponente U_{eff}, erhält man für die zugehörige Leistung

$$P = \frac{{U_{\text{eff}}}^2}{R_e}. \tag{18.21}$$

Der Spektrumanalysator stellt das gemessene Spektrum dar:

- Jede im Signal vorkommende Frequenz f_e ist im Bild des Spektrumanalysators eine senkrechte Linie bei f_e .
- Die Höhe der Linie entspricht dem Signalanteil. Es kann zwischen Spannungseffektivwert und Leistung gewählt werden.
- Der Spektrumanalysator stellt damit die Effektivwerte oder Leistungen der Schwingungsanteile über der Frequenz dar.

Logarithmische Pegeldarstellung

Die Angabe der Effektivwerte oder Leistungen der Frequenzkomponenten kann in linearem Maßstab in V bzw. W erfolgen. Häufig wird bei Spektrumanalysatoren aber auch die Darstellung in logarithmischer Form als sogenannte Pegel gewählt. Der Pegel ist definiert als das logarithmische Verhältnis zweier Leistungsgrößen oder Spannungen, wobei die Nennergröße die Bezugsgröße darstellt [63]. Die logarithmische Pegeldarstellung ist vor allem in der Nachrichtentechnik sehr gebräuchlich und hat in Diagrammen den Vorteil, dass ein größerer Wertebereich mit gleicher relativer Auflösung dargestellt werden kann. Damit treten beispielsweise kleine Komponenten neben großen besser in Erscheinung.

Absolute elektrische Leistungs- und Spannungspegel

Der elektrische Leistungspegel L_P ist das logarithmische Verhältnis der Leistung P zu der Bezugsleistung. Ist die Bezugsleistung 1 mW, wird als Hinweiszeichen hinter dem Zahlenwert dBm, oder nach IEC dB(mW) verwendet. Bei einer Bezugsleistung von 1 W steht hinter dem Pegel dBW oder dB(W). Die Abkürzung dB steht für Dezibel.

$$L_P = 10 \cdot \log\left(\frac{P}{1\,\text{mW}}\right) \text{dBm}, \tag{18.22}$$

$$L_P = 10 \cdot \log\left(\frac{P}{1\,\text{W}}\right) \text{dBW}. \tag{18.23}$$

Der elektrische Spannungspegel hat als Bezugswerte 1 V oder 1 µV. Für einen Spannungseffektivwert U ist der Spannungspegel L_U definiert als:

$$L_U = 20 \cdot \log\left(\frac{U}{1\,\text{V}}\right) \text{dBV}, \tag{18.24}$$

$$L_U = 20 \cdot \log\left(\frac{U}{1\,\mu\text{V}}\right) \text{dB}\mu\text{V}. \tag{18.25}$$

Der Faktor 20 rührt daher, dass die Leistung P proportional zum Quadrat des Spannungseffektivwertes U ist und aufgrund der Beziehung $\log\left(x^2\right) = 2 \cdot \log(x)$ der Faktor 10 beim Leistungspegel dem Faktor 20 beim Spannungspegel entspricht.

Es wird ausdrücklich darauf hingewiesen, dass dBm, dBV etc. keine Einheiten im Sinne des SI-Systems sind, sondern nur Hinweiszeichen auf das logarithmische Verhältnis und die Bezugsgröße. Pegel sind grundsätzlich einheitslose Zahlenwerte.

Pegeldifferenz, Dämpfungsmaß

Neben den absoluten Pegeln, die eine Spannung oder Leistung auf eine feste Bezugsgröße normieren, wird häufig die Pegeldifferenz, die je nach Anwendungsfall auch als Dämpfungsmaß oder Übertragungsmaß bezeichnet wird, verwendet.

Das logarithmische Verhältnis zweier Leistungsgrößen P_1 und P_2 wird als Leistungsmaß oder als Pegeldifferenz ΔL_P bezeichnet:

$$\Delta L_P = 10 \cdot \log\left(\frac{P_1}{P_2}\right) \text{dB}. \tag{18.26}$$

Das Hinweiszeichen ist hierbei dB (Dezibel). Dividiert man Zähler und Nenner in der obigen Gleichung durch 1 mW, erhält man

$$\Delta L_P = 10 \cdot \log\left(\frac{P_1/1\,\text{mW}}{P_2/1\,\text{mW}}\right) \text{dB} = \left(10 \cdot \log\left(\frac{P_1}{1\,\text{mW}}\right) - 10 \cdot \log\left(\frac{P_2}{1\,\text{mW}}\right)\right) \text{dB}.$$

An diesem Zusammenhang erkennt man, dass die Pegeldifferenz auch aus den absoluten Pegeln bestimmt werden kann:

$$\Delta L_P = L_{P1} - L_{P2}. \tag{18.27}$$

Entsprechend wird für zwei Spannungen U_1 und U_2 das Spannungsdämpfungsmaß oder die Spannungspegeldifferenz definiert:

$$\Delta L_U = 20 \cdot \log\left(\frac{U_1}{U_2}\right) \text{dB}, \tag{18.28}$$

und analog zur Herleitung von Gl. 18.22 ist

$$\Delta L_U = L_{U1} - L_{U2}. \tag{18.29}$$

Liegen die Spannungen U_1 und U_2 an Widerständen derselben Größe R, erhält man für die Leistungspegeldifferenz

$$\Delta L_P = 10 \cdot \log\left(\frac{P_1}{P_2}\right) \mathrm{dB} = 10 \cdot \log\left(\frac{{U_1}^2/R}{{U_2}^2/R}\right) \mathrm{dB} = 10 \cdot \log\left(\frac{{U_1}^2}{{U_2}^2}\right) \mathrm{dB},$$

und man erkennt, dass sich in diesem Fall die Pegeldifferenzen entsprechen:

$$\Delta L_P = 10 \cdot \log\left(\frac{P_1}{P_2}\right) \mathrm{dB} = 20 \cdot \log\left(\frac{U_1}{U_2}\right) \mathrm{dB} = \Delta L_U. \tag{18.30}$$

Beispiel 18.3

Umrechnungen von Spannungen und Leistungen in Pegel nach Gl. 18.22–18.30:

$$P = 5\,\mathrm{mW} \quad \rightarrow \quad L_P = 10 \cdot \log(5\,\mathrm{mW}/1\,\mathrm{mW})\,\mathrm{dBm} = 7{,}0\,\mathrm{dBm}$$

$$U = 20\,\mathrm{mV} \quad \rightarrow \quad L_U = 20 \cdot \log(20\,\mathrm{mV}/1\,\mathrm{V})\,\mathrm{dBV} = -34{,}0\,\mathrm{dBV}$$

$$P_2 = 0{,}01 \cdot P_1 \quad \rightarrow \quad \Delta L = 10 \cdot \log(0{,}01)\,\mathrm{dB} = -20\,\mathrm{dB}$$

$$U_2 = \sqrt{2} \cdot U_1 \quad \rightarrow \quad \Delta L = 20 \cdot \log\left(\sqrt{2}\right)\mathrm{dB} = 3{,}0\,\mathrm{dB}$$

$$\Delta L = 6\,\mathrm{dB} \quad \rightarrow \quad P_2/P_1 = 10^{6\,\mathrm{dB}/10\,\mathrm{dB}} = 4{,}0 \quad \text{und} \quad U_2/U_1 = 10^{6\,\mathrm{dB}/20\,\mathrm{dB}} = 2{,}0$$

$$L_P = -33\,\mathrm{dBm} \quad \rightarrow \quad P = 10^{-33\,\mathrm{dBm}/10\,\mathrm{dBm}} \cdot 1\,\mathrm{mW} = 0{,}5\,\mu\mathrm{W}$$

$$L_1 = -20\,\mathrm{dBm},\ L_2 = -33\,\mathrm{dBm} \quad \rightarrow \quad \Delta L = L_1 - L_2 = -20\,\mathrm{dBm} - (-33\,\mathrm{dBm}) = 13\,\mathrm{dB}$$

$$\Delta L = 35\,\mathrm{dB},\ L_{\mathrm{Ref}} = -50\,\mathrm{dBm} \quad \rightarrow \quad L = L_{\mathrm{Ref}} + \Delta L = -50\,\mathrm{dBm} + 35\,\mathrm{dB} = -15\,\mathrm{dBm}$$

18.2 Selektive Signalmessung

Das Ziel der Spektrumanalyse ist die Erfassung der Einzelkomponenten eines Signals. Wichtig dabei ist das Auflösevermögen, auch Selektivität genannt, und die Fähigkeit, gleichzeitig sowohl starke als auch schwache Signalanteile korrekt erfassen zu können. Dabei kommt den Auflösefiltern, die aus dem Eingangssignal eine Frequenzkomponente selektieren, große Bedeutung zu. Zu unterscheiden sind dabei Festfrequenzfilter, Filter mit einem abstimmbarem Frequenzbereich und die digitale Frequenzanalyse mit Hilfe der Fast-Fourier-Transformation [46, 64, 65, 66].

18.2.1 Festfrequenz-Analysatoren

Normale Auswerteschaltungen, seien es Effektivwert-, Gleichrichtwert- oder Leistungsmesser arbeiten als Breitbandmesssysteme, die zwar wie jedes System eine obere und untere Grenzfrequenz haben, aber nur unzureichend einen bestimmten Frequenzbereich selektieren. Zur Messung einer einzelnen Frequenzkomponente wird vor den Breitbanddetektor ein Bandpassfilter geschaltet.

Bandpassempfänger

Die selektive Messung eines Signals mit einem Bandpassempfänger nach Abb. 18.1 ist die einfachste Methode der spektralen Messung. Der Empfänger hat eine durch den Bandpass gegebene untere und obere Grenzfrequenz, und nur die Frequenzanteile im Durchlassbereich des Filters werden mit dem nachfolgenden Detektor ausgewertet. Angezeigt wird je nach Auswertung die Spannung oder Leistung im Durchlassbereich des Bandpassfilters.

Der Bandpass ist bestimmt durch seine untere und obere Grenzfrequenz oder durch die Bandpass-Mittenfrequenz f_{BP} und die 3 dB-Bandbreite B_{BP}. Abb. 18.2 zeigt den Amplitudengang eines Bandpasses. Ein Eingangssignalanteil bei einer Frequenz f_{e1} im Durchlassbereich des Bandpassfilters wird nicht gedämpft und vollständig vom Detektor ausgewertet. Ein Signalanteil bei der Frequenz f_{e2}, die der oberen Grenzfrequenz des Filters entspricht, wird um 3 dB gedämpft und die Spannung um den Faktor 0,707 reduziert angezeigt. Ein Anteil mit der Frequenz f_{e3} im Sperrbereich des Filters wird vollständig gedämpft und liefert kein Detektorsignal.

Entscheidend für das Frequenzverhalten ist die Auflösebandbreite B_{BP}, die auch als Resolution Bandwidth RBW bezeichnet wird, und die von der Filterart und Ordnung abhängige Dämpfung außerhalb des Durchlassbereiches.

Filterbank

Will man auf dem einfachen Bandpassempfänger aufbauend die Signalanteile verschiedener Frequenzbänder messen, kann eine Filterbank mit Bandpassfiltern unterschiedlicher Mittenfrequenzen verwendet werden. Wie in Abb. 18.3 dargestellt wird das

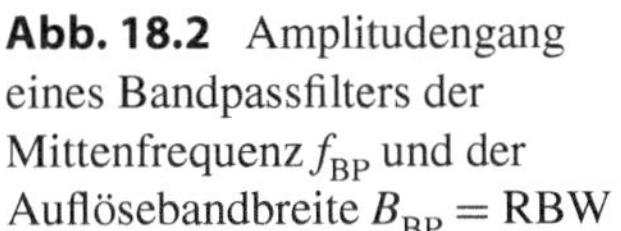

Abb. 18.1 Blockschaltbild eines einfachen Bandpassempfängers

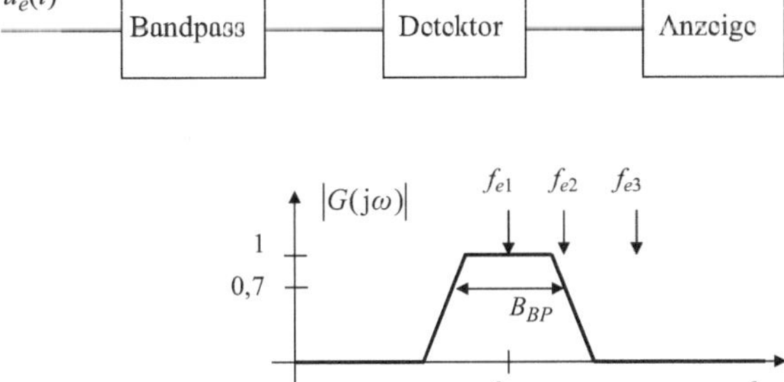

Abb. 18.2 Amplitudengang eines Bandpassfilters der Mittenfrequenz f_{BP} und der Auflösebandbreite $B_{\mathrm{BP}} = \mathrm{RBW}$

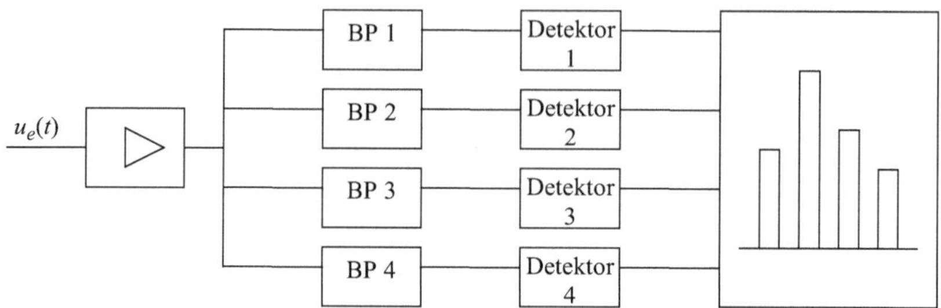

Abb. 18.3 Blockschaltbild eines Analysators mit Filterbank

verstärkte Eingangssignal $u_e(t)$ gleichzeitig auf die Bandpässe BP1 bis BP4 gegeben. Die selektiven Anteile werden parallel analysiert und angezeigt.

Der Aufwand ist beträchtlich und eine Veränderung der einmal festgelegten Mittenfrequenzen oder der Filterbandbreiten nur schwer möglich. Der Vorteil ist die schnelle, gleichzeitige Analyse und Darstellung der Signalanteile. Diese Art der Spektralanalyse wird bevorzugt, wenn wie in Tonstudios oder bei Audio-Equalizern die Anforderungen immer gleichbleibend sind. Die Auswerteergebnisse werden hierbei häufig als Balkendiagramm dargestellt.

18.2.2 Analysatoren mit abstimmbarem Filter

Abstimmbares Bandpassfilter

Um flexibel beliebige Frequenzbereiche analysieren zu können, wird ein Bandpass mit einer einstellbaren Mittenfrequenz verwendet. Wie in Abb. 18.4 dargestellt, stellt die Steuereinheit die Bandpassmittenfrequenz ein, und der gemessene Wert wird bei der entsprechenden Frequenz dargestellt. Wird das Filter kontinuierlich verstellt, kann das Spektrum des Eingangssignals gemessen werden.

Dieses Verfahren entspricht dem einfachen „Geradeausempfang" in der Nachrichtenübertragungstechnik. Zur Spektrumanalyse sollen die Mittenfrequenzen in einem weiten Bereich verstellbar und zusätzlich die Bandbreite wählbar sein. Vor allem bei höheren Frequenzen ist dies sehr aufwändig, so dass wie auch bei Radioempfängern der Überlagerungsempfänger zur Frequenzselektion eingesetzt wird.

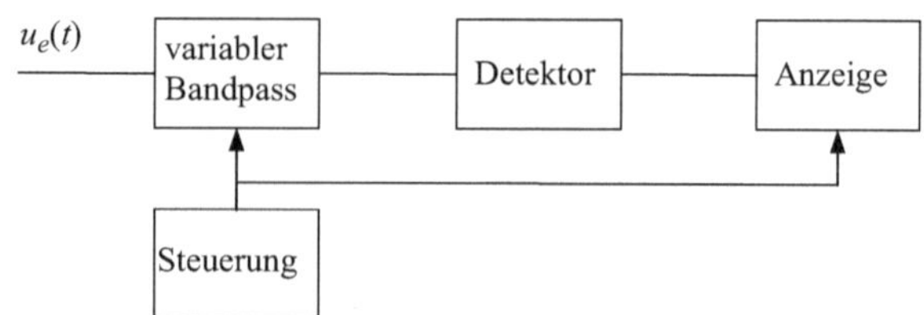

Abb. 18.4 Blockschaltbild eines Bandpassempfängers mit variabler Bandpassmittenfrequenz

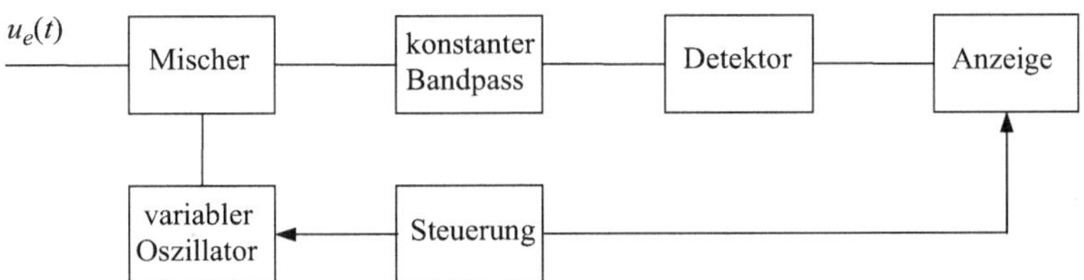

Abb. 18.5 Überlagerungsempfänger mit durchstimmbarem Oszillator zur Spektrumanalyse

Überlagerungsempfänger

Die Frequenzselektion wird beim Überlagerungsempfänger ebenso durch einen Bandpass erreicht. Zur Frequenzabstimmung wird hierbei aber nicht die Mittenfrequenz des Filters verändert.

Das Eingangssignal wird wie in Abb. 18.5 gezeigt, mit einem Umsetzsignal, das von einem Oszillator mit variabler Frequenz erzeugt wird, gemischt und das frequenzverschobene Signal mit einem Bandpass konstanter Mittenfrequenz gefiltert. Der Mischer bewirkt eine Frequenzverschiebung bzw. Frequenzumsetzung.

Betrachten wir ein Eingangssignal $u_e(t)$ bei der Frequenz f_e. Der durchstimmbare Oszillator, der auch als lokaler Oszillator (Local Oscillator) bezeichnet wird, erzeugt ein Signal der Frequenz f_{LO}. Am Ausgang des Mischers erhalten wir ein Signal mit Frequenzanteilen bei der Summe und Differenz der Eingangsfrequenzen. Diese Frequenzen werden als Zwischenfrequenzen bezeichnet.

Die Entstehung der Summen- und Differenzfrequenz kann mathematisch nachvollzogen werden, wenn man von einer Multiplikation der Eingangssignale im Mischer ausgeht. Das Ausgangssignal ist gleich einer Konstanten k multipliziert mit dem Produkt $u_{\text{LO}}(t)$ und $u_e(t)$:

$$u_a(t) = k \cdot u_{\text{LO}}(t) \cdot u_e(t) = k \cdot \hat{U}_{\text{LO}} \cdot \cos\,(2\,\pi f_{\text{LO}} t) \cdot \hat{U}_e \cdot \cos\,(2\,\pi f_e t).$$

Verwendet man: $\cos\,(a) \cdot \cos\,(b) = 0{,}5 \cdot \cos\,(a + b) + 0{,}5 \cdot \cos\,(a - b)$, folgt

$$u_a(t) = k \cdot 0{,}5 \cdot \hat{U}_{\text{LO}} \cdot \hat{U}_e \cdot (\cos\,(2\pi\,(f_{\text{LO}} + f_e)\,t) + \cos\,(2\pi\,(f_{\text{LO}} - f_e t))). \quad (18.31)$$

Man erkennt, dass das Signal am Ausgang eines Multiplizierers Frequenzanteile bei der Summen und Differenzfrequenz besitzt (Abb. 18.6).

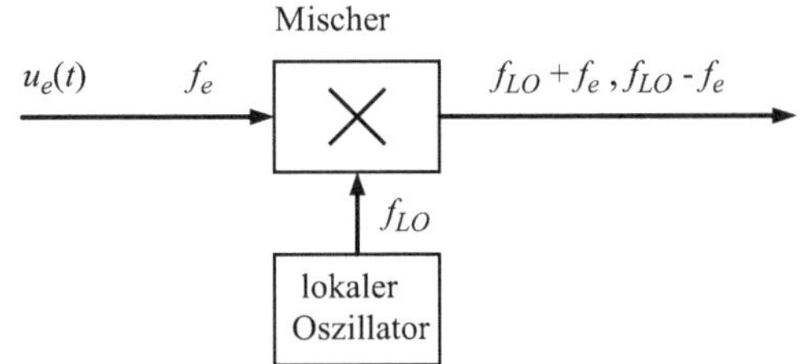

Abb. 18.6 Frequenzmischung: Die Mischung des Eingangssignals der Frequenz f_e mit dem Oszillator der Frequenz f_{LO} liefert ein Signal mit Anteilen bei $f_{\text{LO}} + f_e$ und $f_{\text{LO}} - f_e$

Beispiel 18.4

Ein Eingangssignal $u_e(t) = 0{,}1\,\text{V} \cdot \cos(2\pi \cdot 10\,\text{MHz} \cdot t)$ wird mit einem Lokaloszillatorsignal $u_{\text{LO}}(t) = 1\,\text{V} \cdot \cos(2\pi \cdot 100\,\text{MHz} \cdot t)$ gemischt.

Der Mischer erzeugt eine Ausgangsspannung von: $u_a(t) = 0{,}2/\text{V} \cdot u_{\text{LO}}(t) \cdot u_e(t)$.

Die Ausgangsspannung ist nach Gl. 18.30:

$$\begin{aligned} u_a(t) &= 0{,}2/\text{V} \cdot 0{,}1\,\text{V} \cdot \cos(2\pi \cdot 10\,\text{MHz} \cdot t) \cdot 1\,\text{V} \cdot \cos(2\pi \cdot 100\,\text{MHz} \cdot t) \\ &= 0{,}2/\text{V} \cdot 0{,}1\,\text{V} \cdot 1\,\text{V} \cdot 0{,}5 \cdot (\cos(2\pi \cdot 110\,\text{MHz} \cdot t) + \cos(2\pi \cdot 90\,\text{MHz} \cdot t)) \\ &= 0{,}01\,\text{V} \cdot \cos(2\pi \cdot 110\,\text{MHz} \cdot t) + 0{,}01\,\text{V} \cdot \cos(2\pi \cdot 90\,\text{MHz} \cdot t). \end{aligned}$$

Das Ausgangssignal enthält Frequenzanteile bei $f_1 = 110$ MHz und $f_2 = 90$ MHz, die den beiden Zwischenfrequenzen $f_1 = f_{\text{LO}} + f_e$ und $f_2 = f_{\text{LO}} - f_e$ entsprechen.

Es stehen integrierte Mischerbaugruppen zur Verfügung, die aus Dioden und Übertragern aufgebaut sind. Bei Einhaltung der spezifizierten Eingangsspannungen zeigen sie das gewünschte, multiplizierende Verhalten. Um einen weiten Eingangsspannungsbereich zu erhalten, sind meist vor den Mischern schaltbare Abschwächer und nach den Mischern Verstärker angeordnet.

Frequenzselektion des Überlagerungsempfängers

Zur Klärung der Frequenzselektion gehen wir nach Abb. 18.5 von einem Bandpass der festen Mittenfrequenz f_{BP} und einer vernachlässigbar kleinen Bandbreite aus. Der lokale Oszillator hat die Frequenz f_{LO}. Für einen Eingangssignalanteil bei der Frequenz f_a erhalten wir nach dem Mischer die Zwischenfrequenzen $f_{Z1} = f_{\text{LO}} + f_a$ und $f_{Z2} = f_{\text{LO}} - f_a$. Auf den Detektor gelangen wegen des Bandpasses nur Signale der Frequenz f_{BP}, so dass der Signalanteil der Frequenz f_a nur dann gemessen wird, wenn $f_{\text{BP}} = f_{Z1} = f_{\text{LO}} + f_a$ oder $f_{\text{BP}} = f_{Z2} = f_{\text{LO}} - f_a$, beziehungsweise nach f_a aufgelöst:

$$f_a = f_{\text{BP}} - f_{\text{LO}} \quad \text{oder} \quad f_a = f_{\text{LO}} - f_{\text{BP}}.$$

Nehmen wir eine sogenannte Aufwärtsmischung an, bei der $f_{\text{LO}} > f_{\text{BP}}$ ist. Damit ist die durch den Lokaloszillator ausgewählte Analysefrequenz

$$f_a = f_{\text{LO}} - f_{\text{BP}}. \tag{18.32}$$

Aus der obigen Gleichung folgt, dass bei konstanter Bandpassmittenfrequenz f_{BP} mit Hilfe einer variablen Lokaloszillatorfrequenz f_{LO} die Analysefrequenz verändert werden kann.

Beispiel 18.5

Gegeben ist ein Bandpass mit fester Mittenfrequenz $f_{\text{BP}} = 300$ MHz und einer vernachlässigbar kleinen Auflösebandbreite RBW. Das Eingangssignal ist $u_e(t) = \hat{U} \cdot \cos(2\pi \cdot 60\,\text{MHz} \cdot t)$. Für die Lokaloszillatorfrequenzen f_{LO} ergeben sich folgende Analysefrequenzen und Anzeigewerte:

f_{LO} (MHz)	$f_a = f_{\mathrm{LO}} - f_{\mathrm{BP}}$ (MHz)	Anzeigewert
301	1	0
350	50	0
359	59	0
360	60	$\hat{U}/\sqrt{2}$
400	100	0

Im Beispiel 18.5 wird für die Bandpassfrequenz $f_{\mathrm{BP}} = 300$ MHz die Lokaloszillatorfrequenz zwischen 301 MHz und 400 MHz verändert und die entsprechende Analysefrequenz f_a angegeben. Bei kontinuierlicher Veränderung wird der gesamte Frequenzbereich zwischen 1 MHz und 100 MHz analysiert und so das Spektrum in diesem Bereich gemessen und dargestellt. Man erkennt, dass für das Eingangssignal $u_e(t)$, das nur einen Signalanteil bei 60 MHz besitzt, nur bei einer Lokaloszillatorfrequenz von 360 MHz ein Wert verschieden Null gemessen und angezeigt wird.

Wobbelbetrieb

Um das gesamte Spektrum oder einen bestimmten Bereich des Spektrums eines Signals zu messen, wird die Frequenz des lokalen Oszillators kontinuierlich verändert. Das Durchfahren des Frequenzbereiches wird Wobbelbetrieb oder Sweep genannt. Mit Gl. 18.31 kann der Frequenzbereich des Lokaloszillators für eine gegebene, konstante Bandpassmittenfrequenz und den gewünschten Analysefrequenzbereich bestimmt werden. Beispielsweise für eine Bandpassmittenfrequenz von 300 MHz wird durch eine Veränderung der Lokaloszillatorfrequenz von 300 MHz bis 500 MHz die Analysefrequenz von 0 bis 200 MHz verändert und so das Spektrum des Eingangssignals in diesem Frequenzbereich gemessen. Der Vorteil des Überlagerungsempfangs ist, dass der Bandpass mit konstanter Mittenfrequenz mit sehr guten Eigenschaften und akzeptablem Aufwand realisierbar ist. Der veränderbare Lokaloszillator wird meist als Frequenzsynthesizer aufgebaut.

Einfluss der Auflösebandbreite RBW

Wie für den einfachen Bandpassempfänger im Abschn. 18.2.1 gezeigt, ist auch für den Überlagerungsempfänger die Auflösebandbreite (Resolution Bandwidth) RBW für die Selektivität der Messung entscheidend. Je kleiner die Auflösebandbreite, desto besser können dicht beieinander liegende Spektralanteile voneinander getrennt werden. Sehr kleine Bandbreiten haben auf der anderen Seite den Nachteil sehr langer Einschwingzeiten, so dass anwendungsbezogen der Benutzer eine sinnvolle Bandbreite auswählen muss. Hinzu kommt, dass reale Filter außerhalb des Durchlassbereiches keine beliebig hohe, sondern eine endliche Dämpfung haben, die aber mit zunehmendem Abstand von der Bandpassmittenfrequenz stark zunimmt. Tab. 18.1 gibt beispielhaft die Filterdämpfung eines Bandpasses 4. Ordnung in Abhängigkeit von der Frequenzdifferenz zur Bandpassmittenfrequenz an.

Tab. 18.1 Filterdämpfung in Abhängigkeit des Frequenzabstandes zur Bandpassmittenfrequenz

Frequenzabstand zu f_{BP}	RBW/2	RBW	2 · RBW	5 · RBW	10 · RBW	20 · RBW
Filterdämpfung	3 dB	13 dB	31 dB	65 dB	92 dB	>100 dB

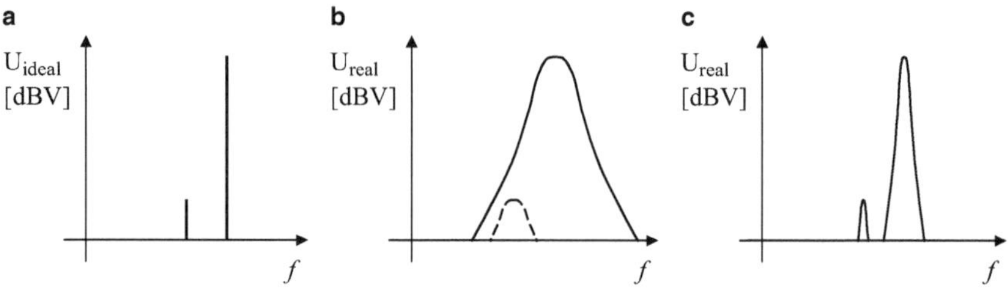

Abb. 18.7 **a** Logarithmische Darstellung eines Signals mit zwei diskreten Spektrallinien, **b** Anzeige der Messung des Signal mit einer großen Filterbandbreite und realer Filterdämpfung, **c** Anzeige desselben Signals mit kleiner Filterbandbreite

Die endliche Sperrdämpfung bewirkt, dass eine reine, monofrequente Schwingung nicht als eine infinitesimal schmale Linie auf der Anzeige erscheint, sondern entsprechend der Dämpfungskurve des Filters verbreitert ist. Weitere kleine Signale, deren Frequenzen nahe bei der Hauptschwingung liegen, können dadurch nicht erkannt werden.

Abb. 18.7a zeigt die ideale Anzeige eines Analysators mit verschwindend kleiner Auflösebandbreite bzw. idealem Dämpfungsverlauf und im Abb. 18.7b die Darstellung eines realen Systems. In der idealen Darstellung ist eine zweite, kleine Signalkomponente zu erkennen, während in der mittleren Darstellung das nicht vollständig gedämpfte, große Signal die kleine Signalkomponente überdeckt und diese so nicht erkennbar ist. Wird, wie Abb. 18.7c dargestellt, die Auflösebandbreite deutlich verringert, kann das kleine Signal wieder erkannt und ausgewertet werden.

18.3 Eigenschaften von Spektrumanalysatoren

Auf Grund der Vielfalt der Anwendungen existiert eine Vielzahl verschiedener Spektrumanalysatoren, die sich in den Kenndaten und der Nachverarbeitung und Bewertung der gemessenen Spektren unterscheiden. Ein Beispiel zeigt Abb. 18.8. In diesem Abschnitt können deshalb nur die wichtigsten Eigenschaften und die damit zusammenhängenden, vom Benutzer einzustellenden Parameter beschrieben werden.

Frequenzbereich

Der Frequenzbereich des Spektrumanalysators ist der Bereich der Analysefrequenz, in dem der Analysator Messungen durchführen kann. Er ist durch die obere und untere Grenzfrequenz des Gesamtsystems bestimmt. Beispiele sind Audioanalysatoren bis 100 kHz,

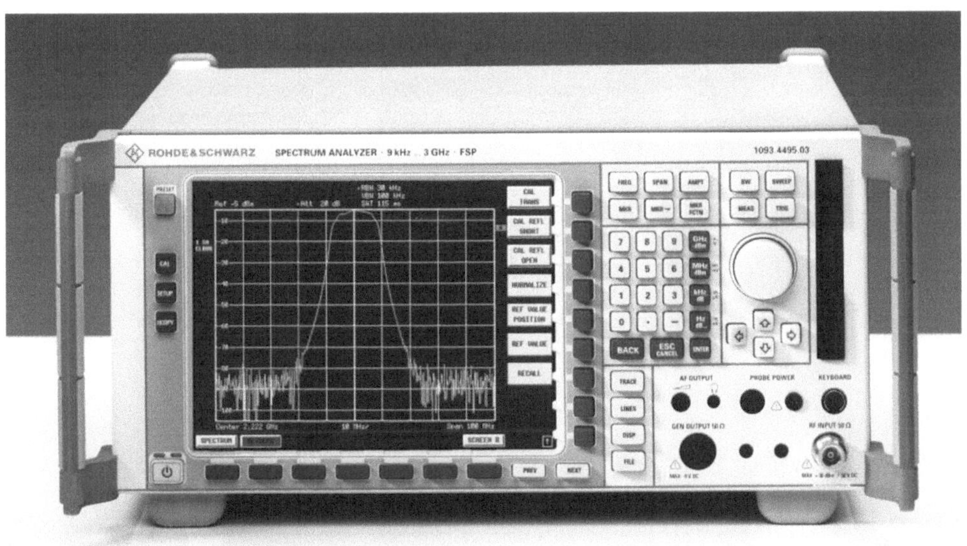

Abb. 18.8 Frontansicht eines Spektrumanalysators für den Frequenzbereich 9 kHz bis 3 GHz (Rohde&Schwarz GmbH & Co. KG)

Universalanalysatoren für 100 Hz bis 200 MHz, 50 Hz bis 3 GHz und Mikrowellenanalysatoren bis 20 GHz und höher. Der Auswertebereich einer Messung kann innerhalb dieses Frequenzbereiches gewählt werden. Sinnvollerweise wird nicht der gesamte Frequenzbereich ausgewertet, sondern gegebenenfalls nach einer Übersichtsmessung nur der oder die interessierenden Bereiche mit einer hohen Auflösung. Zur Einstellung wird die Startfrequenz FSTART und Stopfrequenz FSTOP oder die Mittenfrequenz FCENT und Frequenzbereich FSPAN angegeben. Die Ergebnisdarstellung erfolgt dann von FSTART bis FSTOP bzw. von FCENT−FSPAN/2 bis FCENT+FSPAN/2.

Auflösebandbreite RBW

Wie im Abschn. 18.2.2 beschrieben bestimmt die Auflösebandbreite (Resolution Bandwidth) RBW die Frequenzselektivität des Systems. Zusätzlich wird das Eigenrauschen, das jeder Messung überlagert ist, durch die Auflösebandbreite beeinflusst. Je kleiner die Auflösebandbreite ist, desto besser können dicht beieinander liegende Signalanteile voneinander unterschieden werden und desto kleiner ist die in das Auswerteband fallende Rauschleistung. Nachteil kleiner Bandbreiten ist aber die längere Einschwingzeit des gefilterten Signals. Dadurch werden bei kleinen Bandbreiten lange Messzeiten (Sweep Time) benötigt. Die Auflösebandbreite kann meist in einem weiten Bereich gewählt werden, typisch für Universalanalysatoren ist ein Bereich von 10 MHz bis zu 1 Hz.

Abb. 18.9 zeigt die Messungen eines Signals mit Spektralanteilen bei 180 MHz, 360 MHz und 540 MHz. Abb. 18.9a zeigt das Ergebnis mit einer Auflösebandbreite von

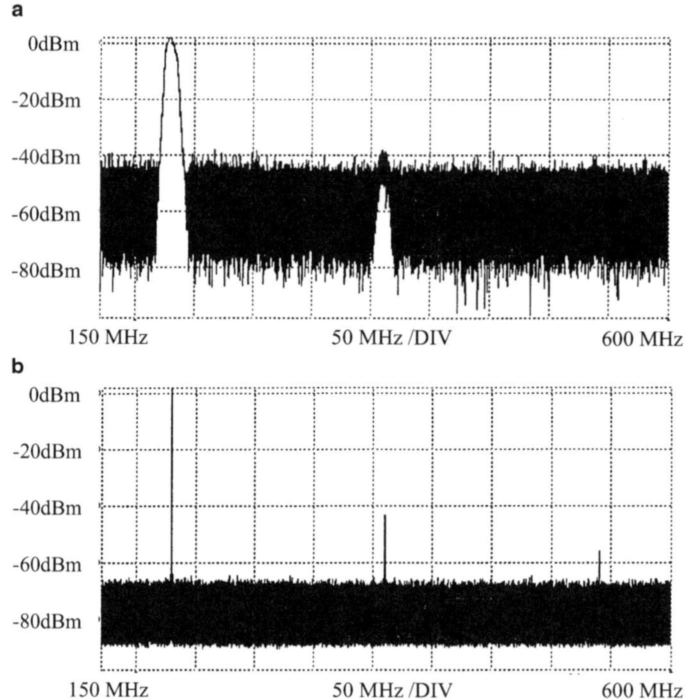

Abb. 18.9 Messung des Spektrums eines Signals mit drei Spektralkomponenten. **a** Auflösebandbreite 10 MHz, **b** Auflösebandbreite 30 kHz

10 MHz, Abb. 18.9b mit 30 kHz. Man erkennt bei der kleineren Bandbreite die deutlich schmaleren Linien und das reduzierte Eigenrauschen als niedrigerer Grundsockel. Dadurch wird die dritte Spektrallinie bei 540 MHz erkennbar, die bei der Auflösebandbreite von 10 MHz noch im Rauschen verborgen war.

Durchstimmzeit (Sweep Time)

Die Durchstimmzeit, auch Wobbelzeit oder Sweep Time SWT, ist die Zeit für einen Frequenzdurchlauf von der Startfrequenz zur Stopfrequenz. Um keine dynamischen Abweichungen zu erhalten, muss für jeden Messpunkt die Einschwingzeit des Bandpassfilters und Detektors abgewartet werden. Damit ist eine sinnvolle Durchstimmzeit direkt von der Auflösebandbreite RBW abhängig.

Da mit kleiner werdender Auflösebandbreite sowohl die Zahl der Messpunkte als auch die Einschwingzeit für jeden Messpunkt zunimmt, geht die Bandbreite quadratisch in die notwendige Durchstimmzeit ein. Für eine dynamische Messabweichung kleiner als 1 % gilt als Näherungsformel für die Durchstimmzeit SWT [65]

$$\mathrm{SWT} \approx 2 \cdot \frac{\mathrm{FSPAN}}{\mathrm{RBW}^2}, \tag{18.33}$$

mit dem Analysefrequenzbereich FSPAN und der Auflösebandbreite RBW. Bei den meisten Analysatoren wird die sinnvolle Durchstimmzeit in einem Automodus vom Gerät selbst vorgegeben.

Beispiel 18.6

Bestimmung der notwendigen Sweep Time SWT aus dem vorgegebenen Frequenzbereich FSPAN und der Auflösebandbreite RBW nach Gl. 18.33:

FSPAN = 100 kHz, RBW = 1 kHz   SWT $\approx$ 0,2 s,
FSPAN = 100 MHZ, RBW = 100 kHz   SWT $\approx$ 0,02 s,
FSPAN = 100 MHZ, RBW = 1 kHz   SWT $\approx$ 200 s.

Anhand der Durchstimmzeiten im Beispiel 18.6 erkennt man, dass sinnvollerweise bei einem großen Frequenzbereich (100 MHz) mit großen Filterbandbreiten gemessen wird und gegebenenfalls danach Ausschnitte des gesamten Bereichs mit kleinen Bandbreiten analysiert werden.

Eigenrauschen

Wie alle elektronischen Komponenten rauschen auch die Komponenten des Analysators. Das bedeutet, dass auf Grund der Temperatur oder anderer Effekte in den Komponenten Rauschspannungen entstehen, die meist als weißes Rauschen gleichmäßig über den Frequenzbereich verteilt sind. Liegt am Spektrumanalysator kein Eingangssignal an, wird dieses Eigenrauschen gemessen und angezeigt. Die Eigenrauschleistung ist eine wichtige Kenngröße des Analysators. Sie bestimmt die Empfindlichkeit des Systems, da nur Signalanteile, die größer als der Rauschsockel sind, ausgewertet werden können (siehe Abb. 18.10). Bei gleichverteiltem, weißem Rauschen ist die Rauschleistung direkt proportional zur Bandbreite, die hier der Auflösebandbreite des Systems entspricht. Damit kann mit kleiner Auflösebandbreite empfindlicher, aber nach Gl. 18.33 nur mit einer deutlich längeren Durchstimmzeit gemessen werden.

Das Eigenrauschen eines Spektrumanalysators wird als Leistung bezogen auf die Bandbreite oder als Rauschzahl bezogen auf eine Leistung von − 174 dBm und 1 Hz Bandbreite angegeben. Sehr gute Werte liegen bei − 160 dBm/Hz bzw. 14 dB Rauschzahl. Die Angabe − 160 dBm/Hz bedeutet, dass bei einer Bandbreite von 1 Hz die

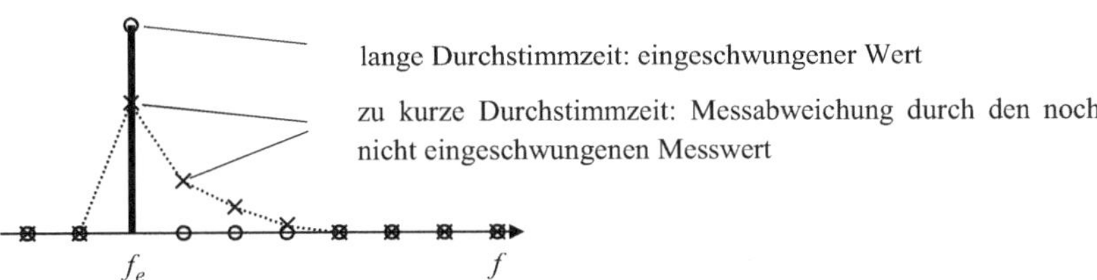

Abb. 18.10 Messergebnis der Messung eines Signals der Frequenz f_e mit ausreichend langer (*Kreise*) und zu kurzer (*Kreuze*) Durchstimmzeit

Rauschleistung − 160 dBm oder bei 1 kHz das 1000-fache, also − 130 dBm ≙ 0,1 fW beträgt. Spektrumanalysatoren mit kleinem Eigenrauschen können nicht nur kleinere Signalanteile erfassen, sie können auch bei gleicher Empfindlichkeit mit größerer Auflösebandbreite und damit deutlich schneller messen. Bei einer 10 dB kleineren Rauschleistung kann mit der 10-fachen Bandbreite und damit 100-mal kürzeren Messzeit gemessen werden.

Genauigkeit der Frequenz- und Spannungsangaben
Die Frequenzgenauigkeit hängt hauptsächlich von der Genauigkeit der lokalen Oszillatoren ab. An sie werden hohe Anforderungen bezüglich Frequenzgenauigkeit, Phasenrauschen und Linearität der Frequenzverstellung gestellt. Frei laufende Oszillatoren sind einfacher realisierbar, aber ungenauer. Bei phasenstarr gewobbelten Synthesizern ist die Frequenz auf eine hochgenaue Referenzoszillatorfrequenz gerastet, und es werden relative Messunsicherheiten für die Frequenzangaben von 10^{-6} bis 10^{-8} erreicht.

Die Genauigkeit der Leistungs- oder Spannungsbestimmung ist vom Frequenzbereich des Analysators abhängig. Typische Werte für Universalanalysatoren im MHz- bis GHz-Bereich liegen bei ± 0,5 dB bis ± 2 dB.

Eine Spannungsabweichung von + 0,5 dB entspricht nach Gl. 18.26

$$0{,}5\,\mathrm{dB} = 20 \cdot \log\left(\frac{U_1}{U_2}\right)\mathrm{dB} \quad \rightarrow \quad \frac{U_1}{U_2} = 10^{\frac{0{,}5}{20}} = 1{,}059$$

und damit einer relativen Abweichung der Spannung von + 5,9 %.

18.4 Netzwerkanalyse

Netzwerkanalysatoren sind Messsysteme, die aus einem Spektrumanalysator und einem Signalsender bestehen. Mit ihrer Hilfe können Netzwerke wie beispielsweise Verstärker, Filter oder Übertragungssysteme charakterisiert werden. Dazu wird ein bekanntes Signal an den Eingang der zu untersuchenden Komponente bzw. des Netzwerks gelegt und der Ausgang gemessen. Will man die Komponente in einem Frequenzbereich charakterisieren, kann wie in Abb. 18.11 dargestellt, ein Spektrumanalysator mit einem sogenannten Mitlaufsender verwendet werden.

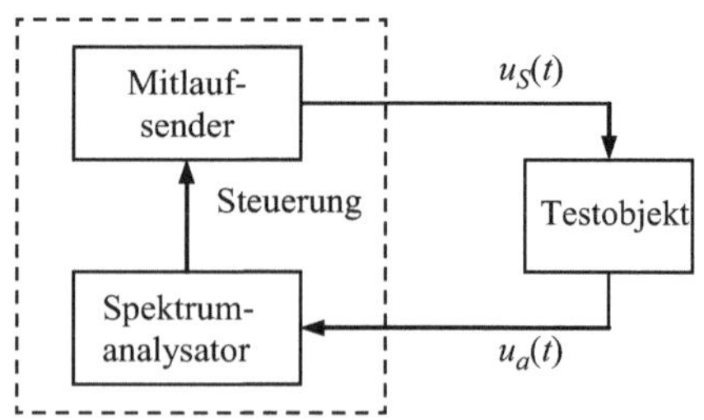

Abb. 18.11 Prinzip eines Netzwerkanalysators zur Frequenzgangmessung des Testobjektes

Der Mitlaufsender (Tracking Generator) wird vom Spektrumanalysator gesteuert. Er sendet mit konstanter Amplitude genau bei der Frequenz, auf die der Empfänger abgestimmt ist und bei der der Analysator auswertet. Bei einem Frequenzdurchlauf wird die Ausgangsspannung des Testobjektes $U_a(\omega)$ über der Frequenz gemessen. Bei konstanter oder nach einer Kalibrierung bekannten Mitlaufsenderspannung $U_S(\omega)$ kann der Amplitudengang des Testobjektes bestimmt und auf dem Bildschirm dargestellt werden:

$$|G(\mathrm{j}\omega)| = \frac{U_a(\omega)}{U_S(\omega)}. \tag{18.34}$$

In diesem Fall spricht man von einer skalaren Netzwerkanalyse. Bei vektoriellen Netzwerkanalysatoren wird neben der Amplitude auch die Phasenverschiebung $\Delta\varphi$ der Signale $u_a(t)$ und $u_S(t)$ ausgewertet. Man erhält zusätzlich den Phasengang $\varphi(\omega)$, bzw. den vollständigen Frequenzgang des Testobjektes:

$$G(\mathrm{j}\omega) = \frac{\underline{U}_a(\mathrm{j}\omega)}{\underline{U}_S(\mathrm{j}\omega)} = |G(\mathrm{j}\omega)| \cdot e^{\mathrm{j}\Delta\varphi}. \tag{18.35}$$

Der Vorteil der Anregung bei einer Frequenz und der gleichzeitigen frequenzselektiven Messung ist die erreichbare, hohe Messdynamik und die Unterdrückung von Störungen und Oberschwingungen. Mit diesen Systemen lassen sich einfach und genau Frequenzgänge beispielsweise von Verstärkern oder Filtern messen.

Abb. 18.12 zeigt die Amplitudengänge zweier Tiefpassfilter im Frequenzbereich 500 kHz bis 5,0 MHz. Die Grenzfrequenz des Filters 1 liegt unterhalb von 500 kHz, die des anderen bei 2,3 MHz. Anhand der Kurven können neben der 3 dB-Grenzfrequenz auch die Sperrdämpfung oder Dämpfungsänderungen (Ripple) im Durchlassbereich gemessen werden.

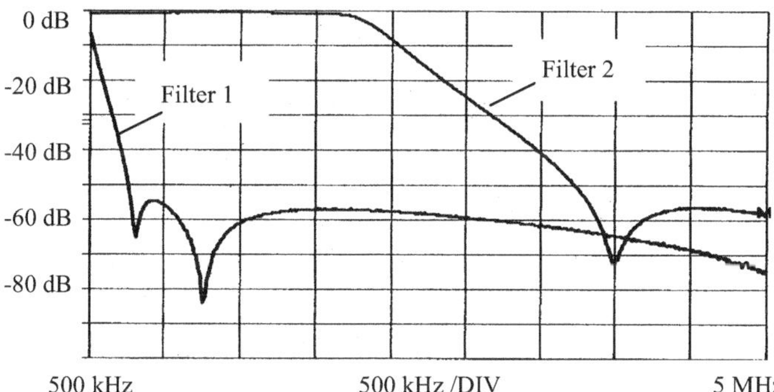

Abb. 18.12 Netzwerkanalyse: Messung der Amplitudengänge zweier Tiefpassfilter im Frequenzbereich 500 kHz bis 5,0 MHz

18.5 FFT-Analysatoren

FFT-Analysatoren berechnen das Spektrum eines Signals, das abgetastet und digitalisiert wird, mit Hilfe eines sehr effektiven Algorithmus, der der Lösung des Fourier-Integrals nach Abschn. 18.1.2 für diskrete Signale entspricht.

Diskrete Fourier-Transformation
Mathematisch kann die Transformation aus dem Zeit- in den Frequenzbereich für ein Zeitsignal $s(t)$ mit der Fourier-Transformation Gl. 18.15 beschrieben werden:

$$\underline{S}(f) = \int_{-\infty}^{\infty} s(t) \cdot e^{-\mathrm{j}2\pi ft} \mathrm{d}t.$$

Der Betrag der Fourier-Transformierten $S(f) = |\underline{S}(f)|$ entspricht dem Amplitudendichtespektrum des Signals. Es beschreibt die Amplitudenanteile aller Frequenzen und hat die Einheit V/Hz, wenn das Signal $s(t)$ eine Spannung ist.

Wird das Signal $s(t)$ ideal abgetastet, existiert es nur zu den diskreten Zeitpunkten t_n, die bei einer äquidistanten Abtastung (siehe Abschn. 4.2.1) Vielfache des Abtastintervalls T_a sind: $t_n = n \cdot T_a$. Damit wird die Fourier-Transformation für ein abgetastetes Signal

$$\underline{S}_a(f) = \int_{-\infty}^{\infty} s_a(t) \cdot e^{-\mathrm{j}2\pi ft} \mathrm{d}t = \sum_{n=-\infty}^{\infty} s(nT_a) \cdot e^{-\mathrm{j}2\pi fnT_a}. \tag{18.36}$$

Bei der Abtastung ist zu beachten, dass das Abtasttheorem (siehe Abschn. 4.2.1) eingehalten wird, das heißt, dass die Abtastfrequenz mindestens doppelt so groß wie die maximal vorkommende Signalfrequenz ist. Das Spektrum der abgetasteten Funktion $s_a(t)$ ist periodisch und entspricht nach Gl. 4.19 den im Abstand der Abtastrate wiederholten Spektren der Zeitfunktion $s(t)$.

Für die Transformation wird nun ein Ausschnitt des Signals betrachtet. Dies bedeutet, dass von den prinzipiell unendlich vielen Abtastwerten nur eine endliche Anzahl für die Transformation verwendet wird. Geht man von N diskreten Abtastwerten zu den Zeitpunkten $n \cdot T_a$ mit $n = 0, 1, 2, \ldots N - 1$ aus, so wird aus Gl. 18.36

$$\underline{S}(f) = \sum_{n=0}^{N-1} s(nT_a) \cdot e^{-\mathrm{j}2\pi fnT_a}. \tag{18.37}$$

Diese Gleichung beschreibt die Berechnung der Diskreten Fourier-Transformation DFT für einen Signalausschnitt der Dauer $N \cdot T_a$ für beliebige Frequenzen f.

Da sich aufgrund der Abtastung das Spektrum nach Vielfachen der Abtastrate $f_a = 1/T_a$ wiederholt, reicht es, den Bereich zwischen 0 und f_a zu analysieren. Für N diskrete Frequenzpunkte, die äquidistant zwischen 0 und f_a liegen, ist

$$f_k = k \cdot \frac{1}{N \cdot T_a}. \tag{18.38}$$

Eingesetzt in Gl. 18.37 erhält man für die N diskreten Spektralwerte eines mit N Werten abgetasteten Signals

$$\underline{S}\left(k \cdot \frac{1}{N \cdot T_a}\right) = \sum_{n=0}^{N-1} s(n \cdot T_a) \cdot e^{-\mathrm{j}2\pi n \frac{k}{N}}$$

beziehungsweise in Kurzschreibweise die Diskreten Fourier-Transformation DFT

$$\underline{S}(k) = \sum_{n=0}^{N-1} s(n) \cdot e^{-\mathrm{j}2\pi n \frac{k}{N}}. \tag{18.39}$$

Die Berechnung des Signalspektrums mit Hilfe der DFT ist rechenintensiv. Aufgrund der großen Anzahl von komplexen Rechenoperationen (Multiplikationen und Additionen), die proportional zu N^2 ist, ist bei einer großen Zahl von Abtastwerten die Rechenzeit sehr groß.

Fast Fourier-Transformation

Durch Anwendung optimierter Algorithmen können die Zahl der notwendigen Operationen zur Berechnung der Spektralwerte $\underline{S}(k)$ deutlich reduziert und prinzipiell dieselben Ergebnisse wie bei der DFT in einer deutlich kürzeren Zeit berechnet werden. Diese optimierte Fourier-Transformation wird als Fast-Fourier-Transformation (FFT) bezeichnet [67, 68].

Voraussetzung zur Anwendung der FFT ist, dass die N Abtastwerte äquidistant sind und N eine 2er-Potenz darstellt. Die FFT liefert dann aus den N Abtastwerten die N Spektralwerte nach Gl. 18.39. Die Rechenzeit kann anhand der notwendigen Rechenoperationen abgeschätzt werden. Anstatt N^2 Rechenoperationen für die DFT werden zur FFT nur noch $N \cdot \log_2 N$ Multiplikationen benötigt. Für eine Transformation mit $N = 1024$ sind dies für die DFT ca. 10^6 und für die FFT ca. 10^4. Damit liegt für die 1024-Punkte-FFT die Rechenzeitreduzierung bei dem Faktor 100.

Fensterfunktion (Window Function)

Die Verwendung von nur endlich vielen Abtastwerten N zur Berechnung der FFT wird als Fensterung (Windowing) bezeichnet. Signaltheoretisch kann man sie als Multiplikation des unbegrenzten Zeitsignals $s(t)$ mit einer Fensterfunktion $w(t)$, die nur im verwendeten Zeitausschnitt von Null verschieden ist, darstellen. Im Frequenzbereich bedeutet dies die Faltung des Signalspektrums $\underline{S}(f)$ mit dem Spektrum der Fensterfunktion $\underline{W}(f)$

$$s(t) \cdot w(t) \quad \rightarrow \quad \underline{S}(f) * \underline{W}(f). \tag{18.40}$$

Werden alle N Abtastwerte gleichgewichtig verwendet, ist die Fensterfunktion rechteckförmig. Sie hat die Breite $N \cdot T_a$, zwischen 0 und $(N-1) \cdot T_a$ den Wert 1 und außerhalb den Wert 0. Dieses Rechteck-Fenster hat nach Gl. 18.16 eine si-förmige Fourier-Transformierte. Deren Betrag

$$|\underline{W}(f)| = N \cdot T_a \cdot |si\,(2\pi f \cdot N \cdot T_a/2)| = N \cdot T_a \cdot \left| \frac{\sin\,(2\pi f \cdot N \cdot T_a/2)}{2\pi f \cdot N \cdot T_a/2} \right| \quad (18.41)$$

ist in Abb. 18.13d dargestellt.

Die Abb. 18.13a, c, e zeigt links ein sinusförmiges Signal $s(t)$ mit der Frequenz $f_0 = 1/T$, das mit dem darunter abgebildeten Rechteck-Fenster $w(t)$ bewertet wird. In Abb. 18.13b, d, f sind die Beträge der Fourier-Transformierten $S(f)$, $W(f)$ und der Fourier-Transformierten des gefensterten Signals $\underline{S}(f) * \underline{W}(f)$ dargestellt. An diesem Beispiel ist zu erkennen, dass durch die Fensterung das Spektrum des ehemals monofrequenten Signals (diracstoßförmiges Spektrum) verbreitert ist und Nebenmaxima aufweist. Diese Auswirkungen sind abhängig von der Breite des Fensters $N \cdot T_a$ (je breiter das Fenster, desto geringer die Verbreiterung des Spektrums) und von der Form der Fensterfunktion, also in diesem Fall der Rechteckfunktion.

Ein weiterer Effekt bei der FFT liegt in der Tatsache, dass nach Gl. 18.39 die FFT das Spektrum an N diskreten Werten, den Analysefrequenzpunkten

$$f_k = k \cdot \frac{1}{N \cdot T_a}$$

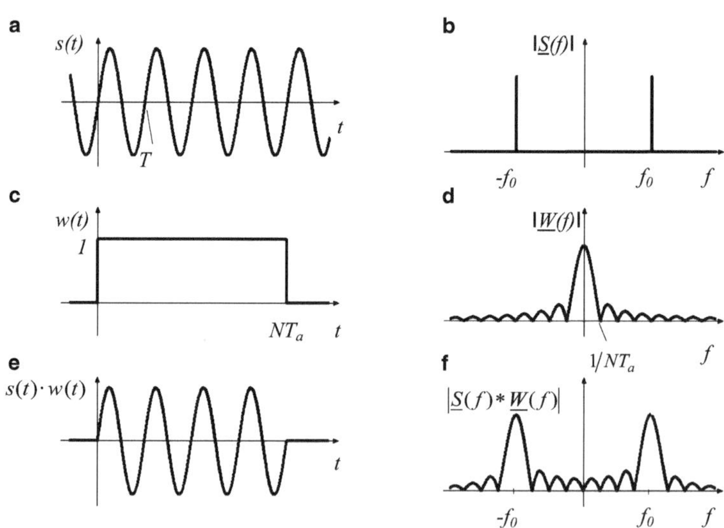

Abb. 18.13 Sinusförmiges Signal mit Rechteck-Fenster im Zeitbereich (**a**, **c**, **e**) und Spektralbereich (**b, d, f**)

mit $k = 0 \ldots N-1$, bestimmt. Nehmen wir an, das Signal $s(t)$ ist, wie in Abb. 18.13 dargestellt, monofrequent mit der Frequenz f_0 und das Rechteck-Fenster wird verwendet. Ist die Fensterbreite $N \cdot T_a$ ein ganzzahliges Vielfaches der Periodendauer des Signals

$$N \cdot T_a = i \cdot T = i \cdot \frac{1}{f_0}, \tag{18.42}$$

so wird bei der FFT für ein bestimmtes k das Maximum von $S(f) * W(f)$ berechnet. Alle anderen berechneten Spektralwerte sind Null, da sie exakt bei den Nullstellen der si-Funktion liegen. Ist diese Bedingung nicht erfüllt, was im Allgemeinen ja der Fall ist, existiert kein berechneter Spektralwert, der dem Maximum der si-Funktion entspricht. Zusätzlich fallen die anderen FFT-Werte nicht mehr in die Nullstellen der si-Funktion (Abb. 18.14b, d). Damit entstehen Fehler in der Amplitudenbestimmung des Signalanteils und unerwünschte Nebenlinien, was als Leckeffekt (Leakage Effect) bezeichnet wird. Der Signalamplitudenfehler wird maximal, wenn die tatsächliche Signalfrequenz genau zwischen zwei FFT-Analysefrequenzen liegt.

Abb. 18.14 zeigt diesen Zusammenhang. In Abb. 18.14a ist gestrichelt ein sinusförmiges Signal $s_1(t)$ mit den als dickeren Punkten markierten $N = 16$ Abtastwerten. Bei diesem Signal ist

$$N \cdot T_a = 4 \cdot T_1,$$

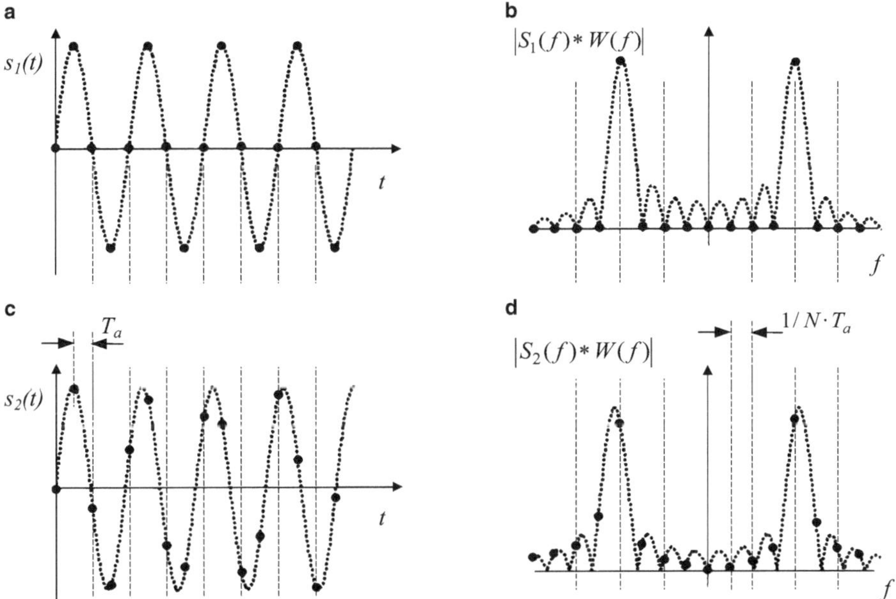

Abb. 18.14 Abgetastete sinusförmige Signale (**a**, **c**) und FFT-Spektren (**b**, **d**). **a**, **b** $N \cdot T_a = 4 \cdot T_1$, **c**, **d** $N \cdot T_a = 4{,}25 \cdot T_2$

das heißt, die Fensterbreite entspricht exakt vier Perioden des Signals. Abb. 18.14b ist das Spektrum dargestellt, gestrichelt das der gefensterten Sinusfunktion und mit den Punkten markiert das FFT-Spektrum des abgetasteten Signals ($N = 16$ Frequenzwerte mit Abständen von $1/N \cdot T_a$). Die Spektralwerte sind Null bis auf den Wert bei $f = 1/T_1$, hier wird der Amplitudenwert der Sinusschwingung richtig bestimmt. Das in Abb. 18.14 unten dargestellte Signal $s_2(t)$ hat eine etwas höhere Frequenz und die Fensterbreite ist nicht mehr ein ganzzahliges Vielfaches der Periodendauer, da

$$N \cdot T_a = 4{,}25 \cdot T_2.$$

Das FFT-Spektrum dieses abgetasteten Signals in Abb. 18.14d zeigt, dass kein FFT-Spektralwert das Maximum trifft und die anderen Spektralwerte nicht gleich Null sind. Dadurch entstehen Amplitudenmessabweichungen und vermeintliche, zusätzliche Frequenzanteile im Signal.

Beide Effekte können durch die Wahl anderer Fensterfunktionen als das Rechteck-Fenster reduziert werden. Diese bewerten die Abtastwerte der Zeitfunktion nicht nur mit 0 (außerhalb des Fensters) oder 1 (innerhalb des Fensters), so dass ein weicherer Übergang zum Rand des Fensters hin entsteht. Die Optimierung dieser Fensterfunktionen führt zur Verringerung der Höhe der Nebenmaxima oder zur Reduzierung der Amplitudenmessabweichung durch ein flacheres und breiteres Hauptmaximum. Ein Nachteil der Verbreiterung um das Maximum ist aber die dadurch bedingte geringere Frequenzauflösung.

Nachfolgend sind einige häufig verwendete Fensterfunktionen angegeben. Dabei wird von N Abtastwerten mit n von 0 bis $(N - 1)$ ausgegangen.

Rechteck-Fenster

$$w(n) = 1 \tag{18.43}$$

Cosinus-Fenster (Hanning-Fenster)

$$w(n) = 0{,}5 - 0{,}5 \cdot \cos\left(2\pi \cdot \frac{n}{N-1}\right) \tag{18.44}$$

Hamming-Fenster

$$w(n) = 0{,}54 - 0{,}46 \cdot \cos\left(2\pi \cdot \frac{n}{N-1}\right) \tag{18.45}$$

Flattop-Fenster

$$w(n) = 1{,}0 - 1{,}93 \cdot \cos\left(2\pi \cdot \frac{n}{N-1}\right) + 1{,}29 \cdot \cos\left(4\pi \cdot \frac{n}{N-1}\right) - 0{,}388 \cdot \cos\left(6\pi \cdot \frac{n}{N-1}\right) + 0{,}0322 \cdot \cos\left(8\pi \cdot \frac{n}{N-1}\right) \tag{18.46}$$

Abb. 18.15 zeigt diese Fensterfunktionen links im Zeitbereich zwischen 0 und $N - 1$ (entspricht 0 bis T_a) in linearer Darstellung und rechts das dazugehörige Spektrum (Betrag) logarithmisch dargestellt im Frequenzbereich von 0 bis $f = {}^{6}/_{N \cdot T_a}$.

Das einfache Rechteck-Fenster Abb. 18.15a hat ein Spektrum mit einem schmalen Hauptmaximum und Nebenmaxima, die mit zunehmender Frequenz nur langsam abfallen. Das Cosinus-Fenster Abb. 18.15b hat ein breiteres Hauptmaximum, die erste Nullstelle liegt bei $f = 2/N \cdot T_a$ und die Nebenmaxima sind deutlich kleiner und fallen schneller mit steigender Frequenz ab. Das Hamming-Fenster Abb. 18.15c hat geringere Nebenmaxima als das Cosinus-Fenster, die aber mit steigender Frequenz nicht geringer werden. Das ganz unten abgebildete Flattop-Fenster Abb. 18.15d hat ein sehr breites Hauptmaximum mit einem flachen Verlauf und relativ geringe Nebenmaxima. Die erste Nullstelle liegt bei $f = 5/N \cdot T_a$. Die typischen Eigenschaften dieser Fenster wie die Höhe des größten Nebenmaximums und die 3 dB-Breite des Hauptmaximums sind in Tab. 18.2 zusammengefasst.

Bei der Auswahl eines für die jeweilige Anwendung geeigneten Fensters müssen die Vor- und Nachteile der Fensterfunktionen und aufgrund des unterschiedlichen Aufwandes der Berechnung der gefensterten Zeitfunktionen eventuell auch die Rechenzeit berücksichtigt werden.

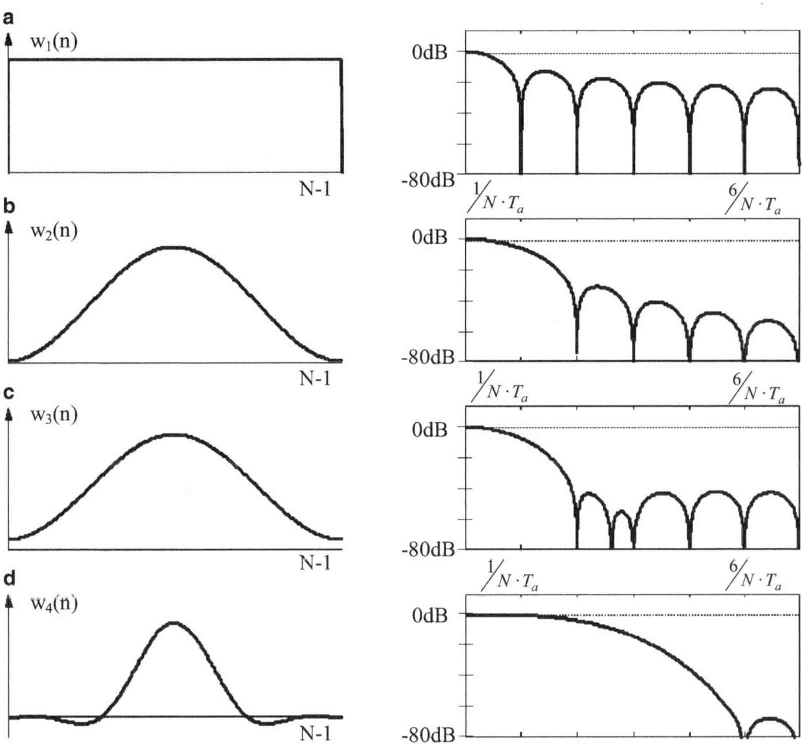

Abb. 18.15 **a** Rechteck-Fenster, **b** Cosinus-Fenster (Hanning), **c** Hamming-Fenster, **d** Flattop-Fenster

Tab. 18.2 Größte Nebenmaxima und 3dB-Bandbreiten typischer Fensterfunktionen

Fensterfunktion	Größtes Nebenmaximum (dB)	3 dB-Bandbreite	Hauptvorteil
Rechteck-Fenster	−13,3	$0{,}89 \cdot \frac{1}{N \cdot T_a}$	Einfach
Cosinus-Fenster	−31,5	$1{,}44 \cdot \frac{1}{N \cdot T_a}$	Abnehmende Nebenmaxima
Hamming-Fenster	−42,7	$1{,}30 \cdot \frac{1}{N \cdot T_a}$	Niedrige Nebenmaxima
Flattop-Fenster	−68,3	$3{,}73 \cdot \frac{1}{N \cdot T_a}$	Hohe Amplitudengenauigkeit

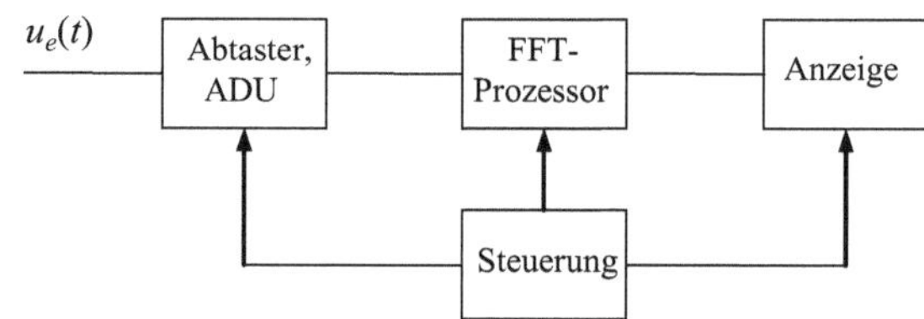

Abb. 18.16 Blockschaltbild eines FFT-Analysators

Aufbau eines FFT-Analysators

FFT-Analysatoren verwenden den FFT-Algorithmus zur Berechnung des Signalspektrums. Sie haben das in Abb. 18.16 angegebene vereinfachte Blockschaltbild.

Das Signal $u_e(t)$ wird äquidistant abgetastet und mit einem Analog-Digital-Umsetzer (ADU) digitalisiert. Die digitalen Werte werden von Signalprozessoren mit der gewählten Fensterfunktion gewichtet und mit dem FFT-Algorithmus verarbeitet. Aus der Transformation von N Abtastwerten erhält man N Spektralwerte bei diskreten, äquidistanten Frequenzen. Diese werden als Spannungseffektivwerte der Frequenzanteile dargestellt.

Bei FFT-Analysatoren können meistens der Umfang der FFT und die Abtastfrequenz oder Umfang der FFT und die Fensterbreite sowie die Art des Fensters eingestellt werden. Die Abtastfrequenz $f_a = 1/T_a$ muss nach dem Abtasttheorem (siehe Abschn. 4.2.1) mindestens doppelt so groß wie die im Signal maximal vorkommende Frequenz sein. Die Fensterbreite $N \cdot T_a$ legt nach Gl. 18.38 den Abstand der berechneten Frequenzpunkte der FFT fest. Die Wahl eines geeigneten Fensters erfolgt nach den vorher angegebenen Kriterien.

Da der Rechenaufwand beträchtlich und die Abtastung hochfrequenter Signale sehr aufwändig ist, werden FFT-Analysatoren heute vor allem im Niederfrequenzbereich bis zu Frequenzen von einigen MHz eingesetzt.

Manche Digitaloszilloskope bieten die Möglichkeit, die gespeicherten Zeitwerte mit Hilfe einer FFT in den Frequenzbereich zu transformieren, so dass mit derartigen Oszilloskopen mit FFT-Funktion das Signalspektrum einfach dargestellt werden kann.

18.6 Aufgaben zur Spektrumanalyse

Aufgabe 18.1

Auf den Eingang eines Verstärkers wird folgendes Eingangssignal gegeben:

$$u(t) = 2\,\text{mV} \cdot \sin(2\pi \cdot 1\,\text{MHz} \cdot t).$$

Das Ausgangssignal wird mit einem Spektrumanalysator mit $R_e = 50\ \Omega$ und einer vernachlässigbar kleinen Auflösebandbreite gemessen. Das Bild zeigt das Messergebnis mit allen im Ausgangssignal vorkommenden Frequenzanteilen.

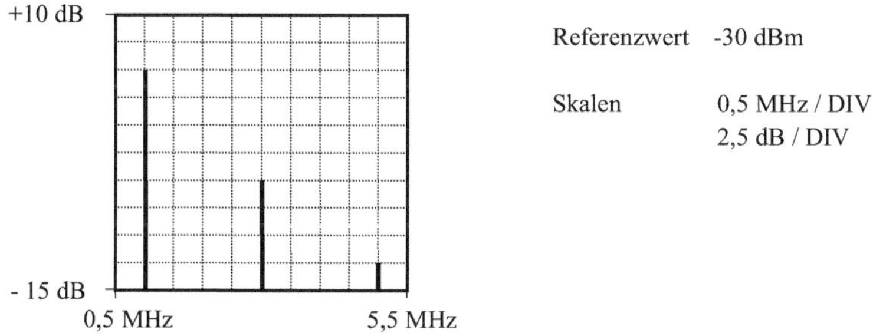

a) Bestimmen Sie bei $f = 1$ MHz die Ausgangssignalleistung in dBm und die Verstärkung des Verstärkers in dB.
b) Wie groß ist der Klirrfaktor des Ausgangssignals?

Aufgabe 18.2

Ein Spektrumanalysator hat einen Auflösebandpass mit folgender Filtercharakteristik

Frequenzabstand zu f_{BP}	RBW/2	RBW	$2 \cdot$ RBW	$5 \cdot$ RBW
Filterdämpfung	3 dB	13 dB	34 dB	65 dB

(Für $\Delta f >$ 5*RBW kann mit einer beliebig großen Dämpfung gerechnet werden).

Im Bild links ist die Messung eines Signals dargestellt, gemessen mit einer vernachlässigbar kleinen Auflösebandbreite.

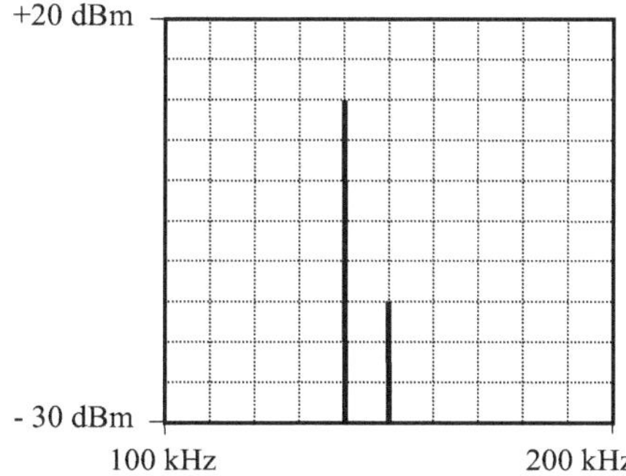

a) Bestimmen Sie für eine Auflösebandbreite RBW = 10 kHz die angezeigten Signalpegel in dBm bei 130 kHz, 140 kHz, 150 kHz und 160 kHz.
b) Skizzieren Sie das Schirmbild für die Messung mit RBW = 10 kHz.

Aufgabe 18.3

Ein Signal wird mit einem Spektrumanalysator ($R_e = 50\ \Omega$) gemessen.

Der Spektrumanalysator zeigt bei einer Auflösebandbreite RBW das unten dargestellte Bild.

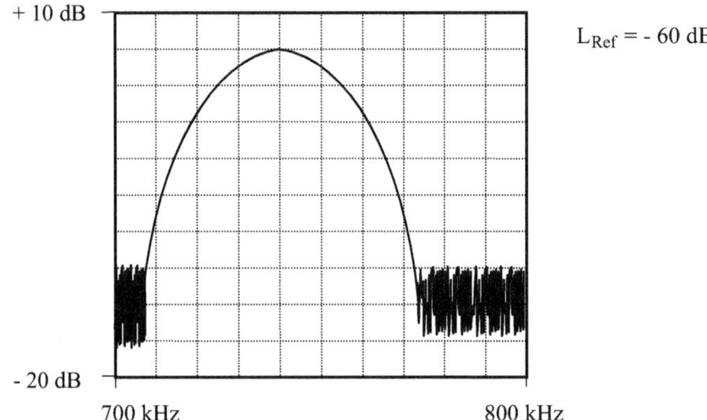

a) Bestimmen Sie die Signalfrequenz und die Signalamplitude in V.
b) Bestimmen Sie die Auflösebandbreite RBW.
c) Zeichnen Sie das Bild des Spektrumanalysators, wenn die Auflösebandbreite halbiert wird.

Lösungen zu den Aufgaben 19

19.1 Aufgaben zur Toleranz, Messunsicherheit und Fehlerfortpflanzung

Aufgabe 2.1

a) $\frac{t \cdot s}{\sqrt{n}} = \frac{2{,}26 \cdot 4{,}75\,\text{nF}}{\sqrt{10}} = 3{,}4\,\text{nF}$ (aus Tabelle: $95\,\%$, $n = 10 \rightarrow t = 2{,}26$)
Der Vertrauensbereich des Erwartungswertes ist 56,8 nF ± 3,4 nF.

b) Der Bereich, in dem 95 % der Kapazitätswerte der Charge liegen ist $\mu \pm 1{,}96 \cdot \sigma$. Dieser Bereich wird auf der Basis der Stichprobe abgeschätzt durch
$\overline{x} \pm 1{,}96 \cdot s \quad \rightarrow \quad 56{,}8\,\text{nF} \pm 1{,}96 \cdot 4{,}75\,\text{nF} \quad \rightarrow \quad 56{,}8\,\text{nF} \pm 9{,}3\,\text{nF}\,.$

c) Anteil $a = \int\limits_{55{,}8\,\text{nF}}^{57{,}8\,\text{nF}} f(C)\text{d}C = \int\limits_{55{,}8\,\text{nF}}^{57{,}8\,\text{nF}} \frac{1}{\sqrt{2\pi} \cdot \sigma} \cdot e^{-0{,}5 \cdot \left(\frac{x-\mu}{\sigma}\right)}\text{d}C$
Für $x \approx \mu$ ist der Exponentialterm ≈ 1 (Annahme einer angenäherten Rechteckverteilung für die selektierten Kondensatoren).
$a = \int\limits_{55{,}8\,\text{nF}}^{57{,}8\,\text{nF}} \frac{1}{\sqrt{2\pi} \cdot 4{,}75\,\text{nF}} \cdot 1\text{d}C = \frac{2\,\text{nF}}{\sqrt{2\pi} \cdot 4{,}75\,\text{nF}} = 0{,}17$
17 % der Kondensatoren der Fertigungscharge liegen im Bereich 56,8 nF ± 1,0 nF.

Aufgabe 2.2

a) $R = \frac{U_1}{I} = \frac{565\,\text{mV}}{1{,}35\,\text{mA}} = 419\,\Omega$
$u_{\text{rel}U} = 0{,}02 \qquad u_{\text{rel}I} = 0{,}03$
$u_{\text{rel}R} = \sqrt{u_{\text{rel}U}^2 + u_{\text{rel}I}^2} = \sqrt{0{,}02^2 + 0{,}03^2} = 0{,}036$
$u_R = 0{,}036 \cdot 419\,\Omega = 15\,\Omega$
Das vollständige Messergebnis ist 419 Ω ± 15 Ω.

b) $U = \frac{U_1 + U_2}{2}$
$U = \frac{565\,\text{mV} + 559\,\text{mV}}{2} = 562\,\text{mV}$

T. Mühl, *Elektrische Messtechnik,* https://doi.org/10.1007/978-3-658-29116-7_19

$u_{U_1} = 0{,}02 \cdot 565\,\text{mV} = 11{,}3\,\text{mV} \qquad u_{U_2} = 10\,\text{mV}$

$\frac{\delta U}{\delta U_1} = 0{,}5 \qquad \frac{\delta U}{\delta U_2} = 0{,}5$

$$u_U = \sqrt{\left(\frac{\delta U}{\delta U_1} \cdot u_{U_1}\right)^2 + \left(\frac{\delta U}{\delta U_2} \cdot u_{U_2}\right)^2} = \sqrt{(0{,}5 \cdot 11{,}3\,\text{mV})^2 + (0{,}5 \cdot 10\,\text{mV})^2}$$

$= 7{,}5\,\text{mV}$

Der Mittelwert der beiden Messungen beträgt $U = 562\,\text{mV} \pm 7{,}5\,\text{mV}$.

19.2 Aufgaben zu statischen und dynamischen Eigenschaften von Messgeräten

Aufgabe 3.1

a) $u_I = 1\,\% \cdot 100\,\text{mA} = 1{,}0\,\text{mA}$ (im gesamten Messbereich)
$u_{\text{rel}I} = \frac{u_I}{I} = \frac{1{,}0\,\text{mA}}{71{,}5\,\text{mA}} = 1{,}4\,\%$

b) $u_U = 0{,}5\,\% \cdot 543\,\text{mV} + 4 \cdot 1\,\text{mV} = 6{,}7\,\text{mV}$
$u_{\text{rel}U} = \frac{u_U}{U} = \frac{6{,}7\,\text{mV}}{543\,\text{mV}} = 1{,}2\,\%$

c) $P = U \cdot I = 543\,\text{mV} \cdot 71{,}5\,\text{mA} = 38{,}8\,\text{mW}$
$u_{\text{rel}U} = 0{,}012 \qquad u_{\text{rel}I} = 0{,}014$
$u_{\text{rel}R} = \sqrt{u_{\text{rel}U}^2 + u_{\text{rel}I}^2} = \sqrt{0{,}012^2 + 0{,}014^2} = 0{,}018$
Das vollständige Messergebnis ist 38,8 mW; ±1,8 %.

Aufgabe 3.2

a) $E = \frac{U_a}{I_e} = \frac{200\,\text{mV}}{2{,}00\,\text{A}} = 100\frac{\text{mV}}{\text{A}}$
$|\underline{G}(\text{j}\omega)| = \frac{E}{\sqrt{1+(\omega T)^2}} = \frac{\hat{U}_a(\omega)}{\hat{I}_e(\omega)}$
$|\underline{G}(\text{j}\omega_1)| = \frac{E}{\sqrt{1+(\omega_1 T)^2}} = \frac{10\,\text{mV}\cdot\sqrt{2}}{1{,}00\,\text{A}}$ für $\omega_1 = 2\pi \cdot 10\,\text{kHz}$
$\sqrt{1 + (\omega_1 T)^2} = \frac{E \cdot 1{,}00\,\text{A}}{10\,\text{mV}\cdot\sqrt{2}} = \frac{100\,\text{mV/A}\cdot 1{,}00\,\text{A}}{10\,\text{mV}\cdot\sqrt{2}} = \frac{10}{\sqrt{2}}$
$T = \frac{1}{\omega_1} \cdot \sqrt{\left(\frac{10}{\sqrt{2}}\right)^2 - 1} = \frac{\sqrt{49}}{2\pi \cdot 10\,\text{kHz}} = 0{,}11\,\text{ms}$

b) $f_g = \frac{1}{2\pi \cdot T} = \frac{1}{\sqrt{49}/10\,\text{kHz}} = 1429\,\text{Hz}$

c) $u_a(t) = I_0 \cdot E \cdot \left(1 - e^{-t/T}\right) u_{a\,\text{soll}} = I_0 \cdot E$
$e_{\text{rel}}(t) = \frac{u_a(t)}{u_{a\,\text{soll}}} - 1 = \left(1 - e^{-t/T}\right) - 1 = -e^{-t/T}$
$|e_{\text{rel}}(t)| = e^{-t/T} < 0{,}05 \quad \rightarrow \quad -t < T \cdot \ln(0{,}05)$
$t > -T \cdot \ln(0{,}05) = -0{,}11\,\text{ms} \cdot \ln(0{,}05) = 0{,}33\,\text{ms}$
Nach dem Sprung des Eingangsstroms muss 0,33 ms bis zum Einschwingen auf ±5 % gewartet werden.

Aufgabe 3.3

a) $u_a(t \to \infty) = 4 \cdot 20\,\text{mV} = 80\,\text{mV} \quad \Rightarrow \quad E = \frac{U_a}{U_e} = \frac{80\,\text{mV}}{500\,\text{mV}} = 0{,}16$

$u_a(t) = U_0 \cdot E \cdot \left(1 - e^{-t/T}\right)$

$u_a(t = T) = U_0 \cdot E \cdot \left(1 - e^{-1}\right) = U_0 \cdot E \cdot 0{,}632 = 0{,}16 \cdot 500\,\text{mV} \cdot 0{,}632 = 50{,}6\,\text{mV}$

Bild: 50,6 mV → 2,5 DIV

ablesen $T = 1$ DIV = 500 µs

→ $E = 0{,}16$, $T = 500$ µs

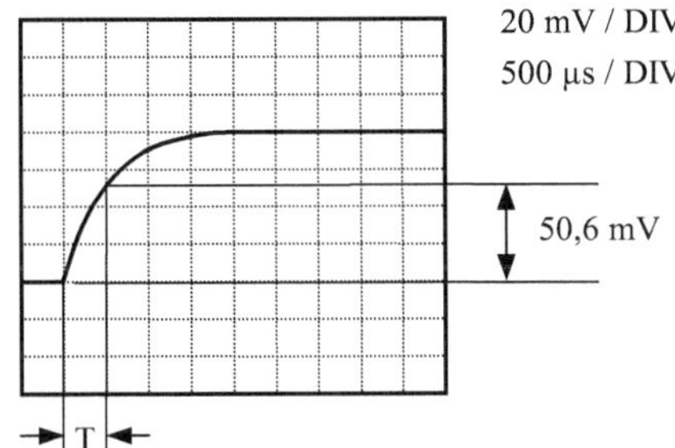

b) $G_2(s) = \frac{E_2}{1+s \cdot T_2}$

$f_g = \frac{1}{2\pi \cdot T_2} \quad \Rightarrow \quad T_2 = \frac{1}{2\pi \cdot f_g} = \frac{1}{2\pi \cdot 800\,\text{Hz}} = 199\,\mu\text{s}$

$G_2(s) = \frac{10}{1+s \cdot 199\,\mu\text{s}}$

c) $G(s) = G_1 \cdot G_2 = \frac{E_1}{1+s \cdot T_1} \cdot \frac{E_2}{1+s \cdot T_2} = \frac{E_1 \cdot E_2}{(1+s \cdot T_1)(1+s \cdot T_2)} = \frac{E_1 \cdot E_2}{1+s \cdot (T_1+T_2)+s^2 \cdot T_1 T_2}$

$G_{\text{PT2}}(s) = \frac{E}{1+s \cdot 2DT+s^2 \cdot T^2}$

Koeffizientenvergleich: $E = E_1 \cdot E_2 = 0{,}16 \cdot 10 = 1{,}6$

$T^2 = T_1 \cdot T_2 \quad \Rightarrow \quad T = \sqrt{500\,\mu\text{s} \cdot 199\,\mu\text{s}} = 315\,\mu\text{s}$

$2DT = T_1 + T_2 \quad \Rightarrow \quad D = \frac{T_1+T_2}{2T} = \frac{500\,\mu\text{s}+199\,\mu\text{s}}{2 \cdot 315\,\mu\text{s}} = 1{,}11$

d) $u_e(t) = 100\,\text{mV} \cdot \cos(2\pi \cdot 10\,\text{kHz} \cdot t)$

$\left|\underline{G}_{\text{PT2}}(\text{j}\omega)\right| = \frac{\hat{U}_a}{\hat{U}_e} = \frac{E}{\sqrt{\left(1-(\omega T)^2\right)^2+(2D\omega T)^2}}$

$\left|\underline{G}_{\text{PT2}}(\text{j}2\pi \cdot 10\,\text{kHz})\right| = \frac{1{,}6}{\sqrt{\left(1-(2\pi \cdot 10\,\text{kHz} \cdot 315\,\mu\text{s})^2\right)^2+(2 \cdot 1{,}11 \cdot 2\pi \cdot 10\,\text{kHz} \cdot 315\,\mu\text{s})^2}}$

$= 0{,}00407$

$\hat{U}_a = \left|\underline{G}_{\text{PT2}}(\text{j}\omega)\right| \cdot \hat{U}_e = 0{,}00407 \cdot 100\,\text{mV} = 0{,}407\,\text{mV}$

19.3 Aufgaben zur Strom- und Spannungsmessung

Aufgabe 7.1

a)

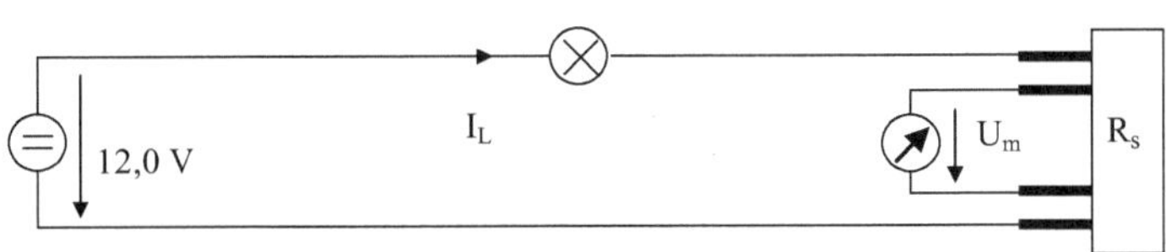

b) $R_s = \frac{U_{m\,\max}}{I_{\max}} = \frac{500\,\mathrm{mV}}{10\,\mathrm{A}} = 50\,\mathrm{m\Omega}$

c) $I_{\mathrm{wahr}} = \frac{12{,}0\,\mathrm{V}}{R_L}$ $\qquad I_m = \frac{U_m}{R_s} = \frac{425\,\mathrm{mV}}{50\,\mathrm{m\Omega}} = 8{,}50\,\mathrm{A}$

$I_m = \frac{12{,}0\,\mathrm{V}}{R_L+R_s} \quad \rightarrow \quad R_L = \frac{12{,}0\,\mathrm{V}}{I_m} - R_s = \frac{12{,}0\,\mathrm{V}}{8{,}5\,\mathrm{A}} - 50\,\mathrm{m\Omega} = 1{,}362\,\Omega$

$I_{\mathrm{wahr}} = \frac{12{,}0\,\mathrm{V}}{R_L} = \frac{12{,}0\,\mathrm{V}}{1{,}362\,\Omega} = 8{,}81\,\mathrm{A}$

Der gemessene Strom mit Shunt beträgt 8,50 A, der korrigierte Lampenstrom (ohne Shunt) 8,81 A.

Aufgabe 7.2

a) $I_{\mathrm{DC}} = \overline{I} = \frac{1}{T}\int_0^T i(t)\mathrm{d}t = 0{,}8\,\mathrm{A}\cdot 0{,}05T + 0 = 40\,\mathrm{mA}$

$$I_{\mathrm{AC\,rms}} = \sqrt{\frac{1}{T}\int_0^T \left(i(t)-\overline{I}\right)^2\mathrm{d}t} = \sqrt{\frac{1}{T}\left((0{,}76\,\mathrm{A})^2\cdot 0{,}05T + (-0{,}04\,\mathrm{A})^2\cdot 0{,}95T\right)}$$

$= 174{,}4\,\mathrm{mA}$

b) $I_{\mathrm{eff}} = \sqrt{\overline{I}^2 + I_{\mathrm{AC\,rms}}^2} = \sqrt{(40\,\mathrm{mA})^2 + (174{,}4\,\mathrm{mA})^2} = 178{,}9\,\mathrm{mA}$

c) $I_{\mathrm{anz}} = 1{,}111\cdot\overline{|i_{\mathrm{AC}}(t)|} = 1{,}111\cdot\frac{1}{T}\int_0^T \left|i(t)-\overline{I}\right|\mathrm{d}t$

$I_{\mathrm{anz}} = 1{,}111\cdot\frac{1}{T}\cdot(0{,}76\,\mathrm{A}\cdot 0{,}05T + 0{,}04\,\mathrm{A}\cdot 0{,}95T) = 1{,}111\cdot 0{,}076\,\mathrm{A} = 84{,}4\,\mathrm{mA}$

$e_{\mathrm{rel}}(t) = \frac{I_{\mathrm{anz}}}{I_{\mathrm{AC\,rms}}} - 1 = \frac{84{,}4\,\mathrm{mA}}{174{,}4\,\mathrm{mA}} - 1 = -52\,\%$

Die relative Messabweichung durch das nur für sinusförmige Signale anwendbare indirekte Messverfahren beträgt für das gegebene Rechtecksignal $-52\,\%$.

d) $C = \frac{I_{\max}}{I_{\mathrm{Full\,Scale}}}$ $\qquad I_{\mathrm{AC\,max}} = 0{,}76\,\mathrm{A} \quad \rightarrow \quad C = \frac{0{,}76\,\mathrm{A}}{0{,}2\,\mathrm{A}} = 3{,}8$

Ein Crest-Faktor von 3,8 ist im 0,2 A-Messbereich notwendig, um den Effektivwert des Wechselanteils des Signals im Bereich $\mathrm{AC_{RMS}}$ ohne systematische Abweichung zu messen.

Aufgabe 7.3

a) DC: $U_{\mathrm{anz}} = \overline{U} = 0$

AC: indirekte Effektivwertmessung über den Gleichrichtwert des Wechselanteils

$U_{\mathrm{anz}} = 1{,}111\cdot\overline{|u_{\mathrm{AC}}|}$

$$\overline{|u_{\mathrm{AC}}|} = \frac{1}{T}\cdot\int_0^T \left|u(t)-\overline{U}\right|\mathrm{d}t = \frac{1}{T}\cdot 2\cdot\int_{3T/8}^{T/2} 324\,\mathrm{V}\cdot\sin(\omega t)\mathrm{d}t$$

$$= \frac{2\cdot 324\,\mathrm{V}}{T}\cdot\frac{1}{\omega}\cdot[-\cos(\omega t)]_{3/8\cdot T}^{T/2}$$

$= \frac{2\cdot 324\,\mathrm{V}}{T}\cdot\frac{T}{2\pi}\cdot\left(-\cos\left(\frac{2\pi}{T}\cdot\frac{T}{2}\right) + \cos\left(\frac{2\pi}{T}\cdot\frac{3T}{8}\right)\right) = 30{,}21\,\mathrm{V}$

$U_{\mathrm{anz}} = 1{,}111\cdot\overline{|u_{\mathrm{AC}}|} = 1{,}111\cdot 30{,}21\,\mathrm{V} = 33{,}56\,\mathrm{V}$

b) $e_{rel} = \frac{U_{anz}}{U_{AC\,eff}} - 1$

$$U_{AC\,eff} = \sqrt{\frac{1}{T} \cdot \int\limits_0^T \left(u(t) - \overline{U}\right)^2 dt} = \sqrt{\frac{1}{T} \cdot 2 \cdot \int\limits_{3T/8}^{T/2} (324\,\text{V} \cdot \sin(\omega t))^2 dt}$$

$$= \sqrt{\frac{2 \cdot (324\,\text{V})^2}{T} \cdot \int\limits_{3T/8}^{T/2} \sin(\omega t)^2 dt} = \sqrt{\frac{2 \cdot (324\,\text{V})^2}{T} \cdot \left[\frac{t}{2} - \frac{1}{4\omega} \sin(2\omega t)\right]_{3T/8}^{T/2}}$$

$$= \sqrt{\frac{2 \cdot (324\,\text{V})^2}{T} \cdot \left(\frac{T/2}{2} - \frac{T}{4 \cdot 2\pi} \sin\left(2 \cdot \frac{2\pi}{T} \cdot T/2\right) - \frac{3T/8}{2} + \frac{T}{4 \cdot 2\pi} \sin\left(2 \cdot \frac{2\pi}{T} \cdot 3T/8\right)\right)}$$

$$= 69{,}05\,\text{V}$$

$$e_{rel} = \frac{33{,}56\,\text{V}}{69{,}05\,\text{V}} - 1 = -0{,}514 = -51{,}4\,\%$$

c) Richtige, formunabhängige Effektivwertmessung mit

A) true RMS Messgeräten (elektronisch oder digital, siehe Abschn. 6.3)

B) Dreheisenmesswerk (siehe Abschn. 4.1.2)

d) Crest-Faktor eines Effektivwertmessers $C = \frac{U_{e\,max}}{U_{Full\,Scale}}$

$$C = \frac{324\,\text{V} \cdot \sin\left(\frac{2\pi}{T} \cdot 3T/8\right)}{100\,\text{V}} = \frac{229\,\text{V}}{100\,\text{V}} = 2{,}29$$

Wenn das Messgerät einen Crest-Faktor von $C > 2{,}29$ hat, wird der Effektivwert des Wechselanteils richtig gemessen.

Ist der Crest-Faktor $C < 2{,}29$ wird das Signal begrenzt und ein zu kleiner Wert angezeigt.

e) $u_e(t) = 324\,\text{V} \cdot \sin(\omega t)$

Da es sich um eine sinusförmige Eingangsspannung handelt, liefert die indirekte Effektivwertmessung über den Gleichrichtwert des Wechselanteils den richtigen Wert:

$$U_{anz} = U_{AC\,eff} = \frac{324\,\text{V}}{\sqrt{2}} = 229\,\text{V}$$

Aufgabe 7.4

Leiterstrom I, Messgerätestrom I_M

a) $u_{I_M} = 1{,}5\,\% \cdot 15{,}1\,\text{mA} + 40 \cdot 1\,\mu\text{A} = 267\,\mu\text{A}$

$u_{relI_M} = \frac{u_{I_M}}{I_M} = \frac{267\,\mu\text{A}}{15{,}1\,\text{mA}} = 1{,}77\,\%$

b) $I = 1000 \cdot I_M = 15{,}1\,\text{A}$

Unsicherheit von I durch die Zange: $u_{I\text{Zange}} = 2\,\% \cdot 15{,}1\,\text{A} + 0{,}06\,\text{A} = 0{,}362\,\text{A}$

Unsicherheit von I durch das Messgerät: $u_{I\text{Messgerät}} = 1000 \cdot u_{I_M} = 1000 \cdot 267\,\mu\text{A}$

$u_{I\text{Messgerät}} = 0{,}267\,\text{A}$

Messunsicherheit von I (Fehlerfortpflanzung) $u_I^2 = u_{I\text{Zange}}^2 + u_{I\text{Messgerät}}^2$

b) $u_I = \sqrt{u_{I\text{Zange}}^2 + u_{u_{I\text{Messgerät}}}^2} = \sqrt{0{,}362^2 + 0{,}267^2}\,\text{A} = 0{,}45\,\text{A}$

c) $i_M(t) = \frac{20\,\text{A}}{1000} \cdot \sin(2\pi \cdot 50\,\text{Hz} \cdot t)$

$I_{anz} = I_M = \frac{20\,\text{A}}{1000} / \sqrt{2} = 14{,}1\,\text{mA}$

19.4 Aufgaben zur Widerstandsmessung

Aufgabe 8.1

a) $R = \frac{U_m}{I_0} = \frac{I_0 \cdot (R_k + R_x)}{I_0} = R_k + R_x$

$|e_{\text{rel}}| = \left|\frac{e}{R_x}\right| = \frac{R - R_x}{R_x} = \frac{R_k}{R_x} < 2\,\% \quad \rightarrow \quad R_x > \frac{R_k}{0{,}02} = \frac{0{,}2\,\Omega}{0{,}02} = 10\,\Omega$

Widerstände mit $R_x > 10\ \Omega$ können mit einer rel. Messabweichung < 2 % gemessen werden.

b) $R_{\text{korr}} = R - e = R - R_k = \frac{U_m}{I_0} - R_k$

$R_{\text{korr}} = \frac{18{,}2\,\text{mV}}{10{,}0\,\text{mA}} - 0{,}21\,\Omega = 1{,}61\,\Omega$

Gaußsche Fehlerfortpflanzung

$\sigma(U_m) = \frac{0{,}4\,\text{mV}}{1{,}96} = 0{,}20\,\text{mV} \qquad \sigma(I_0) = 0{,}1\,\text{mA} \qquad \sigma(R_k) = 0{,}05\,\Omega$

$\frac{\delta R_{\text{korr}}}{\delta U_m} = \frac{1}{I_0} \qquad \frac{\delta R_{\text{korr}}}{\delta I_0} = -\frac{U_m}{I_0^2} \qquad \frac{\delta R_{\text{korr}}}{\delta R_k} = -1$

$\sigma(R_{\text{korr}})^2 = \left(\frac{\delta R_{\text{korr}}}{\delta U_m} \cdot \sigma(U_m)\right)^2 + \left(\frac{\delta R_{\text{korr}}}{\delta I_0} \cdot \sigma(I_0)\right)^2 + \left(\frac{\delta R_{\text{korr}}}{\delta R_k} \cdot \sigma(R_k)\right)^2$

$= \left(\frac{1}{10\,\text{mA}} \cdot 0{,}2\,\text{mV}\right)^2 + \left(-\frac{18{,}2\,\text{mV}}{(10\,\text{mA})^2} \cdot 0{,}1\,\text{mA}\right)^2 + (-1 \cdot 0{,}05\,\Omega)^2$

$\sigma(R_{\text{korr}})^2 = 3{,}23 \cdot 10^{-3}\,\Omega^2$

$\sigma(R_{\text{korr}}) = 0{,}057\,\Omega \qquad 1{,}96 \cdot \sigma(R_{\text{korr}}) = 0{,}11\,\Omega$

Das vollständige Messergebnis ist: $R_{\text{korr}} = 1{,}61\,\Omega \quad \pm 0{,}11\,\Omega$

Aufgabe 8.2

a) $U_a = U_0 \cdot \frac{R_2 \cdot R_3 - R_1 \cdot R_4}{(R_1 + R_2)(R_3 + R_4)}$

Nullstelle der Ausgangsspannung

$U_a = 0 \quad \text{für} \quad R_2 \cdot R_3 = R_1 \cdot R_4$

$U_a(\varepsilon = 0) = 0 \quad \rightarrow \quad R_1(\varepsilon = 0) = R_2(\varepsilon = 0) \quad \rightarrow \quad R_3 = R_4$

Ersatzspannungsquelle für die Messbrücke

$U_q = U_a \qquad R_q = R_1 // R_2 + R_3 // R_4 = \frac{350\,\Omega}{2} + \frac{R_3}{2}$

Belastete Messbrücke

$U_L = U_q \cdot \frac{R_L}{R_q + R_L}$

$e_{\text{rel}} = \frac{U_L}{U_q} - 1 = \frac{R_L}{R_q + R_L} - 1 = -\frac{R_q}{R_q + R_L} \qquad |e_{\text{rel}}| = \frac{R_q}{R_q + R_L} < 0{,}5\,\%$

$R_q < 0{,}005 \cdot R_q + 0{,}005 \cdot R_L$

$R_q < \frac{0{,}005 \cdot R_L}{0{,}995} = 502{,}5\,\Omega \quad \rightarrow \quad R_q = 175\,\Omega + \frac{R_3}{2} < 502{,}5\,\Omega$

$R_3 < 655\,\Omega$

Wahl: $R_3 = R_4 = 560\ \Omega$ (nicht zu niederohmig, damit der Strom durch die Dehnungsmessstreifen bzw. die Belastung der Brückenspeisespannung nicht zu groß wird)

b) $U_a = U_0 \cdot \frac{R_2 \cdot R_3 - R_1 \cdot R_4}{(R_1+R_2)(R_3+R_4)} = U_0 \cdot \frac{560\,\Omega \cdot 350\,\Omega \cdot (1-2\varepsilon) - 560\,\Omega \cdot 350\,\Omega \cdot (1+2\varepsilon)}{700\,\Omega \cdot 1120\,\Omega}$

$= U_0 \cdot \frac{560\,\Omega \cdot 350\,\Omega}{700\,\Omega \cdot 1120\,\Omega}(1 - 2\varepsilon - (1 + 2\varepsilon)) = U_0 \cdot \frac{1}{2 \cdot 2}(-4\varepsilon) = -U_0 \cdot \varepsilon$

$E = \frac{\delta U_a}{\delta \varepsilon} = -U_0 = -5\,\text{V} = -5\,\frac{\text{mV}}{10^{-3}}$

Die Empfindlichkeit ist konstant (linearer Zusammenhang). Bei einer Dehnung von 10^{-3} beträgt die Ausgangsspannung der Messbrücke −5 mV.

19.5 Aufgaben zur Impedanzmessung

Aufgabe 9.3

a) Stromrichtige Schaltung

$R = \frac{U}{I} = \frac{34{,}6\,\text{mV}}{5{,}25\,\text{mA}} = 6{,}59\,\Omega = R_I + R_x$

$R_x = R - R_I = 6{,}59\,\Omega - 2{,}5\,\Omega = 4{,}09\,\Omega$

Der Gleichstrom-Spulenwiderstand beträgt 4,09 Ω.

b) $\tan\delta = \frac{1}{Q} = \frac{R_s}{\omega L_s}$

$R_s = \omega L_s \cdot \tan\delta = 2\pi \cdot 1000\,\text{Hz} \cdot 145\,\text{mH} \cdot 0{,}061 = 55{,}6\,\Omega$

Der Serien-Ersatzwiderstand beträgt 55,6 Ω.

c) R_s ist der äquivalente Verlustwiderstand im Serien-Ersatzschaltbild der Spule. Er repräsentiert alle Verlustmechanismen in der Spule bei 1 kHz: ohmsche Verluste, Wirbelstromverluste, Magnetisierungsverluste und andere. Der bei DC gemessene Widerstandswert R_x ist nur der ohmsche Widerstand, da es bei Gleichstrom keine Wirbelstromverluste oder Magnetisierungsverluste gibt. Deshalb ist $R_x < R_s$.

d) $|\underline{Z}| = \sqrt{R_s^2 + (\omega L_s)^2} = \sqrt{(55{,}6\,\Omega)^2 + (2\pi \cdot 1000\,\text{Hz} \cdot 145\,\text{mH})^2} = 913\,\Omega$

$\varphi = 90° - \delta = 90° - \arctan(\tan\delta) = 90° - \arctan(0{,}061) = 90° - 3{,}49° = 86{,}51°$

e) Serienschaltung der Spule mit dem Kondensator

$\underline{Z}_{\text{ges}} = R_s + \text{j}\omega L_s + R_C + \frac{1}{\text{j}\omega C} \qquad Q_C = \frac{1/\omega C}{R_C} = \frac{1}{R_C \cdot \omega C}$

$\underline{Z}_{\text{ges}} = R_s + \frac{1}{Q_C \cdot \omega C} + \text{j}\left(\omega L_s - \frac{1}{\omega C}\right)$

$\underline{Z}_{\text{ges}} = 55{,}6\,\Omega + \frac{1}{50 \cdot 2\pi \cdot 1000\,\text{Hz} \cdot 100\,\text{nF}} + \text{j}\left(2\pi \cdot 1000\,\text{Hz} \cdot 145\,\text{mH} - \frac{1}{2\pi \cdot 1000\,\text{Hz} \cdot 100\,\text{nF}}\right)$

$\underline{Z}_{\text{ges}} = 87{,}4\,\Omega - \text{j}680\,\Omega$

Anzeigewerte

$Q_{\text{anz}} = \frac{|X_{\text{ges}}|}{R_{\text{ges}}} = \frac{680\,\Omega}{87{,}4\,\Omega} = 7{,}8$

$X_{\text{ges}} = \omega L_{\text{anz}} \quad \rightarrow \quad L_{\text{anz}} = \frac{X_{\text{ges}}}{\omega} = \frac{-680\,\Omega}{2\pi \cdot 1000\,\text{Hz}} = -108\,\text{mH}$

$X_{\text{ges}} = -\frac{1}{\omega C_{\text{anz}}} \quad \rightarrow \quad C_{\text{anz}} = -\frac{1}{\omega \cdot X_{\text{ges}}} = \frac{1}{2\pi \cdot 1000\,\text{Hz} \cdot 680\,\Omega} = 234\,\text{nF}$

Aufgabe 9.4

a) 2-Draht-Anschluss: die Klemmen- und Übergangswiderstände gehen in das Ergebnis ein. Dadurch ist der gemessene Realteil der Impedanz größer als der Realteil der Spulenimpedanz. Die angezeigte Güte ist geringer als die Spulengüte.
Bei der 4-Draht-Messung gehen die Klemmen- und Übergangswiderstände nicht in das Ergebnis ein. Bei dieser Messung wird die richtige Bauteilgüte angezeigt.

b) Serienersatzschaltbild der Spule: R_S, L_S, Klemmen- und Übergangswiderstände: R_K
$Q_{2D} = \frac{\omega L_S}{R_K + R_S} \quad \Rightarrow \quad R_K + R_S = \frac{\omega L_S}{Q_{2D}}$
$Q_{4D} = \frac{\omega L_S}{R_S} \quad \Rightarrow \quad R_S = \frac{\omega L_S}{Q_{4D}}$
$R_K = \frac{\omega L_S}{Q_{2D}} - \frac{\omega L_S}{Q_{4D}} = \omega L_S \cdot \left(\frac{1}{Q_{2D}} - \frac{1}{Q_{4D}}\right) = 2\pi \cdot 50\,\text{Hz} \cdot 142\,\text{mH} \cdot \left(\frac{1}{25} - \frac{1}{35}\right) = 0{,}51\,\Omega$

Aufgabe 9.5

Parallelersatzschaltbild der Spule: L, R_L, Parallelersatzschaltbild der Koaxleitung: C, R_C

$$R_C \to \infty \quad \text{da } \tan\delta_C = 0$$

Messung der Spule mit Koaxleitung

$$\frac{1}{\omega L_{\text{anz}}} = \frac{1}{\omega L} - \omega C \quad \Rightarrow \quad \frac{1}{L_{\text{anz}}} = \frac{1}{L} - \omega^2 C$$

$$L = \frac{1}{1/L_{\text{anz}} + \omega^2 C} = \frac{1}{1/22{,}8\,\text{mH} + (2\pi \cdot 100\,\text{kHz})^2 \cdot 27\,\text{pF}} = 18{,}3\,\text{mH}$$

$$Q_{\text{anz}} = \frac{R_L}{\omega L_{\text{anz}}} \quad \Rightarrow \quad R_L = \omega L_{\text{anz}} \cdot Q_{\text{anz}}$$

$$Q_{\text{Spule}} = \frac{R_L}{\omega L} = \frac{\omega L_{\text{anz}} \cdot Q_{\text{anz}}}{\omega L} = \frac{L_{\text{anz}}}{L} \cdot Q_{\text{anz}} = \frac{22{,}8\,\text{mH}}{18{,}3\,\text{mH}} \cdot 30 = 37{,}4$$

19.6 Aufgaben zur Leistungsmessung

Aufgabe 11.1

a) $Q = \frac{P_{\text{anz}}}{\sqrt{3}} = \frac{220\,\text{var}}{\sqrt{3}} = 127{,}0\,\text{var} \qquad Q_{\text{ges}} = 3 \cdot Q = 381{,}0\,\text{var}$
$P = \sqrt{S^2 - Q^2} = \sqrt{(U_{i\text{N}} \cdot I)^2 - Q^2} = \sqrt{\left(\frac{390\,\text{V}}{\sqrt{3}} \cdot 1{,}5\,\text{A}\right)^2 - (127\,\text{var})^2} = 313\,\text{W}$
$P_{\text{ges}} = 3 \cdot P = 939\,\text{W}$
$\left|\underline{Z}_{\text{stern}}\right| = \frac{U_{i\text{N}}}{I} = \frac{390\,\text{V}/\sqrt{3}}{1{,}5\,\text{A}} = 150\,\Omega \qquad \left|\underline{Z}_{\Delta}\right| = 3 \cdot \left|\underline{Z}_{\text{stern}}\right| = 450\,\Omega$
$\varphi = \arctan\left(\frac{Q}{P}\right) = \arctan\left(\frac{127\,\text{var}}{313\,\text{W}}\right) = 22{,}1^\circ$
Damit ist $Q_{\text{ges}} = 381$ var, $P_{\text{ges}} = 939$ W und $\underline{Z} = 450\,\Omega \cdot e^{+\text{j}22{,}1^\circ}$.

b) $Q_C = \frac{U_{iN}^2}{-1/\omega C} = -U_{iN}^2 \cdot \omega C = -\left(\frac{390\,\text{V}}{\sqrt{3}}\right)^2 \cdot 314\,{}^1/_s \cdot 10\,\mu\text{F} = -159{,}2\,\text{var}$

$Q_{\text{neu}} = Q + Q_C = 127{,}0\,\text{var} - 159{,}2\,\text{var} = -32{,}2\,\text{var}$

$P_{\text{anz}} = \sqrt{3} \cdot Q_{\text{neu}} = -55{,}8\,\text{W}$

Mit den Kondensatoren ist der Anzeigewert des elektrodynamischen Messgerätes −55,8 W.

Aufgabe 11.2

a) $P = U \cdot I \cdot \cos\varphi = 228\,\text{V} \cdot 0{,}56\,\text{A} \cdot \cos 20° = 120{,}0\,\text{W}$

$Q = U \cdot I \cdot \sin\varphi = 228\,\text{V} \cdot 0{,}56\,\text{A} \cdot \sin 20° = 43{,}7\,\text{var}$

$S = U \cdot I = 228\,\text{V} \cdot 0{,}56\,\text{A} = 127{,}7\,\text{VA}$

b) $\sum Q = Q + Q_k = 0 \quad \rightarrow \quad Q_k = -Q = -43{,}7\,\text{var} \quad \rightarrow$ Kondensator

$Q_C = \frac{U_{iN}^2}{-1/\omega C} = -U_{iN}^2 \cdot \omega C = -43{,}7\,\text{var}$

$C = \frac{43{,}7\,\text{var}}{(228\,\text{V})^2 \cdot 2\pi \cdot 50\,\text{Hz}} = 2{,}68\,\mu\text{F}$

Zur vollständigen Blindleistungskompensation wird ein Kondensator mit $C = 2{,}68\,\mu\text{F}$ parallel zu $\underline{Z}$ geschaltet.

c) $P = P_{\text{alt}} = 120{,}0\,\text{W} \qquad Q = 0 \qquad S = P = 120\,\text{VA}$

$I_{\text{neu}} = \frac{P}{U} = \frac{120\,\text{W}}{228\,\text{V}} = 0{,}526\,\text{A}$

Aufgabe 11.3

a) Stromzange um L2 (I_2), Spannungsklemmen an L2 und N ($U_{2\text{N}}$).

$$\underline{S}_2 = \underline{U}_{2\text{N}} \cdot \underline{I}_2^* = \underline{U}_{2\text{N}} \cdot \left(\frac{\underline{U}_{2\text{N}}}{\underline{Z}_2}\right)^* = \frac{|\underline{U}_{2\text{N}}|}{|\underline{Z}_2|^2} \cdot \underline{Z}_2 = \frac{\left(395\,\text{V}/\sqrt{3}\right)^2}{(150\,\Omega)^2} \cdot 150\,\Omega \cdot e^{-\text{j}20°}$$

$$= 346{,}7\,\text{VA} \cdot e^{-\text{j}20°} = 325{,}8\,\text{W} - \text{j}118{,}6\,\text{var}$$

$P = 325{,}8\,\text{W} \qquad Q = -\text{j}118{,}6\,\text{var} \qquad \cos\varphi = \cos(-20°) = 0{,}94$

b) Stromzange um L3 (I_3), Spannungsklemmen an L3 und N ($U_{3\text{N}}$).

$$|\underline{Z}_3| = \frac{U_{3\text{N}}}{I_3} = \frac{U_{3\text{N}}}{S_3/U_{3\text{N}}} = \frac{U_{3\text{N}}^2}{S_3} = \frac{U_{3\text{N}}^2}{\sqrt{P_3^2+Q_3^2}} = \frac{(395\,\text{V}/\sqrt{3})^2}{\sqrt{(350\,\text{W})^2+(290\,\text{var})^2}} = 114{,}4\,\Omega$$

$\varphi = \arctan\left(\frac{Q}{P}\right) = \arctan\left(\frac{290\,\text{var}}{350\,\text{W}}\right) = 39{,}6°$

Damit ist $\underline{Z} = 114{,}4\,\Omega \cdot e^{+\text{j}39{,}6°}$ und $\cos\varphi = \cos(39{,}6°) = 0{,}77$.

c) $Q > 0 \rightarrow$ Kondensator zwischen L3 und N.

$\tan\varphi_{\text{neu}} = \frac{Q_{\text{neu}}}{P}$

$Q_{\text{neu}} = P \cdot \tan\varphi_{\text{neu}} = P \cdot \tan(\arccos(\cos\varphi_{\text{neu}})) = 350\,\text{W} \cdot \tan(\arccos(0{,}95)) = 115{,}0\,\text{var}$

$\Delta Q = Q_{\text{neu}} - Q = 115\,\text{var} - 290\,\text{var} = -175\,\text{var} < 0 \rightarrow$ Kondensator

$Q_C = \frac{U_{3\text{N}}^2}{-1/\omega C} = -U_{3\text{N}}^2 \cdot \omega C \quad \rightarrow \quad C = \frac{-175\,\text{var}}{(395\,\text{V}/\sqrt{3})^2 \cdot 314\,\text{Hz}} = 10{,}7\,\mu\text{F}$

Zur Blindleistungskompensation für $\cos\varphi = 0{,}95$ wird ein Kondensator mit $C = 10{,}7$ µF parallel zu $\underline{Z}_3$ geschaltet.

d) $\frac{I_{\text{neu}}}{I_{\text{alt}}} = \frac{S_{\text{neu}}}{S_{\text{alt}}} = \frac{P/\cos\varphi_{\text{neu}}}{P/\cos\varphi_{\text{alt}}} = \frac{\cos\varphi_{\text{alt}}}{\cos\varphi_{\text{neu}}} = \frac{0{,}77}{0{,}95} = 0{,}81$
Der Strom wird durch die Blindleistungskompensation um 19 % reduziert.

Aufgabe 11.4

a) Stromzange um L2, Spannungsklemmen an $U_{2\text{N}}$

b) $S = \sqrt{P^2 + Q^2} = \sqrt{2500^2 + 2050^2}\,\text{VA} = 3233\,\text{VA}$

$\cos\varphi = \frac{P}{S} = \frac{2500\,\text{W}}{3233\,\text{VA}} = 0{,}773$

$I = \frac{S}{U_{2\text{N}}} = \frac{3233\,\text{VA}}{228\,\text{V}} = 14{,}18\,\text{A}$

c) Durch das Einfügen der Komponenten erhält man in Phase 2:
$\Delta Q = -380\text{ var} - 2050\text{ var} = -2430\text{ var}$ und $\Delta P = 2580\,\text{W} - 2500\,\text{W}$
$= 80\,\text{W}$

Da $\Delta Q < 0$ handelt es sich um Kondensatoren.
Bei einer Sternschaltung der Kondensatoren (Parallelersatzschaltbild, C_{St}, R_{St}) liegen C_{St} und R_{St} an $\underline{U}_{1\text{N}}$. C_{St} bewirkt das ΔQ und R_{St} bewirkt das ΔP.

$\Delta Q = \frac{|\underline{U}_{i\text{N}}|^2}{|1/\omega C_{\text{St}}|^2} \cdot \left(-\frac{1}{\omega C_{\text{St}}}\right) = -\left|\underline{U}_{i\text{N}}\right|^2 \cdot \omega C_{\text{St}}$ und $\Delta P = \frac{|\underline{U}_{i\text{N}}|^2}{R_{\text{St}}}$

$C_{\text{St}} = \frac{-\Delta Q}{|\underline{U}_{i\text{N}}|^2 \cdot \omega} = \frac{2430\text{ var}}{(228\,\text{V})^2 \cdot 314 \cdot 1/s} = 149\,\mu\text{F}$

Güte des Kondensators

$Q_{\text{Güte}} = \frac{R_{\text{St}}}{1/\omega C_{\text{St}}} = \frac{|\Delta Q|}{\Delta P} = \frac{2430}{80} = 30{,}4$

Kondensatoren in Dreieckschaltung, Kapazität C_D über Stern-Dreiecktransformation
$C_D = \frac{C_{\text{St}}}{3} = 49{,}6\,\mu\text{F}$ $\quad Q_{\text{Güte}} = 30{,}4$

Aufgabe 11.5

a) $|\underline{Z}| = \frac{U}{I} = \frac{235\,\text{V}}{17{,}3\,\text{A}} = 13{,}58\,\Omega$

$\varphi_Z = \varphi_{UI} = \arcsin(\sin\varphi) = \arcsin\left(\frac{Q}{U \cdot I}\right) = \arcsin\left(\frac{-2350\text{ var}}{235\,\text{V} \cdot 17{,}3\,\text{A}}\right)$
$= \arcsin(-0{,}578) = -35{,}3^0$

$\underline{Z} = 13{,}58\,\Omega \cdot e^{-\text{j}35{,}3^0}$

b) $|\underline{Z}| = \frac{U}{I}$

$u_{\text{rel}|\underline{Z}|} = \sqrt{u_{\text{rel}U}^2 + u_{\text{rel}I}^2} = \sqrt{0{,}01^2 + 0{,}015^2} = 0{,}018 = 1{,}8\,\%$

$u_{|\underline{Z}|} = 0{,}018 \cdot |\underline{Z}| = 0{,}018 \cdot 13{,}58\,\Omega = 0{,}244\,\Omega$

Aufgabe 11.6

a) $U = 230\,\text{V}$

$$I = \sqrt{I_0^2 + \sum_{n=0}^{\infty} I_n^2} = \sqrt{I_1^2 + I_3^2 + I_5^2},$$

$$= \sqrt{\left(5\,\text{A}/\sqrt{2}\right)^2 + \left(4\,\text{A}/\sqrt{2}\right)^2 + \left(2{,}5\,\text{A}/\sqrt{2}\right)^2} = 4{,}86\,\text{A}$$

$S = U \cdot I = 230\,\text{V} \cdot 4{,}86\,\text{A} = 1118\,\text{VA}$
$\cos\varphi_1 = \cos(2\pi/10) = 0{,}809$
$P = U \cdot I_1 \cdot \cos\varphi_1 = 230\,\text{V} \cdot 5\,\text{A}/\sqrt{2} \cdot 0{,}809 = 658\,\text{W}$

b) $Q = \sqrt{S^2 - P^2} = \sqrt{(1118\,\text{VA})^2 - (658\,\text{W})^2} = 904\,\text{var}$
$Q_1 = U \cdot I_1 \cdot \sin\varphi_1 = 230\,\text{V} \cdot 5\,\text{A}/\sqrt{2} \cdot \sin(2\pi/10) = 478\,\text{var}$, $Q_1 > 0$ da $\varphi_1 > 0$

$$D = U \cdot \sqrt{\sum_{n=2}^{\infty} I_n^2} = U \cdot \sqrt{I_3^2 + I_5^2} = 230\,\text{V} \cdot \sqrt{\left(4\,\text{A}/\sqrt{2}\right)^2 + \left(2{,}5\,\text{A}/\sqrt{2}\right)^2} =$$
767 var
oder: $D = \sqrt{Q^2 - Q_1^2} = \sqrt{(904\,\text{var})^2 - (478\,\text{var})^2} = 767\,\text{var}$

19.7 Aufgaben zur Frequenzmessung

Aufgabe 17.1

a) Frequenzauflösung $\mathrm{d}f = \frac{1}{T_0}$, relative Frequenzauflösung $\frac{\mathrm{d}f}{f} = \frac{1}{T_0 \cdot f} < 10^{-3}$
$f > \frac{10^3}{T_0} = \frac{10^3}{1\,\text{s}} = 1\,\text{kHz}$
Der Bereich 1 kHz bis 10 MHz ist mit einer rel. Auflösung von besser als 10^{-3} mit der direkten Frequenzzählung messbar.
Ungünstigste Frequenz in diesem Bereich: $f = 1$ kHz (da schlechteste relative Auflösung)
$\left|\frac{\Delta f}{f}\right| = \frac{1}{T_0 \cdot f} + \left|\frac{\Delta f_R}{f_R}\right| = \frac{1}{1\,\text{s} \cdot 1\,\text{kHz}} + \left|0{,}5 \cdot 10^{-4}\right| = 1{,}05 \cdot 10^{-3}$

b) Zeitauflösung der Periodendauermessung $\mathrm{d}T = \frac{1}{f_R}$
Umkehrverfahren: $f = \frac{1}{T}$, relative Frequenzauflösung $\frac{\mathrm{d}f}{f} = \frac{\mathrm{d}T}{T} = \frac{1}{T \cdot f_R}$
$\frac{\mathrm{d}f}{f} = \frac{1}{T \cdot f_R} = \frac{f}{f_R} < 10^{-3} \quad \rightarrow \quad f < 10^{-3} \cdot f_R = 10^{-3} \cdot 10\,\text{MHz} = 10\,\text{kHz}$
Der Bereich 1 Hz bis 10 kHz ist mit einer rel. Auflösung von besser als 10^{-3} mit dem Umkehrverfahren messbar.

c) relative Frequenzauflösung $\mathrm{d}f = \frac{1}{T_0 \cdot f_R} = \frac{1}{1\,\text{s} \cdot 10\,\text{MHz}} = 10^{-7}$
Alle Frequenzen im Bereich 1 Hz bis 10 MHz lassen sich mit einer rel. Auflösung von 10^{-7} mit dem Verhältniszählverfahren messen.

Aufgabe 17.2

a) Periodendauermessung: $N = f_{\text{Ref}} \cdot T_x$
$N_{\max} = f_{\text{Ref}} \cdot T_{x\,\max} = 10\,\text{MHz} \cdot \frac{1}{10\,\text{Hz}} = 10^6$
20 Bit: $0 \ldots 2^{20} - 1 = 1.048.575 > 10^6 \rightarrow$ 20 Bit-Zähler

b) Umkehrverfahren (Periodendauermessung):
Zeitauflösung: $\mathrm{d}T = \frac{1}{f_{\text{Ref}}}$
rel. Auflösung: $\frac{\mathrm{d}T}{T} = \frac{1}{f_{\text{Ref}} \cdot T} = \frac{f}{f_{\text{Ref}}}$ und $\frac{\mathrm{d}f}{f} = \frac{\mathrm{d}T}{T}$

Frequenzauflösung: $\mathrm{d}f = f \cdot \frac{\mathrm{d}f}{f} = \frac{f^2}{f_{\mathrm{Ref}}} = \frac{(1415{,}4\,\mathrm{Hz})^2}{10\,\mathrm{MHz}} = 0{,}20\,\mathrm{Hz}$

Maximale rel. Abweichung: $\left|\frac{\Delta f}{f}\right|_{\max} = \frac{\mathrm{d}f}{f} + \left|\frac{\Delta f_{\mathrm{Ref}}}{f_{\mathrm{Ref}}}\right| = \frac{0{,}2\,\mathrm{Hz}}{1415{,}4\,\mathrm{Hz}} + 50 \cdot 10^{-6}$
$= 1{,}9 \cdot 10^{-4}$

c) Umkehrverfahren: $\frac{\mathrm{d}f}{f} = \frac{f}{f_{\mathrm{Ref}}}$

direkte Zählung: $\frac{\mathrm{d}f}{f} = \frac{1/T_0}{f} = \frac{1}{T_0 \cdot f}$

Umschaltfrequenz bei gleicher relativer Auflösung

$\frac{\mathrm{d}f}{f} = \frac{f}{f_{\mathrm{Ref}}} = \frac{1}{T_0 \cdot f}$

$\Rightarrow \quad f^2 = \frac{f_{\mathrm{Ref}}}{T_0} \quad \Rightarrow \quad f = \sqrt{\frac{f_{\mathrm{Ref}}}{T_0}} = \sqrt{\frac{10\,\mathrm{MHz}}{1\,\mathrm{s}}} = 3162\,\mathrm{Hz}$

Umkehrverfahren: 10 bis 3162 Hz und direkte Zählung: 3162 Hz bis 100 kHz

19.8 Aufgaben zur Spektrumanalyse

Aufgabe 18.1

a) Eingangssignal

$$f_1 = 1\,\mathrm{MHz},\ U_e = \frac{2\,\mathrm{mV}}{\sqrt{2}},\ P_e = \frac{U_e^2}{R_e} = \frac{\left(2\,\mathrm{mV}/\sqrt{2}\right)^2}{50\,\Omega} = 40\,\mathrm{nW}$$

$$L_e = 10 \cdot \log\left(\frac{40\,\mathrm{nW}}{1\,\mathrm{mW}}\right)\mathrm{dBm} = -44\,\mathrm{dBm}$$

Ausgangssignal

$f_1 = 1$ MHz, aus Diagramm $\Delta L = +5$ dB

$$L_1 = L_{\mathrm{Ref}} + \Delta L = -30\,\mathrm{dBm} + 5\,\mathrm{dB} = -25\,\mathrm{dBm}$$

Verstärkung

$$v = L_1 - L_e = -25\,\mathrm{dBm} - (-44\,\mathrm{dBm}) = 19\,\mathrm{dB}$$

b) $f_1 = 1$ MHz

$$L_1 = -25\,\mathrm{dBm}, P_1 = 10^{\frac{-25\,\mathrm{dBm}}{10\,\mathrm{dBm}}}\,\mathrm{mW} = 3{,}16\,\mu\mathrm{W}$$

$$U_1 = \sqrt{P_1 \cdot R_e} = 12{,}6\,\mathrm{mV}$$

$f_2 = 3$ MHz

$$L_2 - L_1 = -10\,\mathrm{dB} \quad \rightarrow \quad \frac{U_2}{U_1} = 10^{\frac{-10\,\mathrm{dB}}{20\,\mathrm{dB}}} = 0{,}316,$$

$$U_2 = 0{,}316 \cdot U_1 = 4{,}0\,\mathrm{mV}$$

$f_3 = 5\,\text{MHz}$

$$L_3 - L_1 = -17{,}5\,\text{dB} \quad \rightarrow \quad \frac{U_2}{U_1} = 10^{\frac{-17{,}5\,\text{dB}}{20\,\text{dB}}} = 0{,}133,$$

$$U_2 = 0{,}133 \cdot U_1 = 1{,}7\,\text{mV}$$

$$k = \frac{\sqrt{\sum\limits_{i=2}^{\infty} U_i^2}}{\sqrt{\sum\limits_{i=1}^{\infty} U_i^2}} = \frac{\sqrt{U_2^2 + U_3^2}}{\sqrt{U_{21}^2 + U_2^2 + U_3^2}} = \frac{\sqrt{4{,}0^2 + 1{,}7^2}}{\sqrt{12{,}6^2 + 4{,}0^2 + 1{,}7^2}} = 32\,\%$$

Der Klirrfaktor des Ausgangssignals beträgt 32 %.

Aufgabe 18.2

a) $f_2 = 140$ kHz Signal bei 140 kHz, keine Dämpfung, Anzeige $L_2 = 10\,\text{dBm}$,

$f_1 = 130$ kHz kein Signal bei 130 kHz, aber Signal bei 140 kHz,
$\Delta f = 10\,\text{kHz} = \text{RBW}$, Dämpfung des 140 kHz-Signals: 13 dB,
Anzeige $L_1 = L_2 - 13\,\text{dB} = -3\,\text{dBm}$,

$f_3 = 150$ kHz Signal bei 150 kHz, keine Dämpfung, $L_{3a} = -15\,\text{dBm}$,
Signal bei 140 kHz, $\Delta f = 10\,\text{kHz} = \text{RBW}$, Dämpfung des 140 kHz-Signals: 13 dB, $L_{13b} = L_2 - 13\,\text{dB} = -3\,\text{dBm}$,
Anzeige: größerer Wert von L_{3a} und L_{3b}: $L_3 = -3\,\text{dBm}$

$f_4 = 160$ kHz: kein Signal bei 160 kHz, aber
Signal bei 150 kHz, $\Delta f = 10\,\text{kHz} = \text{RBW}$, Dämpfung des 150 kHz-Signals: 13 dB,
$L_{4a} = L_{3a} - 13\,\text{dB} = -28\,\text{dBm}$, Signal bei 140 kHz, $\Delta f = 20\,\text{kHz} = 2 \cdot \text{RBW}$, Dämpfung des 140 kHz-Signals: 34 dB, $L_{4b} = L_2 - 34\,\text{dB} = -24\,\text{dBm}$,
Anzeige: größerer Wert von L_{4a} und L_{4b}: $L_4 = -24\,\text{dBm}$

b)

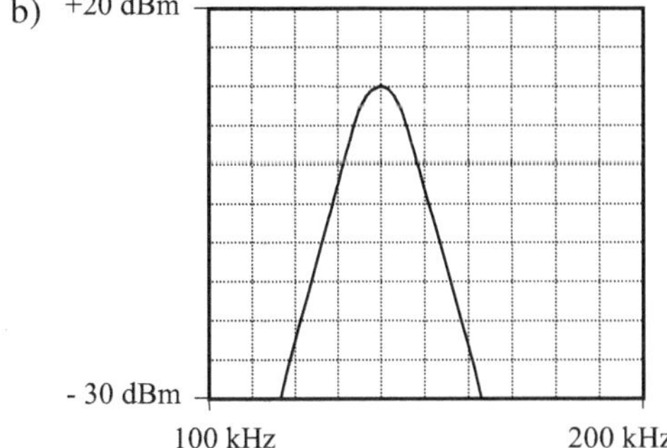

Der kleine Signalanteil bei 150 kHz, der bei einer kleinen RBW dargestellt und auswertbar ist (siehe Bild Aufgabenstellung), wird bei einer RBW = 10 kHz vom großen Signalanteil bei 140 kHz überdeckt und ist nicht mehr erkennbar.

Aufgabe 18.3

a)

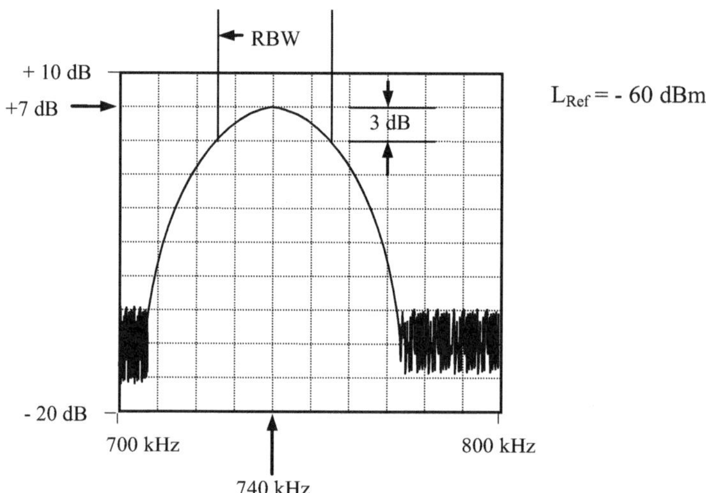

Signalfrequenz $f_S = 740$ kHz

$L_{\text{Signal}} = \Delta L + L_{\text{Ref}} = +7 \text{ dB} + (-60 \text{ dBm}) = -53 \text{ dBm}$

$P_{\text{Signal}} = 10^{-5{,}3}\,\text{mW} = 5{,}01\,\text{nW} = \frac{U^2_{\text{Signal}}}{R_e}$

$U_{\text{Signal}} = \sqrt{P_{\text{Signal}} \cdot R_e} = \sqrt{5{,}01\,\text{nW} \cdot 50\,\Omega} = 0{,}5\,\text{mV}$

Signalamplitude $\hat{U}_{\text{Signal}} = \sqrt{2} \cdot U_{\text{Signal}} = 0{,}707\,\text{mV}$

b) RBW abgelesen aus Diagramm: -3 dB-Punkte $\rightarrow$ RBW $= 3 \cdot 10\,\text{kHz} = 30\,\text{kHz}$

c) Halbierung der RBW: Halbierung der Kurvenbreite und Halbierung der Rauschleistung, d. h. Rauschen -3 dB

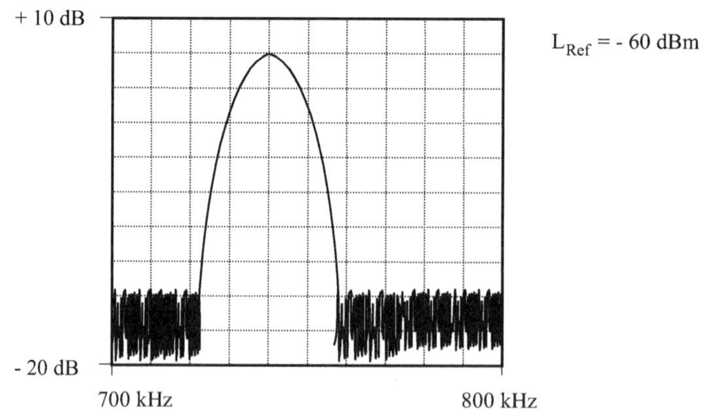

Literatur

1. Hesse, S., Schnell, G.: Sensoren für die Prozess- und Fabrikautomation, Springer (2018)
2. Schiessle, E.: Industriesensorik, Vogel-Fachbuch (2016)
3. DIN 1319: Grundlagen der Messtechnik, Beuth Verlag
4. VDI/VDE 2600: Metrologie, VDI/VDE-Handbuch Messtechnik
5. Schrüfer, E.: Elektrische Messtechnik, Hanser (2014)
6. Bergmann, K.: Elektrische Messtechnik, Vieweg (1993)
7. Physikalisch-Technische Bundesanstalt: Das neue Internationale Einheitensystem (SI), PTB-Infoblatt (2017)
8. Kibble, B.: A Realisation of the SI Watt by the NPL Moving-coil Balance. Metrologia 27 (1990), S. 173–192
9. Josephson, B. D.: Possible New Effects in Superconductive Tunneling. Phys. Letters 1 (1962), S. 251–253
10. Fischer, B.: Eigenschaften von Atomuhren und ihre Verwendung bei der Zeitskalenherstellung, PTB-Bericht PTB-Opt-35 (1991)
11. Physikalisch-Technische Bundesanstalt: Entwicklung und Aufgaben, PTB-Schrift (1994)
12. Hedderich, J., Sachs, L.: Angewandte Statistik, Springer (2018)
13. Bamberg, G.: Statistik, Oldenbourg (2009)
14. Krengel, U.: Einführung in die Wahrscheinlichkeitstheorie und Statistik, Vieweg (2005)
15. Bartsch, H.J.: Taschenbuch mathematischer Formeln für Ingenieure und Naturwissenschaftler, Hanser (2018)
16. Bronstein, I.N., Semendjajew, K.A.: Taschenbuch der Mathematik, Springer (2013)
17. DIN V ENV 13005: Leitfaden zur Angabe der Unsicherheit beim Messen, Beuth Verlag (1999)
18. IEC 60359: Angaben zum Betriebsverhalten elektrischer und elektronischer Messeinrichtungen
19. EN 50081: Elektromagnetische Verträglichkeit (EMV), Störaussendung,EN 50082: Elektromagnetische Verträglichkeit (EMV), Störfestigkeit,Beuth Verlag
20. Ohm, J.-R., Lüke, H.D.: Signalübertragung, Springer (2014)
21. Föllinger, O.: Laplace-, Fourier- und z-Transformation, VDE-Verlag (2011)
22. Kreß, D., Kaufhold, B.: Signale und Systeme verstehen und vertiefen, Springer (2010)
23. Profos, P./Pfeifer, T.: Grundlagen der Messtechnik, De Gruyter (2014)
24. IEC 51-1: Direkt wirkende anzeigende, analoge elektrische Messgeräte und ihr Zubehör
25. Dobrinski, P., Krakau, G., Vogel, A.: Physik für Ingenieure, Springer (2010)
26. Mertins, A.: Signaltheorie, Springer (2013)

T. Mühl, *Elektrische Messtechnik,* https://doi.org/10.1007/978-3-658-29116-7

27. Datenbücher: Data Acquisition der Firmen Analog Devices, Burr-Brown Corporation, Linear Technology Corporation, Maxim Integrated Products Inc., National Semiconductor Corporation, Texas Instruments Semiconductor
28. Dembrowski, K.: Computerschnittstellen und Bussysteme, VDE-Verlag (2013)
29. Klasen, F., Oestreich, V., Volz, M.: Industrielle Kommunikation mit Feldbus und Ethernet, VDE-Verlag (2010)
30. Schnell, G., Wiedemann, B.: Bussysteme in der Automatisierungstechnik, Springer (2012)
31. Georgi, W., Hohl, P.: Einführung in LabVIEW, Hanser (2015)
32. Moeller, F., Harriehausen, T., Schwarzenau, D.: Grundlagen der Elektrotechnik, Springer (2020)
33. Siegl, J., Zocher, E.: Schaltungstechnik, Springer (2018)
34. Tietze, U., Schenk, Ch., Gamm, E.: Halbleiter-Schaltungstechnik, Springer (2019)
35. Horowitz, P., Hill, W.: Die hohe Schule der Elektronik 1 und 2, Elektor-Verlag (2006)
36. DIN 40110: Wechselstromgrößen, Beuth Verlag
37. Führer, A., Heidemann, K., Nerreter, W.: Grundgebiete der Elektrotechnik Band 2, Hanser (2019)
38. DIN VDE 0414: Messwandler, Teil 1 (Stromwandler), Teil 2 (Spannungswandler), Beuth Verlag
39. Keil, S.: Dehnungsmessstreifen, Springer (2017)
40. Giesecke, P.: Mehrkomponentenaufnehmer und andere Smart Sensors, Expert Verlag (2007)
41. Baumann, P.: Sensorschaltungen, Springer (2010)
42. Lerch, R.: Elektrische Messtechnik, Springer (2016)
43. Strauß, F.: Grundkurs Hochfrequenztechnik, Springer (2017)
44. Becker, W.-J., Bonfig, K.W., Höing, K.: Handbuch elektrische Messtechnik, Hüthig (2000)
45. Keysight Technologies: The Impedance Measurement Handbook, Applikationsschrift Keysight Technologies (2016)
46. Cooper, W.D., Helfrick, A.D.: Elektrische Messtechnik, VCH Verlag (1998)
47. DIN 40108: Elektrische Energietechnik, Stromsysteme, Beuth Verlag
48. Marenbach, R., Nelles, D., Tuttas, C.: Elektrische Energietechnik, Springer (2013)
49. Kahmann, M., Zayer, P.: Elektrizitätsmesstechnik, Energie Fachmedien (2013)
50. Physikalisch-Technische Bundesanstalt: Prüfregeln, Band 6 „Elektrizitätszähler" (1998, 2005)
51. Buchholz, B., Styczynski, Z.: Smart Grids, VDE Verlag (2019)
52. EnWG Energiewirtschaftsgesetz vom 7. Juli 2005, geändert 4. Oktober 2013, (2013)
53. Bernstein, H.: Analoge, digitale und virtuelle Messtechnik, De Gruyter (2013)
54. Beerens, A., Kerkhofs, A.: 125 Versuche mit dem Oszilloskop, VDE-Verlag (2016)
55. Tektronix: Das XYZ der Analog- und Digitaloszilloskope, Werksschrift Tektronix (2011)
56. Tektronix: ABC of Probes, Werksschrift Tektronix (2016)
57. Beuth, K.: Digitaltechnik, Vogel-Fachbuchverlag (2019)
58. Gehrke, W., Winzker, M., Urbanski, K.: Digitaltechnik, Springer (2016)
59. Fricke, K.: Digitaltechnik, Springer (2018)
60. Physikalisch-Technische Bundesanstalt: Zur Zeit, PTB-Schrift (1995)
61. Hilberg, W.: Funkuhren, Zeitsignale, Normalfrequenzen, Verlag Sprache und Technik (1995)
62. Klingen, B.: Fouriertransformation für Ingenieure und Naturwissenschaftler, Springer (2001)
63. DIN 5493: Logarithmische Größenverhältnisse, Beuth Verlag
64. Witte, R.A.: Spectrum and Network Measurements, Institution of Engineering and Technology (2014)
65. Brand, H.: Spektrumanalyse, Werksschrift Acterna GmbH (Wandel&Goltermann) (1996)
66. Rauscher, C.: Grundlagen der Spektrumanalyse, Werksschrift Rohde&Schwarz GmbH (2011)
67. Rao, K. R., Kim, D. N., Hwang, J. J.: Fast Fourier Transform, Springer (2010)
68. Neubauer, A.: DFT Diskrete Fourier-Transformation, Springer (2012)

Sachverzeichnis

T. Mühl, *Elektrische Messtechnik*, https://doi.org/10.1007/978-3-658-29116-7